普通高等教育城市地下空间工程系列规划教材

地下工程施工

主　编　张志勇

副主编　纪洪广　张德琦　蒋复量

参　编　王文武　周晓敏　李万江

　　　　吴新华　张宝红　马芝文

　　　　仲兆全　邹　波

机械工业出版社

本书系统地介绍了地下工程施工技术与管理，分为五大部分共 18 章和一个附录，对地下工程中的表土施工、岩石施工、特殊地层施工和施工组织与管理分别作了阐述。全书突出了表土中的顶管法、盾构法和岩石中的岩石平巷施工（含巷道断面和交岔点设计）以及特殊施工技术。具体内容包括地下工程围岩分级方法、明挖法施工、非开挖施工技术（顶管法和盾构法）、钻井法、混凝土帷幕法、水平巷道（隧道）施工、立井井筒施工、倾斜巷道施工、冻结法施工、注浆施工、反井钻进施工、软岩巷道施工、地下工程施工组织与管理、岩石平巷巷道断面与交岔点设计等。

本书既可作为高等院校城市地下空间工程以及土木工程相关专业的本科教材，还可作为矿山工程、交通工程、水利水电工程、市政工程等专业的本科教材，也可供相关的工程技术人员、管理人员参考。

图书在版编目（CIP）数据

地下工程施工/张志勇主编 .—北京：机械工业出版社，2014.12
（2023.12 重印）

普通高等教育城市地下空间工程系列规划教材

ISBN 978-7-111-48520-9

Ⅰ.①地… Ⅱ.①张… Ⅲ.①地下工程—工程施工—高等学校—教材
Ⅳ.①TU94

中国版本图书馆 CIP 数据核字（2014）第 265919 号

机械工业出版社（北京市百万庄大街 22 号　邮政编码 100037）
策划编辑：李　帅　责任编辑：李　帅　于伟蓉　冯　铗
版式设计：霍永明　责任校对：张晓蓉
封面设计：鞠　杨　责任印制：李　昂
北京捷迅佳彩印刷有限公司印刷
2023 年 12 月第 1 版第 6 次印刷
184mm×260mm ·23 印张 ·622 千字
标准书号：ISBN 978-7-111-48520-9
定价：59.00 元

电话服务　　　　　　　　网络服务
客服电话：010-88361066　机 工 官 网：www.cmpbook.com
　　　　　010-88379833　机 工 官 博：weibo.com/cmp1952
　　　　　010-68326294　金 书 网：www.golden-book.com
封底无防伪标均为盗版　机工教育服务网：www.cmpedu.com

前　言

　　地下工程施工是土木工程专业必修的专业技术课程，党的二十大报告指出："建成世界最大的高速铁路网、高速公路网、机场港口、水利、能源、信息等基础设施建设取得重大成就"。本课程在培养学生独立分析和解决地下工程施工中有关施工技术和施工组织与管理问题的基本能力方面，对达到土木工程专业的培养目标起着重要的作用。

　　本书内容包括了地下工程施工技术和地下工程施工组织与管理两大部分。其中，地下工程施工技术部分是按照地下工程施工的先后顺序，对表土和岩石两大施工技术分别进行了阐述，这也是全书编写的重要出发点和与现行其他教材不同之处，这样更加适合教师的教学和学生的学习以及地下工程施工中的实际应用；而地下工程施工组织与管理部分，涵盖了地下工程施工组织与管理的基本内容。

　　目前，地下工程表土的施工技术方法较多，不同行业对不同的施工技术偏重程度不同，本书根据工程施工技术的应用广度和施工工艺的难易程度不同，在内容和篇幅上作了一定的取舍，对其中的明挖施工技术，做了简要介绍；而对非开挖施工技术，包括顶管法和盾构法，是当前地下表土工程施工，特别是路桥工程中的常用施工技术，具有较大的施工难度，采用了较大的篇幅作了系统、详细的介绍；冻结法、钻井法和混凝土帷幕法，作为地下工程表土施工的特殊施工方法，可与岩石施工技术中的注浆法、反井钻进技术以及软岩巷道施工共同构成一门特殊施工（特殊凿井）课程。过去、现在和未来相当长的一段时间，我国的岩石地层地下工程施工都将以钻眼爆破法施工为主，以机械破岩为辅，而其中的岩石水平巷道施工，是地下岩石工程施工中的主要内容，相关高校中开设的井巷工程课程、平巷设计与施工课程等均以本部分为主讲内容，采用了较大篇幅作了详细的介绍，以便学生能够充分掌握并运用，同时还以附录（包括设计示例）的方式详细介绍了岩石平巷和交岔点的设计，可供有课程设计的教师选用；立井井筒施工技术和倾斜巷道施工技术，主要是在矿山开拓时期采用的技术，目前相关专业学生未来从业者较少，作为地下工程施工技术的组成部分，本书采用了较小的篇幅作了简要介绍；地下工程施工组织与管理包括了施工准备，施工组织设计，施工质量、进度与成本管理，施工安全与技术管理，施工合同、信息与风险管理。

　　本书由山东科技大学张志勇主编。第1、2章由山东科技大学张志勇编写；第3、5、6章由辽宁石油化工大学张德琦、马芝文、仲兆全、邹波和山东科技大学张志勇共同编写；第4章第1节由辽宁石油化工大学王文武编写；第4章第2节由辽宁石油化工大学张德琦编写；第7章和附录部分由南华大学环境保护与安全工程学院蒋复量编写；第8、9章由山东科技大学李万江、张宝红共同编写；第10、11、12、13章由北京科技大学纪洪广、周晓敏和山东科技大学张志勇共同编写；第14、15、16、17、18章由山东科技大学张志勇、吴新华共同编写。

　　本书可作为高等院校城市地下空间工程以及土木工程其他相关专业的本科教材，还可作为矿山工程、交通工程、水利水电工程、市政工程等专业的本科教材，也可供相关的工程技术人员、管理人员参考。

　　天地科技股份有限公司建井研究所刘志强为本书反井钻进部分提供了大量素材，在此表示衷心感谢。

　　由于编者水平有限，书中欠妥之处，敬请批评指正。

编　者

目 录

第1部分

绪 论

第1章 地下工程概述

1.1 地下工程的概念

地下工程是指深入地面以下为开发利用地下空间资源所建造的地下土木工程。它泛指修建在地面以下岩层或土层中的各种工程空间与设施，是地层中所建工程的总称。通常包括矿山井巷工程、城市地铁隧道工程、水工隧洞工程、交通山岭隧道工程、水电地下硐室工程、地下空间工程、军事国防工程、建筑基坑工程等。

1.2 地下工程分类

随着国民经济的发展，地下工程的范围越来越广泛，其分类也越来越复杂。按领域分，有矿山、交通、水电、军事、建筑、市政等；按用途分，有交通、采掘、防御、贮存、工业、商业、农业、居住、旅游、娱乐、物流等；按空间位置分，有水平式、倾斜式和垂直式；按形状分，有洞道式和厅房式；按埋藏深度分，有深埋式和浅埋式。

尽管分类方法繁多，但从施工角度来看，最主要的分类方法是按所处位置的介质、空间位置和形状，因为它们直接决定着施工方案与方法、施工工艺与设备的选择。例如，在岩石中开凿的工程，围岩比较稳定，支护比较容易，开挖较为困难，需用爆破法或岩石掘进机法破岩；在土中开发的工程则相反，支护困难但破岩容易，可用人工或机器开挖（如挖掘机、盾构机），必要时还要采取特殊的施工法，如降水、冻结、注浆等；在水中修建隧道则需用沉管法等。

1.2.1 按空间位置分

1. 水平巷道

水平式通常称为水平巷道，是指巷道长轴线与水平面平行的巷道。实际上这类巷道并不是绝对水平的，为了运输、排水的方便，都具有一定坡度。属于这类巷道的有平硐、隧道、石门、平巷等。

1）平硐：地面上有一个直接出口的水平巷道。

2）隧道：地面上有两个直接出口的水平巷道。

3）石门：没有直接通达地面的出口，在岩层中开凿并与岩层走向垂直或斜交的水平巷道。

4）平巷：没有直接通达地面的出口，沿着岩层走向开凿的水平巷道。

2. 倾斜巷道

倾斜巷道是指巷道长轴线与水平面成一定倾角相交的巷道。属于这类巷道的有斜井、暗斜井、上（下）山等。

1）斜井：有直接通达地面出口的倾斜巷道。

2）暗斜井：没有直接通达地面出口的倾斜巷道。

3）上（下）山：指在运输大巷以上（下）的倾斜巷道。

3. 垂直巷道

垂直巷道是指巷道长轴线与水平面垂直的巷道。属于这类巷道的有立（竖）井、暗立（竖）井，溜井等。

1）立（竖）井：自地面往下开凿的垂直巷道。

2）暗立（竖）井：没有直通地面的出口且设有提升设备的垂直巷道。

3）溜井：没有直通地面的出口且不装置机械设备的垂直巷道。

需要说明的是，在立（竖）井、斜井、平巷中施工，尽管支护方式类似，但所用设备及其设备的布置则有较大差别。

1.2.2　按形状分

在洞道式和厅房式分类中，洞道式是指长度较大、径向尺寸相对较小的地下工程；厅房式又称洞室式（也有的称硐室），是指长度相对较短、径向尺寸较大的地下工程。两者在支护上有不同的要求，在开挖方式的选择上有一定差异，如厅房式工程无法使用掘进机施工。

这里需要说明的是，对于洞道式工程，不同的行业领域有不同的称谓。在公路及铁路工程中称为隧道，在矿山工程中称为巷道，在水利水电工程中称为隧洞，而军事工程中则称为坑道或地道，在市政工程中又称为通道或地道。隧道通常是指修筑在地下或山体内部，两端有出入口，供车辆、行人等直接通行的交通工程。隧道由于要通过车辆，断面一般比较大。巷道通常是指为采掘地下矿物而修建的地下空间结构体，包括各种用途的巷道，一般也包括硐室。矿山巷道一般埋藏较深，断面较小，主要用以运输、行人和通风。隧洞是水力发电工程、城市市政方面用于引水、排水、通风等的地下工程。隧洞两端有出口，断面一般比较小。通道、地道和坑道的长度和断面都相对较小，有单出口或多出口，多用于行人和储物。

1.2.3　按埋藏深度分

一般而言，矿山井巷工程埋藏较深，而城市地铁隧道工程、水工隧洞工程、交通山岭隧道工程、水电地下硐室工程、地下空间工程、军事国防工程、建筑基坑工程等则相对埋藏较浅。

习　　题

1-1　什么叫地下工程？

1-2　地下工程按空间位置如何分类？

第2章 地下工程围岩分级

由于地下工程施工的作业对象主要是岩石或土，所以岩（土）体的各种物理力学性质及其赋存条件，直接影响地下工程开挖的难易程度和巷道开挖后围岩的稳定性。为正确进行工程的设计和布局，合理选择地下工程的开挖方法和支护方式，保证地下工程施工及运营安全，须对围岩岩石（土）强度及稳定性进行分析。

2.1 地下工程围岩的概念

岩石和土可总称为岩土。岩石是经过地质作用形成的由一种或多种矿物组成的天然集合体，其性质很大程度上取决于它的矿物成分。按其成因，岩石分为岩浆岩、沉积岩和变质岩三大类。不同类型的岩石，其物理力学性质是不一样的。地下工程施工方法、施工设备选择中经常需要考虑的物理性质有岩石的密度、硬度、耐磨性、孔隙比、碎胀性、水胀性、水解性、软化性等；需要考虑的力学性质有岩石的抗压、抗拉、抗剪强度以及弹性、塑性、流变性等。

地下工程中更大范围内的岩石组成了岩体。岩体由一种或多种岩石组成，因此，岩体也可以看作是由岩块组成的地质体。岩体的性质除决定于岩块性质外，还受其结构的影响。在地壳岩石形成过程中，地质构造作用以及其他漫长的大自然作用破坏了岩体的完整性和连续性，产生了许多裂隙、节理、断层以及溶洞等。人们常常把节理、裂隙、断层以及沉积岩和由沉积岩变质而成的变质岩在生成过程中形成的层理和层面统称为结构面，把由结构面切割出的完整块体称为岩块，因此，岩体又可以认为是由岩块和结构面组成的复杂地质体。

矿山地下工程中遇到的大多是沉积岩。沉积岩是由沉积物经过压实、胶结等作用而形成的岩石，通常把这些固结性岩石称为基岩，把覆盖在基岩之上的松散性沉积物称为基岩风化带和表土。表土通常又称为第四纪冲积层，如黄土、黏土、砂土以及地下流沙层等。在基岩和表土之间，成岩作用不够充分的那部分岩层通常称之为基岩风化带。

风化后的岩石或土体受到水、风、冰川等的动力作用，经冲刷、搬运后沉积在一起，会形成新的土体；再经长期的高压、脱水、固结后，又会形成岩石。因此，岩石和土的区别只是颗粒胶结的强弱。土的胶结力比较弱，所以土的成分对土体的物理力学性质影响很大。

2.2 地下工程围岩分级方法

2.2.1 岩石的工程分级

我国铁路、公路、水利、建筑、矿山等部门的相应设计规范，通常是根据岩石坚硬程度来划分岩石强度等级的。虽然各部门在其相应设计规范中划分的类别和指标有所不同，但其基本原理是一致的。岩石的工程分级主要考虑了以下几点：强调岩体的地质特征的完整性和稳定性，避免单一的岩石强度指标分级的方法；分级指标应采用定性和定量指标相结合的方式；明确工程目的和内容并提出相应的措施；分级应简明，便于使用；应考虑吸收其他岩石工程分级的优点，并尽量和我国其他工程分级一致。

1. 公路隧道工程中的岩石工程分类

《公路隧道设计规范》（JTG D70—2004）根据岩石坚硬程度划分的岩石强度等级，其中，岩石坚硬程度的定性划分见表 2-1。

表 2-1　岩石坚硬程度的定性划分

名　称		定性鉴定	代表性岩石
硬质岩	坚硬岩	锤击声清脆，有回弹，震手，难击碎，浸水后大多无吸水反应	未风化～微风化的花岗岩、正长岩、闪长岩、辉绿岩、玄武岩、安山岩、片麻岩、石英片岩、硅质板岩、石英岩、硅质胶结的砾岩、石英砂岩、硅质石灰岩等
	较坚硬岩	锤击声较清脆，有轻微回弹，稍震手，较难击碎，浸水后有轻微吸水反应	1. 弱风化的坚硬岩 2. 未风化～微风化的熔结凝灰岩、大理岩、板岩、白云岩、石灰岩、钙质胶结的砂页岩等
软质岩	较软岩	锤击声不清脆，无回弹，较易击碎，浸水后指甲可刻出印痕	1. 强风化的坚硬岩 2. 弱风化的较坚硬岩 3. 未风化～微风化的凝灰岩、千枚岩、砂质泥岩、泥灰岩、泥质砂岩、粉砂岩、页岩等
	软岩	锤击声哑，无回弹，有凹痕，易击碎，浸水后手可掰开	1. 强风化的坚硬岩 2. 弱风化～强风化的较坚硬岩 3. 弱风化的较软岩 4. 未风化的泥岩等
	极软岩	锤击声哑，无回弹，有较深凹痕，手可捏碎，浸水后可捏成团	1. 全风化的各种岩石 2. 各种半成岩

岩石坚硬程度定量指标用岩石单轴饱和抗压强度 R_c 表达。一般采用实测值，若无实测值时，可采用实测的岩石点荷载强度指数 $I_{s(50)}$ 的换算值，即按下式计算

$$R_c = 22.82 I_{s(50)}^{0.75} \tag{2-1}$$

表 2-2　R_c 与岩石坚硬程度定性划分的关系

R_c/MPa	>60	60～30	30～15	15～5	<5
坚硬程度	坚硬岩	较坚硬岩	较软岩	软岩	极软岩

注：指标用岩石单轴饱和抗压强度 R_c 表达。

2. 建筑地基基础工程中的岩石工程分级

《建筑地基基础设计规范》（GB 50007—2011）中规定，岩石的坚硬程度应根据岩块的饱和单轴抗压强度 f_{rk} 按表 2-3 划分为坚硬岩、较硬岩、较软岩、软岩和极软岩。当缺乏饱和单轴抗压强度资料或不能进行该项试验时，可在现场通过观察定性划分。

表 2-3 岩石坚硬程度的划分

坚硬程度类别	坚 硬 岩	较 硬 岩	较 软 岩	软 岩	极 软 岩
饱和单轴抗压强度标准值 f_{rk}/MPa	>60	$60 \geqslant f_{rk} > 30$	$30 \geqslant f_{rk} > 15$	$15 \geqslant f_{rk} > 5$	$\leqslant 5$

对比表 2-2 和表 2-3 可以发现,公路隧道工程和建筑地基基础工程对岩石工程的分级指标完全相同。

3. 矿山工程中的岩石工程分级

苏联 M. M. 普罗托奇雅克诺夫于 1926 年提出用"坚固性"这一概念作为岩石工程分级的依据。坚固性不同于硬度,也不同于强度,它表示岩石在各种采矿作业(锹、镐、钻机、爆破等)以及地压等外力作用下受破坏的相对难易程度。普氏认为,岩石的坚固性在各方面的表现是趋于一致的,难破碎的岩石用各种方法都难于破碎,容易的都容易。因此,可通过大量的试验数据和统计数据得出一个综合性的指标,即"坚固性系数",以此来表示岩石破坏的相对难易程度。通常称 f 为普氏岩石坚固性系数。根据 f 值的大小,可将岩石分为 10 级共 15 种,见表 2-4。

表 2-4 普氏岩石坚固性系数分级表

级 别	坚固性程度	岩 石 类 型	坚固性系数 f
I	最坚固的岩石	最坚固、最致密和有韧性的石英岩和玄武岩,以及其他最坚固的岩石	20
II	很坚固的岩石	很坚固的花岗岩类岩石,石英斑岩,很坚固的花岗岩,硅质片岩,坚固程度较 I 级岩石稍差的石英岩,最坚固的砂岩及石灰岩	15
III	坚固的岩石	致密的花岗岩及花岗岩类岩石,很坚固的砂岩及石灰岩,石英质矿脉,坚固的砾岩,很坚固的铁矿石	10
IIIa	坚固的岩石	坚固的石灰岩,不坚固的花岗岩,坚固的砂岩,坚固的大理岩和白云岩,黄铁矿	8
IV	相当坚固的岩石	一般的砂岩,铁矿石	6
IVa	相当坚固的岩石	砂质页岩,混质砂岩	5
V	坚固性中等的岩石	坚固的页岩,不坚固的砂岩及石灰岩,软的砾岩	4
Va	坚固性中等的岩石	各种不坚固的页岩,致密的泥灰岩	3
VI	相当软的岩石	软的页岩,很软的石灰岩,白垩,岩盐,石膏,冻土,无烟煤,普通泥灰岩,破碎的砂岩,胶结的卵石及粗砂砾,多石块的土	2
VIa	相当软的岩石	碎石土,破碎的页岩,结块的卵石及碎石,坚硬烟煤,硬化的黏土	1.5
VII	软岩	致密的黏土,软的烟煤,坚固的表土层	1.0
VIIa	软岩	微砂质黏土,黄土,细砾石	0.8

（续）

级　别	坚固性程度	岩石类型	坚固性系数 f
VIII	土质岩石	腐殖土，泥煤，微砂质黏土，湿砂	0.6
IX	松散岩石	砂，细砾，松土，采下的煤	0.5
X	流沙状岩石	流沙，沼泽土壤，饱含水的黄土及饱含水的土壤	0.3

普氏岩石分级法简明，便于使用，因此多年来在我国及其他很多国家广泛地应用。岩石坚固性的各方面表现趋于一致的观点在绝大多数岩石中是适用的，但对少数岩石不适用，例如，在黏土中钻眼容易而爆破困难。

2.2.2　围岩分级

工程实践和理论研究表明，围岩稳定性主要取决于岩体的结构和岩体强度，而不只是岩石试件的强度。

围岩分级指标主要考虑了岩体的结构特征与完整性。岩体结构的完整状态是影响围岩稳定性的主要因素。当风化作用使岩体结构发生变化造成岩石松散、破碎、软硬不一时，应结合因风化作用造成的各种状况综合评价围岩的结构完整状态和地质构造影响程度。当遇有地下水时，一般采用降级处理。

1. 公路隧道工程中的围岩分级

《公路隧道设计规范》（JTG D70—2004）将围岩分为六级，并给出了各类围岩的主要工程地质特征、结构特征和完整性等指标。隧道围岩分级的综合评判方法宜采用两步分级，并按以下顺序进行：首先应根据岩石的坚硬程度和岩体完整程度两个基本因素的定性特征和定量的岩体基本质量指标 BQ，综合进行初步分级；然后再对围岩进行详细定级，此时应在岩体基本质量分级基础上，考虑修正因素的影响，修正岩体基本质量指标值，最后按修正后的岩体基本质量指标 $[BQ]$，结合岩体的定性特征综合评判，确定围岩的详细分级。岩体完整程度的定性划分见表 2-5。

表 2-5　岩体完整程度的定性划分

名　称	结构面发育程度		主要结构面的结合程度	主要结构面类型	相应结构类型
	组　数	平均间距/m			
完整	1~2	>1.0	好或一般	节理、裂隙、层面	整体状或巨厚层状结构
较完整	1~2	>1.0	差	节理、裂隙、层面	块状或厚层状结构
	2~3	1.0~0.4	好或一般		块状结构
较破碎	2~3	1.0~0.4	差	节理、裂隙、层面、小断层	裂隙块状或中厚层状结构
	>3	0.4~0.2	好		镶嵌碎裂结构
			一般		中、薄层状结构
破碎	>3	0.4~0.2	差	各种类型结构面	裂隙块状结构
		<0.2	一般或差		碎裂状结构
极破碎	无序		很差		散体状结构

注：平均间距指主要结构面（1~2 组）间距的平均值。

岩体完整程度的定量指标用岩体完整性系数 K_v 表达。K_v 可用岩体弹性纵波速度 v_{pm} 和同一岩体取样测定的岩石弹性纵波速度 v_{pr} 按下式计算

$$K_v = \left(\frac{v_{pm}}{v_{pr}}\right)^2 \tag{2-2}$$

若无条件进行应力波实测时，也可用岩体体积节理数 J_v 按表 2-6 确定对应的 K_v 值。

表 2-6　J_v 与 K_v 对照表

J_v/(条/m³)	< 3	3 ~ 10	10 ~ 20	20 ~ 35	> 35
K_v	> 0.75	0.75 ~ 0.55	0.55 ~ 0.35	0.35 ~ 0.15	< 0.15

K_v 与定性划分的岩体完整程度的对应关系可按表 2-7 确定。

表 2-7　K_v 与定性划分的岩体完整程度的对应关系

K_v	> 0.75	0.75 ~ 0.55	0.55 ~ 0.35	0.35 ~ 0.15	< 0.15
完整程度	完整	较完整	较破碎	破碎	极破碎

围岩基本质量指标 BQ 应根据分级因素的定量指标 R_c 值和 K_v 值，按下式计算

$$BQ = 90 + 3R_c + 250K_v \tag{2-3}$$

使用式（2-3）时，应遵守下列限制条件：①当 $R_c > 90K_v + 30$ 时，应以 $R_c = 90K_v + 30$ 和 K_v 代入计算 BQ 值；②当 $K_v > 0.04R_c + 0.4$ 时，应以 $K_v = 0.04R_c + 0.4$ 和 R_c 代入计算 BQ 值。

围岩详细定级时，如遇下列情况之一，应对岩体基本质量指标 BQ 进行修正：①有地下水；②围岩稳定性受软弱结构面影响，且由一组起控制作用；③存在高初始应力。

围岩基本质量指标修正值 $[BQ]$ 可按下式计算

$$[BQ] = BQ - 100(K_1 + K_2 + K_3) \tag{2-4}$$

式中　$[BQ]$——围岩基本质量指标修正值；

BQ——围岩基本质量指标；

K_1——地下水影响修正系数；

K_2——主要软弱结构面产状影响修正系数；

K_3——初始应力状态影响修正系数。

K_1、K_2、K_3 值可分别按表 2-8、表 2-9、表 2-10 确定。无表中所列表情况时，修正系数取零。$[BQ]$ 出现负值时，应按特殊问题处理。

表 2-8　地下水影响修正系数 K_1

地下水出水状态 ＼ BQ	> 450	450 ~ 351	350 ~ 251	≤ 250
潮湿或点滴状出水	0	0.1	0.2 ~ 0.3	0.4 ~ 0.6
淋雨状或涌流状出水，水压 ≤ 0.1MPa 或单位出水量 ≤ 10L/(min · m)	0.1	0.2 ~ 0.3	0.4 ~ 0.6	0.7 ~ 0.9
淋雨状或涌流状出水，水压 > 0.1MPa 或单位出水量 > 10L/(min · m)	0.2	0.4 ~ 0.6	0.7 ~ 0.9	1.0

表 2-9　主要软弱结构面产状影响修正系数 K_2

结构面产状及其与洞轴线的组合关系	结构面走向与洞轴线夹角 $<30°$，结构面倾角 $30°\sim75°$	结构面走向与洞轴线夹角 $>60°$，结构面倾角 $>75°$	其　他　组　合
K_2	$0.4\sim0.6$	$0\sim0.2$	$0.2\sim0.4$

表 2-10　初始应力状态影响修正系数 K_3

初始应力状态 ＼ BQ	>550	$550\sim451$	$450\sim351$	$350\sim251$	$\leqslant250$
极高应力区	1.0	1.0	$1.0\sim1.5$	$1.0\sim1.5$	1.0
高应力区	0.5	0.5	0.5	$0.5\sim1.0$	$0.5\sim1.0$

　　在地下工程设计和施工中，最关心的是围岩的稳定性和围岩的压力特征。各级围岩的自稳能力，宜根据围岩变形量测和理论计算分析来评定，也可按表 2-11 做出大致的评判。

表 2-11　地下工程岩体自稳能力

围 岩 级 别	自 稳 能 力
I	跨度 $\leqslant20m$，可长期稳定，偶有掉块，无塌方
II	跨度 $10\sim20m$，可基本稳定，局部可发生掉块或小塌方 跨度 $<10m$，可长期稳定，偶有掉块
III	跨度 $10\sim20m$，可稳定数日至 1 月，可发生小～中塌方 跨度 $5\sim10m$，可稳定数月，可发生局部块体位移及小～中塌方 跨度 $<5m$，可基本稳定
IV	跨度 $>5m$，一般无自稳能力，数日至数月内可发生松动变形、小塌方，进而发展为中～大塌方。埋深小时，以拱部松动破坏为主，埋深大时，有明显塑性流动变形和挤压破坏 跨度 $\leqslant5m$，可稳定数日至 1 月
V	无自稳能力

　　注：1. 小塌方：塌方高度 $<3m$，或塌方体积 $<30m^3$。
　　　　2. 中塌方：塌方高度 $3\sim6m$，或塌方体积 $30\sim100m^3$。
　　　　3. 大塌方：塌方高度 $>6m$，或塌方体积 $>100m^3$。

　　可根据调查、勘探、试验等资料、岩石隧道的围岩定性特征、围岩基本质量指标 BQ 或修正的围岩质量指标 $[BQ]$ 值、土体隧道中的土体类型、密实状态等定性特征，按表 2-12 确定围岩级别。

表 2-12　公路隧道围岩分级

围 岩 级 别	围岩或土体主要定性特征	围岩基本质量指标 BQ 或修正的围岩基本质量指标 $[BQ]$
I	坚硬岩，岩体完整，巨整体状或巨厚层状结构	>550
II	坚硬岩，岩体较完整，块状或厚层状结构 较坚硬岩，岩体完整，块状整体结构	$550\sim451$
III	坚硬岩，岩体较破碎，巨块（石）碎（石）状镶嵌结构 较坚硬或较软硬质岩层，岩体较完整，块状体或中厚层结构	$450\sim351$

（续）

围岩级别	围岩或土体主要定性特征	围岩基本质量指标 BQ 或修正的围岩基本质量指标 [BQ]
IV	坚硬岩，岩体破碎，碎裂结构 较坚硬岩，岩体较破碎至破碎，镶嵌碎裂结构 较软岩或软硬质岩互层，且以软岩为主，岩体较完整至较破碎，中薄层状结构	350 ~ 251
IV	土体： 1. 压密或成岩作用的黏性土及砂性土 2. 黄土（Q_1、Q_2） 3. 一般钙质或铁质胶结的碎石土、卵石土、大块石土	
V	较软岩，岩体破碎 软岩，岩体较破碎至破碎 极破碎各类岩体，碎、裂状，松散结构	≤250
V	一般第四系的半干硬至硬塑的黏性土及稍密至潮湿的碎石土、卵石土、圆砾、角砾土及黄土（Q_3、Q_4） 非黏性土呈松散结构，黏性土及黄土呈松软结构	
VI	软塑状黏性土及潮湿、饱和粉细砂层、软土等	

注：本表不适用于特殊条件的围岩分级，如膨胀性围岩、多年冻土等。

当根据岩体基本质量定性划分与 [BQ] 值确定的级别不一致时，应重新审查定性特征和定量指标计算参数的可靠性，并对它们重新观察、测试。

2. 建筑地基基础工程中的围岩分级

《建筑地基基础设计规范》（GB 50007—2011）按照围岩的完整程度，将其划分为完整、较完整、较破碎、破碎和极破碎共五级，见表 2-13。规范规定，当缺乏试验数据时可按现场条件定性确定。

表 2-13 岩体完整程度划分

完整程度等级	完 整	较 完 整	较 破 碎	破 碎	极 破 碎
完整性指数	>0.75	0.75 ~ 0.55	0.55 ~ 0.35	0.35 ~ 0.15	<0.15

注：完整性指数为岩体纵波波速与岩块纵波波速之比的平方。选定岩体、岩块测定波速时应有代表性。

3. 煤矿工程中的围岩分级

煤炭部门根据锚喷支护设计和施工需要，考虑煤矿岩性的特点、构造情况和断面尺寸，将围岩划分为五类，见表 2-14。

表 2-14 煤矿工程中的围岩分级

围岩分类		岩层描述	巷道开掘后围岩的稳定状态（3~5m 跨度）	岩种举例
类别	名称			
I	稳定岩层	1. 完整坚硬岩层，R_b > 60MPa，不易风化 2. 层状岩层层间胶结好，无软弱夹层	围岩稳定，长期不支护无碎块掉落现象	完整的玄武岩，石英质砂岩，奥陶纪灰岩，茅口灰岩，大冶厚层灰岩
II	稳定性较好岩层	1. 完整的比较坚硬岩层，R_b = 40~60MPa 2. 层状岩层，胶结较好 3. 坚硬块状岩层，裂隙面闭合，无泥质充填物，R_b > 60MPa	围岩基本稳定，较长时间不支护会出现小块掉落	胶结好的砂岩，砾岩，大冶薄层灰岩

（续）

围岩分类		岩层描述	巷道开掘后围岩的稳定状态（3～5m 跨度）	岩种举例
类别	名称			
Ⅲ	中等稳定岩层	1. 完整的中硬岩层，$R_b = 20 \sim 40$MPa 2. 层状岩层，以坚硬岩层为主，夹有少数软岩层 3. 比较坚硬的块状岩层，$R_b = 40 \sim 60$MPa	围岩能维持一个月以上稳定，会产生局部岩体掉落	砂岩，砂质页岩，粉砂岩，石灰岩，硬质凝灰岩
Ⅳ	稳定性较差岩层	1. 较软的完整岩层，$R_b < 20$MPa 2. 中硬的层状岩层 3. 中硬的块状岩层，$R_b = 20 \sim 40$MPa	围岩的稳定时间仅有几天	页岩，泥岩，胶结不好的砂岩，硬煤
Ⅴ	不稳定岩层	1. 易风化、潮解、剥落的松软岩层 2. 各种类破碎岩层	围岩很容易产生冒顶片帮	碳质页岩，花斑泥岩，软质凝灰岩，煤，破碎的各类岩石

注：1. 岩层描述将岩层分为完整的、层状的、块状的、破碎的四种。
　　（1）完整岩层：层理和节理裂隙的间距大于 1.5m。
　　（2）层状岩层：层与层间距小于 1.5m。
　　（3）块状岩层：节理裂隙间距小于 1.5m、大于 0.3m。
　　（4）破碎岩层：节理裂隙间距小于 0.3m。
　　2. 当地下水影响围岩的稳定性时，应考虑适当降级。
　　3. R_b 为岩石的饱和抗压强度。

4. 锚喷支护工程中的围岩分级

《锚杆喷射混凝土支护技术规范》（GB 50086—2001）规定：围岩级别的划分，应根据岩石坚硬性、岩体完整性、结构面特征、地下水和地应力状况等因素，按表 2-15 综合确定。

表 2-15　锚喷支护工程中的围岩分级

围岩级别	主要工程地质特征							毛洞稳定情况
	岩体结构	构造影响程度，结构面发育情况和组合状态	岩石强度指标		岩体声波指标		岩体强度应力比	
			单轴饱和抗压强度/MPa	点荷载强度/MPa	岩体纵波速度/(km/s)	岩体完整性指标		
Ⅰ	整体状及层间结合良好的厚层状结构	构造影响轻微，偶有小断层。结构面不发育，仅有 2～3 组，平均间距大于 0.8m，以原生和构造节理为主，多数闭合，无泥质充填，不贯通。层间结合良好。一般不出现不稳定块体	>60	>2.5	>5	>0.75	—	毛洞跨度 5～10m 时，长期稳定，无碎块掉落
Ⅱ	同Ⅰ级围岩结构	同Ⅰ级围岩特征	30～60	1.25～2.5	3.7～5.2	>0.75	—	毛洞跨度 5～10m 时，围岩能较长时间（数月至数年）维持稳定，仅出现局部小块掉落
	块状结构和层间结合较好的中厚层或厚层状结构	构造影响较重，有少量断层。结构面较发育，一般为 3 组，平均间距 0.4～0.8m，以原生和构造节理为主，多数闭合，偶有泥质充填，贯通性较差，有少量软弱结构面。层间结合较好，偶有层间错动和层面张开现象	>60	>2.5	3.7～5.2	>0.5	—	

（续）

围岩级别	岩体结构	构造影响程度，结构面发育情况和组合状态	主要工程地质特征					毛洞稳定情况
			岩石强度指标		岩体声波指标		岩体强度应力比	
			单轴饱和抗压强度/MPa	点荷载强度/MPa	岩体纵波速度/(km/s)	岩体完整性指标		
Ⅲ	同Ⅰ级围岩结构	同Ⅰ级围岩特征	20～30	0.85～1.25	3.0～4.5	>0.75	>2	毛洞跨度5～10m时，围岩能维持一个月以上的稳定，主要出现局部掉块、塌落
	同Ⅱ级围岩块状结构和层间结合较好的中厚层或厚层状结构	同Ⅱ级围岩块状结构和层间结合较好的中厚层或厚层状结构特征	30～60	1.25～2.50	3.0～4.5	0.50～0.75	>2	
	层间结合良好的薄层和软硬岩互层结构	构造影响较重。结构面发育，一般为3组，平均间距为0.2～0.4m，以构造节理为主，节理面多数闭合，少有泥质充填。岩层为薄层或以硬岩为主的软硬岩互层，层间结合良好，少见软弱夹层、层间错动和层面张开现象	>60（软岩，>20）	>2.50	3.0～4.5	0.30～0.50	>2	
	碎裂镶嵌结构	构造影响较重。结构面发育，一般为3组以上，平均间距0.2～0.4m，以构造节理为主，节理面多数闭合，少数有泥质充填，块体间牢固咬合	>60	>2.50	3.0～4.5	0.30～0.50	>2	
Ⅳ	同Ⅱ级围岩块状结构和层间结合较好的中厚层或厚层状结构	同Ⅱ级围岩块状结构和层间结合较好的中厚层或厚层状结构特征	10～30	0.42～1.25	2.0～3.5	0.50～0.75	>1	毛洞跨度5m时，围岩能维持数日到一个月的稳定，主要失稳形式为冒落或片帮
	散块状结构	构造影响严重，一般为风化卸荷带。结构面发育，一般为3组，平均间距为0.4～0.8m，以构造节理、卸荷、风化裂隙为主，贯通性好，多数张开，夹泥，夹泥厚度一般大于结构面的起伏高度，咬合力弱，构成较多的不稳定块体	>30	>1.25	>2.0	>0.15	>1	

（续）

围岩级别	主要工程地质特征							毛洞稳定情况
				岩石强度指标		岩体声波指标		
	岩体结构	构造影响程度，结构面发育情况和组合状态		单轴饱和抗压强度/MPa	点荷载强度/MPa	岩体纵波速度/(km/s)	岩体完整性指标	岩体强度应力比
IV	层间结合不良的薄层、中厚层和软硬岩互层结构	构造影响较重。结构面发育，一般为 3 组以上，平均间距为 0.2～0.4m，以构造节理、风化节理为主，大部分微张（0.5～1.0mm），部分张开（>1.0mm），有泥质充填，层间结合不良，多数夹泥，层间错动明显		>30（软岩>10）	>1.25	2.0～3.5	0.20～0.40	>1	毛洞跨度 5m 时，围岩能维持数日到一个月的稳定，主要失稳形式为冒落或片帮
IV	碎裂状结构	构造影响严重，多数为断层影响带或强风化带。结构面发育，一般为 3 组以上。平均间距为 0.2～0.4m，大部分微张（0.5～1.0mm），部分张开（>1.0mm），有泥质充填，形成许多碎块体		>30	>1.25	2.0～3.5	0.20～0.40	>1	
V	散体状结构	构造影响很严重，多数为破碎带、全强风化带、破碎带交汇部位。构造及风化节理密集，节理面及其组合杂乱，形成大量碎块体。块体间多数为泥质充填，甚至呈石夹土状或土夹石状		—	—	<2.0	—	—	毛洞跨度 5m 时，围岩稳定时间很短，约数小时至数日

注：　1. 围岩按定性分级与定量指标分级有差别时，一般应以低者为准。

　　　2. 本表声波指标以孔测法测试值为准。如果用其他方法测试时，可通过对比试验，进行换算。

　　　3. 层状岩体按单层厚度可划分为：厚层，大于 0.5m；中厚层，0.1～0.5m；薄层，小于 0.1m。

　　　4. 一般条件下，确定围岩级别时，应以岩石单轴湿饱和抗压强度为准；对于洞跨小于 5m，服务年限小于 10 年的工程，确定围岩级别时，可采用点荷载强度指标代替岩块单轴饱和抗压强度指标，可不做岩体声波指标测试。

　　　5. 测定岩石强度，做单轴抗压强度测定后，可不做点荷载强度测定。

围岩分级表 2-15 中的岩体强度应力比的计算，当有地应力实测数据时按下式确定

$$S = \frac{R_c K_v}{\sigma_1} \tag{2-5}$$

式中　R_c——岩石饱和单轴抗压强度（MPa）；

　　　K_v——岩体完整性系数；

　　　σ_1——垂直洞轴线的较大主应力（kN/m²）。

岩体完整性系数 K_v 应按应力波测定值按式（2-2）计算。当无条件进行应力波实测时，也可用岩体体积节理数 J_v 按表 2-6 确定对应的 K_v 值。

当无地应力实测数据时，σ_1 按下式计算。即

$$\sigma_1 = \gamma H \tag{2-6}$$

式中　γ——岩体重力密度（kN/m³）；

H——隧洞顶覆盖层厚度（m）。

对Ⅲ、Ⅳ级围岩，当地下水发育时，应根据地下水类型、水量大小、软弱结构面多少及其危害程度，适当降级。对Ⅱ、Ⅲ、Ⅳ级围岩，当洞轴线与主要断层或软弱夹层的夹角小于30°时，应降一级。

习　题

2-1　岩石的工程分级的划分主要应考虑哪些因素？

2-2　说明岩石坚固性的含义。

2-3　简述不同行业岩石工程分级类别、名称和判定。

2-4　围岩分级主要考虑了哪几类影响围岩稳定性的因素？

2-5　简述不同行业的围岩稳定性分类类别、名称和分类依据。

第2部分

表土地层地下工程施工技术

第3章 明挖法施工技术

明挖法是从地表面向下开挖，在预定位置修筑结构物方法的总称。它是浅地表工程常用的施工方法，具有施工作业面多、速度快、工期短、易保证工程质量、工程造价低等优点，因此在地面交通和环境条件允许的前提下，应该尽可能采用明挖法。根据开挖面是否设置围护结构，将明挖法分为放坡开挖和有围护结构开挖两类。

3.1 放坡开挖施工

放坡开挖施工是指不采用支撑形式，而采用放坡施工方法进行开挖的基坑工程，也称为大开挖工程。一般认为，对于基坑开挖深度较浅，施工场地空旷，周围建筑物和地下管线及其他市政设施距离基坑较远的情况，可以采用大开挖方式。大开挖基坑工程可以为地下结构的施工创造最大限度的工作面，方便施工布置，因此在场地允许的条件下，应优先选择大开挖法进行基坑施工。

采用放坡进行基坑开挖，必须保证基坑开挖与主体结构施工过程中的基坑安全与稳定。当基坑开挖深度较大时，一般在坡面上要设置临时挡土结构。

3.1.1 土方边坡

在开挖基坑、沟槽或填筑路堤时，为了防止塌方，保证施工安全及边坡稳定，其边沿应考虑放坡。土方边坡的坡度为其高度 H 与底宽 B 之比。即

$$土方边坡坡度 = H/B = 1 : m$$

式中，$m = B/H$，称为坡度系数。其意义为：当边坡高度已知为 H 时，其边坡宽度 B 等于 mH。

边坡可做成直线形、折线形或阶梯形，如图 3-1 所示。

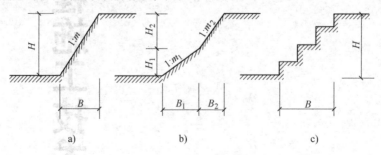

图 3-1　边坡形式

a) 直线形　b) 折线形　c) 阶梯形

土方边坡坡度大小的留设，应根据土质、开挖深度、开挖方法、施工工期、地下水水位、坡顶荷载及气候条件等因素确定。一般情况下，黏性土的边坡可陡些，砂性土的边坡则应平缓些；当基坑附近有主要建筑物时，边坡应取 1 : 1.0 ~ 1 : 1.5。

3.1.2　影响边坡稳定性的因素

影响边坡稳定性的因素很多，就其性质来说，可以分为两大类，第一类为地质因素，第二类属于工程活动的人为因素。

1. 地质因素

1）岩土性质。岩土成因、矿物组分、原生构造、物理力学性质、抗剪强度。其中，抗剪强度是控制边坡稳定的主要性质。

2）岩土结构。

3）地下水状况。

2. 工程活动的人为因素

1）坡度或坡高比。

2）基坑边坡坡顶堆放材料、土方及大型机械设备等附加荷载。

3）基坑施工是否跨越雨季，因为降雨的入渗不但使土的重度增大、强度参数降低，而且雨水容易沿着土体中的裂缝流动，产生渗流力。

4）基坑开挖后的暴露时间。

5）基坑土方开挖顺序。

第 4）条和第 5）条在一些软土地区表现得更为明显。在软土地区，基坑开挖过程中要严格遵守"分层、分块、对称、平衡、限时"的原则。

3.1.3　边坡稳定性分析方法

边坡稳定性的主要分析方法有极限平衡法和工程类比法等。地下工程施工常用工程类比法。

1. 极限平衡法

假定边坡沿某个滑动面滑动，通过对滑坡体内力进行假定，建立极限平衡方程，解方程组求出安全系数。一般将安全系数定义为抗滑力与滑动力之比。当需要对滑坡体内力进行假定时，需要对滑坡体划分条块，因此极限平衡法又称为条分法。如果边坡没有已知滑动面，需要搜寻安全系数最小的滑动面。

2. 工程类比法

基坑放坡大开挖必须通过边坡稳定性分析来设计边坡高度和坡度。但是对于边坡坡高较小的简单边坡，可以根据当地经验，参照同类土体的稳定坡高和坡度值加以确定。

3.1.4　基坑边坡失稳的防治措施

1. 边坡修坡

改变边坡外形，主要措施有坡顶卸土、坡度减小和在边坡上设置台阶。

2. 设置边坡护面

设置基坑边坡混凝土护面的目的是为了控制地表排水经裂缝渗入边坡内部，从而减少因为水的入渗导致土的工程性质变化。护面一般用 C15 素混凝土，厚度为 10 ~ 15cm。为了增强护坡效果，可以在坡面上铺设一层钢筋网，再喷射混凝土护坡。

3. 边坡抗滑加固

当基坑开挖深度大，而边坡又因场地限制不能继续放缓时，应对边坡潜在滑坡面内的土层进行加固。主要加固手段是在坡角或边坡中部的台阶上设置抗滑桩。抗滑桩可以是搅拌桩或旋喷桩。

4. 坡面采用土钉支护

当基坑开挖深度较大，而边坡受场地限制不能完全放坡的时候，可以考虑在坡面上打入土钉加固边坡，并且将土钉与坡面铺设的钢筋网连接起来。

3.2 围护结构施工

当基坑开挖深度比较大，基坑周边有重要构筑物或地下管线时，就不能采用放坡开挖，要设置围护结构。对于有围护结构的基坑，其设计内容主要包括围护结构的选型、入土深度、支撑系统、挖土方案、换撑措施、降水方案和基坑坑底的加固等。上述各项设计内容是相互联系的，在进行某一具体基坑工程设计时必须综合考虑。基坑围护结构设计应遵循"安全、经济、施工简便"的原则。对于选定的围护结构形式，最重要的设计内容主要是围护结构的入土深度和支撑系统的布置。围护结构的入土深度直接关系到围护结构的整体稳定性。

3.2.1 沟槽的支撑方法

当为了缩小施工面，减少土方，或受场地的限制不能放坡时，可设置土壁支撑。表 3-1 所示为一般沟槽支撑方法，主要采用横撑式支撑；表 3-2 所示为一般浅基坑支撑方法，主要采用结合上端放坡和拉锚等单支点板桩或悬管式板桩支撑，或采用重力式支护结构（如水泥搅拌桩等）；表 3-3 所示为深基坑的支撑方法，主要采用多支点板桩。

表 3-1　一般沟槽支撑方法

支撑方法	简图	支撑方法及适用条件
间断式水平支撑	木楔　横撑　水平挡土板	两侧挡土板水平放置，用工具式或木横撑借木楔顶紧，挖一层土，支顶一层
		适用于能保持立壁的干土或天然湿度的黏土类土，地下水很少，深度在 2m 以内
断续式水平支撑	立楞木　横撑　水平挡土板　木楔	挡土板水平放置，中间留出间隔，并在两侧同时对称立竖楞木，再用工具式或木横撑上下顶紧
		适用于能保持直立壁的干土或天然湿度的黏土类土，地下水很少，深度在 3m 以内
连续式水平支撑	立楞木　横撑　水平挡土板　木楔	挡土板水平连续放置，不留间隙，然后两侧同时对称立竖楞木，上下各顶一根撑木，端头加木楔顶紧
		适用于较松散的干土或天然湿度的黏土类土，地下水很少，深度为 3~5m

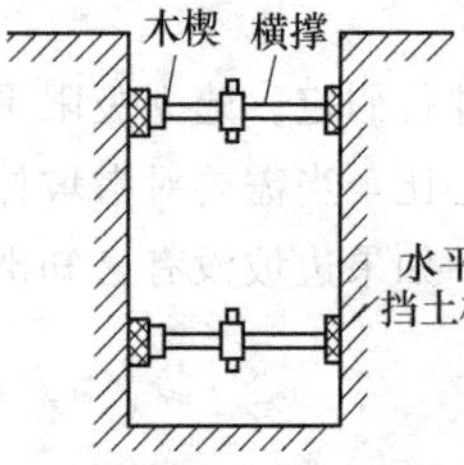

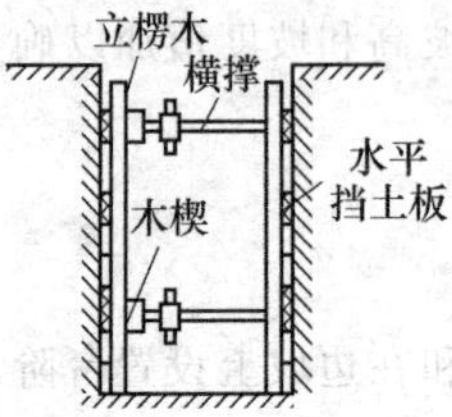

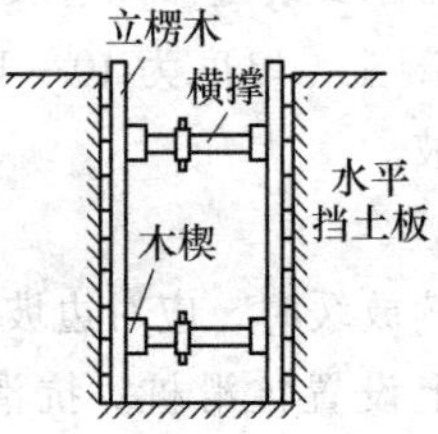

（续）

支撑方法	简　图	支撑方法及适用条件
连续式或间断式垂直支撑	木楔　横撑　垂直挡土板　横楞木	挡土板垂直放置，连续或留适当间隙，然后每侧上下各水平顶一根楞木，再用横撑顶紧
		适用于土质较松散或湿度很高的土，地下水较少，深度不限
水平垂直混合支撑	立楞木　横撑　木楔　水平挡土板　横楞木　垂直挡土板	沟槽上部连续或水平支撑，下部设连续或垂直支撑
		适用于沟槽深度较大，下部有含水土层情况

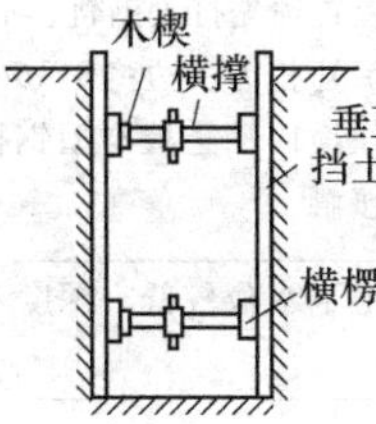

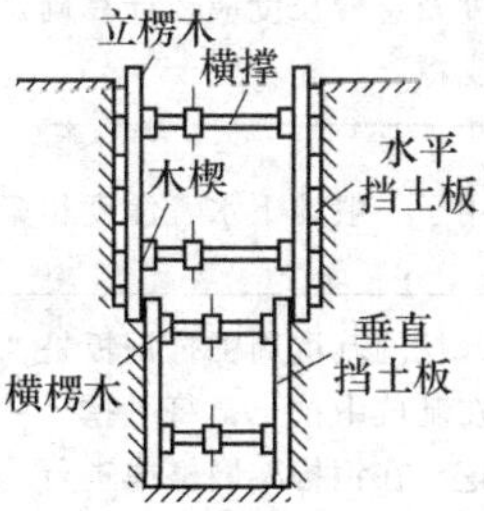

表 3-2　一般浅基坑的支撑方法

支撑方法	简　图	支撑方法及适用条件
斜柱支撑	柱桩　回填土　斜撑　短桩　挡土板	水平挡土板钉在柱桩内侧，柱桩外侧用斜撑支顶，斜撑底端支在木桩上，在挡土板内侧回填土
		适用于开挖较大型、深度不大的基坑或使用机械挖土
锚拉支撑	$\frac{H}{\tan\varphi}$　柱桩　拉杆　回填土　挡土板　H	水平挡土板支在柱桩的内侧，柱桩一端打入土中，另一端用拉杆与锚桩拉紧，在挡土板内侧回填土
		适于开挖较大型、深度不大的基坑或使用机械挖土，而不能安设横撑时使用
短桩横隔板支撑	横隔板　短桩　回填土	打入小短木桩，部分打入土中，部分露出地面，钉上水平挡土板，在背面填土捣实
		适于开挖宽度大的基坑，当部分地段下部放坡不够时使用
临时挡土墙支撑	装土、砂草袋或干砌、浆砌毛石	沿坡脚用砖、石叠砌或用草袋装土砂堆砌，使坡脚保持稳定
		适于开挖宽度大的基坑，当部分地段下部放坡不够时使用

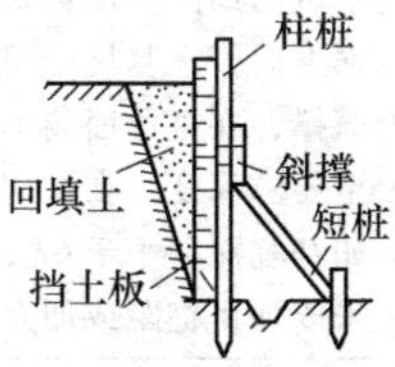

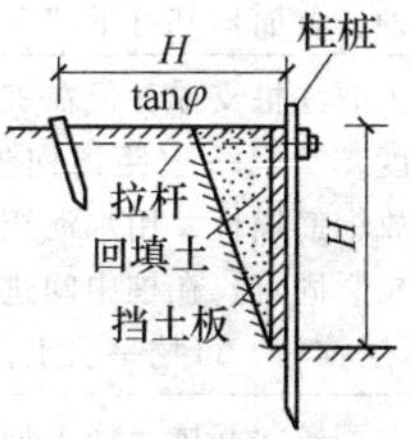

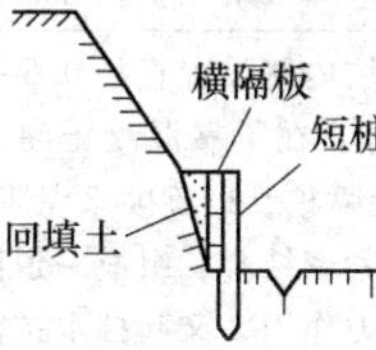

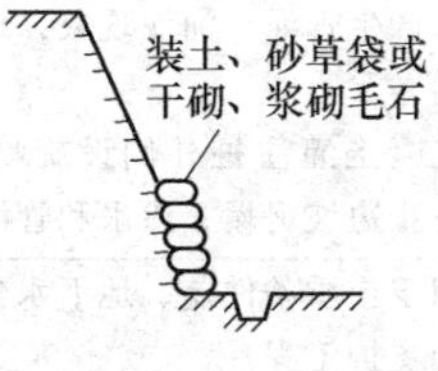

表 3-3　一般深基坑的支撑方法

支护（撑）方法	简　图	支护（撑）方法及适用条件
型钢桩横挡土板支撑		沿挡土位置预先打入钢轨、工字钢或 H 型钢桩，间距 1～1.5m，然后边挖方，边将 3～6cm 厚的挡土板塞进钢桩之间挡土，并在横向挡土板与型钢桩之间打入楔子，使横板与土体紧密接触
		适用于地下水位较低，深度不很大的一般黏性土层或砂土层
钢板桩支撑		在开挖基坑的周围打钢板桩或钢筋混凝土板桩，板桩入土深度及悬臂长度应经计算确定。如基坑宽度很大，可加水平支撑
		适用于一般地下水、深度和宽度不很大的黏性砂土层
钢板桩与钢构架结合支撑		在开挖的基坑周围打钢板桩，在桩位置上打入暂设的钢柱，在基坑中挖土，每下挖 3～4m，装上一层构架支撑体系，挖土在钢构架网格中进行。也可不预先打入钢柱，随挖随接长支柱
		适于在饱和软弱土层中开挖较大、较深基坑，钢板桩刚度不够时采用
挡土灌注桩支撑		在开挖基坑的周围，用钻机钻孔，现场灌注钢筋混凝土桩，达到强度后，在基坑中间用机械或人工挖土，下挖 1m 左右装上横撑，在桩背面装上拉杆与已设锚桩拉紧，然后继续挖土至要求深度。在桩间上方挖成外拱形，使之起上拱作用。如基坑深度小于 6m，或邻近有建筑物，也可不设锚拉杆，采取加密桩距或加大桩径处理
		适于开挖较大、较深（>6m）基坑，临近有建筑物，不允许支撑，背面地基有下沉、位移时采用
挡土灌注桩与土层锚杆结合支撑		同挡土灌注桩支撑，但在桩顶不设锚桩锚杆，而是挖至一定深度，每隔一定距离向桩背面斜下方用锚杆钻机打孔，安放钢筋锚杆，用水泥压力灌浆，达到强度后，安上横撑，拉紧固定，在桩中间进行挖土，直至设计深度。如设 2～3 层锚杆，可挖一层土，装设一次锚杆
		适于大型较深基坑，施工期较长，邻近有高层建筑，不允许支撑，邻近地基不允许有任何下沉位移时采用
挡土灌注桩与旋喷桩组合支撑		在深基坑内侧设置直径 0.6～1.0m 混凝土灌注桩，间距 1.2～1.5m。在紧靠混凝土灌注桩的外侧设置直径 0.8～1.5m 的旋喷桩，以旋喷水泥浆方式形成水泥土桩并与混凝土灌注桩紧密结合，组成一道防渗帷幕，既可起抵抗土压力、水压力作用，又起挡水抗渗作用。挡土灌注桩与旋喷桩采取分段间隔施工。当基坑为淤泥质土层，有可能在基坑底部产生管涌、涌泥现象，也可在基坑底部以下用旋喷桩封闭
		在混凝土灌注桩外侧设旋喷桩，有利于支护结构的稳定，防止边坡坍塌、渗水和管涌等现象发生
		适用于土质条件差、地下水位较高，要求既挡土又挡水防渗的支护工程

3.2.2 主要围护结构的形式

1. 主要围护结构的分类

主要围护结构按制作方式分类如图 3-2 所示。

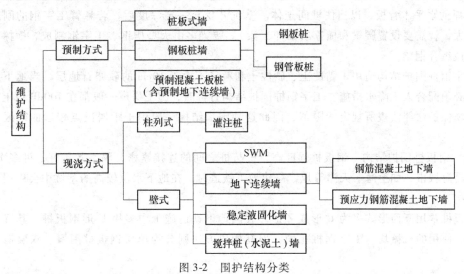

图 3-2 围护结构分类

2. 主要围护结构的特点

各类围护结构的特点见表 3-4。

表 3-4 各类围护结构的特点

类　型	特　点
桩板式墙	1. H 钢的间距为 1.2 ~ 1.5m 2. 造价低、施工简单，有障碍物时可改变间距 3. 止水性差，地下水位高的地方有适用，坑壁不稳的地方不适用
钢板桩墙	1. 成品制作，可反复使用 2. 施工简便，但施工有噪声 3. 刚度小、变形大，与多道支撑结合，在软弱土层中也可采用
钢管板桩	1. 截面刚度大于钢板桩，在软弱土层中开挖深度可大 2. 需有止水堵水措施相配合
预制混凝土板桩	1. 施工简便，但施工有噪声 2. 需辅以止水措施 3. 自重大，受起吊设备限制，不适合大深度基坑
灌注桩（钻孔桩、挖孔桩）	1. 刚度大，可用在深大基坑 2. 施工对周边地层、环境影响小 3. 需和止水措施配合使用，如搅拌桩、旋喷桩等
地下连续墙	1. 刚度大，开挖深度大，可适用于所有地层 2. 强度大，变位小，隔水性好，同时可兼作主体结构的一部分 3. 可邻近建筑物、构筑物使用，环境影响小 4. 造价高
SWM 工法	1. 强度大，止水性好 2. 内插的型钢可拔出反复使用，经济性好
水泥土搅拌桩挡墙	1. 墙体止水性好，造价低 2. 墙体变位大

3. 围护结构的施工

（1）工字钢桩围护结构　作为基坑围护结构主体的工字钢，一般采用大型工字钢。基坑开挖前，在地面用冲击式打桩机沿基坑设计边线打入地下，桩间距一般为 1.0～1.2m。若为饱和淤泥等松软地层，也可采用静力压桩机和振动打桩机进行沉桩。基坑开挖时，边挖土方边在桩间插入 5cm 厚的水平木背板，以挡住桩间土体。基坑开挖至一定深度后，若悬臂工字钢的刚度和强度不够大，就需要设置腰梁和横撑或锚杆（索）。腰梁多由大型槽钢、工字钢制成，横撑则可采用钢管或组合钢梁。

工字钢桩围护结构适用于黏性土、砂性土和粒径不大于 10cm 的砂卵石地层，当地下水位较高时，必须配合人工降水措施。工字钢桩围护结构打桩时，施工噪声一般都在 100dB 以上，大大超过环境保护法律法规所规定的限值，因此这种围护结构一般用于距居民点较远的郊区基坑施工中。

（2）钢板桩围护结构　钢板桩强度高，桩与桩之间的连接紧密，隔水效果好，可多次使用。因此，沿海城市，如上海、天津等地，修建地下铁道时，在地下水位较高的基坑中会应用钢板桩围护结构。

钢板桩常用断面形式多为 U 形或 Z 形。我国地下铁道施工中多用 U 形钢板桩，其沉放和拔除方法、使用的机械均与工字钢桩相同，但其构成方法则分为单层钢板桩围堰、双层钢板桩围堰等。

（3）人工挖孔桩围护结构　挖孔灌注桩又称人工挖孔桩，因其具有应用灵活、无机械噪声和泥浆污染、易调整纠偏和控制精度、对施工场地和机具设备要求不高、造价便宜等优点，被广泛地用于基坑的围护结构和建筑物基础。

挖孔桩通常是由工人用手持式工具挖掘土方成孔，并用手摇或电动绞车和吊桶出土。每挖一节桩身土方后，随即立模灌注混凝土护壁，逐节交替地由上到下直到设计标高。随着井身加深，及时安装通风、照明设备。挖孔桩最小直径为 800～1200mm。为了防止挖孔坍塌、保证施工安全，每节开挖深度一般在 1.0m 左右，在复杂地质条件下，每一节的开挖深度还应减少。混凝土护壁厚度为 15～20cm，并配置一定数量的钢筋，混凝土强度等级为 C20。挖孔桩桩身混凝土的制备和灌注方法及技术要求与钻孔桩类似。

挖孔桩的使用有一定限制：首先，地层必须有一定的自稳能力，其次，地下涌水量不能太大，否则就要在挖孔桩的外侧设置止水帷幕并进行降水后再进行挖孔桩的施工。挖孔桩的深度一般不超过 30m。

（4）钻孔灌注桩围护结构　钻孔灌注桩一般采用机械成孔，成孔机械多为螺旋钻机和冲击式钻机。由于采用泥浆护壁成孔，故钻孔灌注桩成孔时噪声低，适于城区施工。该围护结构在地下铁道基坑和高层建筑深基坑施工中得到广泛应用。

（5）搅拌桩挡土结构　深层搅拌桩是用搅拌机械将水泥、石灰等材料和地基土相拌和，从而达到加固地基的目的。搅拌桩一般是连续搭接布置，作为挡土结构的搅拌桩一般布置成格栅形。深层搅拌桩也可以用来形成止水帷幕。

（6）地下连续墙围护结构　地下连续墙主要有预制钢筋混凝土连续墙和现浇钢筋混凝土连续墙两类，通常地下连续墙一般指后者。

现浇钢筋混凝土壁式连续墙是在地面上用专用的挖槽设备，沿着基坑的周边，按照事先划分好的幅段，开挖狭长的沟槽；每个幅段的沟槽开挖结束后，在槽段内放置钢筋笼，并浇注水下混凝土；然后将若干个幅段连成一个整体，形成一个连续的地下墙体。壁式地下连续墙一般分幅施工，各幅墙体之间用锁口管或钢筋、钢板搭接，连接成整体；在开挖过程中，为保证槽壁的稳定，在沟槽内采用特制的泥浆护壁。

地下连续墙采用逐段施工的方法，施工过程复杂，施工工序多，其中导墙的修筑、泥浆的制备和处理、钢筋笼的制作和吊装、水下混凝土的灌注是控制地下连续墙质量的主要工序。现浇壁式地下连续墙的施工程序如图 3-3 所示。

1）单元槽段划分。现浇钢筋混凝土壁式地下连续墙是以单元槽段进行挖掘的。单元槽段的长度根据地质条件、混凝土和泥浆供应等条件确定，一般为 6～10m。

2）导墙施工。导墙在地下连续墙施工前进行，其作用主要有如下四个方面：

① 控制地下连续墙施工精度。导墙与地下墙中心一致，确定了沟槽的位置走向，可作为量测挖槽标高、垂直度的基准。

② 挡土作用。由于地表土层受地面机械设备等的超载作用，容易坍塌，导墙起着挡土作用。

③ 作为重物支承台。施工期间，导墙承受钢筋笼，灌注混凝土用的导管，接头管及其他施工机械的静、动荷载。

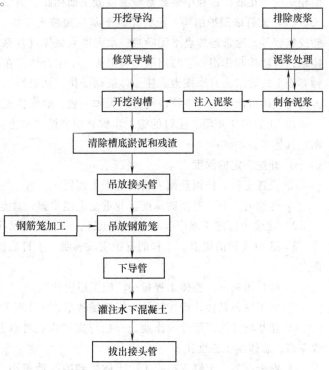

图 3-3　现浇壁式地下连续墙的施工程序

④ 维持稳定液面的作用。导墙内存储泥浆。为了保证槽壁的稳定，要使泥浆液面始终保持高于地下水位一定的高度，一般为 1.0m。

导墙结构有预制和现浇钢筋混凝土两种，一般都采用现浇钢筋混凝土。导墙形式多种多样，采用何种形式，主要取决于土质条件、地面荷载及地面邻近位置是否有重要建筑物等。

3）泥浆护壁。在地下连续墙挖槽过程中，泥浆的作用是护壁、携渣、冷却机具和切土滑润。其主要成分为膨润土、外加剂（增黏剂、堵漏剂、分散剂等）及水。

4）挖槽。施工中着重控制挖槽的垂直度。当挖至槽底后，应进行清槽，置换出槽底稠泥浆并清除槽底沉淀物，以保证墙体质量。

5）钢筋笼制作与吊装。根据槽段的长度加工钢筋笼，一般将钢筋笼做成一个整体。在制作钢筋笼时，要考虑到地下连续墙与主体结构的钢筋连接。为保证钢筋笼具有一定的刚度，便于吊装，一般在钢筋笼内设置纵向桁架，并在主筋平面内设置水平和斜向拉条。

6）混凝土灌注。混凝土强度等级一般不低于 C20。需考虑采用导管法在泥浆中灌注混凝土的特点，例如，混凝土的和易性要好、流动性要大，以及缓凝对混凝土强度的影响等。

混凝土的制备一般采用强度等级为 32.5 或 42.5 的普通硅酸盐或矿渣水泥，单位水泥用量一般大于 400kg/m³，水胶比一般小于 0.6。

采用导管法灌注时，导管直径一般选用 150～250mm。导管间距根据导管直径确定：使用 150mm 导管时，间距为 2m；使用 200mm 导管时，间距为 3m。在混凝土灌注过程中，导管下口插入混凝土深度应控制在 2～4m，不宜过深或过浅。导管插入深度太深，容易使下部沉积过多的粗骨料，而混凝土面层聚集较多的砂浆；导管插入太浅，则泥浆容易混入混凝土，影响混凝土的强度。

混凝土应一次灌注完毕，不得中断，以保证混凝土的均匀性。导管提升速度要和混凝土上升面相适应，在灌注过程中要经常量测混凝土面标高。当混凝土灌注至顶面时，应清除顶部浮渣。

（7）土钉墙围护结构　土钉是置于基坑边坡土体中，以较密间距排列的细长金属杆，如钢筋或钢管等，通常还外裹水泥砂浆或水泥净浆浆体（注浆钉）。土钉的特点是沿通长与周围土体接触，以群体起作用。它与周围土体形成一个组合体，在土体发生变形的条件下，通过与土体接触界面上的黏结力或摩擦力，使土体被动受拉，从而给土体以约束加固或使其稳定。土钉的设置方向与土体可能发生的主拉应变方向大体一致，通常接近水平并稍向下倾斜。

1）土钉施工步骤。土钉的施工步骤必须遵循"从上到下、分步修建、边开挖边支护"的原则，具体步骤如下：

① 开挖一定的深度。

② 设置土钉、挂钢筋网、喷射混凝土面层。

③ 继续向下开挖有限的深度，并重复上述步骤，直至所需要的深度。

2）注浆土钉施工顺序。对于注浆土钉，一般是先钻孔，然后插入钉体，再注浆。

3）土钉支护的优点。工程的支护实践表明，土钉墙支护方法与其他支护方法比较有以下的优点：

① 材料用量少，整体工程量小，施工速度快。

② 施工设备轻便，操作简单，需要场地小，施工时对环境干扰小。

③ 随基坑开挖逐层分段作业，开挖与支护作业可以并行，不占或少占单独作业时间，施工效率高，总体施工速度快。

④ 安全可靠，土钉支护施工，土体受到的扰动很小，土钉的数量多并作为群体起作用，个别土钉出现质量问题或失效对整体稳定性影响不大，万一出现不利情况，也能及时采取措施加固，避免出现大的事故。

⑤ 造价相对较低。

习　题

3-1　什么是坡度系数？其意义是什么？

3-2　试分析影响边坡稳定性的因素。

3-3　简述基坑边坡失稳的防治措施。

3-4　简述人工挖孔桩施工工艺。

3-5　地下连续墙导墙的作用是什么？

3-6　简述土钉墙支护的优点。

第4章 非开挖施工技术

4.1 顶管法施工

4.1.1 顶管法施工概述

顶管施工是一种表土层地下工程施工方法，主要用于地下进水管、排水管、煤气管、电信电缆管的施工。它不需要开挖面层，并且能够穿越公路、铁道、河川、地面建筑物、地下构筑物以及各种地下管线等，是一种非开挖的敷设地下管道的施工方法。

1. 顶管法施工在我国的发展

世界上最早的顶管施工作业是在 1896 年，由美国北太平洋铁路公司完成。我国顶管施工技术起步较晚，1954 年在北京进行的第一例顶管施工，以人工手掘式为主，设备非常简陋，也无专门的从业人员。

1964 年，上海首次使用机械式顶管，口径 2m 的钢筋混凝土管的一次推进距离可达 120m，同时也开始利用中继间的相关技术。

1967 年前后，上海已研制成功人不必进入管子的小口径遥控土压式机械顶管机，口径有 700 ~ 1050mm 多种规格。在施工实例中，有穿过铁路、公路的，也有在一般道路下施工的。这些掘进机，全部是全断面切削，采用胶带输送机出土。同时，已采用了液压纠偏系统，并且纠偏液压缸伸出的长度已用数字显示。

1978 年前后，上海又研制成功适用于软黏土和淤泥质黏土的挤压法顶管。这种方法要求的覆土厚度较大（大于 2 倍的管外径），但施工效率比普通手掘式顶管提高 1 倍以上。此外，研制成功的三段双铰型工具管，解决了百米顶管技术难题。

20 世纪 80 年代以来，顶管施工技术无论在理论上，还是在施工工艺方面，都有了长足的发展。1984 年前后，我国的北京、上海、南京等地先后开始引进国外先进的机械式顶管设备，使我国的顶管技术上了一个新台阶。尤其是在上海市政公司引进了日本直径 800mm 的 Telemale 顶管掘进机之后，国外的顶管理论、施工技术和管理经验也进入中国（如土压平衡理论、泥水平衡理论的各种试验和相关的一些理论研究）。

1988 和 1992 年，我国第一台多刀盘土压平衡掘进机（DN2720mm）和第一台加泥式土压平衡式掘进机（DN1440mm）研制成功，均取得了较令人满意的效果。与此同时，对顶管技术的理论研究的关注逐年增强，出现了专业的施工队伍和技术人员。

1998 年，中国非开挖技术协会成立，标志着我国的顶管行业开始进入规范化发展。2002 年中国非开挖技术协会批准成立北京、上海、广州和武汉四个非开挖技术研究中心，非开挖管线技术的研究进一步深入。

2. 顶管法施工基本原理

顶管施工一般是先在工作井内设置支座和安装液压千斤顶,借助主顶千斤顶(液压缸)及管道间等的推力,把工具管或掘进机从工作井内穿过土层一直推到接收井内吊起,与此同时,将预制的管段紧随工具管或掘进机后面顶入地层。这是一种顶进、开挖地层、管段接长同时进行的管道埋设方法。顶管施工如图 4-1 所示。

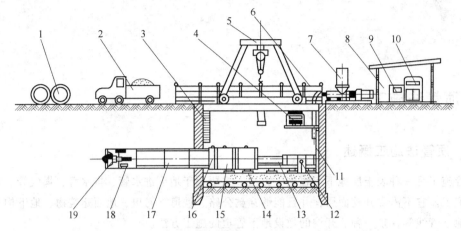

图 4-1 顶管施工示意图

1—预制的混凝土管 2—运输车 3—扶梯 4—主顶液压泵 5—行车 6—安全护栏 7—润滑注浆系统
8—操纵房 9—配电系统 10—操纵系统 11—后座 12—测量系统 13—主顶液压缸 14—导轨
15—弧形顶铁 16—环形顶铁 17—已顶入的混凝土管 18—运土车 19—机头

顶管施工系统主要包括工作井、掘进机(或工具管)、顶进装置、顶铁、后座墙、管节、中继间、出土系统、注浆系统以及通风、供电、测量等辅助系统。其中最主要的是顶管机和顶进系统。

3. 顶管法施工的特点

顶管法的优点:与盾构法相比,接缝大为减少,容易达到防水要求;管道纵向受力性能好,能适应地层的变形;对地表交通的干扰较少;工期短,造价低,人员少;施工噪声和振动较小;对于小型、短距离顶管,采用人工挖掘时,施工准备工作量小,设备少;不需二次衬砌;工序简单。

顶管法的不足:需要详细的现场调查;需开挖工作井;多曲线顶进、大直径顶进和超长距离顶进困难,纠偏困难,处理障碍物困难。

4. 顶管施工的分类

顶管施工的分类方法较多,常用的分类方法有以下几种。

(1)按口径大小分类 根据顶进管口径大小可分为大口径、中口径、小口径和微型顶管四种。大口径顶管直径多为 2m 以上;中口径顶管的直径多为 1.2 ~ 1.8m(大多数顶管为中口径顶管);小口径顶管直径为 500 ~ 1000mm;微型顶管的直径通常在 400mm 以下,最小的只有 75mm。

(2)按一次顶进的长度分类 一次顶进长度是指顶进工作井和接收工作井之间的距离。按距离的大小分为普通距离顶管和长距离顶管。顶进距离长短的划分目前尚无明确规定,现在千米以上的顶管已屡见不鲜,通常把 500m 以上的顶管称为长距离顶管。

(3)按顶管机的类型分类 根据破土方式,分为手掘式顶管和掘进机顶管。手掘式顶管的推进管前只是一个钢制的带刃口的管子（称为工具管），人在工具管内挖土。掘进机顶管的破土方式与盾构类似，也有机械式和半机械式之分。

（4）按管材分类　顶管施工分为钢筋混凝土顶管、钢管顶管以及其他管材的顶管。我国和其他国家一样，大量采用钢筋混凝土管和钢管。

（5）按顶进管子轨迹的曲直分类　可分为直线顶管和曲线顶管。其中曲线顶管技术复杂，是顶管施工的难点之一。

4.1.2　顶管机

顶管机是顶管施工的必需设备，也是关键设备。顶管机有手掘式和机械式两类，机械式又可分为泥水式、泥浆式、土压式、气压式、岩石式等。顶管机的类型很多，下面主要介绍手掘式、泥水平衡式和土压平衡式顶管机及其施工工艺。

1. 手掘式顶管机

手掘式顶管施工是最早发展起来的一种顶管施工的方式。手掘式顶管机是非机械的开放式（或敞口式）顶管机，适用于能自稳的土体。在顶管的前端装有工具管，施工时，采用手工的方法来破碎工作面的土层。破碎辅助工具主要有镐、锹以及冲击锤等。如果在含水量较大的砂土中，需采用降水等辅助措施。手掘式顶管机具有施工操作简便、设备少、施工成本低、施工进度快等优点，因此被许多施工单位采用。

（1）施工工艺及要求　手掘式顶管施工的基本原理和工艺如图 4-2 所示。

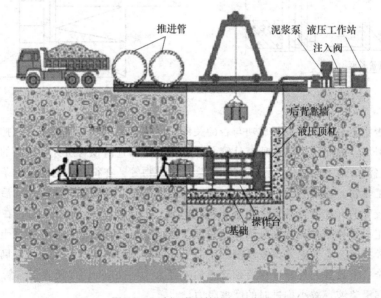

图 4-2　手掘式顶管施工示意图

1）用主顶液压缸把手掘式工具管放在基坑导轨上。为使工具管比较稳定地进入土中，最好与第一节混凝土管等后续管连在一起。当工具管进入洞口止水圈后即可从工具管内破洞。

2）用主顶液压缸慢慢将工具管切入土中。由于工具管尚未完全出洞，必须严格控制工具管的状态，要求工具管的水平状态与基坑导轨保持一致，确保出洞的方向准确。

3）人进入工具管内进行挖掘。每挖够一节管段长度，便启动主顶千斤顶进行推进，然后在千斤顶前再装入一节管子。挖掘、推进反复进行，直至接收井。

（2）施工需注意的问题　在手掘式顶管施工中，应注意以下的问题：

1）挖掘下来的土，常采用人力车推出或拉出管外，并利用小绞车提升到地面。

2）初始（10m内）顶进过程中加强测量工作。

3）工具管内不能设注浆孔。第一环注浆孔应设在工具管后的管子上，且装有可以关闭的截止阀。手掘式工具管前是敞开的，如注浆压力过高或距离工具管太近，将会发生跑浆现象。

4）注意防止有毒、有害气体中毒以及涌水现象。

（3）手掘式顶管机的组成 手掘式顶管机主要由切土刃脚、纠偏装置、承插口等组成。所用的工具管有一段式和两段式，目前采用两段式较多。一段式工具管如图4-3所示。一段式工具管有如下之不足：工具管与混凝土管之间的结合不太可靠，常会产生渗漏现象；发生偏斜时纠偏效果不好；千斤顶直接顶在其后的混凝土管上，第一节管容易损坏。两段式工具管如图4-4所示。两段式工具管的前后两段之间安装有纠偏液压缸，后壳体与后面的正常管节连接在一起。

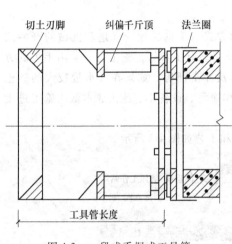

图4-3 一段式手掘式工具管

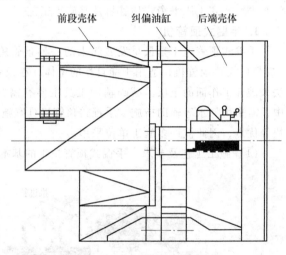

图4-4 两段式手掘式工具管

开挖面是否稳定是手掘式顶管成功与否的关键。由于这类工具管不加正面支撑，施工过程中极易引起正面坍塌。因此，采用这种工具管必须谨慎，仔细查清顶管所穿越地层的工程地质和水文地质情况。暗浜、地下储水体、沼气层和危险性障碍物等，在符合稳定的基本条件时，才可考虑采用手掘式工具管。软弱黏土灵敏度高，开挖面土体受到开挖顶进的施工扰动后，抗剪强度降低，暴露面积较大的开挖面容易发生剥落和坍塌现象，顶管外径大于1.4m时，在开挖面要加网格式支撑或有正面支撑千斤顶的部分支撑。在埋深较大或地面存在较大超载，且土壤抗剪强度较低、稳定条件较差时，应考虑安设较严密的正面支撑或施加适当压力的气压，以确保工程安全和周围环境的安全。工具管的外径应比所顶管子的外径大10~20mm，以便在正常管节外侧形成环形空间，注入润滑浆液，减小推进时的摩擦阻力。

还有一种与手掘式类似的挤压式顶管机，其工具管的前端切口的刃脚放大，由此可减小开挖面，采用挤土顶进。这种顶管适用于软黏土中，而且覆土深度要求比较大。另外，在极软的黏土层中也可采用网格式挤压工具管，其原理与网格式盾构机类似。网格式工具管也可作为手掘式使用。

2. 泥水平衡式顶管机

泥水平衡式顶管机是指采用机械切削泥土、利用压力来平衡地下水压力和土压力、采用水力输送弃土的顶管机，是比较先进的一种顶管机。泥水平衡式顶管机按泥水平衡对象分有两种：一种是泥水仅起平衡地下水的作用，土压力则由机械方式来平衡；另一种是泥水同时具有平衡地下水压力和土压力的作用。

（1）泥水平衡式顶管机的结构　泥水平衡工具管正面设刀盘，并在其后设密封舱，在密封舱内注入稳定正面土体的泥浆；刀盘切下的泥土沉在密封舱下部的泥水中，再被水力运输管道运至地面泥水处理装置。泥水平衡式工具管主要由大刀盘装置、纠偏装置、泥水装置、进排泥装置等组成。在前、后壳体之间有纠偏千斤顶，在掘进机上下部安装进、排泥管。

泥水平衡式顶管机的结构形式有多种，如刀盘可伸缩的顶管机、具有破碎功能的顶管机、气压式顶管机等。图 4-5 所示为一种可伸缩刀盘的泥水平衡顶管机结构。该种机型的刀盘与主轴连在一起，刀盘由主轴带动可作左右两个方向的旋转运动和前后的伸缩运动。刀头也可作前后运动。刀盘向后而刀头向前运动时，切削下来的土可从刀头与刀盘槽口之间的间隙进入泥水舱，如图 4-6 所示。

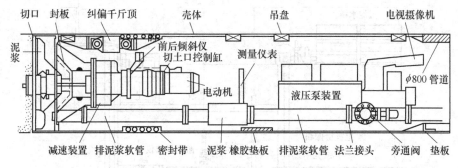

图 4-5　刀盘可伸缩式泥水平衡式顶管机

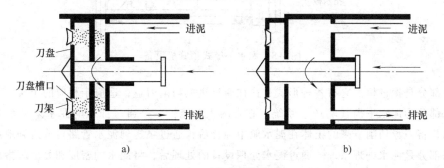

图 4-6　刀盘的开闭状态
a）封泥口打开状态　b）封泥口封闭状态

图 4-7 所示是我国生产的 TPN 型具有破碎功能的顶管机结构。该种顶管机管径为 600~350mm，功率为 11~37kW，可在地下水压力较高及土质变化较大的条件下使用，可破碎的岩石直径为 200~450mm。

日本开发有一种偏心式破碎泥水顶管机，口径为 250~1350mm，可破碎粒径 500mm 以上的石块。在掘进机工作时，刀盘一边旋转切削土砂，一边做偏心运动把石块轧碎。被轧碎的石块只有比泥土舱内与泥水舱连接的间隙小才能进入掘进机的泥水舱，然后从排泥管中被排出。

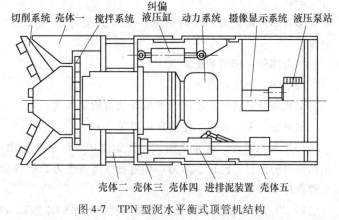

图 4-7　TPN 型泥水平衡式顶管机结构

另外，由于刀盘运动过程中，泥土舱和泥水舱中的间隙也不断地由最小变到最大这样循环变化着，因此，它除了有轧碎小块石头的功能以外，还始终能保证进水泵的泥水能通过此间隙到达泥土舱中，从而保证了掘进机不仅在砂土中而且在黏土中也能正常工作。一般情况下，刀盘每分钟旋转 4 ~ 5 转，刀盘每旋转一圈，偏心的轧碎动作 20 ~ 23 次。由于该机有以上这些特殊的构造，因此它的破碎能力是所有具有破碎功能的掘进机中最大的，破碎的最大粒径可达掘进机口径的40% ~ 45%，破碎的卵石强度可达 200MPa。该机适用于巨卵石、软岩、中硬岩、硬岩土层，通过更换切削刀盘，也能适用于普通土、硬质土、含卵石砂砾土层。

（2）泥水平衡顶管机的系统组成　完整的泥水平衡顶管系统分为八大部分，如图 4-8 所示。

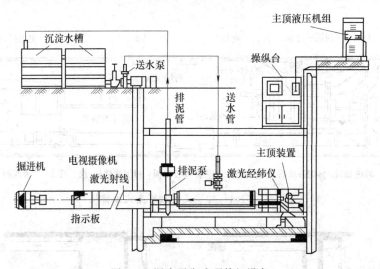

图 4-8　泥水平衡式顶管机设备

第一部分是掘进机。它有各种形式，往往通过更换切削刀盘，适应于相应的土层。

第二部分为泥水平衡（输送）系统。它有两大功能：一是通过加压的泥水来平衡开挖面的土体；二是将刀盘切削下来的土体在泥水舱中混合后，通过泵送到泥水管路再输送到地面。

第三部分是泥水处理系统。通过泥水处理设备的处理后，将泥水的密度和黏度等指标调整到比较合适的值，或通过泵将其送到顶管机中使用；同时将排泥管堆放的泥水进行分离，将可重复利用的黏土颗粒送入调整槽中处理后加以利用，其余部分作弃土处理。

第四部分是主顶系统。主要功能是完成管节的顶进，有主顶液压缸、主顶液压机组和操纵台等组成。

第五部分是测量、纠偏系统。主要由激光经纬仪、纠偏液压缸、液压泵、操纵阀和油管组成。

第六部分是起吊系统。

第七部分是供电系统。

第八部分是洞口止水圈、基坑导轨等附属系统。

如果是长距离顶进，还需要中继顶装置。

（3）泥水管理　泥水平衡式顶管施工中，应了解泥水的性质，加强泥水的管理。泥水管理包括泥水的流量、流速、压力、相对密度等各个方面的管理，它是泥水式顶管施工中最重要的一个管理环节。

1）相对密度。泥水的相对密度与管内泥水的流速有着密切的关系。一般泥水的相对密度在

1.10 ~ 1.20 之间，如果流速太低，则容易沉淀下来，造成管道堵塞。因此，泥水输送必须使其在管内的流速大于临界流速 V_L。临界流速计算式为

$$V_L = F_L \sqrt{2gd \frac{G_s - \delta}{\delta}} \tag{4-1}$$

式中　V_L——水平管内固体颗粒的临界流速（m/s）；

　　　F_L——由固体粒径与浓度决定的系数，对于砂土，$F_L = 1.33 ~ 1.36$；

　　　g——重力加速度（m/s²）；

　　　d——管内径（m）；

　　　G_s——颗粒的相对密度；

　　　δ——液体的相对密度。

2）黏度。顶管施工对泥水黏度的要求见表 4-1。

表 4-1　泥水的黏度确定因素

土　　质	渗透系数/(cm/s)	颗粒含量	相对密度	黏度/s	
				地下水影响小	地下水影响大
黏土、粉砂	$10^{-9} ~ 10^{-7}$	5 ~ 15	1.025 ~ 1.075		
粉砂、细砂	$10^{-7} ~ 10^{-5}$	15 ~ 25	1.075 ~ 1.125	23 ~ 27	28 ~ 35
细砂、砂	$10^{-5} ~ 10^{-3}$	25 ~ 35	1.125 ~ 1.175	28 ~ 35	33 ~ 40
砾砂	$10^{-3} ~ 10^{-1}$	35 ~ 45	1.175 ~ 1.225	30 ~ 40	50 ~ 60
砾石	10^{-1} 以上	45 以上	1.225 以上	37 ~ 45	55 ~ 65

（4）泥水平衡式顶管施工注意事项　泥水平衡式顶管比较适用于靠近江河湖海处的场合，它不仅可以解决水源，而且泥水的处理也比较容易解决。施工过程中，应注意以下问题：

1）随时注意挖掘面的稳定情况，经常检查泥水的浓度和相对密度，进、排泥管的流量和压力，看其是否正常。

2）掘进机停止工作时，要防止泥水从土层中或洞口及其他地方流失，避免挖掘面失稳。

3）应注意观察地下水压力的变化，并及时采取相应的措施和对策。

（5）泥水平衡式顶管施工的优点

1）对土质的适应性强。例如，在地下水压力很高以及变化范围较大的场所，它也能适用。

2）采用泥水平衡式顶管施工引起的地面沉降比较小，因此穿越地表沉降要求高的地段，可节约大量环境保护费用。泥水平衡式顶管施工可有效地保持挖掘面的稳定，对所顶管子周围的土体扰动比较小，从而引起较小的地面沉降，实际施工中地表最大沉降量可小于 3 cm。

3）顶进效果好，适宜于长距离顶管。与其他类型顶管比较，泥水平衡式顶管施工时所需的总推力比较小，在黏土层表现得更为突出。

4）工作井内的作业环境比较好，作业也比较安全。由于泥水平衡式顶管施工采用地面遥控操作，用泥水管道输送弃土，操作人员可不必进入管子，不存在进行吊土、搬运土方等容易发生危险的作业。泥水平衡式顶管施工可以在大气常压下作业，也不存在危及作业人员健康等问题。

5）施工速度快，每昼夜顶进速度可达 20 m 以上。由于顶进效果好，泥水输送弃土的作业也是连续不断地进行的，所以泥水平衡式顶管施工作业的速度比较快。

6）管道轴线和标高的测量采用激光仪连续进行，能做到及时纠偏，顶进质量容易控制。

（6）泥水式平衡顶管施工的缺点

1）所需的作业场地大，设备成本高。

2）弃土的运输和存放都比较困难。如果采用泥浆式运输，则运输成本高，且用水量也会增加。如果采用二次处理方法把泥水分离，或让其自然沉淀、晾晒等，则处理起来不仅麻烦，而且处理周期也比较长。采用泥水处理设备往往噪声很大，对环境会造成污染。

3）如果遇到覆土层过薄，或者遇上渗透系数特别大的砂砾、卵石层，作业就会受阻。因为在这样的土层中，泥水要么溢到地面上，要么很快渗透到地下水中去，致使泥水压力无法建立起来。

4）由于泥水顶管施工的设备比较复杂，一旦有哪个部分出现了故障，就要全面停止施工作业。它的这种相互联系、相互制约的程度比较高。

3. 土压平衡顶管机

土压平衡顶管机的平衡原理与土压平衡盾构相同。与泥水顶管施工相比，其最大的特点是排出的土或泥浆一般不需再进行二次处理，具有刀盘切削土体、开挖面土压平衡、对土体扰动小、地面和建筑的沉降较小等特点。

土压平衡顶管机按泥土舱中所充的泥土类型分，有泥土式、泥浆式和混合式三种；按刀盘形式分，有带面板刀盘式和无面板刀盘式；按有无加泥功能分，有普通式和加泥式；按刀盘的机械传动方式分，有中心传动式、中间传动式和周边传动式；按刀盘的多少分，有单刀盘式和多刀盘式。下面主要介绍单刀盘式和多刀盘式。

（1）单刀盘式土压平衡顶管机　这是日本在 20 世纪 70 年代初期开发的，具有广泛的适应性、高度的可靠性和先进的技术性，又称为泥土加压式顶管机、辐条式刀盘顶管机或者加泥式顶管机。图 4-9 所示的是这种机型的结构之一，它由刀盘及驱动装置、前壳体、纠偏液压缸组、刀盘驱动电动机、螺旋输送机、操纵台、后壳体等组成，但没有刀盘面板，刀盘后面设有许多根搅拌棒。这种结构的 DK 型顶管机在国内已自成系列，适用于 1.2～3.0m 口径的混凝土管施工，在软土、硬土中都可采用，并且可与盾构机通用，可在覆土厚度为 0.8 倍管道外径的浅埋土层中施工。

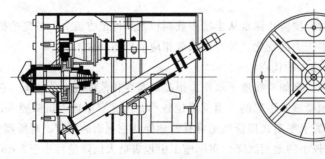

图 4-9　单刀盘式土压平衡顶管机

单刀盘式土压平衡顶管机的工作原理：先由工作井中的主顶进液压缸推动顶管机前进，同时大刀盘旋转切削土体，切削下的土体进入密封土舱与螺旋输送机中，并被挤压形成具有一定土压的压缩土体；切削的土体经过螺旋输送机的旋转被输送出去。密封土舱内的土压力值可通过螺旋输送机的出土量或顶管机的前进速度来控制，以使此土压力与切削面前方的静止土压力和地下水压力保持平衡，从而保证开挖面的稳定，防止地面的沉降或隆起。由于大刀盘无面板，其开口率接近 100%，所以，设在隔舱板上的土压计所测得的土压力值就近似于掘削面的土压力。根据顶管机开挖面不同地层的特性，通过向刀盘正面和土舱内加入清水、黏土浆（或膨润土浆）、各种配比与浓度的泥浆或发泡剂等添加材料，使一般难以施工的硬黏土、砂土、含水砂土和砂砾土改变成具有塑性、流动性和止水性的泥状土，从而被螺旋输送机顺利排出，同时顶住开挖面前的土压力和地下水压力，保持刀盘前面的土体稳定。

（2）多刀盘土压平衡顶管机　是外径大于 1800mm 的一种大口径的土压平衡顶管机，只适用于软土地层。

如图 4-10 所示，土压舱内均布有四个刀盘，刀盘由电动机通过安装在隔舱板上的减速器驱动、旋转，它们在切削土体的同时可对土体进行搅拌。下部设有螺旋输送机的喂料口，切削下来的土体通过螺旋输送机排出。由于前壳体被隔舱板隔离成前面的土压舱和后面的动力舱两部分，地下水无法渗透进来，所以多刀盘土压平衡顶管机可在地下水位以下进行顶管施工。由于多刀盘土压平衡顶管机四个刀盘切削土体的面积只占顶管机全断面的 60% 左右，其余部分的土体都是通过挤压、搅拌，最终被螺旋输送机排出的，这种结构决定了多刀盘土压平衡顶管机只适用于含水量比较大的软土地层。

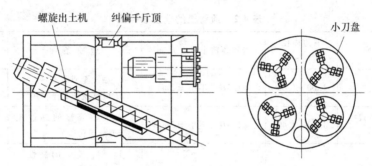

图 4-10　多刀盘式土压平衡顶管机

泥土舱的隔舱板上部和中部两侧各设有三个土压力表。前后壳体之间安装有壳体密封圈，壳体前后是用四组"井"字形布置的纠偏液压缸联结起来。在后壳体内设有液压动力站，以控制各组纠偏液压缸的伸缩，从而达到控制顶管机顶进的方向。

多刀盘土压平衡顶管机的工作原理：顶进过程中，需根据土质、覆土深度等条件设定一个控制土压力 P，当泥土舱内的土压力大于 P 时，让螺旋输送机排土；当泥土舱内的土压力小于 P 时，让螺旋输送机停止排土。只要推进速度与排土量相匹配，就可做到连续排土。同时，也可把土压力控制在 $P \pm 20\text{kPa}$ 范围以内。

多刀盘土压平衡顶管机的整机质量轻，顶进时不易产生沉降，用电比同口径的大刀盘土压平衡顶管机少 30% ～ 40%。此外，多刀盘土压平衡顶管机还有一个独特的功能，就是可以利用某个刀盘的转动或停止转动来纠正顶管机的方向偏差。例如，当顶管机在上层土软、下层土硬这样上下两层软硬不同的土中顶进时，顶管机往往会向软的一层土偏过去，即顶管机会爬高。这时，如果让顶管机上部的两个刀盘停止转动，继续往前顶的话，顶管机会停止爬高，并会出现趋稳或往下的走势。

在上海龙华地区的某地下工程中，施工单位采用直径 2400mm 的多刀盘土压平衡顶管机顶管。起先，一直很正常，但在距接收井还有 45 ～ 36m 这一段距离时，一下子偏左 42cm，如果按这种偏差的速率继续往前顶，到时肯定进不了洞。经分析推断，左边可能遇到了已填埋的水塘或河道，因此施工人员把左边上下两个刀盘停掉，放慢速度、控制好土压力和刀盘电流继续往前顶，结果顶管机很快就开始往右回正，最终安全进了洞。

多刀盘土压平衡顶管机有它的局限性，只能用在含水量较高的软黏性土中，若遇到砂性土时，必须注入黏土浆液对砂性土进行改良。另外，顶管机一旦产生了顺时针或逆时针的滚动偏转，就不太容易纠正。

4. 顶管机类型的选择

管道顶进方法的选择，应根据管道所处土层性质、管径、地下水位、附近地上与地下建（构）筑物和各种设施等因素，经技术经济比较后确定，并应符合下列规定：

1）在黏性土或砂性土层，且无地下水影响时，宜采用手掘式或机械挖掘式顶管法；当土质为砂砾土时，可采用具有支撑的工具管或注浆加固土层的措施。

2）在软土层且无障碍物的条件下，管顶以上土层较厚时，宜采用挤压式或网格式顶管法。

3）在黏性土层中必须控制地面隆陷时，宜采用土压平衡顶管法。

4）在粉砂土层中且需要控制地面隆陷时，宜采用加泥式土压平衡或泥水平衡顶管法。

5）在顶进长度较短、管径小的金属管时，宜采用一次顶进的挤密土层顶管法。

合理选择顶管机的类型，是整个工程成败的关键。顶管机选型可参照表4-2。

表4-2 顶管机的选型参照表

序号	类　型	管道内径 D/m	管道顶覆土厚度 H/m	地 质 条 件	环 境 条 件
1	手掘式	1.00 ~ 1.65	≥1.5D（不小于3m）	1. 黏性土或砂土 2. 极软流塑黏土慎用	允许地层最大变形量为200mm
2	网格挤压式（水冲）	1.00 ~ 2.40	≥1.5D（不小于3m）	软塑、流塑的黏性土（或夹薄层粉砂）	允许地层最大变形量为150mm
3	土压平衡式	1.80 ~ 3.00	≥1.5D（不小于3m）	1. 塑、流塑的黏性土（或夹薄层粉砂） 2. 黏质粉土慎用	允许地层最大变形量为50mm
4	泥水平衡式	0.80 ~ 3.00	≥1.3D（不小于3m）	黏性土或砂性土	允许地层最大变形量为30mm

4.1.3 工作井

工作井（工作坑或基坑）按其作用分为顶进井（始发井）和接收井两种。顶进井是安放所有顶进设备的场所，也是顶管掘进机的始发场所，是承受主顶液压缸推力的反作用力的构筑物，供下管节、挖掘土砂的运出、材料设备的吊装、操纵人员的上下，工具管出洞等使用。在顶进井内，布置主顶千斤顶、顶铁、基坑导轨、洞口止水圈以及照明装置和井内排水设备等。在顶进井的地面上，布置行车或其他类型的起吊运输设备。接收井是接收顶管机或工具管的场所，与顶进井相比，接收井布置比较简单。

1. 工作井的形式

工作井按其形状分，有矩形、圆形、腰圆形（两端为半圆形，中间为直线形）、多边形等几种，其中以矩形为多；按其结构分，有钢筋混凝土井、钢板桩井、瓦楞钢板井等；按其构筑方法分，有沉井、地下连续墙井、钢板桩维护井、混凝土砌块（或砖）井等。下面按构筑方法进行介绍。

（1）沉井　在地下水位以下修建井坑时，如缺乏钢板桩等设备，或者工作井较深土质较差采用钢板桩不能解决问题时，可采用沉井法修建工作井。较浅的沉井可采用先降水后再沉的干式沉井施工；而较深的沉井则应采用不排水的湿式沉井施工，在水中封底以后再排干井中的水。

施工流程：沉井基坑开挖→基坑平整铺筑垫层→第一节井体结构施工和养护→第一节沉井下沉→第二节井体结构施工和养护→第二节沉井下沉……→沉井下沉到位→浇筑封底混凝土→浇筑

钢筋混凝土底板。

沉井法施工的工作井构筑顺序：先挖一个 1.0m 深的比工作井外周尺寸大 0.5m 的井，井底要平整，然后再在井体的刃脚下先垫一层砂和素混凝土垫块，垫块的宽度与井壁大致相同；接下来是立模、扎筋、浇捣。井体中应预留有掘进机出洞洞口，直径比掘进机头大 0.15 ~ 0.20m，接收井的洞口直径比顶进井中的洞口要大 0.1m 左右。

下沉前把素混凝土垫块打碎，沉井的刃口就切入土中。如果是干沉，还需在沉井的外周加一圈降水井点以降低井内地下水位。挖去井内的土，沉井就会慢慢下沉，当沉到位时再进行第二节井体结构和下沉施工，以此循环直至下沉到设计标高。最后用水下混凝土进行封底。

沉井下沉过程中可能发生倾斜、偏移、下沉过快而超沉、遇到障碍物极慢等不正常状态，要采取相应的纠偏和处理措施。沉井的影响范围为深度的 1.5 倍，周边 3m 内有明显的沉降。

(2) 地下连续墙井　连续墙式工作井就是先钻深孔成槽，用泥浆护壁，然后放入钢筋网，浇注混凝土时将泥浆挤出来形成连续墙体，待混凝土强度足够后，自上而下挖出其中的土并封底而形成工作井。在同样条件下与沉井相比，地下连续墙井工期较短，对邻近房屋或其他建筑物影响小。

地下连续墙井施工的顶管洞口不是预留的，而是在后来开凿的。圆井在开凿好进出洞口以后，还要分别浇一堵前止水墙和后座墙。如果一边距建筑物近，各先按井的尺寸留出内衬，然后做一排钻孔灌注桩，再在钻孔灌注桩外侧两桩交接处采用高压旋喷桩或注浆把其缝隙封住，最后在井内一边往下挖一边浇筑内衬，直做到基础底以下再封底。

(3) 钢板桩井　这是用拉森钢板桩以企口相接密扣建成圆形或矩形的围堰支持井壁的工作井。在地下水位高和地基土为粉土或砂土的条件下采用这种工作井时，应防止产生管涌。钢板桩采用汽车起重机配电动振锤打桩机施工，从一端向另一端逐块打设至结束。先用起重机将钢板桩吊至插点处进行插桩。插桩时锁口要对准，每插入一块即套上桩帽，并轻轻加以锤击。在打桩过程中，应注意加强钢板桩垂直度控制，采用经纬仪在两个方向加以控制。在拉森钢板桩对位时，利用人工扶持前一块的锁口后继续下插，两块钢板桩的锁口要求紧密咬口。振锤就位卡稳钢板桩后，起重机松开钢板桩，开动发电机及振锤启动器，将钢板桩徐徐打到土中。

钢板桩分几次打入至设计标高。打桩时，开始打设的第一、二钢板桩的打入位置和方向要确保精度，起样板导向作用，一般控制在打入 1m 就测量一次。钢板桩长度为 12m，考虑防止井涌及隆起发生，板桩要深入井底 2 ~ 3m，故支护深度为 9 ~ 10m，并按计算在井内四周设置临时支撑。基坑挖土采用人机结合的办法，即表层 3 ~ 4m 可用挖土机开挖，人工配合削边及整平，以下土层受挖土机臂长不足的限制及对基坑产生侧压力的影响，只能采取人工挖土至基底再浇筑底板混凝土。

钢板桩支护优点是施工速度快、工艺简单、施工简便。缺点是：当土质为流沙与淤泥层，打拔钢板桩的过程中会扰动土层，造成路面开裂下陷，路面恢复范围加大；有石块、岩层障碍物或者管线较多时无法施打。钢板桩井由于刚度小变形大适合用作手掘式顶管井和机械顶管的接收井。

(4) 砌筑井　采用混凝土砌块或砖进行砌筑，施工时一边挖土一边砌筑。土质较好、深度不大时，也可一次挖到底再进行砌筑，必要时也可进行简易的支护。另外，还可采用类似管片的形式，随着开挖一环一环地往地下构筑井壁。管片可以是钢筋混凝土，也可以是钢结构。采用这种方法构筑成的工作井形状大多为圆形。

2. 工作井的选择

(1) 工作井的位置选择　应尽量避开房屋、地下管线、河塘、架空电线等不利于顶管施工作业的场所。尤其是顶进井，它不仅在井内布置有大量设备，而且在地面上又要有堆放管子、注浆材料和其他材料的场地，以及提供渣土运输或泥浆沉淀池的场地，还要有排水管道等。如果工作井太靠近房屋和地下管线，在施工过程中可能造成对它们的损坏，给施工带来麻烦。有时，为了确保房屋或地下管线的安全，不得不采用一些特殊的施工方法或保护措施，这样又会增加施工成本、延误工期。工作井设在河塘边也会给施工造成威胁。万一河塘中的水与井中贯通，不仅会造成严重的水土流失，不利于井的安全；同时会减小工作井后座墙承受主顶液压缸反力的能力，使顶管施工的难度增大，并且会增加中继间的数量，使顶管施工成本上升。在架空线下作业，尤其是在高压架空线下作业，常常会发生触电事故或造成停电事故，施工很不安全。

（2）工作井数量的选择　工作井的数量要根据顶管施工全线的情况合理选择。顶进井的构筑成本会大于接收井，因此在全线范围内，应尽可能地把顶进井的数量降到最少。同时还要尽可能地在一个顶进井中向正反两个方向顶，以减少顶管设备转移的次数，从而有利于缩短施工周期。

（3）工作井构筑方式的选择　在选取工作井的构筑方式时，应先全盘综合考虑，然后再不断优化。一般的选取原则有以下方面：

1）在土质比较软，而地下水又比较丰富的条件下，应首先选用沉井法施工。

2）在渗透系数为 1×10^{-4} cm/s 左右的砂性土中，可以选择沉井法或钢板桩法。

3）在地下水非常丰富、淤泥质软土中，可采用冻结法施工。

4）钢板桩工作井是使用最多的一种，施工成本低，构筑容易，施工速度快。在土质条件比较好、地下水少的条件下，应优先选用。顶进井采用钢板桩时，顶进距离不宜太长。如果地下水丰富，可配合井点降水等辅助措施。

5）在覆土比较深的条件下，可采用多次浇注和多次下沉的沉井法，或地下连续墙法。

6）在一些特殊条件下，如离房屋很近，则应采用特殊施工法。

7）在一般情况下，接收井可采用钢板桩、砖等比较简易的构筑方式。

8）拉森钢板桩用于较深和含水量较高的土质条件下的工作井。

不论采用哪种形式构筑的工作井，在施工过程中都应不断观察，看它是否有位移。如果有，则应仔细排除移动产生的误差。通常沉井或地下连续墙等整体性好的工作井所产生的位移多是整体性的，钢板桩柱等工作井的位移则是局部的。

3. 顶进井的布置

顶进井的布置分为地面布置和井内布置。

（1）井内布置　包括前止水墙、后座墙、基础底板及排水井等的布置。后座要有足够的抗压强度，能承受主顶千斤顶的最大顶力。前止水墙上安装有洞口止水圈，以防止地下水土及顶管用润滑泥浆的流失。在顶管工作井内，还布置有工具管、环形顶铁、弧形顶铁、基坑导轨、主顶千斤顶及千斤顶架、后靠背，如图4-11所示。其中主顶千斤顶及千斤顶架的布置尤为重要，主顶千斤顶的合力的作用点对初始顶进的影响比较大。

1）管节。一般为钢筋混凝土管节或钢管节。

2）后座墙是把主顶液压缸推力的反力传递到工作井后部土体中去的墙体，是主

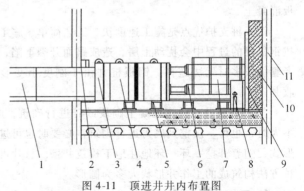

图 4-11　顶进井井内布置图

1—管节　2—洞口止水系统　3—环形顶铁　4—弧形顶铁
5—顶进导轨　6—主顶液压缸　7—主顶液压缸架
8—测量系统　9—后靠背　10—后座墙　11—井壁

推千斤顶的支承结构。它的构造会因工作井的构筑方式不同而不同。在沉井工作井中，后座墙一般就是工作井的后方井壁。在钢板桩工作井中，必须在工作井内的后方与钢板桩之间浇筑一座与工作井宽度相等的、厚度为 0.5 ~ 1.0m 的、其下部最好能插入到工作井底板以下 0.5 ~ 1.0m 的钢筋混凝土墙，目的是使推力的反力能比较均匀地作用到土体中去。还要注意的一点是后座墙的平面一定要与顶进轴线垂直。

3）后靠背是靠主顶千斤顶尾部的厚铁板或钢结构件，也称为钢后靠，其厚度在 300mm 左右。钢后靠的作用是尽量把主顶千斤顶的反力分散开来，防止将混凝土后座压坏。

4）洞口止水圈安装在顶进井的出洞洞口和接收井的进洞洞口，具有防止地下水和泥沙流到工作井和接收井的功能。洞口止水圈有多种多样，但其中心必须与所顶管节的中心轴线一致。

5）顶进导轨由两根平行的轨道所组成，作用是使管节在工作井内有一个较稳定的导向，引导管节按设计的轴线顶入土中，同时使顶铁能在导轨面上滑动。在钢管顶进过程中，导轨也是钢管焊接的基准装置。

6）主顶装置由主顶液压缸、主顶液压泵、操纵台及油管四部分构成。主顶千斤顶沿管道中心按左右对称布置，另外还配有支承主顶千斤顶的千斤顶架、供给主顶千斤顶压力油的主顶液压泵、控制主顶千斤顶伸缩的换向阀。液压泵、换向阀和千斤顶之间均用高压软管连接。主顶液压缸的压力油由主顶液压泵通过高压油管供给，常用的压力在 32 ~ 42MPa 之间，高的可达 50MPa。在管径比较大的情况下，主顶液压缸的合力中心应比管节中心低管内径的 5% 左右。

7）若采用的主顶千斤顶的行程长短不能一次将管节顶到位时，必须在千斤顶缩回后在中间加垫块或几块顶铁。顶铁有环形顶铁、U 形或马蹄形顶铁之分，如图 4-12 所示。环形顶铁的内外径与混凝土管的内外径相同，主要作用是把主顶液压缸的推力较均匀地分布在所顶管子的端面上。U 形和马蹄形顶铁的作用有两个，一是用于调节液压缸行程与管节长度的不一致，二是把主顶液压缸各点的推力比较均匀地传递到环形顶铁上去。U 形顶铁用于手掘式、土压平衡式等顶管中，它的开口是向上的，便于管道内出土。马蹄形顶铁适用于泥水平衡式顶管和土压式中采用土砂泵出土的顶管施工，它的开口方向与 U 形顶铁相反，是倒扣在基坑导轨上的。只有这样，在主顶液压缸回缩以后加顶铁时才不需要拆除输土管道。

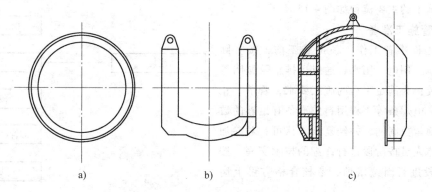

图 4-12　顶铁的断面形状
a）环形顶铁　b）U 形顶铁　c）马蹄形顶铁

8）测量是顶管施工的眼睛，对减少顶管的偏差起着决定性作用。测量仪器（经纬仪和水准仪）应布置在一固定位置，并选好基准点，同时经常对仪器的原始读数进行核对。在机械式顶管中大多使用激光经纬仪。

（2）地面布置　包括起吊、供水、供电、供浆、供油等设备的布置，以及测量监控点的布置等。

1）起吊设备布置。起吊设备可采用龙门行车或起重机。行车轨道与工作井纵轴线平行，布置在工作井的两侧。若用起重机，一般布置两台，工作井两侧各一台。一台用来起吊管子，另一台用来吊土。吊管子的起重机吨位可大些。

2）供电设备布置。供电包括动力电和照明电供给。施工工期长、用电量大时，需砌筑配电间。接到管内的电缆必须装有防水接头，还必须把它悬挂在管内的一侧，且不要与油管及注浆、水管挂在同一侧。管内照明应采用 12V 或 24V 的低压行灯。一般情况下，动力电源是以三相 380V 直接接到掘进机的电气操纵台上。长距离、大口径顶管时，为了避免产生太大的电压降，也可采用高压供电，供电电压一般在 1kV 左右。这时，在掘进机后的三到四节管子内的一侧，安装有一台干式变压器，再把 1kV 的电压转变成 380V 供掘进机使用。

3）供水设备布置。在手掘式和土压式的顶管施工中，供水量小，一般只需接两只直径 12.5 ～ 25mm 的自来水龙头即可。如果在泥水平衡顶管施工中，由于其用水量大，必须在工作井附近设置一座或多座泥浆池。

4）供浆设备布置。供浆设备主要由拌浆桶和盛浆桶组成。盛浆桶与注浆泵连通，因为现在多用膨润土系列的润滑浆，它不仅需要搅拌，而且要有足够的时间浸泡，这样才能使膨润土颗粒充分吸水、膨胀。除此以外，供浆设备一般应安放在雨棚下，防止下雨时对浆液的稀释。

5）液压设备布置。液压设备主要指为主顶液压缸及中继站液压缸提供压力油的液压泵。液压泵可以置于地上，也可在工作井内后座墙的上方搭一个台，把液压泵放在台子上。一般不宜把液压泵放在井内。

6）气压设备布置。在采用气压顶管时，空气压缩机和储气罐及附件必须放置在地面上。为减少噪声影响，空气压缩机宜离井边远一点。

4.1.4 顶管施工

1. 顶管施工流程

顶管施工的主要流程如图 4-13 所示。

2. 顶管施工准备

（1）地面准备工作　顶进施工前，按实际情况进行施工用电、用水、通风、排水及照明等设备的安装；为满足工程的施工要求，管节、止水橡胶圈、电焊条等工程用料应准备有足够的数量；建立测量控制网，并经复核、认可；对参加施工的全体人员按阶段进行详细的技术交底，按工种分阶段进行岗位培训，考核合格方可上岗操作。

（2）工作井　这是顶管施工的必需工程，顶管顶进前必须按设计砌砌好。

（3）洞门　这是顶管机进出洞的出入口，工具管能否安全顺利地出洞或进洞，关系到整个工程的成败，因此要有足够的重视。不论是顶进井（始发井）或是接收井，在施工工作井时，

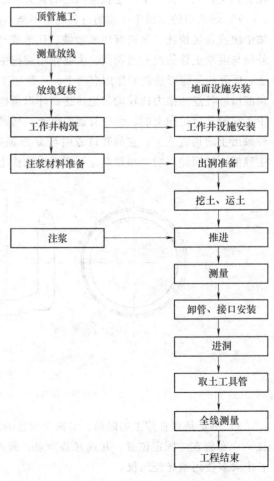

图 4-13　顶管施工的流程

一般预先将洞门用砖墙及钢筋混凝土相结合的形式进行封堵。在顶进井，为确保顶管机顺利进出洞，防止土体坍塌涌入工作井，出洞前在砖封门前施工一排钢板桩，钢板桩的入土深度应在洞圈底部以下 200mm。

（4）测量放样　根据顶进井和接收井的洞中心连线，定出顶进轴线，布设测量控制网，并将控制点放到井下，定出井内的顶进轴线与轨面标高，指导井内机架与主顶的安装。

（5）后座墙组装　组装后的后座墙应具有足够的强度和刚度。

（6）导轨安装　导轨选用钢质材料制作，两导轨安装牢固、顺直、平行、等高，其纵坡与管道设计坡度一致。在安放基坑导轨时，其前端应尽量靠近洞口，左右两边可以用槽钢支撑。在底板上预埋好钢板的情况下，导轨应和预埋钢板焊接在一起。

（7）主顶架安装　主顶架位置按设计轴线进行准确放样，安装时按照测量放样的基线，吊入井下就位。基座中心按照管道设计轴线安置，并确保牢固稳定。千斤顶安装时固定在支架上，并与管道中心的垂线对称，其合力的作用点在管道中心的垂线上。液压泵应与千斤顶相匹配。

（8）止水装置安装　为防止工具管出洞过程中洞口外土体涌入工作井，并确保顶进过程中润滑泥浆不流失，在工作井洞门圈上安装止水装置。止水装置采用帘布止水橡胶带，用环板固定，插板调节。

3. 顶管出洞段施工

一般将出洞后的 5～10m 作为出洞段。全部设备安装就位，经过检查并试运转合格后可进行初始顶进。出洞段的施工要点如下：

（1）拆除封门　顶管机出洞前需拔出封门用的钢板桩。拔除前，工程技术人员、施工人员应详细了解现场情况和封门图样，制定拔桩顺序和方法。钢板桩拔除前应凿除砖墙，工具管应顶进至距钢板桩10cm处的位置，并保持最佳工作状态，一旦钢板桩拔除后能立即顶进至洞门内。钢板桩拔除应按由洞门一侧向另一侧依次拔除的原则进行。

（2）施工参数控制　需要控制的施工参数主要有土压力、顶进速度和出土量。实际土压力的设定值应介于上限值与下限值之间。为了有效地控制轴线，初出洞时宜将土压力值适当提高，同时加强动态管理及时调整。顶进速度不宜过快，一般控制在 10mm/min 左右。出土量应根据不同的封门形式进行控制，加固区一般控制在 105% 左右，非加固区一般控制在 95% 左右。

（3）管节连接　为防止顶管机突然"磕头"，应将工具管与前三节管节连接牢靠。

（4）偏差控制　工具管开始顶进 5～10m 的范围内，轴线位置允许偏差为 3mm，高程允许偏差为 0～+3mm。当超过允许偏差时，应采取措施纠正。

4. 顶管正常顶进施工

管子顶进 10m 左右后即转入正常顶进。顶进的基本程序是：安装顶铁→开动液压泵→待活塞伸出一个行程后，关液压泵→活塞收缩，在空隙处加上顶铁→再开液压泵→到推进够一节管子长度后，下放一节管道→再开始顶进，如此周而复始。

（1）顶铁安装　分块拼装式顶铁应有足够的刚度，并且顶铁的相邻面相互垂直。安装后的顶铁轴线应与管道轴线平行、对称，顶铁与导轨之间的接触面不得有泥土、油污。更换顶铁时，先使用长度大的顶铁，拼接后应锁定。顶进时工作人员不得在顶铁上方及侧面停留，并随时观察顶铁有无异常现象。顶铁与管口之间采用缓冲材料衬垫。顶力接近管节材料的允许抗压强度时，管口应增加 U 形或环形顶铁。

（2）降水、开挖　采用手掘式顶管时，将地下水位降至管底以下不小于 0.5m 处，并采取措施防止其他水源进入顶管管道。顶进时，工具管接触或切入土层后，自上而下分层开挖。

（3）顶进时地层变形控制　顶管引起地层变形的主要因素有：工具管开挖面引起的地层损

失；工具管纠偏引起的地层损失；工具管后面管道外周空隙因注浆填充不足引起的地面损失；管道在顶进中与地层摩擦而引起的地层扰动；管道接缝及中继间缝中泥水流失而引起的地层损失。所以在顶管施工中要根据不同土质、覆土厚度及地面建筑物等，配合监测信息的分析，及时调整土压力值，同时要求坡度保持相对的平稳，控制纠偏量，减少对土体的扰动。根据顶进速度控制出土量和地层变形，从而将轴线和地层变形控制在最佳状态。

（4）施工参数控制　正常顶进时，土压力的理论计算相对较烦琐，结合施工经验，实际土压力的设定值应介于上限值与下限值之间。顶进速度一般情况下控制在 20～30mm/min，如遇正面障碍物，应控制在 10mm/min 以内。严格控制出土量，防止超挖及欠挖。为防止土层沉降，顶进过程中应及时根据实际情况对土压力作相应调整，待土压力恢复至设计值后，方可进行正常顶进。

（5）管节顶进　顶管机出洞后的方向正确与否，对以后管节的顶进起关键的作用。在中距离顶进中，实现管节按顶进设计轴线顶进。纠偏是关键，要认真对待，及时调节顶管机内的纠偏千斤顶，使其及时回复到正常状态。要严格按实际情况和操作规程进行，勤测、勤出报表、勤纠偏。纠偏时，采用小角度、顶进中逐渐纠偏。应严格控制大幅度纠偏，不使管道形成大的弯曲，防止造成顶进困难、接口变形等。

在正常施工时，由于种种原因，顶管机头及管节会产生自身旋转。在发生旋转后，施工人员可根据实际情况利用顶管机械的刀盘正反转来调节机头和管节的自身旋转，必要时可在管节旋转反方向加压铁块。

顶进管节视主顶千斤顶行程确定是否用垫块。为保证主顶千斤顶的顶力均匀地作用于管节上，必须使用环形受力环。当一节管节顶进结束后，吊放下一节管节，在对接拼装时应确保止水密封圈充分入槽并受力均匀，必要时可在管节承口涂刷黄油。对接完成并检查合格后，方可继续顶进施工。

为防止顶管产生"磕头"和"抬头"现象，顶进过程中应加强顶管机状态的测量。一旦出现"磕头"和"抬头"现象，应及时利用纠偏千斤顶来调整。

（6）压浆。为减少土体与管壁间的摩阻力，应在管道外壁注润滑泥浆。为保证泥浆的稳定，使性能满足施工要求，泥浆应进行性能测试。合理布置压浆孔。在管节断面一侧安装压浆总管，每一定距离接三通阀门，并用软管连接至注浆孔。为使顶进时形成的建筑间隙及时用润滑泥浆所填补，形成泥浆套，以减少摩阻力及地面沉降，压浆时必须坚持"先压后顶，随顶随压，及时补浆"的原则，泵送注浆出口处压力控制在 0.1～0.125MPa。

制定合理的压浆工艺，严格按压浆操作规程进行。压浆顺序为：地面拌浆→启动压浆泵→总管阀门打开→管节阀门打开→送浆（顶进开始）→管节阀门关闭（顶进停止）→总管阀门关闭→井内快速接头拆开→下管节→接总管→循环复始。由于存在泥浆流失及地下水的作用，泥浆的实际用量要比理论用量大很多，一般可达理论值的 4～5 倍。施工中还要根据土质、顶进情况、地面沉降的要求等适当调整。顶进时应贯彻同步压浆与补压浆相结合的原则，工具管尾部的压浆孔要及时有效地进行跟踪注浆，确保能形成完整有效的泥浆环套。管道内的压浆孔进行一定量的补压浆，补压浆的次数及压浆量根据施工情况而定，尤其是对地表沉降要求高的地方，应定时进行重点补压浆。

在顶管顶进尤其在浅覆土施工中，土压力波动值控制在 -0.02～+0.02MPa 之间，以保证开挖面稳定。同时严格控制润滑泥浆压力，防止跑浆。一旦跑浆，应立即组织力量采取相应措施。如遇轻微冒浆，应适当加快顶进速度，提高管节拼接效率，使其尽早穿越冒浆区。当跑浆严重时，则应采取适当提高润滑泥浆稠度或地面覆土等措施。

压浆浆液按质量进行配制。配比：膨润土 400kg，水 850kg，纯碱 6kg，CMC（纤维素）2.5kg。要求：pH 为 9～10，析水率小于 2%。

（7）管道断面一般布置　在管道内每节管节上布置一压浆环管，在管道右上方安装照明灯，在管道底部铺设电机车轨道、人行走道板，同时在管道右下侧安装压浆总管及电缆等，如图 4-14 所示。

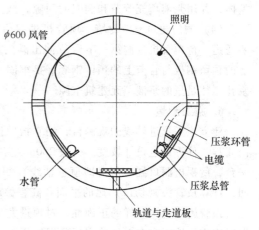

图 4-14　管道断面布置图

（8）设备维修及保养　为确保顶管机正常顶进，正常施工期间必须经常对机械、电器设备等进行检修，保证其在顶进时具有良好的性能和工作状态。

5. 顶管进洞段施工

接收井封门在制作时一般采用砖封门形式，在其拆除、顶管机进洞过程中极易造成顶管机正面土体涌入井内等严重后果，从而给洞圈建筑孔隙的封堵带来困难。

（1）进洞前的准备工作　在常规顶管进洞过程中，对洞口土体一般不作处理。但若洞口土体含水量过高，为防止洞口外侧土体涌入井内，应对洞口外侧土体采用注浆、井点降水等措施进行加固。

在顶管机切口到达接收井前 30m 左右时，作一次定向测量。作定向测量的目的一是重新测定顶管机的里程，精确算出切口与洞门之间的距离；二是校核顶管机姿态，以利进洞过程中顶管机姿态的及时调整。

顶管机在进洞前应先在接收井安装好基座。基座位置应与顶管机靠近洞门时的姿态相吻合，如基座位置差异较大，极容易造成顶管机顶进轨迹的变迁，引起已成管道与顶管机同心圆偏离值增大。另外，顶管机进入基座时也会改变基座的正常受力状态，从而造成基座变形、整体扭转等。考虑到这一点，应根据顶管机切口靠近洞口时的实际姿态，对基座作准确定位与固定，同时将基座的导向钢轨接至顶管机切口下部的外壳处。

当顶管机切口距封门约为 2m 时，在洞门中心及下部两侧位置设置应力释放孔，并在应力释放孔外侧相应安装球阀，便于在顶管机进洞过程中根据实际情况及时开启或关闭应力释放孔。

为防止顶管机进洞时由于正面压力的突降而造成前几节管节间的松脱，宜将顶管机及第一节管节、第一至五节管节相邻两管节间连接牢固。

（2）施工参数的控制　随着顶管机切口距洞门的距离逐渐缩短，应降低土压力的设定值，确保封门结构稳定，避免封门过大变形而引起泥水流入井内等。在顶管机切口距洞门 6m 左右，土压降为最低限度，以维持正常施工的条件。

由于顶管机处于进洞区域，为控制顶进轴线、保护刀盘，正面水压设定值应偏低，顶进速度不宜过快，尽量将顶进速度控制在 10mm/min 以内。待顶管机切口距封门外壁 500mm 时，停止压注第一个中继间至第一节管节之间的润滑泥浆。

为避免工具管切口内土体涌入接收井内，在工具管进入洞门前应尽量挖空正面土体。

（3）封门拆除　封门拆除前，工程技术人员、施工人员应详细了解施工现场情况和封门结构，分析可能发生的各类情况，准备相应措施。封门拆除前顶管机应保持最佳的工作状态，一旦拆除立刻顶进至接收井内。为防止封门发生严重漏水现象，在管道内应准备好聚氨酯堵漏材料，便于随时通过第一节管节的压浆孔压注聚氨酯。在封门拆除后，顶管应迅速连续顶进管节，尽量缩短顶管机进洞时间。洞圈特殊管节进洞后，马上用弧形钢板将洞圈环板与进洞环管节焊成一个整体，并用浆液填充管节和洞圈的间隙，减少水土流失。

（4）洞门建筑空隙封堵　顶管机进洞后，洞圈和顶管机、管节间建筑空隙是泥水流失的主要通道。待顶管机进洞第一节管节伸出洞门 500mm 左右时，应及时用厚 16mm 环形钢板将洞门上的预留钢板与管节上的预留钢套焊接牢固，同时在环形钢板上等分设置若干个注浆孔，利用注浆孔压注足量的浆液填充建筑空隙。

6. 施工测量

建立施工顶进轴线的观测台，用它指导顶管的正确施工。按三等水准连测两井之间的进出洞门高程，计算顶进设计坡度。一般 200m 左右顶管可只设一个观察台，在观察台架设 J2 型经纬仪一台，后视出洞口红三角（即顶进轴线）测顶管机的前标及后标的水平角和竖直角，测一全测回，计算顶管头（切口）尾的平面和高程偏离值。

顶管施工初次放样的正确性，对顶进尤为重要。由于顶管后靠顶进中要产生变化，测量台的布置应牢靠地固定在工作井底板预埋铁板上，与顶进机架和后靠背不相连接，并经常复测，消除工作井位移产生的测量偏差，以确保顶管施工测量的正确性。

7. 施工用电

（1）管道照明　电源电压采用 36V，供电线路采用三相五线制，用圆钢（表面平滑）制成挂钩，挂设在电缆架上。每隔 100m 安装管道照明分段电箱，作为照明安全变压器及管道施工小容量设备的电源。照明灯具选用螺口灯泡。每 100m 挂设灯 12 只，每盏灯按一相一零三相轮流跳接。

（2）场地照明　采用立杆架设，每杆装设投光灯两只，电缆配线。电源线必须经漏电保护器引出，灯具外的接线应做可靠的绝缘包扎。灯具距地面一般不得低于 5m。

（3）施工动力供电　要对施工动力负荷情况进行统计计算。顶管电源设两座变配电间。配电间应有防电器火灾的消防器材，确保施工用电安全。配电间不允许作更衣室，也不得用于堆放材料。场区内施工要注意电力线与人体及机械设备的安全距离。顶管内电缆应离地大于 1m 高度挂起，绝不允许乱放在地上。顶管内的电缆超出负荷开关跳闸后，要查清原因，排除故障，方可送电。管内使用的移动电具，其电源引线不得过长，不得有接头，须有漏电开关保护。

4.1.5　顶管工程计算

用顶管法施工时，管道既要承受作用在横截面上的荷载，又要承受沿管轴方向作用的顶推力和阻力。横截面上的荷载为使用荷载，主要在设计时考虑；顶推力和阻力属于施工荷载，在施工时要进行设计计算。管节推进的主顶装置作用在后座墙上或直接作用于井壁上，一般也要进行后座墙的稳定性验算。手掘式顶管时，挖掘面的稳定性也要进行计算。

1. 顶管使用荷载的计算

管道使用荷载主要有管道自重、管道上覆层的垂直土压力、管道侧向水平土压力、地下水压力、内部荷载、地面荷载、管道侧向土抗力、管底地层反力等。

（1）垂直土压力　当覆土层厚小于顶管外径、土体较松散时，可将覆土层的全部自重取为垂直土压力；当覆土层较厚且土体较密实时，可按太沙基公式或普氏公式计算。普氏公式为

$$p = \frac{2\gamma B_0}{3\tan\varphi} \tag{4-2}$$

式中 γ ——土层的天然重度（kN/m^3）；

   B_0——冒落拱的跨度（m）；

   φ——土层的内摩擦角（°）。

（2）水平土压力 一般按朗肯主动土压力理论计算，对于刚度很大的钢筋混凝土管，也可按静止土压力计算。按静止土压力计算水平土压力的公式为

$$p = \gamma k H \qquad (4-3)$$

式中 k——静止土压力系数，可通过实测确定，如上海地区的 k 为 0.7 左右；

   H——自地表起算的深度（m）。

（3）侧向抗力 其大小主要取决于管壁向地层变位的大小，以及地层受到挤压后变形的性质。侧向抗力的计算式如下

$$p_k = Ky \qquad (4-4)$$

式中 p_k——侧向抗力（N/cm^2）；

   K——地层压缩系数，固结密实黏性土为 30～50N/cm^3，密实砂土、砂质黏性土为 10～30N/cm^3，松散砂土为 0～10N/cm^3；

   y——地层压缩变形量（cm）。

作用在管道上的其他荷载可按常规方法计算。管壁尺寸按荷载的最不利组合选择。

2. 顶管顶力的计算

顶管顶力是施工阶段的荷载，计算目的是验算管段端面的局部承压能力，以及用于检验主千斤顶的能力，决定是否需要设置中继环千斤顶。

（1）顶进中的摩阻力

1）顶进距离较短、管壁外周不注润滑泥浆时，顶进中的摩阻力 F_1 可按下式计算

$$F_1 = f[k_1(p_v + p_h)Dl + p_0] \qquad (4-5)$$

式中 k_1——系数，管顶以上土体能保持形成土拱时取 1，管道顶部不能形成土拱时取 2，一般土层可取 $1 < k_1 < 2$；

   p_v——作用于管顶的垂直土压力（kN/m^2）；

   p_h——管壁侧向水平土压力（kN/m^2）；

   D——管道外径（m）；

   l——单程顶进长度（m）；

   p_0——全程管道自重（kN）；

   f——管壁与土层的摩擦系数，一般取 0.4～0.6。

2）顶进距离较长、管壁外周注润滑泥浆时，顶进中的摩阻力 F_1 可按下式计算

$$F_1 = f_1 \pi D l \qquad (4-6)$$

式中 f_1——单位摩阻力，软土中一般可取 8～12 kN/m^2；

   D——管道外径（m）；

   l——全部顶进长度（m）。

（2）迎面阻力（挤压力）

1）管道采用挤压法时，需计算土体在工具管前端对管段产生的迎面挤压力 F_2。即

$$F_2 = \pi D_c t R \qquad (4-7)$$

式中 D_c——锥形挤压口端面的平均直径（m）；

   t——锥形挤压口端面的平均厚度（m）；

   R——单位面积挤压阻力（kN/m^2），一般取为被动土压力。

2）封闭式工具管（土压平衡、泥水平衡）机头的迎面阻力 F_2 按下式计算

$$F_2 = \frac{\pi D_j^2}{4} P_t \qquad (4\text{-}8)$$

式中　D_j——顶管掘进机外径（m）；

　　　P_t——机头底部 $D_j/3$ 处的被动土压力（kN/m²）。

土层开挖方式的不同，顶进时所需克服的总阻力也不相同。人工开挖时按 F_1 计算；挤压法开挖时按 F_1 和 F_2 之和计算；土压平衡法按迎面阻力和注润滑泥浆的摩阻力之和计算。根据上海地区地下工程施工的经验，管道顶进阻力按全程管道自重的 3～6 倍估算，人工开挖时取下限，挤压法顶进时取上限。

3. 顶管后座墙的稳定验算

在一般情况下，顶管工作井所能承受的最大推力应以所顶管子能承受的最大推力为先决条件，然后再反过来验算工作井后座是否能承受最大推力的反作用力。如能承受，就把这个所顶管子能承受的最大推力作为总推力；如果不能承受，则必须以后座所能承受的最大推力作为总推力。不管采用何种推力作为总推力，一旦总推力确定了，在顶管施工的全过程中绝不允许有超过总推力的情况发生。

顶管过程中，为使各个液压缸推力的反力均匀地作用在工作井的后方土体上，一般都需浇筑一堵后座墙，在后座墙与主顶液压缸尾部之间，再垫上一块钢制的后靠背。这样，由后靠背和后座墙以及工作井后方的土体这三者组成了顶管的后座。这个后座必须能完全承受液压缸总推力的反力。计算过程中，可把钢制的后靠背忽略而假设主顶液压缸的推力通过后座墙而均匀地作用在工作井后的土体上，其集中反力按下式计算

$$R = \alpha B \left(\gamma h^2 \frac{K_P}{2} + 2ch \sqrt{K_P} + \gamma h_1 h K_P \right) \qquad (4\text{-}9)$$

式中　R——总推力的反力（kN）；

　　　α——系数，一般取 1.5～2.5；

　　　B——后座墙的宽度（m）；

　　　γ——土的天然重度（kN/m³）；

　　　h——后座墙的高度（m）；

　　　K_P——被动土压系数，按照朗肯土压力理论计算；

　　　c——土的内聚力（kPa）；

　　　h_1——地面到后座墙顶部土体的高度（m）。

为确保安全，反力 R 应为总推力 P 的 1.2～1.6 倍。

4. 开挖工作面稳定性验算

在敞开的手掘式顶管中，由于挖掘面不稳定，往往不可避免地会发生塌方，或由于覆土深度不够而产生塌陷事故，因此，需进行工作面稳定性验算。现以砂土为例说明挖掘面可以保持稳定的条件。

根据朗肯土压力理论，总土压力 p_a 为

$$p_a = \frac{1}{2} \gamma h^2 K_a - 2c \sqrt{K_a} \qquad (4\text{-}10)$$

要求断面能自立，则必须是 $p_a \leqslant 0$，把 $p_a = 0$ 时的自立高度记为 h_0，则 h_0 为

$$h_0 = \frac{4c}{\gamma \sqrt{K_a}} \qquad (4\text{-}11)$$

式中　　c——土的内聚力（kPa）；

　　　　γ——土的天然重度（kN/m³）；

　　　　K_a——主动土压力系数，按照朗肯土压力理论计算。

由上述计算可以认为，当工具管的外径小于 h_0 时，挖掘面就可以保持稳定。

4.1.6　长距离顶管

在市政工程建设中，长距离管道的敷设是其重要的工作内容。在采用顶管技术施工中，长距离管道的主要困难是，设置在顶进井内的主千斤顶的顶推力有限，不足以克服管道长距离顶进时遇到的总阻力。目前在发展长距离顶管技术的过程中，减摩和设置中继环两项措施已得到较多研究，并已成为成熟的技术。

1. 增加主千斤顶的顶力

增加主千斤顶的顶力比较有效，目前单只千斤顶的顶力已从 1000kN 增加到 2000kN。但千斤顶顶力的增大受很多因素的制约。

1）受机械加工业水平的制约，如液压缸的密封、材料的耐压力等。目前液压缸的耐压多在 31.5 MPa。

2）受管段端面局部抗压强度的制约。通常用的混凝土管抗压强度为 13 ~ 18MPa，太大的顶力将引起管段端面因局部抗压强度不足而破碎。顶力过大时需改换成钢管或玻璃纤维加强管。

3）受后座所能承受推力大小的制约。如果后座所能承受的推力小于千斤顶的推力，后座墙就会遭到破坏。

故主千斤顶的顶力发展有一定的限度，不可能任意增大。

2. 减摩

减摩即减小管道外壁周边与地层之间的摩擦力。减摩措施有制作技术和注入泥浆两种。

（1）制作技术　对管道衬砌精心设计和精心制作，可有效地减小管壁和地层之间的摩擦力。

在精心设计方面，应注意使工具管的刃脚外径略大于管道的外径，以使管壁与地层之间有一定的间隙。这类措施可减小管壁与地层之间的摩阻力的道理是显而易见的，但土层应足够坚硬才能取得预期效果。地层较软时，应向管壁与土层之间的空隙注入支承介质，使地层能在一段时间内保持稳定，有足够的时间顶进一节相当长的管道。支承介质宜采用泥浆，使其在起支承作用的同时兼作润滑剂，起减小摩阻力的作用。

在精心制作方面，应注意使管壁外表面光洁平滑，以降低摩擦系数。此外，制作管段时应尽可能避免圆度误差，并保持直径一致，以免顶进时产生夹紧力。管段在工厂用多块管模拼装的模板浇注时，管模尺寸公差、磨损程度的差别、脱模过早，或者在养护时发生收缩等都可能引起这类偏差，应对各个环节给予充分的注意。

如果管节采用钢管制作，钢管与土层之间的摩擦系数小，推同样口径的钢管要比推混凝土管的推力小许多。因此，这是许多长距离顶管施工中采用钢管的原因之一。

（2）注浆减摩　在管段外壁涂抹泥浆，或向管道外壁与地层间的空隙注入泥浆，都可有效地减少摩阻力，从而增加管道单程顶进的长度，这类泥浆常称为减摩材料。减摩材料主要起润滑作用，并可帮助支持地层。用作减摩材料的泥浆腐蚀性应低，以免管道和接头因腐蚀而损坏。此外，减摩浆液在管道顶进过程中将随之向前移动，并在与地层发生相对运动的过程中不可避免地发生水分损失，使摩阻力增大，因此减摩浆液的失水率要小。

目前采用的减摩泥浆主要是膨润土泥浆。膨润土泥浆具有较好的触变性，在静止状态时发生凝固，成为凝胶，在被搅拌或振动时成为溶胶。膨润土泥浆的触变性有助于顶进管道在地层间运动时成为减摩剂，以溶胶状液减少摩阻力；静止时，成为凝胶支撑地层。在顶管工程中常用的膨润土主要有钙基膨润土和钠基膨润土。在含量相同的情况下，钠基膨润土悬浮液中极薄的硅酸盐叠层片的含量为钙膨润土悬浮液的 15～20 倍。因此，钠基膨润土比钙基膨润土更适用于顶管施工。

膨润土经加水搅拌后成为悬浮液，其间对水质的要求和拌制混凝土相同。在膨润土的物理特性中，静止状态下的流限值用于决定是否可将其用作支承介质，而运动状态下的流限值则对其可否用作润滑介质有决定性的作用。一般来说，悬浮液的运动流限与静止流限之比为 1∶6～1∶10 时，膨润土悬浮液可完全满足以上两个方面的要求。

仅需用作润滑介质时，浆液也可由黏土、膨润土、废机油与其他活性剂等混合拌制而成，配方应根据地层情况的不同随时调整。

干膨润土吸收水分后，体积可膨胀 2～10 倍。因此，膨润土与水调和以后需搁置 12d 以上，才可投入使用。采用膨润土泥浆注浆时，管壁与土层间的摩擦阻力可降低 20%～30%。

润滑浆液注入地层的部位、顺序、注入压力和注入量都会直接影响减摩效果。压出的浆液应尽可能均匀地分布在管壁周围，以便围绕整个管段形成环带。因此，注浆孔在管壁上应均匀分布。注浆孔的间距和数量主要取决于地层允许膨润土向四周扩散的程度。注浆孔一般设置在管子的中间位置，均布 3～4 个孔。通常在渗透性小的黏土地层中，孔距应小些；在松散的砂土地层中，孔距可大些。

一般来说，如在掘进机尾部顶入第一节管段后就开始注浆，可最大限度地发挥泥浆的减摩作用。然而，由于存在向掘进机内窜浆的危险性，因此宜在顶入第一节管段后开始压浆。一般在顶管机后的连续 3～4 节设置有注浆孔的管子，不断地注浆。以后再在后面的管子中每隔 2～5 节管段放置一节有注浆孔的管子用以补浆。

注浆压力不宜太高。压力太高容易发生冒浆，在注浆孔口周围形成高压密区，成为阻碍浆液继续流出和扩散的柱塞。此外，压力如果超过管道上覆土层的自重，还可能引起地层的隆起。

进行注浆作业时还应注意与中继环的推顶协调一致，补浆宜与管段的推顶同步进行。对于静止不动的管段，不宜进行注浆。

3. 增设中继环（间）

为了适应长距离顶进管道的需要，研制了中继环（又称中继间、中间站）技术。即在管道顶进的中途设置辅助千斤顶，靠辅助千斤顶提供的动力继续顶进管段，延长顶管的顶进长度。

采用中继环时，管道沿全长分成若干段，在段与段之间设置中继环。中继环是一个由钢材制成的圆环，内壁上设置有一定数量的短行程千斤顶，产生的推顶力可用于推进中继环前方的管道，如图 4-15 所示。

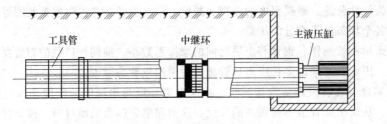

图 4-15　中继环示意图

（1）中继环推进过程　设置中继环以后，顶管顶进时，每次都应先启用最前面的中继环，将其前方的管道连同工具管一起向前顶进，后面的中继环和主千斤顶保持不动，直至达到该中继环的一个顶程为止。接着后面的中继环开始推顶作业，将两个中继环之间的管道向前推进，与此同时，前面的一个中继环的千斤顶排放油压，活塞杆缩进套筒。可见，这时被推进的只是该中继环和前面一个中继环之间的管段。在顶进作业中，主千斤顶在每个循环中都最后推进。借助中继环的逐级接力过程，可将顶管的顶推距离延长，以适应长距离顶管施工的需要。中继环的液压缸可利用主顶液压缸供油，也可在中继环附近安装一台中继环液压泵。中继环交替动作，可使总推顶力互相分割，因此在理论上，长距离顶管的长度可为任意长度，但在实际中，这类技术所能推顶的长度仍有一定的限度。

（2）中继环的结构形式　图 4-16 所示是中继环的结构形式之一。它主要由特殊管和壳体液压缸、均压环等组成。在前特殊管的尾部有一个与 T 形套环相类似的密封圈和接口。中继环壳体的前端与 T 形套环的一半相似，利用它把中继环壳体与混凝土管连接起来。中继环的后特殊管外侧则设有两环止水密封圈，使壳体虽在其上来回运动但不会产生渗漏。中继环液压缸被固定在壳体上，液压缸均匀布置在壳体内。液压缸两头装有均压钢环，钢环与混凝土管之间有衬垫环。衬垫环多用 20mm 厚的木板做成。中继环液压缸为单作用液压缸，只有当后一只中继环向前推进时，前一只中继环的液压缸才能缩回。管子顶通后，把中继环液压缸拆卸下来，管子可直接合拢。

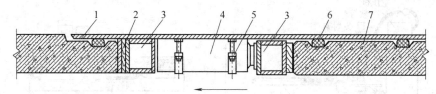

图 4-16　中继环结构形式

1—中继管壳体　2—木垫环　3—均压钢环　4—中继环液压缸
5—液压缸固定装置　6—止水圈　7—特殊管

（3）中继环的布置　应满足顶力的要求，同时使其操作方便、合理，提高顶进速度。中继环在安放时，第一只中继环应放在比较前面一些。由于掘进机在推进过程中推力的变化会因土质条件的变化而有较大的变化，所以，当总推力达到中继环总推力的 40% ~ 60% 时，就应安放第一只中继环，以后每当达到中继环总推力的 70% ~ 80% 时，安放一只中继环。而当主顶液压缸达到中继环总推力的 90% 时，就必须启用中继环。

（4）使用中继环的缺点　中间中继环和主千斤顶依次向前推进时，位于第一个中继环前面的管道和工具却停止顶进，使总效率大为降低，顶管技术的经济效益也随之下降。此外，管道在卸压时将发生回弹后退，影响再次顶进的效果。出现弹性后退现象，是因为在管段之间都设有以避免在推顶时出现局部挤压破坏的弹性垫圈所致，它们在受力时都被压缩，卸压后又都胀开。垫圈的数目较多时，中继环的顶进行程将有很大一部分消耗在抵消这类弹性变形上，使实际顶进距离减小，推顶效率降低。

4. 降低开挖面正面顶进阻力的措施

降低开挖面上的正面顶进阻力，是使管段可以顺利推进的有效措施之一。然而由于开挖面上的正面顶进阻力是使开挖面地层保持稳定的重要因素，因此既应随时适当降低工作面上的正面阻力，又不能使其降低过多，影响开挖面地层的稳定性。降低正面阻力主要靠清除工具管前端的渣土来实现，降低程度与出土量有关。清除渣土时，操作工人应掌握分寸，应既能及时地从刃脚和网格板前端清除相当数量的积土，以便降低必需的推顶力，又不至于过多地清土，以免造成地层松散、扰动或工作面坍塌，引起上部土层大量沉陷等后果。出土量是否适当，主要凭操作工人的经验。

4.1.7 微型顶管

微型顶管一般是指口径在 400mm 以下，人无法进入管内作业的顶管施工。微型隧道施工法源于日本，是一种遥控、可导向的顶管施工，广泛用于地下管线的敷设。微型顶管施工设备主要由切削系统、激光导向系统、出渣系统、顶进系统、控制系统等组成。根据激光导向系统测量偏斜数据，可操纵液压纠偏系统，从而实现调节铺管方向的目的。微型顶管的一次顶进长度大多在50～60m，也有的能达到百米甚至更长。

微型顶管的类型很多，按其工作原理和取土方式分有压入式、螺旋钻式、泥水式、土压式、空心钻式等，其中压入式和螺旋钻式应用较多，下面主要介绍这两种方法。

1. 压入式微型顶管

压入式微型顶管是指将前方土体向管道周围土体径向挤压，在不出土或少出土的情况下顶进管道的顶管工艺。一般用于直径较小的管道施工。压入方式按动力分有冲击式、旋压式和静压式；按设备分有气动矛法、夯管法和顶入法，如图 4-17 所示。

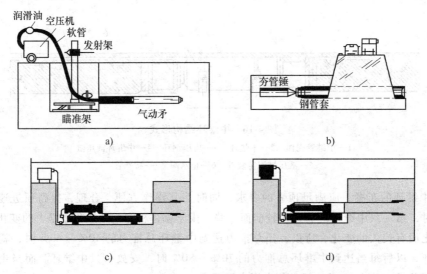

图 4-17　压入施工法

a）气动矛法　b）夯管法　c）管外顶入法　d）管内顶入法

（1）气动矛法　这是一种冲击式施工法。在压气的作用下，气动矛内的活塞作往复运动，不断冲击矛头，矛头挤压周围的土层形成钻孔，并带动矛体前进。随着气动矛的前进，可将直径比矛体小的管线拉入孔内，完成管线铺设。根据地层条件也可先成孔，后随着气动矛的后退将管线拉入，或边扩孔边将管线拉入。冲击矛的矛头有多种结构形式，可根据土质条件不同选用，如锥形矛头适用于均质土层，台阶式矛头可在含砾石层中施工，活动式矛头能够冲碎砾石保持直线前进。

（2）夯管法　夯管法是指用夯管锤（低频、大冲击力的气动冲击器）将待铺设的管节沿设计路线直接夯入地层。施工时，夯管锤的冲击力直接作用在钢管的后端，通过钢管传递到前端的管靴上切削土体，并克服土层与管体之间的摩擦力使钢管不断进入土层。随着钢管的前进，被切削的土砂进入钢管内，待钢管全部夯入后，可用压气、高压水射流、螺旋钻杆等方法将土排出。

（3）顶入法　在工作井内装有导轨，顶管机沿导轨推进。顶管机有的安装在管外（图 4-17c），也有的安装在管内（图 4-17d）。安装在管外时，在顶管机和管节之间有一特殊的冲击环，顶管机的能量通过该环传递给管节，而后才使管节前进。施工时，以压气为动力，将管节推入地层中，当第一节管子完全推入地层后，再下放第二节管，继续推入，依次循环。

2. 螺旋钻式微型顶管

螺旋式顶管是利用螺旋钻进行施工的一种方法。施工时，先准备顶进井，将螺旋钻机水平安装在井内，再利用螺旋杆传输钻压和转矩，推进机头前进，同时利用钻机的顶进液压缸向前顶进管节，机头掘削下来的土通过螺旋钻杆从管中输送到井内。这种方法的顶进距离较短，且只能在直线段使用，一般顶距在 60m 以内。其优点是施工时无震动、噪声小、质量轻、操作方便、施工人员少、基坑小。管长 2m 时，采用 3.6m 长、1.5m 宽的顶进井即可。螺旋钻式施工方法有多种方式，主要分一程式和两程式两类，如图 4-18 所示。

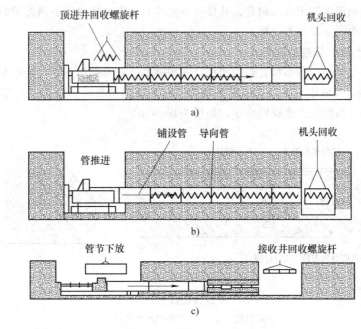

图 4-18　螺旋式微型顶管
a）一程式　b）两程式之一　c）两程式之二

（1）一程式顶管　把管子从推进井推到接收井后工程即告结束的一次推进方法。具体工艺过程如下：

1）从推进井把掘进机（机头）顶入土中。

2）把后续管顶入土中。

3）在后续管之后是需要推进的管子，将其一节一节依次推入土中，一直把机头顶入接收井。整个顶进过程中，机头、后续工作管和所有顶进管中都安装有螺旋杆。机头在一边推进、一边削土，同时土也被螺旋杆从管中输送到顶进井中。

4）当机头顶到接收井以后，先把机头从接收井中吊起，然后把管中螺旋杆一节一节从顶进井收回，工程即告结束。

（2）两程式顶管　有两种方法，如图 4-18b、c 所示。

第一种方法的工艺是先顶进导向管再顶进所要铺设的管子，所以前两步与一程式相同，第三步开始，把所要敷设的管子一节节接在安装有螺旋杆的导向管后顶入土中，安有螺旋杆的导向管在机头回收之后，从接收井中一节节被收回。

第二种方法的施工工艺过程如下：

1）先将直径较小的螺旋杆从顶进井顶到接收井。

2）在顶进井内将扩管头与螺旋杆连接。

3）顶进扩管头，同时前方的泥土用压力水冲碎，由螺旋杆将其输送到接收井内运出地面。

4）边顶进，边安装管段，边出土。

5）螺旋杆在顶进井内逐节接长，在接收井内逐节拆除。

6）最后取出扩管头。

4.1.8 管节接缝的防水

常用的管节是钢筋混凝土管和钢管，其接口不允许有渗漏水现象。不同类别的管节，其接口形式不同，则其防水的方法也不一样。

1. 钢筋混凝土管节接缝的防水

钢筋混凝土管节的接口有平口、企口和承口三种类型。管节类型不同，止水方式也不同。

（1）平口管接口及防水 平口管用T形钢套环接口，把两根管子连接在一起，在混凝土管和钢套环中间安装有两根齿形橡胶圈止水，如图4-19所示。

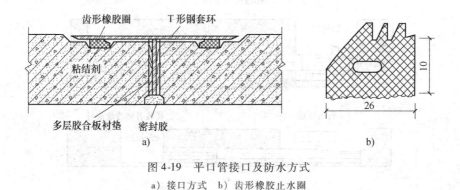

图 4-19 平口管接口及防水方式

a）接口方式 b）齿形橡胶止水圈

（2）企口管接口及防水 企口管用企口式接口，用一根q形橡胶圈止水，如图4-20所示。止水圈右边腔内有硅油，在两管节对接连接过程中，充有硅油的一腔会翻转到橡胶体的上方及左边，增强了止水效果。

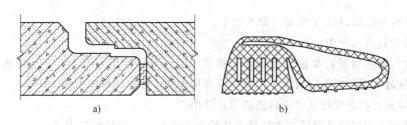

图 4-20 企口管接口及防水方式

a）企口形管及其接口 b）q形橡胶止水圈

（3）承口管接口及防水 承口管用F形套环接口，接口处用一根齿形橡胶圈止水，如图4-21所示。F形接口管是最为常用的一种管节。把T形钢套环的前面一半埋入混凝土管中就变成了F形接口。为防止钢套环与混凝土结合面渗漏，在该处设了一个遇水膨胀的橡胶止水圈。

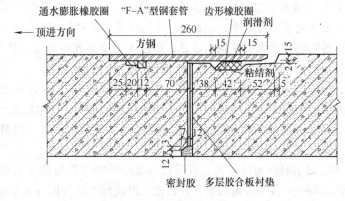

图 4-21　承口管接口及防水方式

（4）管节接缝的防渗漏水　顶管结束后，应用水泥砂浆并掺加适量粉煤灰，通过管节预留注浆孔对泥浆套的浆液进行全线置换，待浆液凝固后拆除压浆管路并用闷盖将孔口封堵。在确保整条隧道无渗漏水现象的前提下，用双组分聚硫密封膏对管节接缝进行嵌填，抹平接口。

2. 钢管顶管的接口形式

施工中所用的顶管最为普遍的是混凝土管节，其次是钢管，钢管是用一定厚度的钢板先卷成圆筒，再焊成竹节形。钢管两管节之间采用焊接连接，其整体性好，不易产生渗漏水。为保证焊接牢靠，将管节端口按一定角度坡口后再焊接。常用的坡口形式有两种：单边 V 形坡口和 K 形坡口（图 4-22）。单边 V 形坡口适用于人员无法进入的小口径管，采用单边坡口和单面焊接；K 形坡口采用双面成形的焊接工艺，即管内外均需焊接，适用于口径较大的管道。

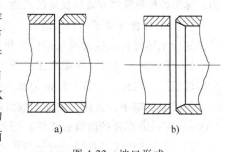

图 4-22　坡口形式
a）单边 V 形坡口　b）K 形坡口

4.1.9　地层变形的控制

根据国内外已有的经验，任何先进顶管施工技术，在地层中施工，均不能完全防止地层移动。但采用先进的技术和合理的操作方法，可以把地层移动的幅度控制在较小的限度内，从而减小顶管施工对周围环境的影响。

1. 顶管引起地层移动的分析

（1）开挖面引起的地层损失　在开挖中，正面土体发生松弛时，土体向开挖面移动，引起地层损失。泥水平衡及土压平衡式的工具管，地层损失为 0.1% ~1%；局部气压工具管，其密封舱气压不易稳定，地层损失达 1% ~2%；网格挤压式工具管，在黏性土中顶进，地层损失达 2% ~5%。

（2）工具管纠偏引起的地层损失　工具管纠偏时，其轴线与管道轴线形成一个夹角，因此工具管在顶进中，开挖的坑道成为椭圆形，工具管纠偏引起的地层损失即为此椭圆面积与管道外圆面积之差值。

（3）管道外周环形空隙引起的地层损失　一般工具管外径较管节外径大 20 ~40mm，工具管顶过后，管道外周产生的环形孔隙如不能充分注浆充填，则使周围土体挤入环形空隙，导致地层损失。这包括三个方面：工具管外径与管道外径不同而引起的地层损失；中继间外径与管道外径不同而引起的地层损失；相邻管节外壁不平整度过大而引起的地层损失。

（4）工具管及管道与周围地层摩擦而引起的地层损失　在工具管后的管道，因其外周有触变泥浆摩擦，对土体的剪切扰动可减小，但在顶进管道中发生某些偏离设计轴线的局部纵向折曲线，使管道对土体的剪切扰动增大。在挠曲部分，顶进压力重心线与管道轴线间发生偏心距离，因此使偏心受压的管节产生纵向挠曲，而引起作用于管节外壁上的地层抗力。在管道外壁有地层抗力的部分线段上，土体中必然在顶进中受到较大的剪切扰动，顶过这部分土体的管道长度越长，管道挠曲曲率越大，则这部分土体受到剪切扰动的程度就越大，产生的地层损失也越大。

（5）工具管进出工作井引起的地层损失　工具管进出工作井洞口时，因洞口空隙中发生水土流失或土体塌陷，而产生局部较大幅度的地面沉降。

（6）管道接头不密封引起的地层损失　管道接头及中继间与管道接头不密封，发生水土流失。在饱和含水砂性土层中，接头渗漏泥水往往使地面形成较大沉降值的沉降槽。

（7）工作井后靠土体变形引起地层移动　工作井承压壁承受顶力后产生较大变形，甚至被顶破而使后面土体产生滑动、隆起，同时使工作井出洞一侧的地面发生沉陷。这种破坏性的局部地面沉降，不仅严重影响工作井附近的环境，还使整个顶管施工不能正常进行。

2. 减少地层损失的措施

（1）做好地质和环境调查工作　顶管施工前必须描绘出详细、准确的顶管沿线的地质纵剖面图，标明各种建筑物和公用设施的功能、构造形式以及其与顶管管线在平面和深度上的相对位置。

（2）工具管开挖面的稳定措施　各种类型的工具管都要在顶进中确保正面土体稳定，并尽量使正面土体保持或接近原始的应力状态。

1）手掘式工具管。手掘式工具管不设正面支撑，施工过程中极易发生正面坍塌，引起地面大幅度沉降，因此，在符合稳定的基本条件时才可考虑采用手掘式工具管。开挖面土体受到扰动后，抗剪强度减小，因此暴露面积较大的开挖面就容易发生剥落和坍塌现象。当工具管外径大于1400mm时，需在开挖面设置支撑；当稳定性较差时，可采取气压法施工等辅助措施。

2）网格挤压式工具管。网格挤压式工具管带有局部挤压，其正面出土面积可用挡土钢板加以调整。当正面黏土稠性较低、阻力较大时，推进速度应适当降低；否则推进速度可适当提高。网格式工具管用于含水砂性土中时，必须采取井点降水疏干土层。水力挖土时必须严格限制正面冲土范围、深度、顶力、顶进速度等施工参数，并在开挖后及时顶进，以防止整个开挖面土体脱开网格支撑而发生坍塌。

3）局部气压水力开挖式工具管。平衡开挖面水土压力的局部气压压力要合理选定，并在施工中保持稳定。在砂性土中施工时，开挖面暴露时间不宜过长，应在开挖后立即顶进。另外，每次开挖和顶进距离不宜过大。

4）土压平衡式工具管。根据对地面变形的量测反馈资料，及时调整正面土压力，一般此土压力宜为正面土体静止土压力的 1.0 ~ 1.1 倍。为确保正面土体的平衡状态，施工时应采取自动或人工控制，保持最合适的螺旋机转速、顶进速度、总顶力等施工参数。

5）泥水加压平衡式工具管。开挖面的泥浆压力，应在施工过程中根据工具管前上方地面沉降或隆起的监测反馈资料及时调整。工具管暂停时，应始终保持正面所需压力。另外，应采取有效的措施保证工具管尾部的密封性，以防漏浆影响正面泥水压力。

（3）确保管节外周空隙中注浆质量　由于工具管与管道外径不同以及工具管纠偏而形成的管道外周空隙，或工具管及管道外周附着一层黏土而形成的管道外周空隙，必须精心压注触变泥浆，使之能有效填充空隙。压浆一定要及时、适量，以使全部管道外周空隙始终充满着有一定压力的触变泥浆，它既是防止管道外周地层坍落以及控制地层移动的支承介质，又是减少管道外周摩阻力的润滑介质。触变泥浆要求黏度高、失水量小、稳定性好。压浆要紧随管道顶进同步压浆，以迅速将管道外周的环形空隙充满膨润土泥浆，而形成完整的泥浆套。

（4）严格控制顶管顶力的偏心度　顶进中应使顶进合力尽可能与管道的轴线相接近。但是顶管施工中，顶力的合力偏离管道轴线的偏心度是难以完全避免的。因为推进管道总不可能是一直线，全部管道端面大都不是绝对垂直于管道轴线的，管道之间垫板压缩性不是完全一致的，顶管正面阻力的合力不与顶管后端顶力的合力重合在一直线上等。因此，只有随时监测顶进中该管节接缝上的不均匀压缩情况，从而推算接头端面上应力分布状况及顶推合力的偏心度，并据此调整纠偏幅度，防止因偏心度过大而使管节接头压损或管节中部出现环向裂缝。如顶进轴线与设计的直线偏离较多，管节接缝的一端张开过大，则必然大大减小管节能够承受的顶力。为此要仔细纠偏，切实贯彻"勤测、勤纠、缓纠"的原则。

4.1.10　顶管施工注意事项

1）顶管前，根据地下顶管法施工技术要求，按实际情况，制定出符合规范、标准、规程的专项安全技术方案和措施。

2）顶管后座安装时，如发现后背墙面不平或顶进时枕木压缩不均匀，必须调整加固后方可顶进。

3）顶管工作井采用机械挖上部土方时，现场应有专人指挥装车，堆土应符合有关规定，注意不得损坏任何构筑物和预理立撑；工作井如果采用混凝土灌注桩连续壁，应严格执行有关安全技术规程；工作井四周或井底必须要有排水设备及措施；工作井内应设符合规定的和固定牢固的安全梯，下管作业的全过程中，工作井内严禁有人。

4）吊装顶铁或钢管时，严禁在把杆回转半径内停留；往工作井内下管时，应穿保险钢丝绳，并缓慢地将管子送入导轨就位，以防止滑脱坠落或冲击导轨，同时井下人员应站在安全处。

5）插管及止水盘根处理必须按操作规程要求，尤其应待工具管就位（应严格复测管子的中线和前、后端管底标高，确认合格后）并接长管子，安装的水力机械、千斤顶、液压泵车、高压水泵、压浆系统等设备全部运转正常后，方可开封插管顶进。

6）垂直运输设备的操作人员，在作业前要对卷扬机等设备各部分进行安全检查，确认无异常后方可作业；作业时精力集中，服从指挥，严格执行卷扬机和起重作业有关的安全操作规定。

7）安装后的导轨应牢固，不得在使用中产生位移，并应经常检查校核；两导轨应顺直、平行、等高，其纵坡应与管道设计坡度一致。

8）在拼接管段前或因故障停顿时，应加强联系，及时通知工具管头部操作人员停止冲泥出土，防止由于冲吸过多造成塌方，并在长距离顶进过程中，应加强通风。

9）当因吸泥莲蓬头堵塞、水力机械失效等原因，需要打开胸板上的清石孔进行处理时，必须采取防止冒顶塌方的安全措施。

10）顶进过程中液压泵操作工，应严格注意观察液压泵车压力是否均匀渐增，若发现压力骤然上升，应立即停止顶进，待查明原因后方可继续顶进。

11）管子的顶进或停止，应以工具管头部发出信号为准。遇到顶进系统发生故障或在拼管子前 20min，即应发出信号给工具管头部的操作人员，引起注意。

12）顶进过程中，一切操作人员不得在顶铁两侧操作，以防发生崩铁伤人事故。

13）如顶进不是连续三班作业，在中班下班时，应保持工具管头部有足够多的土塞；若遇土质差，因地下水渗流可能造成塌方时，则应将工具管头部灌满以增大水压力。

14）管道内的照明电信系统一般应采用低压电，每班顶管前电工要仔细地检查多种线路是否正常，确保安全施工。

15）工具管中的纠偏千斤顶应绝缘良好，操作电动高压液压泵应戴绝缘手套。

16）顶进中应有防毒、防燃、防暴、防水淹的措施，顶进长度超 50m 时，应有预防缺氧、窒息的措施。

17）氧气瓶与乙炔瓶（罐）不得进入坑内。

4.2 盾构法施工

4.2.1 盾构法概述

1. 盾构法概念

盾构一词的含义在土木工程领域中为遮盖物、保护物。盾构机是一种既能支承地层压力，又能在地层中推进的施工机具。以盾构机为核心的一套完整的建造隧道的施工方法称为盾构法。

本章所介绍的盾构法主要是针对土层施工的盾构，如图 4-23 所示。盾构的英文名称为"shield machine"。采用此法建造隧道，其埋设深度可以很深而不受地面建筑物和交通的限制。近年来由于盾构法在施工技术上的不断改进，机械化程度越来越高，对地层的适应性也越来越好。城市市区建筑公用设施密集，交通繁忙，明挖隧道施工对城市生活干扰严重，特别在市中心，若隧道埋深较大，地质又复杂时，用明挖法建造隧道则很难实现。而盾构法施工城市地下铁道、上下水道、电力通信、市政公用设施等各种隧道具有明显优点。此外，在建造水下公路和铁路隧道或水工隧道中，盾构法也往往以其经济合理而得到采用。

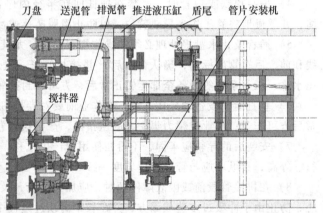

图 4-23　盾构的外形及结构

构成盾构法的主要内容是：先在隧道某段的一端建造竖井或基坑，以供盾构安装就位；盾构从竖井或基坑的墙壁预留孔处出发，在地层中沿着设计轴线，向另一竖井或基坑的设计预留孔洞推进。盾构推进中所受到的地层阻力，通过盾构千斤顶传至盾构尾部已拼装的预制衬砌，再传到竖井或基坑的后靠壁上。盾构是一个能支承地层压力，又能在地层中推进的圆形、矩形、马蹄形及其他特殊形状的钢筒结构，其直径稍大于隧道衬砌的直径，在钢筒的前面设置各种类型的支撑和开挖土体的装置，在钢筒中段周圈内安装顶进所需的千斤顶，钢筒尾部是具有一定空间的壳体，在盾尾内可以安置数环拼成的隧道衬砌环。盾构每推进一环距离，就在盾尾支护下拼装一环衬砌，并及时向盾尾后面的衬砌环外周的空隙中压注浆体，以防止隧道及地面下沉，在盾构推进过程中不断从开挖面排出适量的土方。

硬岩掘进机也称岩石掘进机，国内一般称为TBM。它是"tunnel boring machine"的缩写，通常定义中的TBM是指全断面岩石隧道掘进机，是以岩石地层为掘进对象，一般无须考虑开挖面的稳定，详细内容见"第 7 章 水平巷道（隧道）施工"。

2. 盾构法工艺概述

盾构法是一项综合性的施工技术，它还需要其他施工技术密切配合才能顺利施工。这主要有：地下水的降低；稳定地层、防止隧道及地面沉陷的土壤加固措施；隧道衬砌结构的制造；地层的开挖；隧道内的运输；衬砌与地层间的充填；衬砌的防水与堵漏；开挖土方的运输及处理方法；配合施工的测量、监测技术；合理的施工布置等。盾构法施工的概貌如图 4-24 所示。

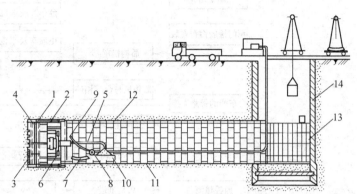

图 4-24 盾构法施工概貌示意图（网格盾构）

1—盾构 2—盾构千斤顶 3—盾构正面网格 4—出土转盘
5—出土胶带运输机 6—管片拼装机 7—管片 8—压浆泵
9—压浆孔 10—出土机 11—由管片组成的隧道衬砌结构
12—在盾尾空隙中的压浆 13—后盾装置 14—竖井

3. 盾构法常规工艺流程

（1）盾构始发端头加固

1）旋喷桩加固工艺流程如图 4-25 所示。

2）二重管双液水平注浆加固工艺流程如图 4-26 所示。

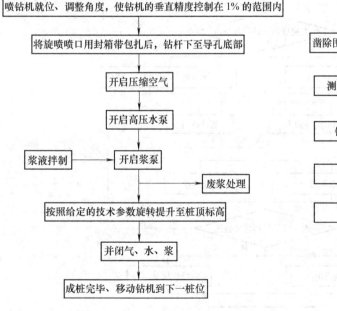

图 4-25 旋喷桩加固工艺流程

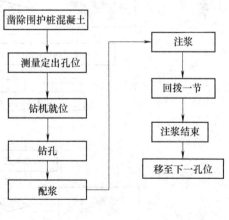

图 4-26 双液水平注浆加固工艺流程

（2）盾构始发流程 如图 4-27 所示。

（3）正常掘进流程 如图 4-28 所示。

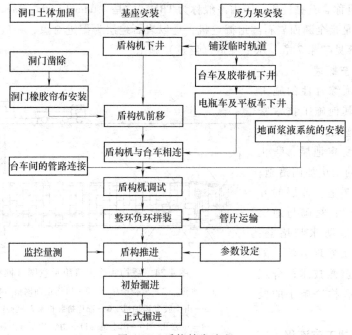

图 4-27　盾构始发流程

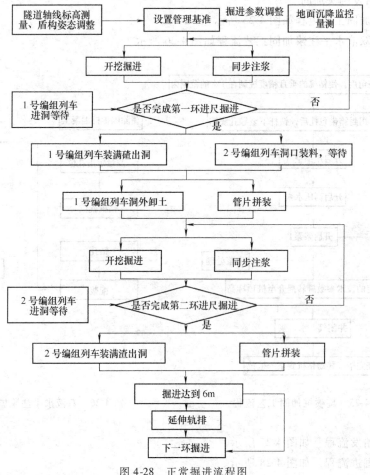

图 4-28　正常掘进流程图

（4）管片拼装工艺流程　如图 4-29 所示。

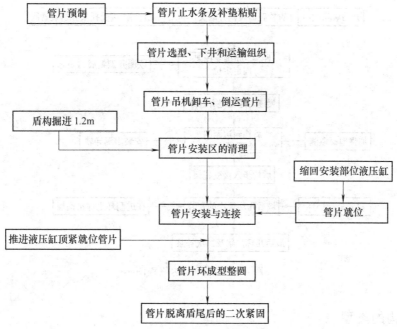

图 4-29　管片拼装工艺流程图

（5）同步注浆工艺流程　如图 4-30 所示。

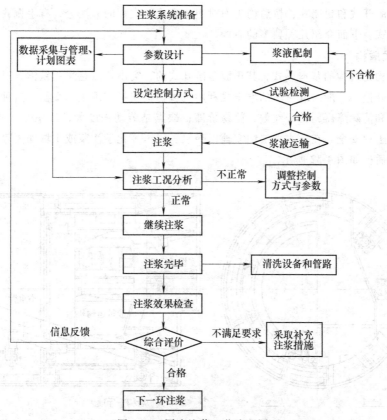

图 4-30　同步注浆工艺流程图

（6）盾构到达流程　如图 4-31 所示。

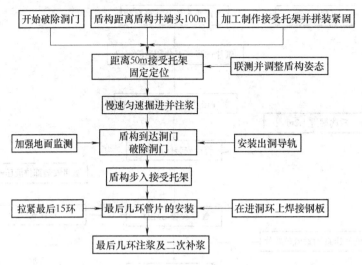

图 4-31　盾构到达流程图

4.2.2　盾构的类型

盾构的分类方式很多。按切削断面的形状分，有圆形和非圆形盾构；按稳定掘削面的加压方式分，有压气式、泥水加压式、削土加压式、加水式、泥浆式和加泥式；按盾构前方的构造分，有敞开式、半敞开式和封闭式；按盾构正面对土体开挖与支护的方法分，有手掘式、挤压式、半机械式、机械式。下面介绍几种典型的盾构。

1. 手掘式盾构

手掘式盾构是盾构的基本形式，其正面是敞开式的，突出特点是采用铁锹、风镐、碎石机等开挖工具人工开挖。一般采取自然的堆土或利用机械挡板支护实现土的平衡。这种盾构的优点是便于观察地层和清除障碍，易于纠偏，简易价廉；缺点是劳动强度大，效率低，如遇正面坍方，易危及人身及工程安全。在含水地层中需辅以降水、气压、化学注浆或土壤加固等措施。开胸式自平衡手掘式盾构如图 4-32 所示。

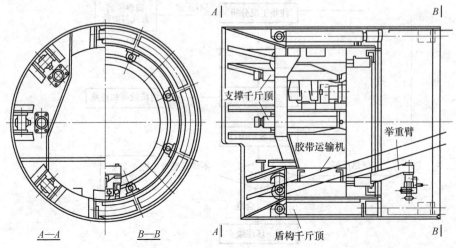

图 4-32　手掘式盾构示意图

这种盾构已基本被淘汰，只在短程隧道施工时因采用机械化盾构不经济或开挖面有障碍物、巨大砾石等场合才采用。

2. 挤压式盾构

挤压式盾构的开挖面用胸板封起来，把土体挡在胸板外，对施工人员比较安全、可靠，没有塌方的危险。当盾构推进时，让土体从胸板局部开口处挤入盾构内（图 4-33），然后装车外运，不必用人工挖土，劳动强度小，效率也成倍提高。挤压盾构分为盖板式挤压盾构、螺旋排土式挤压盾构和网格挤压式盾构等。

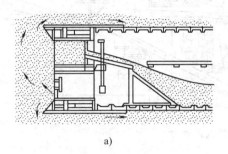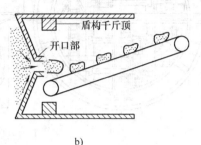

图 4-33　挤压式盾构
a）开口在上部　b）开口在下部

挤压式盾构仅适用于自稳性很差、流动很大的软黏土和粉砂质围岩，不适用于含砂率高的围岩和硬质地层。在挤压推进时，对地层土体扰动较大，地面产生较大的隆起变形，所以在地面有建筑物的地区不能使用，只能用在空旷的地区或江河底下、海滩等区域。

（1）盖板式挤压盾构　利用隔板将开挖面全部封闭，只在一部分上设有面积可调的排土盖板。盾构正面贯入围岩向前推进，使贯入部位土砂呈塑性化流动，由盖板部位进行排土。开挖面的稳定是靠调节盖板开口的大小和排土阻力，使千斤顶推力和开挖面土压达到平衡来实现的。

（2）螺旋排土式挤压盾构　利用封板将开挖面封闭，盾构正面贯入围岩向前推进，使贯入部位土砂呈塑性化流动，由螺旋输送机进行排土。开挖面的稳定是靠调节螺旋输送机的转速和螺旋输送机出土闸门的开度，使千斤顶推力和开挖面土压达到平衡来实现的。

（3）网格挤压式盾构　在上海软土层中常常被采用。它具有的特点是：进土量接近或等于全部隧道的出土量，且往往带有局部挤压性质；盾构正面装钢板网格，在推进中可以切土，而在停止推进时可起稳定开挖面的作用；切入的土体可用转盘、胶带运输机、矿车或水力机械运出。这种盾构如在土质较适当的地层中精心施工，地表沉降可控制到中等或较小的程度。在含水地层中施工，需要辅以疏干地层的措施。

网格挤压式盾构是利用盾构切口的网格将正面土体挤压并切削成为小块，并以切口、封板及网格板侧向与土体间的摩阻力平衡正面地层侧向压力，使开挖面得以稳定，具有结构简单，操作方便，便于排除正面障碍物等特点。

网格挤压式盾构正面网格开孔出土面积较小，适宜在软弱黏土层中施工，当处在局部粉砂层时，可在盾构土舱内采用局部气压法来稳定正面土体。

3. 半机械式盾构

半机械式盾构是介于手掘式盾构和机械式盾构之间的一种形式，它是在敞开式盾构的基础上安装机械挖土和出土装置，因而具有省力和高效等特点。机械挖土装置前后、左右、上下均能活动。它有反铲式、铣削头式、反铲和铣削头可互换式，以及反铲和铣削头两者兼有等形式。

半机械式盾构如图 4-34 所示。开挖及出土都采用专用机械，掘进系统配备液压反铲或铣削头等设备，出渣系统配备胶带输送机或螺旋输送机等设备，或配备具有掘进与出渣双重功能的挖装机械。

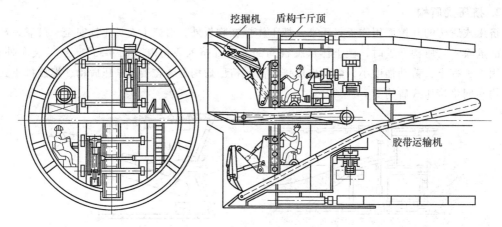

图 4-34　半机械式盾构

施工时必须充分考虑作业人员的安全，并选用噪声小的设备。为防止开挖面坍塌，盾构装备了活动前檐和半月形千斤顶，经常采用液压操作的胸板，胸板置于单独的区域或在盾壳的周边辅助地支撑隧道工作面。

半机械式盾构适用以冲积层的砂、砂砾、固结粉砂和黏土为主的土质。也可用于软弱冲积层，但须同时采用压气施工法，或采用降低地下水位、改良地层等辅助措施。

4. 土压平衡式盾构

土压平衡式盾构属封闭式机械盾构，如图 4-35 所示。它的前端有一个全断面切削刀盘，切削刀盘的后面有一个贮留切削土体的密封舱，在密封舱中心线下部装置长筒形螺旋输送机，输送机一头设有出入口。这种盾构主要适用于黏性土或有一定黏性的粉砂土，是当前最为先进的盾构掘进机之一。

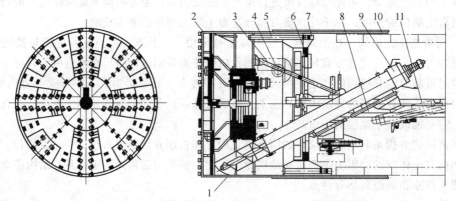

图 4-35　土压平衡式盾构机

1—盾壳　2—刀盘　3—人行闸　4—拉杆　5—推进液压缸　6—拼装机　7—液压缸顶块
8—双梁系统　9—螺旋输送机　10—密封系统　11—工作平台

（1）土压平衡式盾构的基本原理　由刀盘切削土层，切削后的泥土进入土腔（工作室），土腔内的泥土与开挖面压力取得平衡的同时，由土腔内的螺旋输送机出土，装于排土口的排土装置在出土量与推进量取得平衡的状态下，进行连续出土。

（2）土压平衡式盾构的开挖面稳定方式

1）内摩擦角小且易流动的淤泥、黏土等的黏质土层稳定方式。在软弱的黏性土地层中，由刀盘切削后的泥土强度一般都比原状土的强度低，因而易流动。即使是在内聚力很高的土层中，也由于刀盘的搅拌作用和螺旋输送机的搬运作用，使土的流动性增大，因此充满在土腔内和螺旋输运机内的泥土土压可与开挖面的土压达到相等，挖掘量与排土量也保持平衡。

但是，当地层的含砂量超过某一限度时，由刀盘切削的土流动性变差，而且当土腔内泥土过于充满并固结时，泥土就会压密，难以挖掘和排土。在这种情况下，一般向土腔内添加膨润土、黏土等进行搅拌，或者喷入水和空气，用以增加土腔内土的流动性。

2）土的内摩擦角大、不易流动、透水性大的砂、砂砾等的砂质土层的稳定方式。在砂、砂砾的砂质土地层中，土的摩擦阻力大，地下水丰富，渗透系数也高，因此，依靠挖掘土的土压和排土机构与开挖面的压力（地下水压和土压）达到平衡就很困难，而且由刀盘切削的土体流动性也不能保证。对于这样的土层，仅采用排土机构的机械控制使开挖面稳定是很困难的，这时可采取以下的几种措施：

① 在土腔内喷入水、空气或者添加混合材料，来保证土腔内的土砂流动性。在螺旋输送机的排土口装有可止水的旋转式送料器（转动阀或旋转式漏斗），送料器的隔离作用能使开挖面稳定。

② 向开挖面加入压力水，保证挖掘土的流动性，同时让压力水与地下水压相平衡。开挖面的土压由土腔内的混合土体的压力与其平衡。为了能确保压力水的作用，在螺旋输送机的后部装有排土调整槽，控制调整槽的开度使开挖面稳定。

③ 向开挖面加入高浓度泥水，通过泥水和挖掘土的搅拌，以保证挖掘土体的流动性，开挖面土压和水压由高浓度泥水的压力来平衡。在螺旋输送机的排土口装有旋转式送料器，送料器的隔离作用使开挖面稳定。

④ 向开挖面注入黏土类材料和泥浆，由辐条形的刀盘和搅拌机构混合搅拌挖掘的土，使挖掘的土具有止水性和流动性。由这种改性土的土压与开挖面的土压、水压达到平衡，使开挖工作面得到稳定。

5. 泥水平衡式盾构

泥水平衡式盾构机如图 4-36 所示，是一种封闭式机械盾构。它是在敞开式机械盾构大刀盘的后方设置一道封闭隔板，隔板与大刀盘之间作为泥水舱。在开挖面和泥水舱中充满加压的泥水，通过加压作用和压力保持机构保证开挖面土体的稳定。刀盘开挖下来的土砂进入泥水舱，经

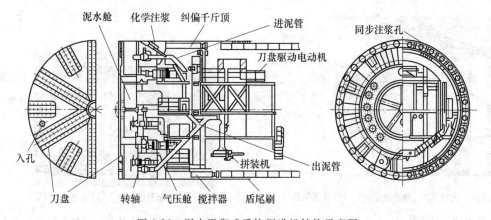

图 4-36　泥水平衡式盾构掘进机结构示意图

搅拌装置搅拌后，含开挖土砂的高浓度泥水经泥浆泵泵送到地面的泥水分离系统，待土、水分离后，再把滤除开挖土砂的泥水重新压送回泥水舱。如此不断地循环完成掘削、排土、推进。因其靠泥水压力使开挖面稳定，故称为泥水加压平衡盾构，简称泥水盾构。

（1）泥水盾构的构成　泥水盾构由位于地下的隔板、刀盘、送排泥管和推进液压缸，以及位于地面上的泥水处理设备构成。

（2）泥水盾构的五大系统

1）一边利用刀盘挖掘整个开挖面、一边推进的盾构掘进系统。

2）可调整泥浆物性，并将其送至开挖面，保持开挖面稳定的泥水循环系统。

3）综合管理送排泥状态、泥水压力及泥水处理设备运转状况的综合管理系统。

4）泥水分离处理系统。

5）壁后同步注浆系统。

（3）泥水盾构原理　泥水盾构利用循环悬浮液的体积对泥浆压力进行调节和控制，采用膨润土悬浮液（俗称泥浆）作为支护材料。开挖面的稳定是将泥浆送入泥水室内，在开挖面上用泥浆形成不透水的泥膜，通过该泥膜的张力保持水压力，以平衡作用于开挖面的土压力和水压力。开挖的土砂以泥浆形式输送到地面，通过泥水处理设备进行分离，分离后的泥水进行质量调整，再输送到开挖面。

（4）泥水盾构的体系　有日本和德国两个体系，其主要区别是：德国体系的泥水盾构在泥水舱中设置了气压舱，称为间接控制型泥水盾构；日本体系的泥水盾构的泥水舱则全是泥水，称为直接控制型泥水盾构。

1）日本体系。日本一般采用直接控制型泥水盾构（图4-37）。直接控制型泥水盾构的泥水系统采用泥水平衡模式，其流程为：送泥泵从地面泥浆调整槽将新鲜泥浆输入盾构泥水舱，与开挖泥土进行混合，形成稠泥浆，然后由排泥泵输送到地面泥水分离站，经分离后排除土渣，而稀泥浆流向调整槽，经过密度和浓度调整后，被重新输入盾构循环使用。泥水舱中泥浆压力，可通过调节送泥泵转速或调节控制阀开度来进行。由于送泥泵安在地面，控制距离长而产生延迟效应，不便于控制泥浆压力，因此常用调节控制阀的开度来进行泥浆压力调节。

2）德国体系。德国采用间接控制型泥水盾构（图4-38），其泥水系统的工作特征是由泥浆和空气双重回路组成，因此也称为"D"模式或气压复合模式。

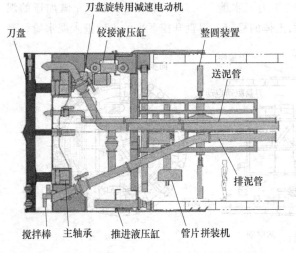

图4-37　日本体系——直接控制型泥水盾构

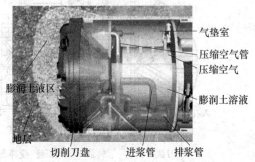

图4-38　德国体系——间接控制型泥水盾构

气压复合模式泥水盾构在泥水舱内插装一道半隔板,在半隔板前充以压力泥浆,在半隔板后面盾构轴心线以上部分充以压缩空气,形成空气缓冲层,气压作用在半隔板后面与泥浆的接触面上。由于接触面上气、液具有相同压力,因此只要调节空气压力,就可以确定和保持在开挖面上相应的泥浆支护压力。当盾构掘进时,有时由于泥浆的流失或推进速度的变化,送、排泥浆量将会失去平衡,气液接触面就会出现上下波动现象。这时通过液位传感器,根据液位的高低变化来操纵送泥泵转速,使液位恢复到设定位置,以保持开挖面支护液压的稳定。也就是说,送泥泵输出量随液位下降而增加,随液位上升而减小。此外,在液位最高和最低处设有限位器,当液位达到最高位时,停止送泥泵,当液位降低到最低位时,则停止排泥泵。正是由于空气缓冲层的弹性作用,当液位波动时,对支护泥浆压力变化无明显影响。

间接控制型泥水盾构与直接控制型泥水盾构相比,操作控制更为简化,对开挖面土层支护更为稳定,对地表变形控制也更为有利。

(5)泥水盾构的适用范围　泥水加压盾构对地层的适用范围非常广泛,软弱的淤泥质土层、松动的砂土层、砂砾层、卵石砂砾层等均能适用。但是在松动的卵石层和坚硬土层中采用泥水加压盾构施工会产生逸水现象,因此在泥水中应加入一些胶合剂来堵塞漏缝。

4.2.3　盾构选型

盾构法施工的地层都是复杂多变的,因此,针对复杂的地层选用较为经济的盾构是当前的一个难题。在选择时,不仅要考虑到地质情况、盾构的外径、隧道的长度、工程的施工程序、劳动力情况等,而且还要综合研究工程施工环境、基地面积、施工引起对环境的影响程度等。盾构的选型一定要综合考虑各种因素,才能最后确定采用盾构的型号,一般情况下的盾构选型可参见表4-3。

表4-3　盾构选型比较表

机种\项目	手掘式盾构	挤压式盾构	半机械式盾构	机械式盾构	泥水平衡式盾构	土压平衡式盾构		
						削土式	加水式	加泥式
工作面稳定	千斤顶与气压	胸板和气压	千斤顶、气压	大刀盘、气压	大刀盘、泥水压	大刀盘、切削土压	大刀盘、加水作用	加泥作用
工作面防塌	胸板、千斤顶	调整开口率	胸板、千斤顶	大刀盘	泥水压、开闭板	大刀盘、土压	大刀盘、水土压	泥水压
障碍物处理	可能	非常困难	可能	困难	非常困难	非常困难	非常困难	非常困难
砾石处理	可能		可能	困难	砾石处理装置	困难	砾石取出装置	砾石取出装置
适用土质	黏土、砂土	软黏土	黏土、砂土	均质土为宜	软黏土、含水砂土	软黏土、粉砂	含水粉质黏土	软黏土、含水砂土
问题	可能涌水	地表沉降或隆起	可能涌水	黏土多易产生固结	黏土不易分离	砂土时排水困难	细颗粒少施工困难	地表隆起或沉降
经济性	隧道长度短时较经济	较经济、但沉降或隆起较大	长隧道时较手掘式经济	劳务管理费较低	泥水处理设备费昂贵	介于机械式和泥水式中间	比泥水式盾构经济	介于机械式和泥水式中间

1. 盾构选型主要步骤

1)在对工程地质、水文地质条件、周围环境、工期要求、经济性等充分研究的基础上选定盾构的类型，对敞开式、闭胸式盾构进行比选。

2）如确定选用闭胸式盾构，应根据地层的渗透系数、颗粒级配、地下水压、环保、辅助施工方法、施工环境、安全等因素对土压平衡盾构和泥水盾构进行比选。

3）根据详细的地质勘探资料，对盾构各主要功能部件进行选择和设计，主要包括刀盘直径，刀盘开口率，刀盘转速，刀盘转矩，刀盘驱动功率，推力，掘进速度，螺旋输送机功率、直径、长度，送排泥管直径，送排泥泵功率、扬程等。

4）根据地质条件选择与盾构掘进速度相匹配的盾构后配套施工设备。

2. 盾构选型的主要方法

（1）根据地层的渗透系数进行选型 地层渗透系数对于盾构的选型是一个很重要的因素（图4-39）。通常，当地层的渗透系数小于 10^{-7} m/s 时，可以选用土压平衡盾构；当地层的渗透系数在 $10^{-7} \sim 10^{-4}$ m/s 之间时，既可以选用土压平衡盾构，也可以选用泥水式盾构；当地层的透水系数大于 10^{-4} m/s 时，宜选用泥水盾构。

（2）根据地层的颗粒级配进行选型 土压平衡盾构主要适用于粉土、粉质黏土、淤泥质粉土、粉砂层等黏稠土壤的施工。在黏性土层中掘进时，由刀盘切削下来的土体进入土舱后由螺旋机输送输出，在螺旋机输送内形成压力梯降，保持土舱压力稳定，使开挖面土层处于

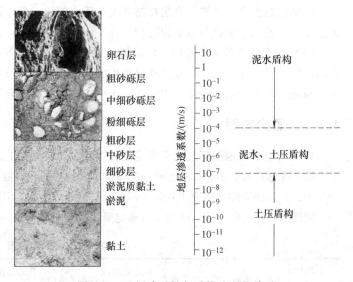

图4-39 地层渗透性与盾构选型的关系

稳定。一般来说，细颗粒含量多，渣土易形成不透水的流塑体，容易充满土舱的每个部位，在土舱中可以建立压力来平衡开挖面的土体。盾构类型与颗粒级配的关系如图4-40所示。

一般来说，当岩土中的粉粒和黏粒的总量达到40%以上时，通常宜选用土压平衡盾构，否则，选择泥水盾构比较合适。粉粒的绝对大小通常以0.075mm为界。

（3）根据地下水压进行选型 当水压大于0.3MPa时，适宜采用泥水盾构。如果采用土压平衡盾构，螺旋输送机难以形成有效的土塞效应，在螺旋输送机排土闸门处易发生渣土喷涌现象，引起土舱中土压力下降，从而导致开挖面坍塌。

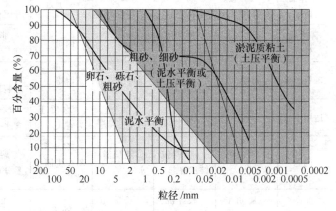

图4-40 盾构类型与地层颗粒级配的关系

当水压大于0.3MPa时，如因地质原因需采用土压平衡盾构，则需增大螺旋输送机的长度或采用二级螺旋输送机，或采用保压泵。

3. 盾构选型时必须考虑的因素

盾构选型时，在实际实施时，还需解决理论的合理性与实际的可能性之间的矛盾，必须考虑环保、地质和安全因素。

（1）环保因素　对泥水盾构而言，虽然经过过筛、旋流、沉淀等程序，可以将弃土浆液中的一些粗颗粒分离出来，并通过汽车、船等工具运输弃渣，但泥浆中的悬浮或半悬浮状态的细土颗粒仍不能完全分离出来，这些物质又不能随意处理，就形成了使用泥水盾构的一大困难。降低污染、保护环境是选择泥水盾构面临的十分重要的课题，需要解决的是如何防止将这些泥浆弃置江河湖海等水体中造成范围更大、更严重的污染。

（2）工程地质因素　盾构施工段工程地质的复杂性主要反映在基础地质（主要是围岩岩性）和工程地质特性的多变方面。在一个盾构施工段或一个盾构合同标段中，某些部分的施工环境适合选用土压平衡盾构，但某些部分又适合选用泥水盾构。盾构选型时应综合考虑并对不同选择进行风险分析，择其优者。

（3）安全因素　从保持工作面的稳定、控制地面沉降的角度来看，当隧道断面较大时，使用泥水盾构要比使用土压平衡盾构的效果好一些，特别是在河湖等水体下、密集的建筑物或构筑物下及上软下硬的地层中施工时。在这些特殊的施工环境中，施工过程的安全性是盾构选型时的一项极其重要的选择依据。

4. 盾构与土质及辅助工法的关系

在选择盾构形式时，最重要的是要以保持开挖面稳定为基点进行考虑。为了选择合适的盾构形式，除对土质条件、地下水进行调查以外，还要对用地环境、竖井周围环境、安全性、经济性进行充分考虑。

各种盾构所对应的土质及与辅助施工法的关系见表 4-4。

表 4-4　盾构与土质及辅助施工法的关系

地质分类	土质	N 值	含水率(%)	手掘式盾构机 无	手掘式盾构机 有	手掘式盾构机 种类	半机械式盾构机 无	半机械式盾构机 有	半机械式盾构机 种类	机械式盾构机 无	机械式盾构机 有	机械式盾构机 种类	挤压式盾构机 无	挤压式盾构机 有	挤压式盾构机 种类	泥水式盾构机 无	泥水式盾构机 有	泥水式盾构机 种类	土压式盾构机(土压式) 无	土压式盾构机(土压式) 有	土压式盾构机(土压式) 种类	土压式盾构机(加泥式) 无	土压式盾构机(加泥式) 有	土压式盾构机(加泥式) 种类
冲积黏土	腐殖土	0	>300	×	×		×	×		×	×		×	△	A	×	△	A	×	△	A	×	△	A
	淤泥黏土	0~2	100~300	×	△	A	×	×		×	×		○	—		○	—		○	—		○	—	
	砂质粉土	0~5	>80	×	△	A	×	×		×	×		○			○	—		○	—		○	—	
	砂质黏土	5~10	>50	△	○		○	—	A	○	—	A	△	○		○	—		○	—		○	—	
洪积黏土	壤土黏土	10~20	>50	○	—		○	—		△	—		×	×		—	—		△	—		—	—	
	粉砂质黏土	15~25	>50	○	—		○	—		○	—		×	×		—	—		△	—		—	—	
	砂质黏土	>20	>20	△	—		○	—		○	—		×	×		—	—		△	—		—	—	
软岩	风化页岩泥岩	>50	<20	×			○	—		○	—		×	×		—	—		—	—		—	—	

（续）

地质 \ 盾构类型				手掘式盾构机			半机械式盾构机			机械式盾构机			挤压式盾构机			泥水式盾构机			土压式盾构机					
																			土压式			加泥式		
分类	土质	N值	含水率（%）	辅助工法			辅助工法			辅助工法			辅助工法			辅助工法			辅助工法			辅助工法		
				无	有	种类	无	有	种类	无	有	种类	无	有	种类	无	有	种类	无	有	种类	无	有	种类
砂质土	含粉砂黏土的砂	10~15	<20	△	○	A	△	○	A	△	○	A	×	×		○	—		○	—		○	—	
	松散砂	10~30	<20	×	△	A·B	×	×		×	△	A·B	×	×		△	○	A	△	△		○	—	
	压实砂	>30	<20	△	△	A·B	△	△	A·B	△	△	A·B												
砂砾砾石	松散砂砾	10~40		×	△	A·B	×		A·B	×		A·B	×	×					△		A	△	△	
	固结砂砾			△		A·B			A·B			A·B												
	含砾石砂砾	>40		×	△	A·B	×		A·B	×		A·B	×	×		×	×		△		A	△	△	
	砾石层			×	△	A·B	×		A·B	×		A·B	×	×					△		A	△	△	

注：1. 手掘式盾构、半机械式盾构、机械式盾构，原则上采用气压施工方法。

2. "无"表示不采用辅助施工法；"有"表示采用辅助施工法。

3. "○"表示原则上符合条件；"△"表示应用时须进行研究；"×"表示原则上不符合条件；"—"表示特别不宜使用。

4. "A"表示注浆法；"B"表示降水法。

4.2.4 盾构机的结构

盾构机由刀盘、盾前体、盾中体、盾尾及盾内生产系统组成，如图 4-41 所示。

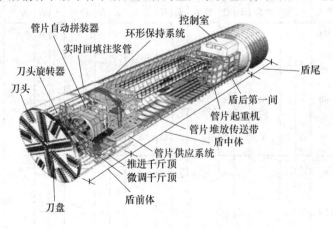

图 4-41 盾构机组成

本书以广州地铁施工中所使用的典型土压平衡式盾构机（图 4-42）为例，介绍该类型盾构机的结构与系统特点。

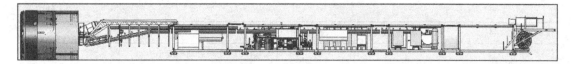

图 4-42　土压平衡式盾构机总图

该土压平衡式盾构机的主机结构断面形状为圆形，是用钢板制成的，主要由以下部分构成：刀盘、主轴承、前体、中体、推进液压缸、铰接液压缸、盾尾、管片安装机。主机结构如图 4-43 所示，其功能是实现对岩土的开挖、推进、一级出渣、管片安装。

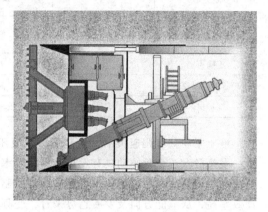

1. 刀盘

刀盘是盾构机的核心部件，其结构形式、强度和整体刚度都直接影响到施工掘进的速度和成本，并且出了故障维修处理困难。不同的地质情况和不同的制造厂家，刀盘的结构也不相同，其常见的结构有平面圆角刀盘、平面斜角刀盘、平面直角刀盘。

（1）盾构机刀盘的要求

图 4-43　土压平衡式盾构机主机结构示意图

1）刀盘应有足够的强度和刚度。

2）刀盘应有较大的开口率。

3）针对地层的变化，能够方便地更换硬岩滚刀和软岩齿刀。

4）刀盘结构应有足够的耐磨强度。

5）刀盘上应配置足够的渣土搅拌装置。

6）刀盘上应配置足够的注入口，各口并装有单向阀，以满足刀具的冷却、润滑和渣土改良。

（2）刀盘结构　如图 4-44 所示，刀盘前端面有 8 条辐板（开有 8 个对称的长条孔），其上配有滚刀（齿刀）座、刮刀座和 2 根搅拌棒，刀盘与驱动装置用法兰连接，法兰与刀盘之间靠 4 根粗大的辐条相连。为保证刀盘的抗扭强度和整体刚度，刀盘中心部分、辐条和法兰采用整体铸造，周边部分和中心部分采用先栓接后焊结的方式连接。为保证刀盘在硬岩掘进时的耐磨性，刀盘的周边焊有耐磨条，面板上焊有栅格状的耐磨材料。

（3）刀盘驱动方式的选择　刀盘的驱动方式有三种：一是变频电动机驱动；二是液压驱动；三是定速电动机驱动。鉴于定速电动机驱动的刀盘转速不能调节，目前一般不采用，故仅将变频驱动与液压驱动作比较，见表 4-5。

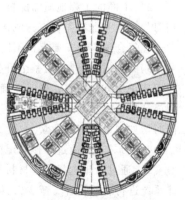

图 4-44　刀盘结构示意图

表 4-5　刀盘驱动方式比较表

项　　目	变频方式	液压方式	备　　注
驱动部外形尺寸	大	小	一般①：②＝（1.5～2）：1
后续设备	少	多	②需要液压泵、油箱、冷却装置等
效率（%）	95	65	液压传动效率低

（续）

项　　目	变频方式	液压方式	备　　注
启动电流	小	小	① 变频启动电流小 ② 无负荷启动电流小
启动力矩	大	小	① 启动力矩可达到额定力矩的120%
启动冲击	大	较小	① 利用变频软启动，冲击小 ② 控制液压泵排量，可缓慢启动，冲击较小
转速控制、微调	好	好	① 变频调速 ② 控制液压泵排量，可以控制转速和进行微调
噪声	小	大	液压系统噪声大
隧道内温度	低	高	液压系统传动效率低，功率损耗大，温度高
维护保养	容易	较困难	液压系统维护保养要求高，保养较复杂

液压驱动具有调速灵活、控制简单、液压马达体积小、安装方便等特点，但液压驱动效率低、发热量大。变频驱动具有发热量小、效率高、控制精确等优点，在工业领域应用较广。虽然目前的中小型盾构的刀盘驱动较常采用液压驱动，大直径盾构较常采用变频驱动，但由于变频驱动效率高，从节能方向及发展趋势来看，变频电动机驱动方式是刀盘驱动今后的发展方向。

（4）刀具的配置　刀具的结构、材料及其在刀盘上的数量和位置关系直接影响到掘进速度和使用寿命。不同的地层条件对刀具的结构和配置是不相同的，必须根据地质状况认真研究分析。在盾构施工中做好对刀具监控、分析、比较、摸索，总结刀具的使用经验，延长刀具的使用寿命，减少换刀频率，并将结果反馈，指导施工。刀具配置应遵循以下原则：

1）实际施工时会遇到各种复杂地层，地质资料提供的只是部分的钻探资料，不能完全准确反映实际地质情况，因此在进行刀具配置设计时，必须对地质进行充分的分析和研究。刀具配置要有一定的富余和能力储备。

2）不同的工程地质需配置不同的刀具。软土地层只需配置切削型刀具；砂卵石地层除配置切刀外，还需配置先行刀；风化岩及软硬不均地层除配置切削型刀具外，还需配置先行刀、滚刀；在复合地层中，要保证不同种类刀具相互可换性。

3）刀具配置要覆盖整个开挖断面。为保证刀盘受力均衡，运转平稳，刀具要对称性布置；切刀要正反方向布置，同时要确保每个轨迹有2把切刀；对切刀排列方式进行选择，整体连续排列或牙型交错排列；通过周边刀保证开挖直径；保证滚刀纯滚动；要考虑周边滚刀的安装角度，同时增加周边滚刀的数量。

4）刀具安装通过螺栓固定或设计转接箱，应便于安装、拆装、更换和修理。

5）通过合理选择耐磨材料和合金镶嵌技术，对刀盘和开口槽进行耐磨处理，对加泥、加泡沫系统进行合理设计，减少刀具掘进磨损和冲击，提高刀具的耐久性，延长刀具的使用寿命。

6）综合合理选择刀具种类和尺寸，确定刀具的超前量、相互高差，尽可能减少刀盘旋转刀具切削土体过程对周边土体及环境的扰动，尽量使各种刀具磨损均匀，充分发挥各种刀具的切削性能。

7）配备刀具磨损监测和报警装置，如液压式、电磁式、超声波探测式。

（5）刀具种类　刀具分为刮削刀具和滚动刀具。刮削刀具只随刀盘转动而没有自转，有鱼尾刀、刮刀、齿刀等形式，如图4-45所示。滚刀不仅随刀盘转动，还伴随着自转。常见滚刀刀具如图4-46所示。

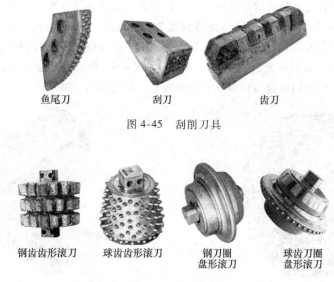

鱼尾刀　　　　　刮刀　　　　　齿刀

图 4-45　刮削刀具

钢齿齿形滚刀　　球齿齿形滚刀　　钢刀圈　　　　球齿刀圈
　　　　　　　　　　　　　　　　盘形滚刀　　　盘形滚刀

图 4-46　滚刀刀具

（6）刀具的破岩机理　分软岩切削机理和硬岩破岩机理。

软岩切削机理是刀具对土层的挤压所产生的剪切力来破坏土层。

硬岩破岩机理是利用硬质材料的易脆性质，采用滚刀的滚动对岩石挤压产生的剪切力和冲击力来碾碎岩石。要实现连续破岩，就要在滚刀上施加一个正压力和一个使滚刀滚动的水平推力。正压力来自于盾构的推进力，水平推力是刀盘转动施加在滚刀轴上与开挖面平行的推力。

2. 前体（切口环）

前体又叫切口环，是开挖土舱和挡土部分，位于盾构的最前端，结构为圆筒形，如图 4-47 所示。前端设有刃口，以减少对底层的扰动。在圆筒垂直于轴线、约在其中段处焊有压力隔板，隔板上焊有安装主驱动、螺旋输送机及人员舱的法兰支座和 4 个搅拌棒，还设有螺旋输送机闸门机构及气压舱（根据需要），此外，隔板上还开有安装 5 个土压传感器、通气通水等的孔口。不同开挖形式的盾构机前体结构也不相同。

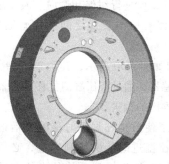

图 4-47　前体结构示意图

主驱动装置由主轴承、8 个液压驱动电动机、8 个减速器及主轴承密封组成。轴承外圈通过连接法兰用螺钉与前体固定，内（齿）圈用螺钉和刀盘连接，借助液压动力带动液压马达、减速器、轴承内齿圈直接驱动刀盘旋转。

3. 中体（支承环）

中体又叫支承环，是盾构的主体结构，是一个强度和刚性都很好的圆形结构，如图 4-48 所示。中体承受作用于盾构上的全部荷载，地层力、所有千斤顶的反作用力、刀盘正面阻力、盾尾铰接拉力及管片拼装时的施工荷载均由中体来承受。中体内圈周边布置有盾构千斤顶和铰接液压缸，中间有管片拼装机和部分液压设备、动力设备、螺旋输送机支承及操作控制台，有的还有行人加、减压舱。中体盾壳上焊有带球阀的超前钻预留孔，也可用于注膨润土等材料。

（1）人员舱　在需要压缩空气以平衡盾构围岩的水土压力，以保持作业面的稳定作业时，使用人员舱可实现操作人员在气压状态下检查、更换刀具及排除工作面异物等工作。人员舱分普通（主）舱和紧急舱，它们由密封的压力门隔开，如图4-49所示。普通舱和盾构前体上的中间舱之间用法兰连接，而中间舱直接焊接在压力隔板上。通过隔板上的压力门就可以进入土舱。

图 4-48　中体结构示意图

图 4-49　人员舱示意图

普通舱和紧急舱横向连接，舱内舱外都装有时钟、温度计、压力计、电话、记录仪、加压阀、减压阀、溢流排气阀及水路、照明系统。紧急舱的作用是在压缩空气工作时和出现紧急情况时的出入。

进入人员舱的工作人员必须经过身体检查及专业培训，并取得劳动部门的相关资质。在进行加压和减压作业时，要严格遵循加压、减压规程，一般参照美国海军潜水规程。

（2）推进液压缸　盾构的推进机构提供盾构向前推进的动力。推进机构包括30个推进液压缸和推进液压泵站。推进液压缸按照在圆周上的区域分为4组，每组7～8个液压缸。通过调整每组液压缸的不同推力来对盾构进行纠偏和调向。液压缸后端的球铰支座顶在管片上以提供盾构前进的反力。球铰支座可使支座与管片之间的接触面密贴，以保护管片不被损坏。

推进系统液压缸的分组如图4-50所示，其中2#、7#、12#、17#的液压缸安装有位移传感器，通过液压缸的位移传感器可以知道液压缸的伸出长度和盾构的掘进状态。

（3）铰接液压缸　为了使盾构在掘进时能够灵活地进行姿态调整，以及小曲线半径掘进时能够顺利通过，必须减少盾构的长径比。这是通过铰接液压缸把盾构的中体和盾尾相连接来实现的。铰接系统包括14个铰接液压缸和预紧式铰接密封。铰接液压缸一般处于保持位置，盾尾在主机的拖动下被动前进。当盾构转弯时，液压缸也应处于保持位置，盾尾可以根据调向的需要自动调整位置。

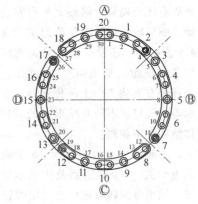

图 4-50　推进液压缸布置

4. 盾尾

盾尾主要用于掩护隧道管片拼装工作及盾体尾部的密封。盾尾通过交接液压缸与中体相连，并装有预紧式铰接密封，如图4-51所示。铰接密封和盾尾密封装置都是为防止水、土及压注材料从盾尾进入盾构内。为减小土层与管片之间的空隙，从而减少注浆量及对地层的扰动，盾尾做成一圆筒形薄壳体，其能同时承受土压和纠偏、转弯时所产生的外力。盾尾的长度必须根据管片

的宽度和形状及盾尾密封的结构和道数来决定。另外，在盾尾壳体上
合理地布置了 8 根盾尾油注入管和 4 根同步注浆管。

由于施工中纠偏的频率较高，盾尾密封要求弹性好，耐磨、防撕
裂，能充分适应盾尾与管片间的空隙，一般采用效果较好的钢丝刷
加钢片压板结构。钢丝刷中充满油脂，既有弹性又有塑性。盾尾密
封的道数要根据隧道埋深、水位高低来定，一般为 2 ~ 3 道。盾尾密
封如图 4-52 所示。

图 4-51 盾尾结构示意图

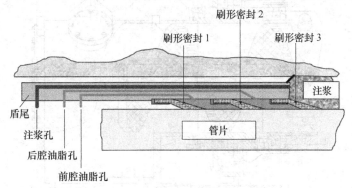

图 4-52 盾尾密封示意图

4.2.5 盾构机的生产系统

1. 螺旋输送机

螺旋输送机是土压平衡盾构机的重要部件，如图 4-53 所示，它是掘进渣土排出的唯一通道。
掘进时通过螺旋输送机内形成的土塞建立密封前方土舱内的压力，有效地抵御地下水。

螺旋带的支撑采用单侧轴承悬臂
支承法，前端依靠渣土的悬浮力支承和
平衡。在螺旋器壳体内和螺旋带的前端
均焊有耐磨合金条或耐磨合金粒，以保
证其使用寿命。螺旋输送机还设置了

图 4-53 螺旋输送机结构示意图

前、后端两个闸门，以控制其出土速度和建立、维持密封土舱内的土压平衡。为使前端闸门能够
自由关闭，采用的螺旋带可前后伸缩，行程为 1000mm。螺旋输送机壳体上还设有 4 个注入孔，
可注水、泡沫和膨润土以减少出土阻力。有的在排渣口设置渣土与泥水分离装置或容积式排放装
置，尽量使泥水不掉下污染隧道。

螺旋输送机由液压马达减速装置驱动，如图 4-54 所示。

2. 管片及管片安装机构

（1）管环的构成 盾构隧道衬砌的主体是由管片拼装组成的管环，如图 4-55 所示。管环通
常由 A 型管片（标准块）、B 型管片（邻接块）和 K 型管片（封顶块）构成，管片之间一般采
用螺栓连接。封顶块 K 型管片根据管片拼装方式的不同，有从隧道内侧向半径方向插入的径向
插入型（图 4-56）和从隧道轴向插入的轴向插入型（图 4-57）以及两者并用的类型。半径方向
插入型为传统插入型，早期的施工实例很多。但在 B-K 管片之间的连接部，除了由弯曲引起的
剪切力作用其上外，由于半径方向是锥形，作用于连接部的轴向力的分力也起剪切力作用，从而
使得 K 管片很容易落入隧道内侧。因此，不易脱落的轴向插入型 K 管片被越来越多地使用。这

也与近来盾构隧道埋深加大，作用于管片上的轴向力比力矩更显著有关。使用轴向插入型 K 管片的情况下，需要推进液压缸的行程要长些，因而盾尾长度要长些。有时在轴向和径向都使用锥形管片，将两种插入型 K 管片同时使用。径向插入型 K 管片为了缩小锥度系数，通常其弧长为 A、B 管片的 $1/4 \sim 1/3$；而轴向插入型 K 管片，其弧长可与 A、B 管片同样大小。

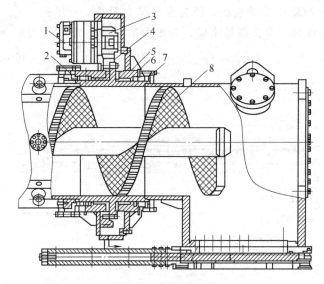

图 4-54　螺旋输送机

1—液压马达　2—前部唇形密封　3—小齿圈　4—大齿圈　5—滑动轴套

6—EP2 注入口　7—后部唇形密封　8—螺旋输送机叶片

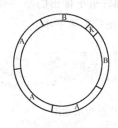

图 4-55　管环的构成

图 4-56　径向插入型

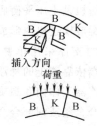

图 4-57　轴向插入型

（2）管环的分块　管环的分块数，从降低制作费用、加快拼装速度、提高防水性能角度看，是越少越好。但如果分块过少的话，单块管片的承量增加，从而导致管片在制作、搬运、洞内操作及拼装过程中出现各种各样的问题。因此，在决定管片环分块时，一定要经过充分研究。

管环的分块数应根据隧道的直径大小、螺栓安装位置的互换性（错缝拼装时）而定。管环的分割数即管片数 n，$n = x + 2 + 1$。其中，x 为标准块的数量，衬砌中有 2 块邻接块和 1 块封顶块。x 与管片外径有关，外径大则 x 大，外径小则 x 小。

铁路隧道 x 一般取 $3 \sim 5$ 块，上下水道、电力和通信电缆隧道 x 一般取 $0 \sim 4$ 块。一般情况下，软土地层中小直径隧道管环以 $4 \sim 6$ 块为宜（也有采用 3 块的，如内径 $900 \sim 2000$mm 的微型盾构隧道的管片，一般每环采用 3 块圆心角为 $120°$ 的管片），大直径以 $8 \sim 10$ 块为多。地铁隧道常用的分块数为 6 块（$3A + 2B + K$）和 7 块（$4A + 2B + K$）。

封顶块有大、小两种，小封顶块的弧长 S 以 $600 \sim 900$mm 为宜。封顶块的楔形量宜取 $1/5$ 弧长左右，径向插入的封顶块楔形量可适当取大一些，此外每块管片的环向螺栓数量不得少于 2 根。

　　管环分块时需考虑相邻环纵缝和纵向螺栓的互换性，同时尽可能地考虑让管片的接缝安排在弯矩较小的位置。一般情况下，管片的最大弧长宜控制在 4m 左右为宜。管环的最小分块数为 3 块，少于 3 块的管片无法在盾构内实施拼装。

　　管环的最大分块数虽无限制，但从造价以及防水角度考虑，分块过多也是不可取的。

　　(3) 管片宽度及厚度　盾构法隧道的管片不仅要承受长期作用于隧道的所有荷载、防止地下涌水，而且在施工过程中还必须承受盾构前进中推进液压缸的推力及衬砌背后注浆时的压力。管片的厚度要根据盾构外径、土质条件、覆盖土荷载决定，但它必须首先能承受施工时推进液压缸的推力。管片厚度过薄，极易在施工过程中损伤及引起结构不稳定，所以必须加以注意。

　　管片的宽度从拼装性、弯道施工性方面讲，越小越好；而从降低管片制作成本、提高施工速度、增强止水性能方面讲，则是越大越有利。在确定管片宽度时，必须考虑以上这些条件和盾构的长度。从以往实例看，早期的管片宽度以 750 ~ 900mm 为主。但目前管片宽度有增大的趋势，使用 1000 ~ 2000mm 管片的工程在不断增加。管片宽度增加后，如不能确保管片的抗扭刚性，那么应力集中等的影响就会增大，与管片宽度方向的应力分布就不能保持一致，从而起不到梁构件的作用，因此设计时必须充分注意。

　　在实际工程中，应对各种条件加以分析后再决定管片的宽度。在日本，钢筋混凝土管片宽度多在 900 ~ 1000mm 之间，钢管片宽度以 750 ~ 1000mm 为多。国内地铁隧道的钢筋混凝土管片最常用的宽度是 1000mm、1200mm、1500mm 三种。

　　近年来，随着生产及吊装水平的提高，以及为满足节约防水材料，减少连接件等要求，国内大直径 11m 级的钢筋混凝土管片的宽度已扩大到 2000mm。但是需作说明一点的是管片宽度加大后，推进液压缸的行程需相应增长，从而造成盾尾长度增加，会直接影响盾构的灵敏度，因此管片也不是越宽越好。

　　管片的厚度需根据计算或工程类比而定。根据工程实践，管片厚度可取隧道外径的 4% ~ 6%，隧道直径大者取小值，小直径隧道取大值。

$$h_s = (0.04 \sim 0.06)D \tag{4-12}$$

式中　D——隧道的外径（m）；

　　　h_s——管片的厚度（m），对钢筋混凝土管片，一般取 $0.05D$。

　　(4) 管片接头　其上受弯矩、轴向力以及剪切力作用，但其结构性能根据对接状态和紧固方法有很大的不同。有的拼接方法即使是不设紧固装置，也能抵抗基本的剪切力。传统上多使用全面拼对方式，但部分对接、楔式对接及转向对接的使用频率有日趋增长的趋势。为了提高管片环的刚性，管片接头多用金属紧固件连接。为了达到管片拼装高效化、快速化的目的，开发了多种金属紧固件。管片有环向接头和纵向接头。接头的构造形式有直螺栓、弯螺栓、斜插螺栓、榫槽加销轴等，如图 4-58 所示。

　　直螺栓接头是最普通常用的接头形式，不仅用于箱型管片，也广泛用于平板型管片。直螺栓连接条件最为优越，在施工方面，该形式的螺栓就位、紧固等最能让施工人员接受。

　　弯螺栓接头是在管片的必要位置上预留一定弧度的螺孔，拼装管片时把弯螺栓穿入弯孔，将管片连接起来。

　　(5) 传力衬垫　传力衬垫材料粘贴在管片的环、纵缝内以起到应力集中时的缓冲作用，它不属于防水措施，如图 4-59 所示。衬垫材料根据不同位置、不同受力条件、不同使用习惯，其材料性质、厚度、宽度各有不同。国内最早明确提出使用衬垫的工程是上海地铁 1 号线试验段，当时主要采用的是 2mm 厚的胶粉油毡，以后的工程则大多采用丁腈橡胶软木垫，也有采用软质 PVC 塑料地板，或经防腐处理过的三夹板等。

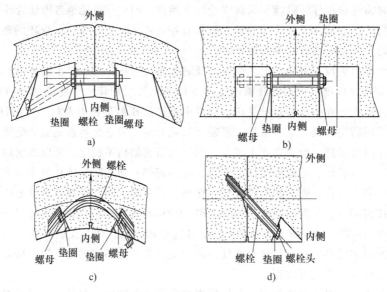

图 4-58　管片接头形式

a)、b) 直螺栓接头　c) 弯螺栓接头　d) 斜插螺栓接头

目前，地铁盾构用管片的传力衬垫材料一般采用厚度为 3mm 的丁腈橡胶软木垫，衬垫使用单组分氯丁酚醛胶黏剂粘贴在管片上。一般除封顶块贴 1 块传力衬垫外，其余每块管片上贴 3 块传力衬垫。

（6）弹性密封垫与角部防水　管片接缝面防水是盾构隧道防水的重要环节。盾构法隧道防水的核心就是管片接缝防水。接缝防水的关键是接缝面防水密封材料及其设置。一般在管片的接缝面设置密封材料沟槽，在沟槽内贴上框形三元乙丙橡胶或遇水膨胀橡胶弹性密封垫圈进行防水。

管片角部防水一般采用自黏性橡胶薄片，其材料为未硫化的丁基橡胶薄片，尺寸一般为长 200mm、宽 80mm、厚 1.5mm。

图 4-59　平板型钢筋混凝土管片及传力衬垫、弹性密封垫、角部防水

（7）管片安装机　其由大梁、支承架、旋转架及拼装头组成，如图 4-60 所示。大梁以悬臂梁的形式安装在盾构中体的支承架上；支承架通过行走轮可纵向移动；旋转架通过大齿圈绕支承架回转；旋转架上装有两个提升液压缸，用以实现对拼装头的提升和横向摆动；拼装头以铰接的方式安装在旋转架的提升架上；安装头上装有两个液压缸，用以控制安装头的水平和纵向两个方向上的摆动。管片安装机的控制方式有遥控和线控两种，均可对每个动作进行单独灵活的操作控制。管片安装机通过这些机构的协调动作把管片安装到准确的位置。

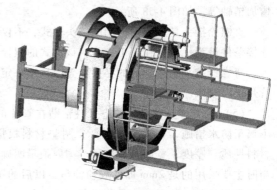

图 4-60　管片安装机结构示意图

管片安装机由单独的液压系统提供动力，通过液压马达和液压缸实现对管片前后移动、上下移动、旋转、俯仰等六个自由度的调整，且各动作的快慢可调，从而使管片拼装灵活，就位准确。

3. 胶带输送机

胶带输送机用于将螺旋输送机输出的渣土传送到盾构后配套的渣车里。胶带输送机由胶带输送机支架、前从动轮、后主动轮、上下托轮、胶带、胶带张紧装置、胶带刮泥装置和带减速器的驱动电动机等组成。胶带输送机安装在后配套连接桥和拖车的上面。为安全起见，其上设有 3 处急停开关。

4. 拖车

盾构的拖车属门架结构，用以安放液压泵站、注浆泵、砂浆罐及电气设备等。拖车行走在钢轨上，拖车之间用拉杆相连。广州地铁盾构每节拖车上的安装设备见表 4-6。

表 4-6　广州地铁盾构配置

拖　车　号	主要安装设备
连接桥	胶带输送机从动轮及接渣支架装置、管片吊机
1 号拖车	控制室、注浆泵、砂浆罐、小配电柜、泡沫发生装置
2 号拖车	主驱动系统泵站、膨润土罐及膨润土泵
3 号拖车	主配电柜、泡沫箱及泡沫泵、油脂站
4 号拖车	两台空压机、风包、主变压器、电缆卷筒
5 号拖车	内燃空压机、水管卷筒、通风机、胶带输送机出料装置

胶带机从五节拖车的上面通过，在 5 号拖车的位置处卸渣。绝大部分的液压管、水管、泡沫管及油脂管从拖车内通过到盾构主机。

在拖车的一侧铺设有人员通过的通道。拖车和主机之间通过一个连接桥连接，拖车在盾构机主机的拖动下前行。

4.2.6　盾构辅助生产系统

本节以广州地铁施工中所用的盾构机为例，介绍盾构辅助生产系统。

1. 液压系统

盾构的液压系统包括主驱动、推进系统（包括铰接系统）、螺旋输送机、管片安装机及辅助液压系统。

广州地铁盾构的主驱动系统和螺旋输送机液压系统共用一个泵站，安装在 2 号拖车上。主驱动系统和螺旋输送机液压系统各自为一个独立的闭式循环系统，这样可以保证液压系统的高效率及系统的清洁。推进系统和管片安装机泵站安装在盾壳内。

2. 注脂系统

注脂系统包括三大部分：主轴承密封系统，盾尾密封系统和主机润滑系统。三部分都以压缩空气为动力源，靠油脂泵液压缸的往复运动将油脂输送到各个部位。

主轴承密封可以通过控制系统设定油脂的注入量（次/分），并可以从外面检查密封系统是否正常。盾尾密封可以通过 PLC（Programmable Logic Controller，可编程序控制器）系统按照压力模式或行程模式进行自动控制和手动控制，对盾尾密封的注脂次数及注脂压力均可以在控制面板上进行监控。

当油脂泵站的油脂用完后，油脂控制系统可以向操作室发出指示信号，并锁定操作系统，直到重新换上油脂，这样可以充分保证油脂系统的正常工作。

3. 渣土改良系统

广州地铁盾构机配有两套渣土改良系统：泡沫系统和膨润土系统。如图 4-61 所示，两者共用一套输送管路，在 1 号拖车处相接。

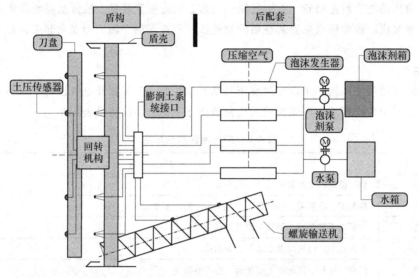

图 4-61　泡沫及膨润土系统示意图

（1）泡沫系统　广州地铁盾构机配有一套泡沫发生系统，用于对渣土进行改良。泡沫系统主要由泡沫泵、高压水泵、电磁流量阀、泡沫发生器、压力传感器、管路组成。

（2）膨润土系统　广州地铁盾构机配有一套膨润土注入系统。在确定不使用泡沫剂的情况下，关闭泡沫输送管道，同时将膨润土输送管道打开，通过输送泵将膨润土压入刀盘、渣土舱和螺旋输送机内，达到改良渣土的目的。

4. 注浆系统

广州地铁盾构机配有两台液压驱动的注浆泵，它将砂浆泵入相应的注浆点，通过盾尾的注浆管道将砂浆注入开挖直径和管片外径之间的环形间隙。注浆压力可以通过调节注浆泵工作频率而在可调范围内实现连续调整，并通过注浆同步监测系统监测其压力变化。单个注浆点的注入量和注浆压力信息可以在主控室看到。在数据采集和显示程序的帮助下，随时可以储存和检索砂浆注入的操作数据。

同步注浆是强调在盾构推进的同时对管壁背后的注浆，其作用主要有以下三个方面：①及时填充盾尾土体空隙，支撑管片周围岩体，有效地控制地表沉降；②凝结的浆液作为盾构施工隧道的第一道防水屏障，防止地下水或地层的裂隙水向管片内泄漏，增强盾构隧道的防水能力；③为管片提供早期的稳定并使管片与周围岩体一体化，限制隧道结构蛇行，有利于盾构姿态的控制，并能确保盾构隧道的最终稳定。在后期若发现同步注浆效果不好，往往采取二次注浆等措施来补救。

5. 数据采集系统

数据采集系统是采集、处理、储存、显示、评估出现的与盾构有关的数据。采用此系统，可输出环报、日报、周报等数据；有各种参数的设定、测量、掘进、报警以及历史曲线和动态曲线。

6. 导向系统

随时掌握和分析盾构在掘进过程的各种参数，是指导盾构正常掘进不可缺少的条件。导向系统由经纬仪、ELS 靶（电子激光接收靶）、后视棱镜、计算机等组成，能连续不断地提供关于盾构姿态的最新信息。通过适当的转向控制，可将盾构控制在隧道线路设计允许误差范围内。导向系统的主要基准点是由一个从激光经纬仪发射出的激光束。经纬仪安装在盾构后方的管片上。

4.2.7　盾构施工

1. 盾构施工阶段的划分

盾构施工首先要将隧道分段，再启动竖井吊装隧道钻挖机，在目的地挖掘回收井，隧道钻挖机抵达回收井，经分拆后运走，如图 4-62 所示。

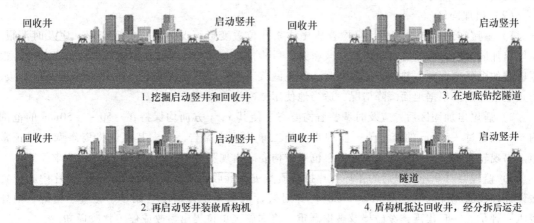

图 4-62　盾构施工四个阶段

2. 盾构施工方法

盾构法的施工许多工序与顶管法类似，首先要构建工作井，工作井的具体施工措施参见第 3 章及第 4 章的 4.1.3 节。盾构法施工的特别注意事项如下。

（1）始发

1）盾构始发工作开始时，监理单位要督促施工单位严格按批准的始发方案进行施工，做到整个工作处于受控状态。

2）洞门凿除后，盾构机应加快靠上洞门，刀盘切入土体时必须保持运转中。

3）在加固区掘进时应注意千斤顶液压缸压力，在考虑反力架最大承受力范围内设定最高油压。推进加固区时，千斤顶油压应逐步加压，防止推进压力突变造成反力架受损。推进区域油压尽量保持均衡，盾构在基座上不可作大幅度姿态调整，盾构俯仰角、左右千斤顶行程差尽量保持稳定。始发中随时检查反力架使用情况。

4）掘进加固土体时，应以磨为主，推进速度宜小于 10mm/min，使加固土得到充分切削。对刀盘转矩重点监控，转矩应缓和上升，并不得超过最大限制值，防止盾构侧翻。掘进时适当加水，防止螺旋机卡死。土舱土压不宜过大，应根据推力具体调整，以满足最大限制推力。

5）掘进加固土体时，可适当开超挖刀超挖。超挖原则是保证盾尾在进入加固区后不出现局部受挤变形，不使盾构出现磕头现象。

6）根据盾构姿态调整趋势事先将管片趋势调整好，使各方向的盾尾间隙都能得到保证，且管片线型同隧道线型平行，一定要防止管片将盾尾卡死的现象出现。

7）土舱压力建压过程：在正常情况下，始发第一环可空舱掘进（以现场土质情况确定），在掘进过程中逐步建压直至到达正常土压。

8）土舱建压方式：通过刀盘位置和土体情况同时确定土舱建压时间和土舱压力提升速度。刀盘里程在到达主加固区终端前必须建压；在主加固区如出现刀盘转矩变化（在辅助条件不变的前提下转矩变小），便可逐步提升土舱压力（建压）。

9）土舱压力值设定：最终压力以经验公式计算得出后的压力值为基础，再根据监测数据进行调整。正常推进时，严格按照经确认后的设定土压值出土，盾构司机不能随意调整。

10）为保证盾构正常掘进，可在掘进过程中对掌子面喷水、泡沫剂、膨润土等土体改良材料，具体种类和用量可根据实际情况确定。加水：在土体含水率较小、土体黏性较大、刀盘转矩持续增加并影响正常掘进时使用。泡沫剂：在出现以上现象且土的流动性较差，加水不能满足要求时使用。膨润土：土质含砂、可塑性差时使用。

（2）出加固区

1）盾尾在进入加固区后，应检查盾尾注浆孔位置变形情况。一旦出现变形，应及时汇报。盾尾出加固区前，应及时对洞门圈注浆密封，盾构推进应同步注浆，注浆量以设计值为基准并根据监测的沉降值调整。并注意盾尾密封，防止漏浆。第一次注浆时应检查洞门帘布板及扇形板，防止脱落外翻。根据地面沉降情况，适当地使用二次注浆。

2）盾尾出加固区后，应及时调整盾构姿态。使其 x，y 方向均保持在 $-50 \sim +50$mm 的范围内。一旦超过 ± 50mm 的警戒值，监理将向施工单位提出警告，要求其尽快将姿态调整回正常值。出现较大偏差，或监理发现施工单位对盾构姿态出现不可控的情况时，监理将要求停工。

3）监理会对 0 环及以后的正环管片拼装质量进行验收，要求成环管片成圆、管片中心位置在设计轴线的允许范围之内（± 50mm）。并对管片破损及维修情况（踏步、错缝、错翻、内外喇叭）评估，一旦出现连续破损及破损严重，将向施工单位提出整改或停工整改通知。

4）管片拼装时，千斤顶回缩应做到"拼哪环、缩哪环"，拼装完后及时靠上千斤顶。如遇到拼装时有长时间停顿，应将千斤顶全部靠上，防止盾构后退。

5）管片拼装前应确认该管片的完整性、管片止水带的加工情况，并保证盾尾无垃圾、浆液的堆积，确保拼装质量。

6）隧道前 10 环应安装有效的抗拉装置。

7）当隧道深度超过 150 环，隧道内有明显空气流通不畅时，应及时安装风管、风机。

8）在推进过程中不间断地复核管片里程，钢管片的准确环号应在复核了线路里程的前提下确定，确保将来旁通道施工不出现偏差。

9）当施工旁通道钢管片时，应确保盾构姿态无大幅度调整，并保证拼装质量及管片防水加工质量。

（3）接收

1）在盾构接收前 100m、50m 加强隧道测量，确保盾构坐标、姿态的准确性。

2）进入接收状态前（洞门前方 30m），应确认接收井加固土体的强度及防水情况，只有在满足要求的情况下盾构才能继续施工。

3）在盾构贯通前应将洞门围护桩凿除。洞门围护桩凿除分两次进行：第一次先将围护桩主体凿除，保留围护桩的最内层钢筋及内层钻孔桩护壁；第二次在盾构贯通后将最内层钢筋割除。在第二次割除钢筋时，需检查盾构贯通净空要求，确保没有钢筋侵入盾构贯通范围之内。

4）盾构进入接收状态前应调整好盾构姿态，确保在加固区中盾构中心与洞门中心间的相对位置：左右偏差为 0、上下偏差为 $+30$mm，且盾构呈抬头趋势。

5）盾构进入距钻孔灌注桩 5m 段时，为保证车站端墙的稳定，需逐渐降低土舱压力、总推力和掘进速度、刀盘转动速度，控制注浆压力等。在距钻孔灌注桩 1.5m 时，逐渐将土舱内渣土出空，推进速度降低至 10mm/min 以下。

6）盾构通过钻孔灌注桩范围前，借助钻孔灌注桩的封闭作用，通过同步注浆管向盾尾后进行注浆，保证盾尾后部注浆饱满。

7）盾构进入钻孔灌注桩范围掘进时，由施工单位指挥人员在到达洞门前进行观察指挥并与盾构主控室保持不间断的联系，盾构掘进控制严格按照总工程师的指令进行控制。

8）盾构在钻孔灌注桩范围掘进时，遵循"低推力、低刀盘转速，减小扰动"的原则进行控制，确保盾构推进不对车站端墙造成影响。

9）刀盘出加固体后安装管片，管片螺栓必须进行两次紧固，一次在管片安装时，第二次在下一环掘进时。

10）为保证近洞口 10 环管片的稳定，在管片四处同线的纵向螺栓处应采用有效方式进行拉紧。

11）在盾构进入接收状态前必须安装好盾构接收架，并根据盾构前进时的摩擦力方向做好接收架加固工作。

12）盾构盾尾出加固区之前，应对土体内注浆，浆液配比的水泥用量应比之前更大，并安装对应的防泥沙喷涌的洞门防水装置，确保盾构完成接收后的隧道安全。

4.2.8　盾构施工监测

1. 施工监测的目的

1）认识各种因素对地表和土体变形等的影响，以便有针对性地改进施工工艺和修改施工参数，减少地表和土体的变形。

2）预测下一步的地表和土体变形，根据变形发展趋势和周围建筑物情况，决定是否需要采取相应的保护措施，并为选择经济合理的保护措施提供依据。

3）检查施工引起的地面沉降和隧道沉降是否控制在允许的范围内。

4）控制地面沉降和水平位移及其对周围建筑物的影响，以减少工程保护费用。

5）建立预警机制，保证工程安全，避免结构和环境安全事故造成工程总造价增加。

6）为研究岩土性质、地下水条件、施工方法与地表沉降和土体变形的关系积累数据，为改进设计提供依据。

7）为研究地表沉降和土体变形的分析计算方法等积累资料。

8）发生工程环境责任事故时，为仲裁提供具有法律意义的数据。

2. 施工监测的必要性

在盾构法隧道施工中，从技术原理角度来说，难免会引起地层移动而导致不同程度的沉降和位移，即使采用先进的上压平衡和泥水平衡式盾构，并辅以盾尾注浆技术，也难以完全防止地面沉降和位移。并且由于盾构隧道穿越地层的地质条件千变万化，岩土介质的物理力学性质也异常复杂，而工程地质勘查总是局部的和有限的，因此对地质条件和岩土介质的物理力学性质的认识总存在诸多不确定性和不完善性。因此通过加强施工阶段的监测，掌握由盾构施工引起的周围地层的移动规律，及时采取必要的技术措施改进施工工艺，对于控制周围地层位移量，确保邻近建筑物的安全是非常关键而必要的。

3. 施工监测的项目和方法

盾构隧道监测的对象主要为土体介质、隧道结构和周围环境，监测的部位包括地表、土体内、盾构隧道结构，以及周围道路、建筑物等。监测类型主要是地表和土体深层的沉降和水平位移，地层水土压力和水位变化，建筑物及其基础等的沉降和水平位移，盾构隧道结构内力、外力和变形等。

4. 监测项目的确定

盾构法隧道施工监测项目的选择主要考虑如下因素：

1）工程地质和水文地质情况。

2）隧道埋深、直径、结构形式和盾构施工工艺。

3）双线隧道的间距或施工隧道与旁边大型及重要公共管道的间距。

4）隧道施工影响范围内现有房屋建筑及各种构筑物的结构特点、形状尺寸及其与隧道轴线的相对位置。

5）设计提供的变形和其他控制值，以及相应的安全储备系数。

各种盾构隧道基本监测项目确定的原则参见表4-7。

表 4-7　盾构隧道基本监测项目确定的原则表

监测项目		地表沉降	隧道沉降	地下水位	建筑物变形	深层沉降	地表水平位移	深层位移、衬砌变形和沉降、隧道结构内部收敛等
地下水位情况	土壤情况							
地下水位以上	均匀黏性土	●	●	△	△			
	砂土	●	●		△	△	△	△
	含漂石等	●	●		△	△	△	
地下水位以下，且无控制地下水位措施	均匀黏性土	●	●		△	△		
	软黏土或粉土	●	●	●	○		△	△
	含漂石等	●	●	●	△		△	
地下水位以下，且用压缩空气	均匀黏性土	●	●	●	△			△
	砂土	●	●	●	○	○	○	△
	含漂石等	●	●	●	△	○	○	△
地下水位以下，用井点降水或其他方法控制地下水位	均匀黏性土	●	●	●	△			△
	软黏土或粉土	●	●	●	○		○	△
	砂土	●	●	●	○	△	△	△
	含漂石等	●	●	●	△			

注："●"表示必须监测的项目；"○"表示建筑物在盾构施工影响范围以内，基础已作加固，需监测；"△"表示建筑物在盾构施工影响范围以内，但基础未作加固，需监测。

5. 施工监测

（1）地面沉降监测　需布置纵向（沿轴线）剖面监测点和横向剖面监测点。纵向（沿轴线）剖面监测点的布设一般需保证盾构顶部始终有监测点在监测，所以监测沿轴线方向监测点间距一般小于盾构长度，通常为 3～10m 一个测点。

沥青路面监测点埋设直径 10～20mm、长 80mm 的道钉，如图 4-63 所示。水泥路面监测点埋设：先将水泥路面钻孔，深度为水泥厚度，直径 120～150mm，在圆孔中间打入直径为 10～20mm，长 40～50cm 的钢筋桩，监测点低于地面 5～10cm，如图 4-64 所示。

在无路面的场地（或绿化地）布置直径 10～20mm，长 40～50cm 的钢筋桩，直接钉入地下，地面露出 0.5cm，标志周围做保护，如图 4-65 所示。若为绿化带或草地，直接将木桩打入地下并在木桩的顶端嵌入铁钉作为监测点。

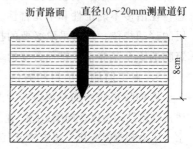

图 4-63　沥青路面沉降监测点埋设示意图

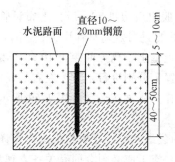

图 4-64　水泥路面沉降监测点埋设示意图

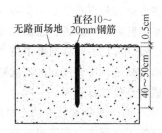

图 4-65　无路面的场地沉降监测点埋设示意图

（2）建筑物沉降的监测　建筑物的沉降监测点应根据实际条件布设在能反映建筑物变形特征的位置，如建筑物的立柱、外墙角、大转角处、山墙、高低层建筑物结合部、沉降缝或裂缝处两侧。沉降监测点沿建筑物外墙每隔 8～15m 设置一个，点位埋设在外墙面正负零以上 100～150mm 处，点与墙壁间距 30～50mm，标志长度为 160mm。

建（构）筑物沉降监测点的埋设方法：使用电钻在墙体上打孔，孔的直径与标志的直径相同，孔深度 120mm 左右，然后将标志钉入孔内，如图 4-66、图 4-67 所示。

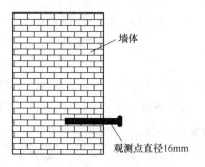

图 4-66　建筑物（墙式）沉降
观测点埋设示意图

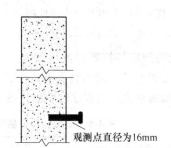

图 4-67　建筑物（立柱式）沉降
观测点埋设示意图

（3）地下管线的沉降监测　盾构施工必然引起不同程度的土体扰动，从而造成地下管线产生变形。对隧道穿越的混凝土结构类管线（如雨水、污水管）及压力管线（如自来水、煤气管线），管线沉降点的埋设方法：首先确定管线的走向、埋深、材质以及与隧道交叉的位置，然后在该交叉口位置上方埋设测点；若此处隧道上方有检查井，可直接采用检查井内管线上的制高点作为测点；若无检查井且条件允许可挖开管线上方土体，将测点直接埋设于管线上，然后回填并对测点做保护措施；在不具备上述条件之一的情况下则采用土层近似法，采用钻孔的方式将测点埋设于管线上方，此种布点方法同地面监测点埋设方法。

（4）隧道沉降监测　隧道沉降由衬砌环的沉降反映出来。衬砌环的沉降监测是通过在各衬砌环上设置沉降点，自衬砌脱出盾尾后测其沉降值而进行的。隧道的沉降情况反映盾尾注浆的效果和隧道地基处理效果。隧道的沉降相当于增加地基损失，也必然加大地面沉降。

衬砌环（管片）的沉降采用水准测量方法在管片脱出盾构机后测量。每次测量需回测后三环管片，每环管片均需测量。监测点布设在管片底部，布置如图 4-68 所示。每天换班时均需进行管片测量工作。

测量仪器可采用 SDZ_2 精密水准仪和钢尺。

图 4-68　隧道沉降监
测点布置示意图

（5）管片的收敛监测　在隧道拼装完成的管片（管片脱出盾构机70m后）上布设管片变形监测点，在变形监测点布设后测得各点的初始值，在盾构机推进时定期对管片变形监测。

管片变形监测点的布设：监测点布设在上下左右的隧道壁上，测点间距为10环。用红油漆在测点位置做好标记。将高精度手持测距仪安放于测点位置上分别进行上下、左右的成对测量。为了提高测量精度，每对测点间连续观测两次，其平均值作为本次观测值。图4-69所示为管片收敛变形监测点位置示意图。

（6）建（构）筑物裂缝观测　对周围建（构）筑物的裂缝状况，在盾构推进前作详细调查摸底，掘进施工过程中定期巡视检查。对已经存在的裂缝，施工前必须会同有关各方现场检查，并做文字、拍照、录像等记录。建（构）筑物裂缝观测采用如图4-70所示的方法进行。

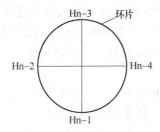

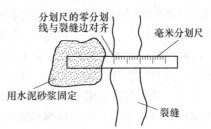

图4-69　管片收敛变形监测点　　　　　图4-70　建（构）筑物裂缝
位置示意图　　　　　　　　　　　　观测点示意图

6. 量测频率和控制标准

（1）量测频率　通常情况下，按表4-8、表4-9的量测频率进行监测。当监测结果超过警戒水平时应加密观测，当有危险事故征兆时要连续观测，并及时通知有关单位立即采取应急措施。

表 4-8　周边位移和拱顶下沉的量测频率（按距开挖工作面距离）

监测断面距开挖面距离/m	监测频率	监测断面距开挖面距离/m	监测频率
（0~1）B	2~3 次/d	（2~5）B	1 次/2~3d
（1~2）B	1 次/d	>5B	1 次/3~7d

注：B为隧道开挖断面宽度。

表 4-9　周边位移和拱顶下沉的量测频率（按位移速率）

位移速率/（mm/d）	监测频率	位移速率/（mm/d）	监测频率
≥5	2~3 次/d	0.2~0.5	1 次/3d
1~5	1 次/d	<0.2	1 次/3~7d
0.5~1	1 次/2~3d		

（2）控制标准　盾构法施工隧道相关监测控制标准见表4-10~表4-12。

表 4-10　盾构隧道地表沉降、隆起控制指标

盾构顶部覆土厚度/m	最大沉降 Δ/mm	最大隆起 δ/mm	备　注
4	30	10	
8	19	6.3	其他不同深度的 Δ、δ 值用内插法计算确定
12	14	4.7	
16	11	3.7	
20	9	3	

表 4-11　建（构）筑物及管线沉降监测控制指标

项　目	控制值/mm	单次预警值/mm	备　注
刚性管线	±10mm	±2mm	
柔性管线	±10mm	±5mm	
建（构）筑物沉降	±20mm	±3mm	
建（构）筑物倾斜	0.3%	—	利用差异沉降计算

表 4-12　拱顶沉降、基底隆起、土体水平位移、隧道收敛及其他监测控制指标

序　号	量测项目	控制标准	预警值
1	隧顶下沉	30mm	20mm
2	周边净空收敛	30mm	21mm
3	土体水平位移	25mm	18mm
4	端头水位变化	水位降至隧道底标高下1m	

7. 监测工作组织与监测程序

监测工作组织通常采用图 4-71 所示的组织机构。

监测小组要与驻地监理、设计、业主及相关各方建立良性的互动关系，积极进行资料的交流和信息的反馈，优化设计，调整方案，保证工程顺利进行。在围护结构施工期间，主要是布置测点、埋设仪器，并且在基坑开挖前测取初始值。

在基坑开挖期间，不断测取数据进行监控，同时包括支撑监测仪器的安装，做到边开挖边监测边反馈，进行信息化施工。基坑监测程序如图 4-72 所示。

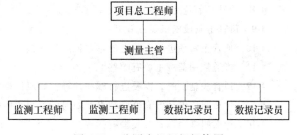

图 4-71　监测小组组织机构图

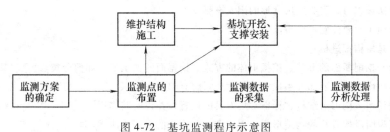

图 4-72　基坑监测程序示意图

8. 施工监测质量保证措施

1）施工前必须建立测量控制网。对建设方提交的基线、基点及高程点进行复测，并办理签证手续。

2）由于施工开始以后现场复杂，为保证工程测量的准确性，必须妥善保护好各级控制点，定期复测检查，保证控制点稳定可靠，控制点遭受破坏后，应以同等精度的测量方法进行恢复。

3）工程施工测量管理必须建立至少二级以上测量管理制度。施工放样测量由测量班组完成，并经必要的复查检测后，应由项目技术部门测量组检测，确定无误后，报监理公司验收。

4）施工过程应做好测量记录，并由技术负责人复核测量数据。

5）使用的测量仪器、器具必须在检定的周期内，施工中定期进行自检校验。

6）工程完工，对施工过程的测量数据进行整理，绘制测量总平面图。

7）保证监测数据的真实性和可靠性。

8）各监测项目在基坑支护施工前应测得稳定的初始值，且不少于两次。

9）量测数据必须完整、可靠，对施工工况应有详细描述，使之真正能起到施工监控的作用。

10）协调处理好施工和观测设备、观测点埋设的相互干扰问题，将观测设备、观测点的埋设计划列入工程施工进度控制计划中。

习　　题

4-1　简述顶管法施工基本原理及其优缺点。

4-2　顶管施工如何分类？

4-3　泥水平衡式顶管施工的优缺点是什么？

4-4　简述选择顶管机的方法。

4-5　简述手掘式顶管施工技术要求。

4-6　工作井包括哪些？其作用是什么？

4-7　顶进工作井如何布置？

4-8　简述顶管施工准备内容。

4-9　顶管出洞段施工要点有哪些？

4-10　顶管正常顶进施工顶进的基本程序是什么？

4-11　管道使用荷载主要有哪些？

4-12　顶管法施工时，需要进行哪些计算？如何计算？

4-13　什么叫中继环？有哪些缺点？如何设置和使用中继环？

4-14　什么叫微型顶管？类型有哪些？

4-15　简述管节接缝的防水方法。

4-16　顶管法施工时，引起底层变形的因素有哪些？

4-17　顶管施工时要注意哪些事项？

4-18　什么是盾构掘进机？

4-19　盾构开挖削面断面的形状、挖掘土体的方式、挖掘面的挡土形式如何分类。

4-20　盾构机由哪些主要部件组成？主要生产系统有哪些？

4-21　画图说明盾构刀盘结构，标出常用刀具的位置，并说明其作用。

4-22　画图说明盾构管片的构造形式、连接方法及管片的密封方法。

4-23　盾构选型依据是什么？

4-24　为什么要进行渣土改良？用什么系统实现渣土改良？

4-25　盾构注浆系统的作用是什么？通过什么路径注浆？采用什么浆液注浆？

4-26　盾构隧道基本监测项目有哪些？

4-27　简述基坑监测工艺过程。

第5章 钻井法施工技术

5.1 钻井法施工技术概述

5.1.1 钻井法概念

钻井法是用钻头破碎岩石，用洗井液进行洗井排渣和护壁，当井筒钻至设计直径和深度以后，在洗井液中进行支护的机械化凿井方法。

钻井法凿井的主要工艺过程有钻进、泥浆洗井护壁、下沉预制井壁和壁后注浆固井等，如图5-1所示。

钻进时，钻头的部分重量加在刀具上，使刀具压入岩石，转盘通过方钻杆和钻杆带动钻头旋转破碎工作面岩石。在大直径井筒中钻井，为减小设备功率，常采用多次扩孔的钻进方式。

钻头破碎下来的岩渣，由洗井液冲至吸收口吸入，经钻杆、水龙头、排浆管至沉淀池沉淀。洗井液循环的动力是压气排液器（空气吸泥机）产生。洗井液还起着维护井帮的作用。护壁作用在表土层中尤为重要，常常是选择洗井液材料的主要依据。

在井筒钻至设计直径和深度后，一般是采用漂浮下沉法。即将地面预制好的井壁在井口联结后下沉到井内，然后进行壁后注浆，充填井壁与井帮间的间隙，最后排除井筒内的水，钻井法凿井的工作就

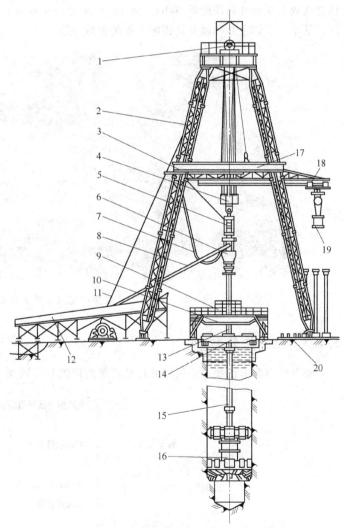

图5-1 钻井法示意图

1—天车 2—钻塔 3—吊挂车 4—游车 5—大钩 6—水龙头
7—进风管 8—排浆管 9—转盘 10—钻台 11—提升钢丝绳
12—排浆槽 13—主动钻杆 14—封口平车 15—钻杆 16—钻头
17—二层平台 18—钻杆行车 19—钻杆小吊车 20—钻杆舱

完成了。

5.1.2　钻井法的发展

1854 年，德国工程师 Kind 采用冲击钻钻凿第一个直径 4.25m，深度 98m 井筒。近几十年，德国大量采用钻井法钻凿风井和疏干井。苏联是应用钻井法的主要国家之一，1979 年创造月成井 160m 的记录。美国在 20 世纪 50、60 年代出于地下核试验和其他工程的需要，广泛地应用钻井法。

我国第一口采用钻井法钻凿的煤矿立井井筒是淮北朔里南风井（1969 年），直径 4.3m，深 90m。1984 年施工的淮南谢桥西风井的深大井筒，钻井直径 9.3m，成井直径 7m，深 469m，全套设备国产化，综合技术达到当时的国际先进水平。1999 年淮北许疃矿井的主、副、风三个井筒，同时采用钻井法施工，主井、风井偏斜分别为 0.021% 和 0.01%。2002 年山东菏泽龙固煤矿采用钻井法施工立井井筒深度近 600m。图 5-2 所示为山东新汶矿业集团龙固煤矿主井钻井施工现场图，从中可了解主井和风井钻进施工相关参数、设备等。

名　　称：山东新汶矿业集团
　　　　　龙固矿主1、主2和风井
设计井筒直径：5.7m　5.7m　6m
实际钻井直径：
钻井深度：582m　582m　580m
采用钻机型号：
主1井：A5-9/500型钻井机改进型
主2井：A5-9/500型钻井机改进型
风　井：A5-9/500型钻井机改进型
开工时间：
主1井：2002年8月7日
主2井：2002年11月2日
风　井：2003年7月1日
竣工时间：
主1井：2004年5月2日
主2井：2004年8月15日
风　井：在建
建设单位：山东新汶矿业集团
施工单位：中煤特殊工程公司
工程质量：优良

图 5-2　山东新汶矿业集团龙固煤矿主井钻井施工现场图

5.1.3　钻井法分类

钻井法分类方法很多。按钻井传动装置的位置分类则如图 5-3 所示。

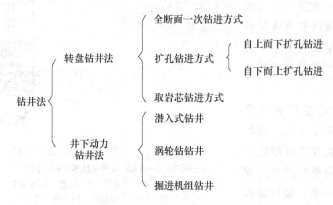

图 5-3　钻井法按钻井传动装置的位置分类

5.2　钻井设备

5.2.1　钻井设备的组成

钻井法凿井所用设备主要为钻井机，简称钻机。另有一些起重运输、清渣、供电等辅助设备。

最初的钻机是借助于石油钻机设备改造而成的，一般以地面转盘钻机为主。随着大直径钻井工艺的完善，以及为了矿山钻井的特殊要求，研究制造了矿山专用的钻机。近年来反向钻机发展很快，潜入式钻机和井下掘进机组也有所发展。

钻机的组成和构造都是由钻井工艺的需要确定的。按设备所起功用的不同分为以下的系统。

1. 钻具系统

钻具系统包括钻头和钻杆。它的主要功用是使钻头在旋转中破碎工作面岩石。

2. 旋转系统

旋转系统包括转盘及其传动装置（简称转盘）、方钻杆。转盘产生的旋转转矩经方钻杆传递给钻杆和钻头，使钻头旋转。

也有把转盘和水龙头合在一起，称为动力水龙头，简称动力头。其功用也是两个设备功用之和，但它的外形尺寸小。

3. 提吊系统

提吊系统包括钻塔、绞车及其传动装置（简称绞车）、复滑轮组（包括天车、游车、钢丝绳等）、大钩。提吊系统的主要用途是提升或下放钻具，以及在钻进时提吊钻具并调节给进速度，以达到控制钻压的目的，砌井时它提吊和下放井壁。近年来开始用液压缸装置代替现有的绞车、天车和游车。

4. 洗井系统

煤矿大直径钻井一般用反循环洗井。洗井液自沟槽依自重流入井筒，在压气排液器的作用下，流动冲洗工作面上的岩渣至钻头的吸入口进入钻杆，上升至水龙头，流入排浆管，经溜槽到沉淀池。

洗井系统的功用是及时清除钻头破碎的岩渣，避免刀具重复破碎岩渣，以提高钻进的速度和效率，同时对刀具进行冷却。

洗井系统的设备主要有水龙头（也叫缓转器）、压气排液器、排浆管和溜槽。在地面有沉淀净化和清出岩渣等辅助设备。压气排液器的动力是空气压缩机供给的压缩空气。

5. 其他辅助设备

其他辅助设备包括各种专用车，如转台、封口平车等；各种专用起重运输设备，如龙门起重机、吊卡、卡瓦等；各种专用仪表；打捞工具；供电供水等设备。

钻机的形式很多，它们都是由上述的几个系统组成，只是各个系统中由于工艺的特点使设备的位置或结构不同而已。随着钻井技术和机械制造工业的发展，钻机也将逐渐改进。

5.2.2　钻具系统的设备

1. 钻头

钻头是由刀具、刀盘（或钻头体）、中心管、加重块、稳定器等部分组成。由于钻进方式不同钻头结构也不同。

转盘钻机在大直径井筒中一般采用扩孔的钻进方式，其钻头结构形式分为超前孔钻头和扩孔钻头，例如我国 SZ9/700 型钻机、BZ-1 型钻机等。

一次全断面钻进的钻头和超前孔钻头相似，仅直径不同。超前孔钻头构造如图 5-4 所示，行星式钻头如图 5-5 所示。

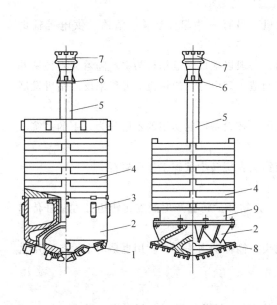

图 5-4　超前孔钻头

1—滚刀　2—刀盘和钻头体　3—稳定器　4—加重块

5—中心管　6—支承台　7—接头

8—刮刀及刀架　9—加重块架

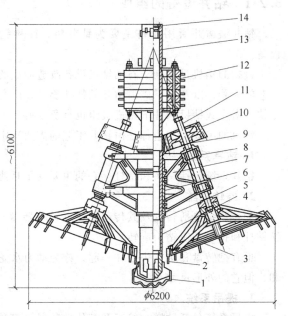

图 5-5　行星式钻头

1—中心超前刮刀　2—刮刀　3—截盘　4—下空心轴

5、8—轴承　6—轴套　7—支架　9—中心锥齿轮

10—锥齿轮　11—分轴　12—加重块

13—上空心轴　14—接头

对钻头的要求：①钻头的刀具和吸收口布置有利于破岩和工作面冲洗；②钻头结构具有足够的强度和保持减压钻进时所必需的重量；③结构易于拆卸、组装、运输、检修和打捞，钻头转动平衡、平稳；④井下动力钻机的钻头和传动装置连在一起。

（1）刀具　这是直接破碎工作面岩石的工具。刀具在钻头的一部分重量作用下压入岩石，经旋转连续破岩。不同的岩石所用刀具也不同。

1）刀具的类型与选择。在表土层一般用刮刀（图 5-6）或长齿滚刀。刮刀主要采用条状，刃部堆焊耐磨的碳化钨粉或镶焊硬质合金片。刮刀刃部及刀体的形状对破土、洗井及防止泥包钻头都有很大影响。当前我国常用的是桦犁式刮刀。

在软岩中多用楔齿滚刀（图 5-7）。刀体一般用合金钢锻造而成。它是我国目前常用的一种破软岩的刀具。刀齿的几何形状和布置对破岩效果和刀齿磨损有很大影响，目前以楔形为主。对于页岩等较软的岩石，齿尖角可小些；对稍硬的岩石如砂岩等，齿尖角可大些。也可

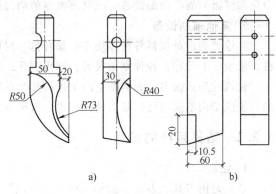

图 5-6　刮刀

以把齿形改为渐开线形或抛物线形。

在硬岩石和极硬岩石中，一般选用球齿滚刀（图 5-8）。球齿是用碳化钨和钴混合制形后，电烧冶制而成。齿铆固在刀体上。球齿滚刀的刀座、刀体及结构基本上与楔齿滚刀相同。球齿的形状有半球、抛物线形和椭圆形。我国在坚硬的岩石中使用半圆形球齿滚刀，效果很好。

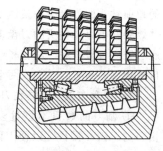

图 5-7　楔齿滚刀

球齿滚刀能承受很大的钻压，适用于破碎坚硬耐磨的岩石。其破岩块度小，刀具单价高。由于它的寿命比楔齿滚刀高几倍，因此，按每把刀破岩体积计算，球齿滚刀的成本比楔齿滚刀更经济。

在中硬以上的脆性岩石中，常使用盘形滚刀。盘形滚刀（图 5-9）有单刀刃的和多刀刃的，刀圈是由合金钢制成，刀刃上堆焊硬质合金或镶硬合金齿。盘形滚刀破岩块度大，比能值小，多用在反向钻井中。

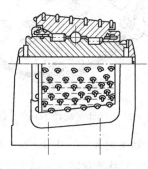

图 5-8　球齿滚刀

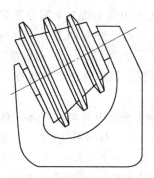

图 5-9　盘形滚刀

按照刀具在刀盘上的工作位置，刀具又分为边刀、正刀和中心刀三种。安装在钻头最外边的刀具叫边刀，它保持钻进直径和井帮光整，以及钻头的稳定。因破岩工作条件差，故边刀是双支点的，并且由于旋转的线速度最大而较易于损坏。位于边刀和中心刀之间的所有刀具叫正刀，它是工作面主要破岩刀具。为承受较大钻压和加长使用寿命，正刀也采用双支点刀座。中心刀位于刀盘的中心。为保持刀齿滚动，中心刀只能是单支点的，因此它的受力状况较正刀差。

2）刀具问题。钻井中刀具的消耗量很大，是钻井成本的重要组成部分。刀具在使用中常发生以下的问题：

① 表土钻进时的泥包钻头。这除了和洗井净度有很大关系外，刀具本身的形式和排列也是很重要的影响因素。

② 滚刀的损坏。这主要表现在：轴承两端密封不理想，洗井液渗入使轴承损坏；刀具卡住不转造成刀具损坏、落齿、甚至刀具从刀盘上脱落。

③ 因加工的问题导致落齿和刀体破坏。

总的来说是刀具寿命不够长，有待提高。

（2）刀盘

1）刀盘结构。刀具按钻进的需要安装在刀盘上，如图 5-10 所示。大直径钻头的刀盘一般采用拼装结构，比较小

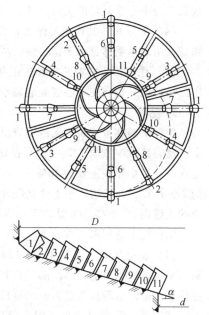

图 5-10　扩孔钻头刀盘布置图

的超前钻头的刀盘采用整体结构。刀盘的结构形式有封闭式、半封闭式和敞开式三种。为提高洗井效果,小直径钻头的刀盘多采用封闭式,大直径钻头的刀盘可采用半封闭式。刀盘底面有平底、锥底、截锥底、球底和台阶式等多种形式。锥底角较大利于洗井净度,平底利于井直。吸收口采用偏心布置,一个或两个均可,但其面积的总和宜为钻杆过流断面的1.4倍左右。

2)刀盘布置。刀具在刀盘的布置如图5-11所示,有以下的经验:

①刮刀的数目不宜过多,刮刀可分为数排布置,相邻刮刀错开排位,以便刀间距加大,这样利于冲洗,防止泥土糊刀造成泥包钻头。

②滚刀以渐开线形布置,大致对称。

③滚刀在破岩过程中应避免有过大的滑动,以减少刀齿和轴承的损坏。刀具纯滚动的条件是刀体的几何锥轴的延线通过工作面旋转中心。

④正刀在刀盘上按数个同心圆布置,在每圈布置1~3把。边刀数量为4~8把。刀具应以每把刀破岩面积大致相同、刀盘每象限内刀具数最好相等的原则,按径向对应布置,但要避免完全对称,以防止钻头发生谐振。

⑤刀盘上所有刀具切削刃部分总长度 L 与刀具破岩带总宽度 B 之比称为覆盖系数 K。超前钻头或一次全

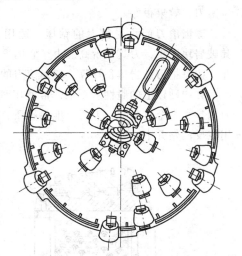

图5-11 刀具在直径3m的刀盘上的布置图

断面钻头,在表土层取 $K = 0.9 \sim 1$,在岩石中取 $K = 1$。扩孔钻头的 $K = 1 \sim 1.4$。在选择刀具时不宜选择过大的 K 值,一般而言,K 值过大破岩效果反而不好,而且转盘转矩会增大许多。

(3)中心管 其作用是把钻杆传来的转矩传给刀盘使钻头旋转,并承受钻头的重量。它的内断面是洗井液循环的通道。中心管一般由高强合金钢管(如35铬钼钢)加工的,上端焊有钻杆接头,下端与底法兰盘或刀盘相连接。中心管受力状况很复杂。钻井实践说明,焊接加工的质量已成为中心管质量的关键一环。

(4)加重块 其作用是保证钻头所需要的重量。在结构上可以把加重块用螺栓联结成整体圆筒,用以承受部分由于钻头倾斜所产生的弯矩。

(5)稳定器 它对钻头起扶正和导向的作用。从构造上有的稳定器随钻头旋转,我国多采用此种形式;也有在中心管处装轴承而使稳定器不旋转的。

2. 钻杆

钻杆由两端带接头的无缝钢管所组成。钻杆在提起、下放钻具时,承受钻具在洗井液中的重量,动力系数一般取1.2~1.3。在钻进过程中,钻杆既传递全部转矩又承受拉力,拉力的数值是在洗井液中钻头重量的40%~60%及钻杆重量之和,也可以按钻具(钻头与钻杆)重量之和的2/3计算,并按这两个工作状况计算选择钻杆壁的厚度。由于钻杆受力大且复杂,一般选用合金的无缝钢管。SZ9/700钻机采用直径406mm的35铬钼钢无缝钢管,壁厚20mm。

钻杆接头常用形式有以下三种:

(1)花键牙嵌式接头(图5-12) 这种接头是由花键螺纹式接头发展来的。早先时的钻杆接头是采用螺纹承拉的,其缺陷是在装拆钻杆时拧螺纹费工费时,后改进由牙嵌承受拉力,仍由花键传递转矩。这种接头已为我国普遍采用,SZ9/700钻机和BZ-1钻机的钻杆都用这种接头。

(2)螺栓法兰盘接头(图5-13) 这种接头转矩和拉力都由螺栓承担。德国L40型钻机的钻杆采用这种接头。

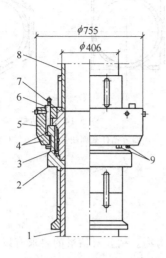

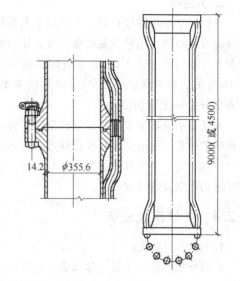

图 5-12 花键牙嵌式接头

图 5-13 螺栓法兰盘接头

1—下钻杆 2—下钻杆接头 3—内齿及外齿花键

4—牙嵌 5—接头套 6—钩头销

7—上钻杆接头 8—上钻杆 9—定位挡块

（3）螺纹接头 它同石油钻机钻杆的螺纹接头相似，美国至今仍广泛应用螺纹接头，即使在双层钻杆和三层钻杆中也用锥螺纹接头。这种接头必须用专用工具拧紧或拆卸，其接头制造精度和工艺要求很高。

5.2.3 旋转系统设备

1. 转盘

产生转矩用以驱动钻具旋转的设备叫转盘。

（1）大直径钻井对转盘的技术要求

1）转盘的转矩和转数能满足钻井要求。在转矩不变的情况下能改变转数，一般要求转数在 0～30r/min 的范围内变化，经常使用 5～10r/min，为此转盘多用直流电动机或液压马达驱动。

2）能承受钻头和钻杆的全部荷载。

3）装有方补心的中心孔能通过钻杆接头。

4）运转平稳，适宜野外条件工作，安装、运输和维修方便。

（2）钻井设备中常用的几种转盘 立井钻机最初的转盘是从石油钻井的转盘改装的，由于其转矩小，后按大直径钻井需要设计制造了专用转盘。

BZ-1 型表土钻机的转盘的转矩为 12t·m，通孔直径 750mm。它的特点是用 4 台 75kW 直流电动机驱动，减小了齿轮模数，加工方便；同时结构紧凑，整体性好，安装方便。

德国 L40 钻机采用由 2 台或 4 台液压马达驱动的大通孔转盘，它的通孔直径 2110mm。2 台液压马达驱动可获 21t·m 的转矩，4 台液压马达同时工作，可得 42t·m 的转矩。

美国把转盘和水龙头两个设备的功用合在一个设备上，叫动力水龙头（简称动力头）。它也用液压马达驱动。

液压驱动和直流电动机驱动都可满足钻井的要求。液压驱动在控制上比较简单。

2. 方钻杆

方钻杆下端与钻杆相接，上部与水龙头相连，套在转盘的方补心里，随转盘而转动。方钻杆的形式有四方形和六方形两种（图5-14），带方的长度应比一根钻杆长1m左右，以方便钻进。SZ9/700钻机采用六方钻杆，六方部分的长度为10.3m。

方钻杆承受转盘方补心传来的挤压和转矩，以及提吊系统的拉力。它的截面尺寸是在这三力共同作用下通过计算确定的。其内管及接头与钻杆相同。其与水龙头间目前仍用螺纹连接为多。

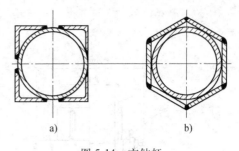

图 5-14　方钻杆
a）四方钻杆截面图　b）六方钻杆截面图

5.2.4　提吊系统设备

1. 钻塔

钻塔承受提吊系统的全部荷载，它是一个塔形的钢结构物。钻井对钻塔的要求有以下几点：

1）底跨尺寸能满足钻机钻最大直径井筒的需要，且各种专用车（台）运行无阻。

2）二层台以下的开口高度能够允许最长钻杆和预制井壁进入钻塔并移运至井口。

3）在提吊的名义负荷和设计允许最大风力以内，均能保证有足够的强度和稳定性。

4）整体性好，拆装移运方便，质量轻。

我国钻塔形式有桁架式截头棱锥型和四柱刚架式（图5-15）。桁架式钻塔安装拆除不便，刚性差。四柱刚架式钻塔整体性强。

2. 绞车

绞车是提吊系统的动力，它通过钢丝绳复滑轮组和大钩来完成提升或下放钻具的工作。根据钻井的需要，绞车应具有以下性能：

1）主提升工作状态。要求在提升、下放钻具时，绞车和复滑轮组大钩一起都承受大荷载，提绞速度较低。起、下一根钻杆后，又要提吊单根钻杆，这时荷载小，而速度应大为提高。在起、下钻具时，这两种工作状况频繁交替，因此绞车一般采用直流电动机或液压马达驱动。提升工作状态时的额定提升速度为 5~8m/min；提吊单根钻杆速度可按电动机功率及转数相应提高。

2）钻进工作状态。在钻进过程中，随着工作面的向下推进，应当以相应的速度不断地下放钻头，保持刀具始终在所确定的钻压下连续进行破岩工作。这种持续保持下放钻头的工作称为钻头给进。给进速度快，钻压增加，反之则钻压不足。我国一般采用等钻压给进，为此绞车应能够根据压力传感器的信号自动调整滚筒的转速和方向，以保持钻压不变。

3）要求制动灵活可靠。

4）绞车安装、移运、调整均方便，质量轻。

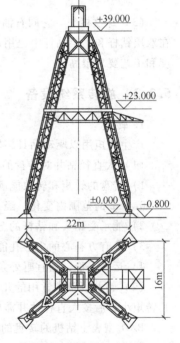

图 5-15　四柱刚架式钻塔

3. 复滑轮组

钢丝绳穿绕天车和游车构成复滑轮组，用以增加提吊系统的提升能力。钢丝绳穿绕天车和游车后，一端固定在井口基础上或钻塔上的称为死绳；另一端缠绕在绞车滚筒上的称为活绳（或快绳）。复滑轮组的表示方法是：游车滑轮数×天车滑轮数。例如，7×8，即表示游车滑轮7个，天车滑轮 8 个，有效绳数为 14。

绞车用的钢丝绳不仅受力大，负荷变化大，而且在各滑轮上多次弯曲摩擦，因此要求钢丝绳除具有必要的强度外，还要有良好的柔性和耐磨性。

4. 大钩

提吊系统与水龙头或钻杆的抓联装置通称为大钩。

5.2.5　洗井系统设备

1. 水龙头

水龙头是提吊系统的不旋转部分与旋转系统的旋转部分的过渡环节，故也叫缓转器。它也是洗井液循环的出口和供压风管的入口。

2. 压气排液器和风管

压气排液器是洗井液循环的动力。它随钻井深度的增加而改变其没入深度和供气量。

风管是向井下输送高压空气的管路。风管均采用无缝钢管，其外径以不超过钻杆内径的 1/4 ~ 1/3 为宜。每节风管采用螺纹联结和橡胶圈密封。风管的最下端为压气排液器的混合器。我国钻机现均采用中心风管供压缩空气，这种方法设备简单，对钻杆无特殊要求。

3. 地面排浆管与排浆槽

我国现有立井钻机的地面排浆管，一般采用两根有活动节弯臂的钢管或橡胶管。排浆管上端与水龙头连接，下端相互并拢，固定在排浆槽里的小车上，可沿槽内轨道前后移动。大直径橡胶管灵活方便，但耐磨性不如钢管，工作中易发生蠕动，增加提吊系统的晃动。

排浆槽是用薄钢板制成的开口溜槽，一般分成数节，现场拼装按 25% 左右的坡度在井口安装，通向沉淀池。槽的直线长度应与排浆管小车的行程相适应。

5.2.6　辅助设备

1. 专用台车

专用台车有转台（或转台车）、封口平车、水龙头吊挂车等。它们都是专用的结构件。

2. 卡瓦

卡瓦又称抱卡、气动卡瓦（图 5-16）等，它装在转盘的上面，用于装卸钻杆时卡挂井下钻具。

3. 吊卡

吊卡是起下钻头时提吊单根钻杆的工具。常用的吊卡如图 5-17 所示。

4. 起重运输设备

起重运输设备包括龙门起重机、汽车起重机或履带起重机等起重设备，专用拖车等运输设备，用于井场各重件起吊及钻机安装、拆除、检修和运搬等工作。

5. 地面洗井液配制、净化、清渣设备

这包括泥浆搅拌机、振动筛、砂泵、旋流器、泥浆泵和空气压缩机等，以及清渣需用的抓斗和运渣车辆等设备。

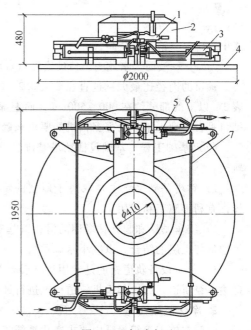

图 5-16　气动卡瓦

1—锁紧装置　2—卡瓦体　3—气缸
4—底板　5—节流阀　6、7—风管

6. 井壁预制及壁后充填设备

这包括混凝土搅拌机、砂石清洗机、运输设备等，以及灰浆搅拌机、注浆泵或混凝土泵等设备。

7. 其他

其他设备包括变电供电设备、供水设备、打捞工具和测井仪器等。

上述辅助设备都是钻井正常工作所必需的，它们影响着钻井工程的速度和质量，因此必须根据施工条件和技术要求进行选型与配套，不可忽视。

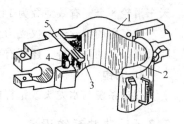

图 5-17　吊卡
1—吊卡体　2—活卡口　3—锁栓
4—拉紧弹簧　5—保险扣板

5.3　井筒钻进

5.3.1　钻进前的准备工作

钻井是整个矿井建设中的一环，因此对于施工安排、材料准备、水源、电源、交通条件和临时工业广场布置等都要与整个矿井的建设统筹考虑安排，这样才能多、快、好、省地建设矿井。临时工业广场布置的原则和普通凿井法相同。钻井施工准备还有以下几方面内容：

1. 锁口工程和基础工程

（1）锁口工程　锁口是在开钻前用普通方法掘砌的一段钢筋混凝土扩大井筒，如图5-18所示。它的作用是：承受锁口上部由转台等专用车传来的荷载；承受由于钻塔的负载及表土地压，有时还要求锁口在钻井初期起一定的导向作用；锁口要有一定的深度 h，以放入钻头，并保证压气排液器能工作的最小没入深度使洗井液能循环和洗井，即必须同时满足以下两个条件：

$$h \geqslant h_1 + (1 \sim 2)\,\text{m}$$
$$h \geqslant 0.4 h_2$$

式中　h_1——钻头的全高（m）；

h_2——液面至水龙头出口的高度（m）

锁口的内径比最大钻进直径要大 0.2～0.6m。钢筋混凝土的厚度按实际荷载计算。一般在地表3m 以下的部分约在 300～500mm，而上部尺寸是由集中荷载和一些设备尺寸的要求来确定的。锁口是否有地下室，要根据钻机的要求来确定。

（2）基础工程　基础包括钻塔基础、绞车基础、起升钻塔用滑轮组基础和各种起重设备的轨道。

1）钻塔基础尺寸主要取决于地层的承载力。当尺寸大时，可以与锁口或绞车基础连成一体，有利于施工和使用。

2）绞车基础和起升钻塔用的滑轮组基础需要用它的重量来克服拉力。有些施工现场用地锚等增加与土层的结合，以减小基础重量。

3）起重设备轨道指的是专用车（转台车、封口平车等）和龙门式起重机的轨道，应按国家运输一级轨道，或按起重机轨道标准进行铺设。

2. 净化系统工程

一般在施工组织设计中要求净化系统工程有很大面积的沉淀池和相应的从沉淀池清除岩渣运至排矸场的一些设备。这些工程的施工与井口工作无大干扰，但土方和砌方工作量较大。除了满足钻井工作需要外，还要防止夏季雨水的侵蚀和冬季的防冻。完工后要准备 400～500m³ 的洗井液为钻机开钻之用。

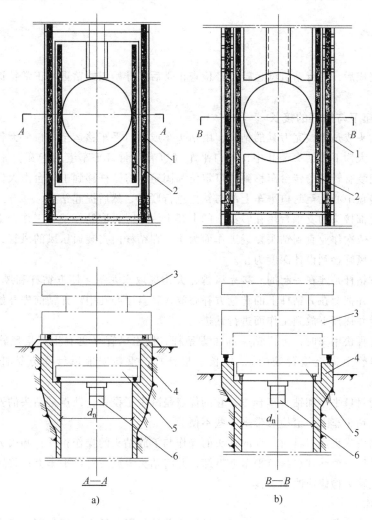

图 5-18　锁口结构示意图

a）有地下室的锁口　b）无地下室的锁口

1—转台车轨道　2—封口平车轨道　3—转台车位置　4—锁口　5—封口平车位置　6—洗井液入口

3. 钻机的组装

钻机是由许多大的部件组成的。现场组装时，首先安装起重设备，以便于组装钻机和安装其他设备时使用。钻机组装分以下几个部分：

1）提吊系统设备安装都在井口附近进行。安装顺序：安装钻塔和天车→安装绞车和缠钢丝绳→安装游车和大钩→安装水龙头和方钻杆。

2）旋转系统的安装包括转台车组装和把转盘安装在转台车上。它可以在井口的一侧进行然后移到井口。

3）钻头的组装在井口的一侧进行。装好后的刀具平面应与中心管垂直，以保证钻井垂直。

4）洗井净化系统的组装比较容易，它在净化场地进行，对井口设备安装影响比较小。

钻机安装时，要求调整大钩的提吊中心，使之与转盘中心和井筒中心重合。其偏差值不得大于 10mm，以利井筒垂直。

整个准备工作所用时间的长短，根据钻机大小、施工安排和组织的合理程度而不同，一般需2~5个月。

5.3.2 钻进

准备工作完成后，进行钻机试运转。经检查正常后，开始正式钻进。正常钻进的几个主要工序如下：

1. 钻头的起下与钻杆的接长

组装好的钻头或是更换完刀具的钻头，由钻头车或封口平车移运至井口，大钩提起钻头，移去运钻头的车，大钩下放钻头至井中，封口平车（也有用封口平车上的卡瓦）卡住钻头接头处的支承台，再把装有转盘的转台车移到井口定位和固定。将钻杆移到工作台由大钩提起，使钻杆的下接头穿过转盘中心孔至封口平车上部与钻头进行联结；然后提起钻头，移开封口平车，下放钻头直到钻杆上部接头的支承台落在转盘上的卡瓦上为止。再取钻杆就在工作台卡瓦处联结，然后再下放钻头。依次作业直到钻头接近工作面为止。在钻杆内安装通压风的风管，以供给压气排液器压缩空气。风管接到设计深度为止。

水龙头和方钻杆是连在一起的。接完风管，大钩提取水龙头，使方钻杆和风管、钻杆连接。然后下放钻头，并把套在方钻杆上的转盘方补心放入转盘中心孔中。开钻前先开始洗井，再开动转盘使钻头旋转并逐渐下放到工作面进行钻进。

当方钻杆行程快用完时，上提钻头卸去方钻杆，提出风管（也有用绳把风管挂住，待接完钻杆再用绳将风管上提至接管处的），接长一根钻杆，重新安上风管和方钻杆，又开始钻进工作。

有的钻机把封口平车和钻头车合一，它的优点是减少了设备；缺点是钻头的安装与检修的专用设备不能放在钻头车上，给检修带来一些不便。

当要检修钻头或更换刀具时，提取钻头的操作与下放钻头的操作相反：卸去方钻杆；提取风管；卸钻杆；最后一根钻杆在封口平车上拆卸，并将钻头卡放在封口平车上；移转台车，提出钻头放在专用车上移去检修或改换刀具。

2. 钻进工作

钻进是钻井法的重要环节之一。通过钻进形成井筒。影响钻进速度的因素很多，从技术上讲主要有刀具和钻压选用和掌握、转盘转数、洗井净度，这三者统称为钻进要素。

在扩孔钻进中，合理选择钻进顺序和扩孔次数对全井的钻进速度也有很大影响。当基岩部分所占比例不大时，可采用超前钻一次到底，然后扩孔钻也一次到底的钻进顺序。当基岩部分所占比例很大时，可采用表土层和基岩分先后的钻进顺序，即超前孔第一次钻到基岩，然后扩孔钻进到基岩，下放第一层井壁后，超前孔钻破井壁底进行第二次钻进至井筒全深，再扩孔到井全深。安排钻进顺序一般应考虑以下两方面的因素：

1）为提高破岩效果，在基岩中采用清水洗井而把全井分表土和基岩两段钻进。

2）使改换刀盘和刀具所用的时间最短，尽可能不占钻进时间（例如扩孔钻头钻进时，超前钻头改换刀具）。

超前钻头和扩孔钻头的直径一般是固定的。但有的钻机可在一定范围内调整钻头的钻进直径，这样就可以选择扩孔的直径和次数。选择的原则是：在转盘和提吊系统能力允许的情况下，尽量减少扩孔次数以缩短工期。

操作和管理对钻进速度影响也很大。司钻人要按设计对不同地层施加和控制钻压，经常调整控制转盘的转数，还要观察洗井液的循环情况，并按规定取样测定。对钻机各部分工作情况及时检查了解，发现有异状应采取措施排除。对钻压、转盘转数和转矩、钻进速度等情况要做出记录。

5.3.3　防偏和测斜

井筒的垂直度是钻井质量的重要指标，它影响井筒支护工作和有效断面的大小。特别是深井钻进，井筒的垂直度就显得更为重要。

我国钻井的实践说明，在表土层和软岩中采用扩孔钻井时，最后一级扩孔的偏斜率一般可以控制在 0.1%，最大不超过 0.15%。

1. 产生井斜的原因

钻井产生偏斜的原因很多，而且常常是各种因素综合作用的结果。

（1）操作和设备的因素　钻进中没有坚持减压钻进或减压值不够最容易造成偏斜。根据我国大直径钻井经验，一般钻压为钻头重量的 30%～70%。在中硬岩层钻速低时，用加大钻头重量的办法加大钻压，否则减压数值太小，容易造成偏斜。

安装中大钩提吊中心和转盘中心、井筒中心不重合，或钻杆加工不直，或刀具平面与钻头中心管垂直偏差大于 0.1%，也就是说钻机制造质量不好，或安装质量不好，都能造成井筒偏斜。

无论是操作技术，还是钻机制造和安装质量，还是洗井效果不好，都是人为造成的，是能用人的主观能动性予以克服的。

（2）地质条件　当地层倾斜，或岩石较硬又非均质，或表土层中有黏土结核或砾石时，都容易发生偏斜。

2. 防偏的措施

1）首先要保证钻机制造和安装质量。在钻头上加稳定器，对防偏能起到一定的作用。

2）坚持减压钻进。在钻进初期，采用低钻压低钻速以保持垂直，对下段井垂直有很大作用。根据经验，钻压保持在大钩悬重的 1/3 以下就可以保持井直。

3）岩石在中硬以下以一次全断面钻进为好，并且使转盘、钻杆连接都能适应于正、反转的要求。在钻进时，正转一段时间，再反向转一段时间，对防止井斜也是有益的。

4）定时测斜及时了解井筒偏斜情况，以便及时采取措施纠正或预防。

在整个钻井过程中，对待井斜的原则是防偏为主、纠偏为辅。在表土层或软岩中井斜大可用刷大井帮（扩大井径）的办法纠偏。在硬岩中纠偏就十分困难了。

3. 测斜

为了及时了解井筒的垂直情况，每钻进一定深度（一般 1～3 根钻杆长），在接钻杆时，或更换钻具时，就要对井筒进行测斜。钻井中曾经用过在钻杆内放大直径锤球的方法测斜；或在钻杆内再下放一密封管，管内放上灯光测斜；也用过在钻头体上放铁皮用重锤球打印的方法测斜。目前则主要采用超声波测井仪测斜。

测井仪分地面仪器和井下仪器两部分。超声波测井仪的井下部分探头每侧有两个，一个是发出超声波的，另一个是接收反射波的。其地面部分由自动电位差计和记录仪组成。

5.3.4　钻井中常遇到的一些问题

1. 表土钻井的泥包钻头问题

钻头在黏土层或软岩中钻进时，由于破碎下来的泥块不能及时清洗，以致黏糊在刀具、刀盘和钻头体上，无法再继续钻进。这种现象叫泥包钻头。泥包钻头产生的原因和防治方法如下：

1）刀具结构不合理。特别在表土层中，刀具形式和布置不合理，都容易形成泥包钻头。经验证明，在表土层用刮刀宜采用铧犁式，行星式带斜面的刮刀泥包次数明显减少。钻头的刀盘最好不用敞开式的，以改善洗井效果。

2）泥浆浓度过大也容易产生泥包钻头，洗井效果不好或洗井能力不足也是造成泥包钻头的原因。钻黏土层时泥浆浓度必须经常调整。在加大钻压提高钻速时，必须加大洗井能力，使钻速和洗井两者协调。

2. 岩石钻进中的跳钻问题

在岩石钻进中，特别是在中硬岩和硬岩中钻进时，有时钻头、钻杆和方钻杆整体上下跳动得十分明显，或连续跳动，或间断跳动，这种现象叫跳钻。大直径钻井中跳钻的原因和处理方法如下：

1）刀具脱落时，在工作台上能感到不均匀的间断跳钻现象，这时需提钻打捞落物，以免损伤其他刀具或刀盘。

2）由于刀具布置不当而使井底工作面形成规则的锯齿形。当刀齿到达工作面齿顶时向锯齿谷滑动，形成有节奏的连续跳动。特别在硬岩中使用球齿时容易发生。

3）岩层有大裂隙或严重不均匀，使刀具受力不均而产生跳动。遇到这种情况只能减小钻压，降低转数，加强洗井，谨慎地通过这一地段。

3. 井内落物的处理

钻井中刀具脱落、钻杆折断、风管或钻头落井等事故时有发生。对落物必须及时打捞。我国钻井工地对打捞落物积累并创造了一些切实可行的经验和方法。例如，电磁打捞器用来打捞牙轮、刮刀等较轻的钢质物体，回形打捞器（图5-19）用于打捞钻杆，钳形打捞器（图5-20）可打捞非圆形的落物。此外还有龙门式打捞器、绳式打捞器、套筒式打捞器等。总之，随着落物的不同和井深的不同，而采取不同的打捞方式。

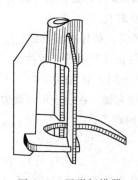

图5-19　回形打捞器

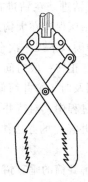

图5-20　钳形打捞器

4. 卡钻问题

钻头由于非设备的原因提升困难，甚至提不起，下放也困难，有时也转不动，这种现象叫卡钻。在表土层钻进时，泥包钻头，泥浆失水大而形成厚泥饼，井帮坍塌，下放钻头时下到工作面沉淀物中，都能造成卡钻。井斜大又不规则也容易造成卡钻。为防止卡钻，应注意以下几点。

1）提钻头之前进行一段时间洗井使工作面清洁。在下钻头时，下放到离工作面1~2米即开始洗井，边洗井边下放钻头至工作面。

2）经常检查和调整洗井液性能，防止井帮坍塌。如已发生坍塌，应加强洗井，排除坍塌物，并调整泥浆性能。

3）井筒偏斜值大且方向又不规则，在提升钻头时也容易造成卡钻。这时用局部扩大井径的方法纠偏。

5. 洗井液的漏失

这里所说漏失，指的是在大裂隙或砾石层中的大量漏失洗井液。这时应进行堵漏。当用泥浆作为洗井液时，可调节泥浆性能，用它作为堵漏材料。如果用清水洗井时，可以用水泥浆去堵漏。最好是在钻井前，对可能发生漏失的地层进行预注浆。

5.3.5　洗井与净化

在钻井中使用连续流动的介质将钻碎的岩渣从工作面清除并带出井筒的过程叫洗井。为了能重复使用洗井介质，将含有岩渣的洗井介质在地面进行分离称为净化。洗井循环一般指的是洗井和净化的总合。

1. 洗井方式

洗井方式有反循环洗井、正循环洗井和混合循环洗井，如图 5-21 所示。目前使用最广泛的是反循环洗井。

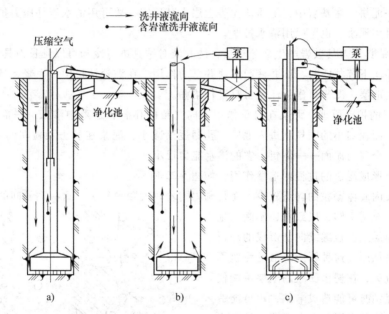

图 5-21　洗井方式示意图

a) 反循环洗井　b) 正循环洗井　c) 混合循环洗井

（1）反循环洗井　这是相对于正循环洗井而得名的。洗井液依自重流入井筒，流过工作面时冲洗工作面，它靠钻杆内（或外）的压气排液器（也叫空气吸泥机）为动力，从钻杆排出洗井液至净化系统，造成洗井循环。

这种洗井方式的优点是在钻杆中的洗井液携带岩渣，其流速高效果好，整个循环过程不要大压力的泵。它的缺点是对工作面的冲洗效果不如正循环洗井。

（2）正循环洗井　对于大直径钻井，这种洗井方式洗井液上升速度很慢。若使岩渣不下沉，必须用性能好的泥浆，造成成本加大。在更换钻头刀具或接长钻杆等原因而停钻时，岩渣下沉容易造成埋钻头等事故。目前这种洗井方式已被淘汰。

（3）混合循环洗井　它是基于想具备上述两种循环方式中的优点，又能克服其缺点而提出来的。苏联曾使用过但效果不理想，反而增加了钻杆重量（钻杆重量增加 25%）使工艺和设备复杂了。

2. 洗井液

用于洗井的物质叫洗井介质。已使用过的洗井介质有泥浆、清水和空气。常用的洗井介质是泥浆和清水，所以在许多书籍和文章中对洗井介质称为洗井液。泥浆作为洗井介质可以用在任何地质条件下钻井，但成本较高。在稳定的岩层中，使用清水洗井是有效而经济的。在稳定且涌水很小的井筒中，用空气作为洗井介质可以获得很高的钻速，我国在石油钻井中曾经用过空气作为洗井介质。

（1）洗井液的作用

1）洗井。钻井中必须不断地对工作面进行冲洗，避免重复破碎已破碎的岩渣影响钻进效果。在使用泥浆洗井时，工作面处流速最小是 0.1m/s，最好在 0.3m/s 左右；用清水洗井时，流速在 0.1～0.5m/s；用空气洗井时，其最小风速为 10～15m/s。

2）护壁。钻井中，随着井筒的形成，原岩体应力改变了，井帮出现地压，需用泥浆液柱压力来抵抗地压。为了防止大量水或泥浆渗入地层引起土膨胀而造成井坍或缩井径，要求有一个好的隔离层——泥饼。在基岩中，地压值比表土层小且稳定，故可用清水液柱压力护壁。岩层中涌水量大时，可用泥浆，也可以用清水护壁。

3）冷却钻具。刀具破岩产生部分热量，洗井液对钻具进行冷却可以延长刀具使用寿命。

在用漂浮法下沉井壁时，洗井液起漂浮井壁的作用。在涡轮钻机中，泥浆又是传递动力的介质。遇到漏失地层，泥浆可作为注浆材料进行堵漏。

（2）泥浆的护壁原理　泥浆在自重作用下向井帮的孔洞和缝隙中渗入。一部分较大的颗粒附在井帮上，而较细小的颗粒则进入地层，孔洞逐渐减小，泥浆在黏土颗粒间的间隙逐渐浓缩，充塞，形成一个薄的泥面——泥饼，它的渗水能力很小。

在井帮上形成泥饼的过程叫造壁作用，如图 5-22 所示。

如果泥浆内胶体颗粒的含量较少，在孔洞内附着较大颗粒较多，这些颗粒间的间隙由于胶体颗粒含量少而充塞不够，以致水还不断向地层渗入，这样黏土颗粒继续向已形成的泥饼上附着使泥饼加厚。这种厚而疏散的泥饼不能阻止水的流失，在遇水膨胀的地层可能使井径缩小，提钻时可能造成卡钻，也可能造成井帮坍塌。这种坍塌是在有泥浆液柱压力作用下发生的。

泥浆中胶体颗粒越多，渗流到地层内的水量就越少，泥饼也就薄而坚韧。但胶体颗粒过多，泥浆易形成结构，也就是易于絮凝。而有结构的絮凝物是松散的，水可以继续进入地层。这样絮凝结构物在井帮不断增加，形成一个透水的厚而极松散的泥饼。

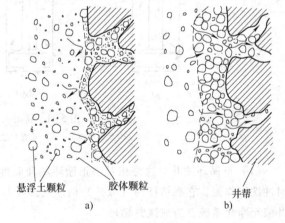

图 5-22　泥饼形成示意图
a）胶体颗粒多时泥饼的形成　b）胶体颗粒少时泥饼的形成

所以泥浆护壁的特点是：首先它能形成一个薄而韧的泥饼起隔离和保护井帮的作用；其次是它的密度大于地下水，能起到抵抗地压的作用。

（3）洗井液的选择　钻井实践表明，选择洗井液的依据如下：

1）护壁。首先根据井筒的地质柱状图，从护壁可行这一点来选择洗井液。对于表土层，必须选择泥浆作洗井液，护壁才是可靠的。在基岩中，就不一定选择泥浆作洗井液。当所钻井筒岩石部分较少且破碎，如风井，井筒大部分处于表土层中，宜考虑到钻井的连续性而沿用表土层所用的泥浆作为基岩部分的洗井液。

如果基岩在整个井筒所占比例较多，井筒又较深时，在基岩部分钻进就用清水作为洗井液。如果上部表土层较厚，其永久井壁也较厚，可以采用表土和基岩不同钻进直径的方法。其表土层用双层井壁，外层是表土层钻进后下放的井壁，而内层是在基岩钻进后与基岩支护一起下放的井壁。这种方法既减少了破岩体积，也降低了洗井液的成本。

2）提高钻速。钻井中使用空气作为洗井介质，钻压可减少 30% ~ 40%，而钻速可提高一倍以上；钻头在清水中钻进比在泥浆中钻进的钻速可提高 10% ~ 30%。

(4) 泥浆的主要性能参数　泥浆是用黏土和水配制的一种洗井液。不同的泥浆，有不同的性能参数，因此用泥浆的性能参数来表达泥浆的特性。泥浆的主要性能参数如下：

1）失水量。泥浆中的水向井帮渗透的过程叫泥浆失水。失水的多少叫失水量。失水量的大小和泥饼的厚度是说明泥浆絮凝稳定性的主要指标之一。泥饼薄而韧，其失水量就小。

2）泥饼厚度。泥饼的薄和韧是同时存在的，厚泥饼一般都松散。

3）黏度。这表示流体在流动时的内部阻力（或叫内摩擦力）的指标。泥浆黏度高将增加钻井阻力和流动阻力，降低对工作面的冲洗效果，在黏土层中易产生泥包钻头。黏度大净化也困难，黏度小泥浆易漏失。

4）触变性与静切力。黏土颗粒在泥浆中呈长的薄片状，其层面离子多，边角部分分布离子少，水化膜也薄。当泥浆静止时，由于分子力的作用，边角间彼此相连，形成具有一定强度的网状结构。它包围一部分自由水，使泥浆稠化。随着静止时间的延长，网状结构的强度也增加，甚至形成冻胶。当受到搅拌或摇动，网状结构逐渐破坏而易于流动。若再静止，网状结构将再次复现。泥浆在静止时逐渐变稠，而搅动或振动时能变稀的性能叫触变性。

触变性越大，搅拌泥浆时结构破坏得越快，同时在转入静止状态时网状结构恢复得也越快。触变性的大小是用切力来表示的。在泥浆中移动 $1cm^2$ 面积的物体所需要的最小的力，叫静切力。它表示泥浆结构的强度。静切力的单位是 mg/cm^2（毫克/厘米^2）。

5）密度与相对密度。密度是指是单位体积的质量，它和重度的意义相同，单位是 g/cm^3（克/厘米^3）；相对密度是指物质的质量与同体积的 4℃ 的纯水质量之比，它是没有单位的。密度与相对密度是计算洗井液压力的重要参数。

6）胶体率与稳定性。胶体率是衡量泥浆稳定性的一个指标。通常将 $100cm^3$ 的泥浆倾入量筒中，静放 24h，泥浆中非水部分占总体积的百分比称为泥浆的胶体率。这里所说的胶体率和注浆法施工中注浆材料的稳定性是一个相同的概念。

泥浆的稳定性是在 $250cm^3$ 的量筒里，注入 $250cm^3$ 泥浆，用玻璃片盖好，静放 24h 后，分别测量量筒上部泥浆和下部泥浆的密度，用其差值来表示该泥浆的稳定性。差值越小稳定性越高。泥浆的稳定性和注浆法施工中注浆材料的稳定性在概念上是不同的。

7）pH 值。其表示酸、碱度的强弱。pH 值偏低，则颗粒分散性不好，泥浆切力增大，失水量加大，稳定性差。因此一般钻井用泥浆呈微弱碱性，pH 值在 7 ~ 9，这时泥浆的触变性好。但 pH 值过高易使岩层的土颗粒水化膨胀，泥浆腐蚀性增大，对工作人员也不安全。

8）含砂量。这是指泥浆中不能通过 200 号筛子（或直径大于 0.074mm）的颗粒体积占泥浆体积的百分数。一般规定含砂量应小于 4%，最好在 2% 以下。泥浆中含砂量大了，将使泥浆的黏度和切力增加、泥饼变厚、失水量增加，这些对于松散地层容易造成坍塌等事故。

3. 泥浆的配制与调整

(1) 制浆材料　配制泥浆的主要材料是黏土和水。黏土的成分、颗粒大小和形状对浆液性能的影响很大。黏土中以高岭土和微晶高岭石为主。微晶高岭石含量多的叫膨润土，它是制配泥浆的好材料。黏土颗粒成薄片状，其最大外形尺寸不超过 $2\mu m$，厚度不超过 $0.1\mu m$。有些黏土还含有非黏土矿物，因此不能把天然的土状物都叫黏土。

（2）泥浆的配制　钻凿一个井筒需用泥浆量很大，随着钻进所需要补充的泥浆量也很大。例如，在一个直径为 5m 的井筒钻进时，通常每天钻进体积为 $100m^3$ 左右，因此不计泥浆损失，至少要补充与钻进体积等量的泥浆。所以在钻井前必须准备好足够的黏土和各种处理剂。黏土的质量要符合制浆要求，又要尽可能就地取材。

（3）调整泥浆性能的处理剂　无论是配制泥浆，还是泥浆循环中，由于加入岩渣等杂质或其他原因，改变了泥浆性能，一般采用加入化学药剂的方法进行调整，这些化学药剂称为处理剂或调节剂。常用的化学处理剂有以下几种。

1）碳酸钠。又名苏打。泥浆中加入碳酸钠，能增加黏土的分散性，降低失水量并提高黏度。

2）氢氧化钠（NaOH），又名火碱。具有强烈的腐蚀性。泥浆中加入氢氧化钠的作用与碳酸钠相同。钻井现场不经常直接使用 NaOH，而是把它与其他处理剂配制成碱性溶液，如煤碱剂、丹宁碱液等，再用这些碱性溶液处理泥浆。

3）羧甲基纤维素，简称 CMC。羧甲基纤维素是一种高分子化合物，它是用纤维素（棉花、木屑等）经过碱化变成碱纤维素后再与一氯醋酸反应制成的。羧甲基纤维素对泥浆失水量的降低有很好的效果，特别是羧甲基纤维素与 NaOH 反应生成羧甲基纤维素钠，是处理泥浆的主要成分。羧甲基纤维素钠使黏土颗粒不易互相黏结，提高其稳定性，形成的泥饼致密也坚韧，起阻止了自由水渗透的作用，有效地降低了失水量，护壁作用好。

4. 洗井液的净化与管理

（1）洗井液的净化　洗井液从井底经钻杆返回地面时，带有大量的岩渣，在地面从洗井液中脱除岩渣的工作叫净化。

净化的方法有沉淀池的重力净化、机械净化和化学净化三种。在黏土层中钻进时自然造浆能力很强，就需对洗井液进行性能调整。洗井液中粒径在 0.05mm 以上的颗粒均属净化对象。

以水作为洗井液，用沉淀法净化效果较好。用泥浆作洗井液时，一般也采用沉淀法，辅以水力旋流器等设备即可满足工程要求。

（2）洗井液的管理　大体分为配制洗井液的管理和净化洗井液的管理。

为了保持正常钻进，需要不断地补充新的洗井液以保持井内液面的稳定。当用清水作为洗井液时，只需补充水就可以。对于泥浆，要按不同地层所要求的性能参数，并考虑到正在使用的浆液性能来配制新浆液。也就是新浆液不只是数量的补充，而且还起到一定的调节作用。

存放的备用泥浆要防止流失和干涸。应在泥浆面上保持少量的水浸泡，以防表面出现泥皮造成干涸。雨期施工中要防止泥浆被冲跑。受雨浸严重时应及时处理，然后才能使用。

为了及时了解和调整浆液的性能，首先要建立洗井液的检验制度。一般是每 2h 对流入井筒的泥浆和洗井后排出的泥浆分别取样，测定其密度、黏度、失水量、泥饼厚、静切力、pH 值和温度，并作记录。对含砂量、胶体率及稳定性，一般每 24h 测定一次并作记录。在地层变化大时，应增加检验次数，以便及时采取必要的措施。

对钻进中的异常现象，需及时分析原因，采取相应措施。如洗井液在短时内不能满足钻井需要，应当立即停钻，将洗井液调整好后再开始钻进。

建立配制洗井液及洗井、净化系统各种设备的操作规程和岗位责任制，这对保证钻井成功是十分必要的。

5. 废弃泥浆处理技术

钻井工程有两种情况出现废弃泥浆，需要排除和处理。其一，钻井过程，在黏土类土层中钻进，发生泥浆严重稠化时，需要排除一部分多余稠浆，以便对钻井泥浆作稀释处理。其二，是在某一钻井工程结束后，临近又无工程可以复用，这时需对全部泥浆作排除处理。随着钻井法向钻凿深大井筒发展，钻井中排弃的废浆量越来越大，随之带来的排放占地及污染问题也日益突出。

目前世界上各种工程产生的废弃泥浆处理方式很多，其中，立足现场、实行当地处理的方法有固化处理和水土分离技术。

1）固化处理。用固化剂对废浆作固化处理，然后如同处理废土一样，运走或作充填材料。作固化剂的无机物质有水泥、高炉炉渣、石膏和石灰等。

2）水土分离技术。用物理、化学或机械方法，将废泥浆中固相的土与液态的水分离，然后分别排除。固液分离处理有多种体系和工艺方式。泥浆水土分离技术主要包括两个部分：絮凝处理和机械水土分离处理。

废弃泥浆处理时应注意不要危害农田和水利。

总之，洗井液的管理是保证钻井施工正常进行，以及降低成本的重要一环。

5.4　永久支护

井筒钻进到设计深度和直径就停止钻进，进行井筒的永久支护。它是钻井法施工的重要环节之一。永久支护工作包括制造井壁、下放井壁和壁后充填。

对井壁的要求是：能承受地压等永久荷载，具有足够的不透水性，便于机械化施工，成本低制造简单。由于钻井法的特殊性还要求井壁能承受施工荷载。

在井筒钻进工作结束时，要清洗井底岩渣，进行井深、井径和井斜的测量，并绘制井筒的纵剖面图和平面投影图，若井斜过大需进行纠正。上述工作完成后，若在表土层应对泥浆性能进行调整：一般相对密度为 1.15～1.18，失水量为 8～10mL/30min，黏度为 20s，含砂量必须小于

2%。拆除井口处影响下沉井壁的无用设备，如转盘等，并安装向井壁内注平衡水用的管路及排走泥浆的设备。钻井井壁一般采用漂浮下沉法施工。

1. 漂浮下沉法

漂浮下沉法是把在地面预制的不透水的井壁底（俗称锅底），放入井筒使其在洗井液上面漂浮，然后在它上面一节一节地将地面预制的整体井壁连接，依自重和在井壁内加水助其下沉（这种水称为平衡水），一直到井壁底下沉至井底，再进行壁后充填水泥浆或水泥砂浆，如图 5-23 所示。

这个方法的优点是井壁整体性好，渗透性小，质量高，成井速度快。缺点是对井筒的垂直度要求高，井深越

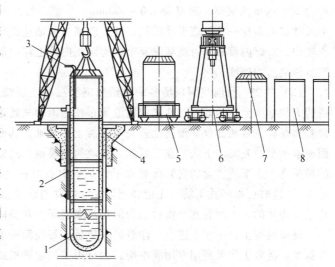

图 5-23　井壁漂浮下沉示意图

1—井壁底　2—排浆管　3—注平衡水水管　4—导向木　5—平车
6—龙门起重机　7—吊装联结器　8—预制的井壁

大预制场面积也越大，预制和移运井壁还需要一些专用的起重设备，井筒越深施工荷载也越大。

2. 漂浮下沉井壁受力分析

漂浮下沉法中井壁的施工荷载和稳定性是两个关键性的问题。钻井法施工的井壁除承受永久地压的作用外，由于下沉井壁所带来的特殊受力称为施工荷载。漂浮下沉时井壁的稳定性就是漂浮时井壁不要倾覆。它有三种情况，如图5-24所示。

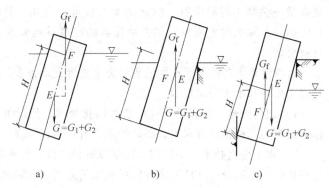

图5-24 漂浮下沉井壁稳定状况图
a) 稳定平衡　b) 随遇平衡　c) 不稳定平衡

（1）稳定平衡　也就是由井壁（包括井壁底）自重 G_1 和平衡水重量 G_2 之和所构成的下沉力 G，其作用点 E 低于由浮力 G_f 的作用点 F 时，两力所形成的力偶使井壁垂直。

（2）随遇平衡　下沉力 G 和浮力 G_f 两力作用点重合，而没有力偶作用于井壁。也就是说井壁在任意位置都是平衡的。

（3）不稳定平衡　下沉力 G 的作用点在浮力 G_f 作用点上面，G 和 G_f 所构成的力偶使井壁倾翻，致使井壁靠在井帮上。这种状况在漂浮下沉井壁的初期井深 20～30m 容易发生。

不稳定平衡和随遇平衡都是应当避免发生的。在井壁下沉初期就要加平衡水使井壁重心降低。在设计中，对每接长一节井壁时的稳定状态都应予以核算所需平衡水的重量。

3. 井壁和井壁底的制作

在漂浮下沉中永久井壁由井壁底和井壁组成。井壁与井壁底、每节井壁之间，由法兰盘螺栓联结后，再在法兰盘的一侧焊接。

（1）井壁底　一般采用预制钢筋混凝土结构。其外形有锅底形，也有半圆球形的。高度一般为 2.5～6m 或更高，底厚为 400～600mm。井壁底的预制通常利用土模进行浇筑。按设计的外形尺寸在地面挖一井壁底形状的坑，铺上砂浆后放油毡纸作为外模，再把绑扎好的钢筋骨架放入土模中，安好内模板即可浇灌混凝土。为防止内模上浮应加强支撑，并适当降低混凝土的坍落度或放慢浇灌的速度。

（2）井壁　目前我国现场多采用预制钢筋混凝土圆筒形井壁结构。每节井壁高根据提吊设备能力和钻塔允许的高度，并考虑罐道梁布置等因素来确定，一般采用 6～8m。预制场地分预制位置和存放位置两部分。预制位置先用混凝土作基础，其面上预埋一定数量的放射状的钢轨，轨面要求水平。先安装下法兰盘，后组立大块的内模板，然后安装上法兰盘。为了保证每节井壁联结后垂直，上下法兰盘的安装既要水平，又要中心对正（即上下法兰盘中心连线与法兰盘平面垂直）。这时可以绑扎钢筋：先把竖钢筋安放好并与法兰盘焊接，然后绑扎横钢筋。外模板也是长条大块状的，上面有几个窗口，为的是浇灌混凝土和捣固之用。

浇灌混凝土自下而上进行，注意捣固质量。每浇灌一个小窗口的高度后，封闭一窗口并用钢箍箍紧。浇灌工作可利用专用脚手架，也可用龙门起重机提吊工作台进行。

井壁的养护一般用自然养护。只有在工期比较紧迫时才使用蒸汽养护。一般养护 24h 即可拆模，7d 以后可用提吊设备移运到存放场地去，以腾出的位置，进行新井壁的制作。井壁应在井筒钻进工作完成以前预制完毕。

4. 下沉井壁

用专用设备（龙门起重机或封口平车）首先运一节井壁至井口由大钩提吊，再把井壁底移到井口与第一节井壁进行联结。用钢垫板将中心对正，用螺栓联结好。为防止水的渗漏，我国施工现场均将法兰盘的一侧焊住，并在焊缝外涂以环氧沥青砂浆，厚 5~7mm。

上述工作完成后用大钩提起井壁，移开封口平车，大钩将带井壁底的第一节井壁下放到洗井液中逐渐下沉。下沉时一方面要按设计注入平衡水，另一方面及时排走井壁挤出的洗井液。注意保持洗井液面的高度稳定，以防井帮坍塌。当井壁上端距锁口面 1~1.5m 时，停止注水使其停沉处于漂浮状态。用木楔将井壁暂时固定，运来下一节井壁进行联结，联结的方法与第一节井壁和井壁底的联结相同。然后再继续下沉。循环往复至全部井壁下沉到设计深度。

测量工作在整个下沉井壁的过程中都是重要的，应作好中心线测量以保证井筒自身垂直。在下沉到最后 1m 左右暂停下沉，再测量井筒的垂直度。如果偏斜值超过允许范围，可用大钩偏提等方法进行纠正。

5. 壁后充填

井壁下沉到底并校正后，要进行壁后充填工作。充填物将井壁与井帮之间的洗井液挤走，并使井壁与地层结合，固定井筒位置，防止地下水串通。我国常用水泥浆作为充填材料。充填时水泥浆的相对密度等于洗井液的相对密度加 0.4。有时充填间隙大，则与注水泥浆的同时向壁后投石渣。使用水泥浆充填的优点是施工简单方便。充填质量好，工作进行快。

充填水泥浆多用壁后注浆管进行。注浆管为 4~6 根均布，管径 50~100mm 不等，管的长度等于井深。开始充填时，自地面用泥浆泵将水泥浆注到井壁底部。当水泥浆上升一定高度后，上提注浆管至管口仍埋入充填物 1~1.5m，这样可以防止水泥浆和洗井液混合而保证充填质量。

壁后充填共分三段。第一段（下段）是井壁底的一段，约 15~20m，注入水胶比为 0.75~0.85 的纯水泥浆。第一段注完后可停几小时再注第二段（中段）。第二段占井深的 70%~80%，充填质量可低于第一段，一般用水泥砂浆为好，也常用注水泥浆并投入石渣的方法。第三段是井筒的上段 20m 左右，大多为锁口段。为使井壁与锁口联成整体承受大荷载，第三段一般采用水泥浆充填。

习　题

5-1　说明钻井法概念。

5-2　简述钻井工艺过程。

5-3　钻井法如何按钻井传动装置的位置分类？

5-4　钻井设备由哪几个系统组成？

5-5　钻井对钻头的要求是什么？

5-6　如何选择刀具？

5-7　钻杆接头有哪些常用形式？

5-8　钻井对钻塔的要求是什么？

5-9　何谓锁口？它的作用是什么？其尺寸如何确定？

5-10　钻井产生偏斜的原因有哪些？

5-11　如何防止钻井产生偏斜？

5-12　试分析泥包钻头产生的原因和防治方法。

5-13　何谓反循环洗井？有何优点？

5-14　简述洗井液的作用。

5-15　说明泥浆的护壁原理。

第6章 混凝土帷幕法施工技术

6.1 混凝土帷幕施工基本原理

混凝土帷幕法是在泥浆护壁的保护下，利用造孔机械，在含水层或不稳定地层向下钻挖槽孔，至设计深度后，在泥浆下浇注混凝土，最后使各段槽孔内混凝土相互紧密嵌接起来，形成所需要的混凝土帷幕，在帷幕保护下进行地下工程施工。

混凝土帷幕法源于基础工程中的地下连续墙法，是20世纪40年代开始应用的一种技术。1945年，美国采用混凝土帷幕法在河岸构筑了防渗堤，槽孔内充填黏土。之后，混凝土帷幕法施工技术相继被意大利、法国、加拿大、墨西哥、日本及苏联等国采用，槽孔内由充填黏土发展为泥浆下浇注混凝土。我国于1958年采用混凝土帷幕法修筑了水库大坝基础防渗工程（深度为62m）之后，成功地将其应用于多种地下工程的施工。帷幕法已成为我国地下工程的一种重要的辅助工法。

实践表明，混凝土帷幕法具有以下特点：

1）施工较简单。施工准备工作、施工工艺和施工技术均较简单，不需要复杂的机械设备，有利于加快施工速度，缩短建设工期。

2）适应性强，封底可靠。可以有效地通过含水砾石、卵石、粉砂或地下水等复杂冲积地层。还可以根据需要使混凝土帷幕嵌入稳定地层内一定深度，起到较好的封底作用。

3）工艺技术成熟，质量可靠。施工中的几个主要工序，如钻挖槽孔、泥浆护壁、泥浆下浇注混凝土等均有较成熟的技术，只要精心组织、加强管理、严格执行有关操作规程和规范，施工质量就能够得到充分保证。

4）钢材、木材耗用量小，所需用的大宗材料（水泥、砂、石等）易就地取材，有利于降低成本。

混凝土帷幕法适用于复杂的含水不稳定冲积地层，如流沙层、黏土含水层、卵（砾）石含水松散地层，各种特殊复杂地层的地下工程及其他地下工程的施工。但岩溶地层、严重漏浆地层及含承压水头较高的砂砾地层一般不宜采用这种方法。

混凝土帷幕法作为地下工程的一种辅助工法，在冲积层埋置较浅（一般深度不超过30~50m）时使用较合理，埋置深时不宜采用该种方法，如矿山工程中的立井井筒施工，而应该选用冻结法或钻井法等，具体内容见相关各章。

6.2 槽孔施工

6.2.1 造孔设备

帷幕施工的造孔机械主要有抓斗式、冲击式、回转式和混合式四类。

1. 抓斗式挖槽机

抓斗式挖槽机是一种直接出渣的挖槽机械，依靠能启闭的抓斗抓取土体直送地面。抓斗形式有索式导板抓斗、液压导板抓斗和刚性导杆抓斗等。施工时需先在槽段两端用钻机各钻一个垂直孔，然后用抓斗抓除两导孔之间的土体，以形成槽段。这种机械不需泥浆，施工管理简单，适用于深度小于 50m、无黏性土的帷幕施工。索式导板抓斗如图 6-1 所示，其在抓斗的上部设置导板，既增大了吊索抓斗的重量（增加了对土体的切入力），又可起到导墙的导向作用，提高了成槽精度和效率。

2. 冲击式钻机

冲击式钻机是利用钻具提升后自由下降的重力作用冲击孔底，使孔底的土层或岩石劈裂或破碎，再由泥浆将岩渣浮起排出。冲击式凿孔机械的钻速取决于钻头重量和冲击频率，而两者又互相制约。冲击式钻机适用于各种地层，在坚硬土层，含漂石、卵石的地层及基岩层中钻进时，较其他类型钻机更为优越。ICOS 型冲击钻机组如图 6-2 所示，它不但具有冲击钻，而且配有泥浆制备和输送设备。

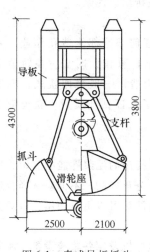

图 6-1　索式导板抓斗

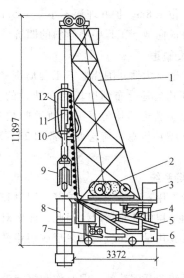

图 6-2　ICOS 型冲击钻机组

1—机架　2—卷扬机　3—泥浆搅拌机　4—振动筛电动机
5—振动筛　6—泥浆槽　7—泥浆泵　8—导向套管
9—钻头　10—输浆管　11—钻杆　12—输浆软管

3. 回转式钻机

回转式钻机是利用钻头的回转切削和挤压而破坏地层。其机械化程度和工效高于前两种机械，成孔质量高、噪声小、无振动影响，但结构较复杂，遇有大粒砾石层难以使用，主要用于土质较软、孔深较大的主孔钻凿。

回转式钻机形式很多，按钻头的数量分有单头型和多头型；按动力安装位置有地面式和潜水式。单头钻用于钻导孔，一般不单独用于成槽施工。我国所用的多头钻有 SF-60 型和 SF-80 型，具有 5 个钻头，采用动力下放、泥浆反循环排渣，电子测斜纠偏和自动控制，具有一定的先进性。

4. 混合式钻机

混合式钻机主要是根据上述三种钻机的优缺点而研制的凿孔机械，形式有钻抓式和钻冲式两种。钻抓式是将索式导板抓斗和导向钻机组合而成的成槽机，钻冲式是将冲击和回转两种钻进机构综合而成的成槽机。混合式钻机对土层具有较强的适应性。

6.2.2 施工准备工作

槽孔施工前，应做好施工所规定的准备工作，除了应备好造孔所需的机具外，还应做好下列准备工作：修建护井、铺设轨道、建立泥浆站、修建泥浆循环系统的排水沟和沉淀池等。还应规划平面布置，选择并平整材料场地等。

1. 修建护井

护井又称为导向槽或导向墙。其主要作用是：确定钻孔位置；维护孔口稳定；储存泥浆，保证泥浆面的标高，靠泥浆柱的作用保证槽孔壁不坍塌；作为检查造孔深度和偏斜率的基准。

护井一般是钢筋混凝土结构，分为内护井和外护井。内、外护井之间的环形沟槽即为槽孔位置，其宽度应比钻头直径大 20 ~ 30cm。护井的断面宜用 "U" 形，以增加护井的稳定性。护井的厚度为 20 ~ 25cm。为保证孔口的稳定和护壁作用，护井上端应高出地面至少 0.3m，并应至少高出地下水位 1.8m。护井埋深不小于 1.5m。在软弱地层中建的护井应加地锚牵拉固定。内护井范围内应筑成向地下工程中心倾斜的凹坑，并与排浆坑连通，以便排出废泥浆。

2. 铺设轨道

环形轨道是为钻井围绕地下工程周围稳定、灵活地行走，在任何部位都能造孔作业，并将钻机的负荷均匀地分布到地基上而铺设的。当地基较松软或钻机自重较大时，应在轨道下另修基础，以免轨道不均匀下沉。轨道的数目取决于造孔机械的构造，一般为四轨式；轨道型号一般应依据钻机总负荷选取，常用 24 ~ 50kg/m 标准钢轨；为了保证钻孔质量，轨道铺设应平整。

3. 泥浆系统

泥浆的作用：一是洗井、护壁、润滑和冷却钻具；二是通过对排出的泥浆性能的测定，可以了解槽孔内地层的变化情况。因此，泥浆对混凝土帷幕法施工是十分重要的。不但应选择合适的泥浆材料及其用量，还应使泥浆形成闭路循环，排出的泥浆经过沉淀后可以重复使用，以降低工程造价。

泥浆系统包括泥浆站、泥浆沟和沉淀池等。泥浆站用于安装搅拌机及制备浆液设备。泥浆沟分进浆沟和排浆沟。进浆沟供质量合格的新泥浆进入沟槽，排浆沟将槽孔内含有岩屑的泥浆排入沉淀池。沉淀池用来沉淀浆液中的岩屑，以便泥浆复用。

4. 地锚（锚桩）

对于工作时稳定性较差的钻机，需要用缆绳固定钻挖机械的钻塔或其他设备。缆绳固定在地锚上，缆绳的仰角为 45°，一般每隔 1.5 ~ 2.0m 设一地锚。当护井的地基软弱时，也要用地锚固定。

6.2.3 造孔工艺

1. 冲击式钻机造孔

先将槽孔沿长度方向划分为主孔和副孔，如图 6-3 所示。副孔就是两个主孔之间的鼓形土体。用弧形劈孔钻头钻凿副孔时，副孔长度为主孔直径的 0.8 ~ 1.8 倍；用十字形钻头时，副孔长度为主孔直径的 1.4 ~ 1.8 倍。通过变动钻头的位置依次对副孔的土体进行劈打，也可以在副孔之间加一钻，两侧所余土体再分别打掉。

主、副孔钻进约占混凝土帷幕法施工工期的 2/3 以上。因为槽孔钻挖质量直接关系到帷幕的质量, 所以必须严格执行操作规程, 确保槽孔钻挖质量。通常, 钻进过程分为开孔阶段和正常钻进阶段。

主孔施工时, 开孔阶段在开孔前先向护井内投入 1m 厚的黏土块。开钻时, 钻具稳好后, 先以小冲程冲击, 待钻具全部投入孔内泥浆后逐渐加大冲程, 连续冲打。在正常钻进阶段, 要勤掏渣, 一般每钻进 0.5～1m 掏渣一次, 同时要及时向孔内增补泥浆, 以保证浆液面的高度。为了保证造孔效率和造孔质量, 施工时不但要防止钢丝绳过紧发生空打而损坏钻机, 也要防止钢丝绳过松使冲程减小而降低效率, 要做到少松绳、勤松绳、勤掏渣, 每钻进 5m 测斜一次。

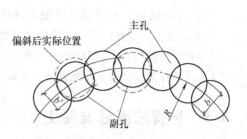

图 6-3　主副孔的划分

R—圆环形帷幕的半径　b—帷幕的厚度
b′—副孔偏斜后的帷幕厚度

副孔施工时, 开孔阶段要勤松绳、勤扶绳, 防止空打而损坏钻机。在正常钻进阶段, 要保证垂直度, 勤掏渣, 及时补充泥浆, 保证泥浆面高度。在施工过程中, 要勤检查钻孔深度和钢丝绳垂直度。

副孔的质量和深度取决于主孔的质量和深度。因此, 主孔钻进时要准确确定基岩面的位置。当钻进接近基岩面时, 一般经 2～4h 取渣样检验一次, 以便对照地质柱状图确定基岩面的位置。

2. 回转式钻机造孔

在不含有大卵石的地层中, 回转式钻机的钻进效率比冲击式钻机高。回转式钻机钻进时, 排渣与钻进同时进行。

排渣方法分正循环排渣和反循环排渣两种方式, 如图 6-4 所示。正循环排渣方式是借助于泥浆压力泵将冲洗液 (泥浆) 经钻杆压入孔底冲洗工作面, 而携带岩屑的冲洗液经钻孔孔壁与钻杆之间的空间上升回到地面, 如此循环。反循环排渣方式的冲洗液流动方向与正循环相反。

回转钻进造孔方法分为连环套钻法和两钻一铣法。连环套钻法是将槽孔沿沟槽长方向划分为单号孔和双号孔, 先钻单号孔, 然后在两相邻单号孔之间即双号孔进行套钻。相邻两单号孔之间孔缘间距视土质性质而定, 以保证帷幕法有效厚度符合设计要求为前提, 通常可取 200～300mm; 施工时可以一次钻至

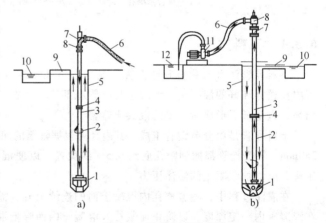

图 6-4　排渣方式示意图

a) 正循环排渣方式　b) 反循环排渣方式

1—钻头　2—钻孔　3—钻杆　4—接头　5—护井
6—胶管　7—旋转活接头　8—水龙头　9—泥浆管
10—泥浆池　11—砂石浆　12—沉淀池

设计深度, 也可以采取垂直分层钻挖的方式 (每层的深度为一个钻杆的长度, 待一层钻挖完毕再进行下一层的钻孔工作, 直至设计深度)。两钻一铣法又称为分层平挖法, 先用回转钻机钻进两个端孔 (称为导孔), 两端孔之间的土体用特制的铣削式钻头分层铣掉, 分层的高度依据铣削式钻头结构尺寸而定。两钻一铣法 (分层平挖法) 工艺简单, 造孔质量较高, 但需较大的水平推力, 在埋深较大的黏土层中效果不佳, 一般用于砂层中浅槽孔施工。

3. 冲击钻机、回转钻机等配合进行造孔

配合造孔主要有：用回转钻机（或冲击钻机）钻主孔，用冲击钻机带动劈孔钻头劈打副孔（称为两钻一劈法）；用回转钻机（或冲击钻机）钻进主孔，用抓斗机抓取副孔（称为两钻一抓法）。在各种地层交互赋存条件下，采取上述的不同配合可以提高施工速度。

6.3　导管法灌注混凝土

为了保证槽孔不坍塌，需在泥浆护壁的条件下灌注混凝土，普遍采用的是下料导管法，如图 6-5 所示。该法设备简单，操作容易，能有效地隔离周围的泥浆或水对输送中的混凝土拌合料的不良影响，以保证混凝土的整体性。

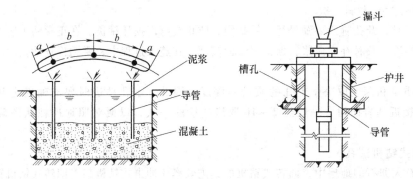

图 6-5　导管灌注混凝土

a—导管距槽孔端缘的间距　*b*—相邻两根导管的间距（3～3.5m）

6.3.1　下料方法

下料导管法（又称直升导管法）就是在槽孔泥浆内垂直设置一根或数根下料管，自地面向管内输送拌和好的混凝土。混凝土自导管底部流出，在泥浆下向四周摊开，并不断地将泥浆置换出来，直至最后形成所需要的混凝土帷幕。

下料导管是由分节钢管组成，其内径可根据帷幕的深度和混凝土量的大小选择，一般为 200～250mm。每根导管都插到距孔底约 0.5m 的位置，以便混凝土流淌。导管上端应超过泥浆面一定距离，以增加混凝土的灌注压力。

在灌注过程中，随着槽孔内混凝土面的连续上升，需不断提升和拆卸导管，导管下端需始终在混凝土内一定深度，以防止泥浆掺入混凝土内而降低混凝土强度。

为了防止在开始灌注混凝土时泥浆与混凝土混合，需在导管内浆液面上放置直径比管内径略小的圆球（木球、胶皮球等）作为隔水塞。

6.3.2　灌注参数

1. 下料导管的间距

导管的间距主要取决于灌注混凝土的有效扩散半径（导管作用半径）。扩散半径的大小又取决于导管上口距泥浆面的高度。由于施工条件所限，此高度不可能太大。因此，越接近地面，灌注混凝土越困难，混凝土有效扩散半径也就越小。当接近地面时，可改用混凝土泵注入。

2. 混凝土的灌注速度

灌注速度宜快不宜慢。我国水坝防渗墙的施工，要求灌注速度大于 2m/h；煤矿立井混凝土帷幕的施工，要求灌注速度为 3m/h 以上。

3. 导管埋深

在灌注混凝土过程中，若导管埋入混凝土内的深度太大，则易出现提升困难或堵管现象；埋深太小又易出现提漏而混入泥浆现象，故导管埋深应适当。导管埋入混凝土内允许最大深度取决于灌注速度，由下式计算

$$h_\mathrm{m} = kv_\mathrm{m}t_0$$

式中　h_m——导管允许最大埋深（m）；

　　　k——混凝土和易性、流动性和强度影响系数，一般取 $k = 0.5 \sim 0.8$，当混凝土原材料吸水性强时，取小值；

　　　v_m——混凝土面上升速度（m/h），一般 $v_\mathrm{m} = 2 \sim 5$m/h；

　　　t_0——混凝土的初凝时间（h）。

6.3.3　储料箱

储料箱由 3mm 厚的钢板和钢架构成。在开始灌注混凝土阶段，其作用是供存放一定数量的混凝土，用来封住下料导管下口。储存混凝土的数量越多，灌注速度越快，孔底淤泥沉淀物被挤得越干净，孔底泥浆掺入混凝土中的可能性就越小。在正常灌注阶段，储料箱起调节混凝土灌注量的作用。

6.3.4　灌注混凝土施工常见事故及处理

1. 导管堵塞

导管堵塞分开始灌注时堵塞和中、后期堵塞两种情况。

开始灌注时导管堵塞的主要原因有：隔水栓在导管内被卡住，下料管下端距槽孔孔底距离太小及混凝土和易性差。当出现这种情况时，可小幅度上下振动导管（提起高度不超过 30cm，以防导管提漏）。

中、后期堵管的主要原因有：混凝土中有大粒径骨料，混凝土和易性不好，下料管埋深过大。防治的主要措施是确保混凝土的质量和合理的导管埋深。一旦出现堵管现象，首先应小幅度上下振动导管，若不见效，应立即拔出导管进行疏通，及时更换备用管。

2. 导管溢流

导管溢流的原因主要有灌注速度过低、灌注压力小、混凝土的和易性差，孔内泥浆密度和稠度过大，下料管埋深过大等。处理的方法：减小导管埋深以提高灌注速度，尽量增加导管顶面与泥浆面高差以提高灌注能力，改变混凝土的配合比以改善和易性，用泥浆泵将上部密度和稠度较大的泥浆排出以减小混凝土上升的阻力。

3. 导管提升不动

导管提升不动的主要原因：导管埋深过大，灌注速度过低，导管在混凝土内较长时间没提动。一旦发生这种情况，应立即用事先准备好的起重工具提拔导管。

4. 导管接头渗漏和导管破裂

一旦出现这种情况，应拔管紧固接头或换管。对导管破裂部位要记录清楚，以备地层开挖时注意。

混凝土灌注工作结束后，根据施工记录，对灌注质量不好、在开挖时可能出现冒水漏砂的部位，应预先进行补强处理。

习 题

6-1 何谓混凝土帷幕法？有何特点？

6-2 帷幕施工造孔机械有哪几类？其特点和适用条件是怎样的？

6-3 简述护井的作用。

6-4 画图说明导管法灌注混凝土施工工艺。

6-5 试分析导管法灌注混凝土常见事故。如何处理？

第3部分

岩石地层地下工程施工技术

第7章 水平巷道（隧道）施工技术

水平岩石巷道（隧道）是最为常见的地下工程类型，如地下矿山的平巷、公路与铁路山岭隧道、城市地铁隧道、水工隧洞、人防坑道等均为水平布置的巷（隧）道。因此，该类型的地下工程也是施工单位承担施工任务最多的地下工程。这些工程的施工方法主要有钻眼爆破法（简称钻爆法）和掘进机法两大类。从目前来看，钻爆法仍然占据主导地位。

巷道（隧道）施工的基本作业由开挖和支护两大部分构成。前者是采用各种方法将巷道（隧道）断面开挖成与设计轮廓相符的断面；而后者是确保施工过程和结构物运营过程的安全而采取的结构措施。为保证两大作业的顺利实施，必须将开挖的土石和支护结构的材料、设备等运进或运出，同时要保证洞内良好的施工环境，进行各种辅助作业，如出渣、运输、通风与除尘、排水、照明、供风（压缩空气）、供水、供电等。

巷道（隧道）的施工是一项综合技术。同时由于巷道（隧道）是一长条状结构物，在修建的过程中会遇到各种各样的地质条件。因此，要求施工方法的应用具有灵活性。一方面要向大断面快速掘进的方向发展，另外一方面又要考虑遇到各种不良地质条件的应变能力。在选择具体的施工方法时，一般应根据地质条件、巷道（隧道）长度、断面大小、设备条件、结构类型、工期要求及经济效益进行综合考虑。本章将主要介绍在岩石中施工隧道的水平巷道施工技术，同时兼顾了煤矿地下工程和市政地下工程以及其他地下工程等水平巷道施工技术。

7.1 岩石平巷（隧道）施工

地下工程总体上可以分为岩石地下工程和土层地下工程。岩石地下工程目前主要的施工方法仍为钻爆法，但掘进机法的使用也日益广泛。

通过钻孔、装药、爆破开挖岩石的方法，简称钻爆法。这一方法从早期由人工手把钎、锤击凿孔，用火雷管逐个引爆单个药包，发展到用凿岩台车或多臂钻车钻孔，应用毫秒微差爆破、预裂爆破及光面爆破等控制爆破技术。钻爆法施工前，要根据地质条件、断面大小、支护方式、工期要求以及施工设备、技术等条件，选定具体的掘进方式。掘进机法是挖掘隧道、巷道及其他地下空间的另一种方法。掘进机法的英文名称是 TBM 法，是用特制的大型切削设备，将岩石剪切挤压破碎，然后通过配套的运输设备将碎石运出。本节主要介绍岩石平巷（隧道）钻爆法施工技术，下一节介绍岩石平巷（隧道）掘进机法施工技术。

钻爆法施工的特点如下：

1）由于整个工程埋设于地下，因此工程地质和水文地质条件对巷道（隧道）施工的成败起着非常重要的作用。

2）正常情况下，隧道只有进、出口两个工作面，因此施工速度比较慢，工期也比较长，往往使一些长大隧道成为关键控制工程。

3）地下施工环境较差，甚至在施工中还可能使之恶化，如爆破产生的有害气体等，因此必须采取有效的措施加以改善。

7.1.1　施工准备工作

岩石平巷（隧道）钻爆法施工准备包括技术准备，施工现场准备，物资、机具及劳动力准备，以及季节施工准备，此外还有思想工作方面的准备等。一般而言，施工准备的内容中最重要的是技术准备、现场准备和物资准备。对隧道而言，施工准备工作要求相对较高。

1. 技术准备

技术准备一般包括以下各项：

1）收集技术资料。即调查研究、收集包括施工场地、地形、地质、水文、气象及现场附近房屋、交通运输、供水、供电、通信、现场障碍物状况等资料，了解地方资源、材料供应和运输条件等资料。

2）熟悉和审查图样。主要内容为熟悉拟建工程的功能，熟悉、审查工程平面尺寸，熟悉、审查工程立面尺寸，检查施工图中容易出错的部位有无出错，检查有无改进的地方。

3）编制施工组织设计或施工方案。施工组织设计是施工准备工作的重要组成部分，也是指导施工现场全部生产活动的技术经济文件。施工生产活动的全过程是非常复杂的物质财富再创造的过程。为了正确处理人与物、主体与辅助、工艺与设备、专业与协作、供应与消耗、生产与储存、使用与维修以及它们在空间布置、时间排列之间的关系，必须根据拟建工程的规模、结构特点和建设单位的要求，在原始资料调查分析的基础上，编制出一份能切实指导该工程全部施工活动的科学方案（施工组织设计）。

4）编制施工预算。按照施工图样的工程量，施工组织设计（或施工方案）拟定的施工方法，工程预算定额和有关费用规定，编制详细的施工预算作为备料、供料、编制各项计划的依据。

5）作好现场控制网测量。设置场区内永久性控制坐标和水平基桩，建立工程控制网，作为工程轴线、标高控制的依据。

6）规划好技术组织。配齐工程项目施工所需各项专业技术人员、管理人员和技术工人；对特殊工种制定培训计划，制定各项岗位责任制和技术、质量、安全、管理网络和质量检验制度；对采用的新结构、新材料、新技术，组织力量进行研制和试验。

7）进行技术交底。施工企业中的技术交底，是在某一单位工程开工前或一个分项工程施工前，由相关专业技术人员向参与施工的人员进行的技术性交代，其目的是使施工人员对工程特点、技术质量要求、施工方法与措施和安全等方面有一个较详细的了解，以便于科学地组织施工，避免技术、质量和安全等事故的发生。各项技术交底记录也是工程技术档案资料中不可缺少的部分。

2. 现场准备

1）施工场地准备。做好施工测量控制网的复测和加密工作，敷设施工导线和水准点；建立工地试验室，开展原材料检测和施工配合比确定工作；施工现场的补充钻探等。

2）修筑临时道路。主干线宜结合永久性道路布置，施工期间仅修筑路基和垫层。

3）设防洪排水沟。现场周围修好临时或永久性防洪沟，场地内外原有自然排水系统应予以疏通。

4）修好现场临时供水、供电以及现场通信线路。

5）修建临时设施工程。按照施工总平面图的布置，建造三区分离的生产、生活、办公和储存等临时房屋，以及施工便道、便桥、混凝土搅拌站和构件预制场等大型临时设施。

3. 物资准备

物资准备主要是根据施工预算、材料需用量计划进行货源落实，办理订购或直接组织生产，应按供应计划落实运输条件和工具，分期分批合理组织物资运输进场，按规定地点、方式储存或堆放。应合理采购材料，综合利用资源，尽可能就地取材，利用当地或附近地方材料以减少运输环节，节省费用；合理和适当集中设置仓库和布置材料堆场位置，以方便使用和管理。此外，还有构（配）件和制品的委托加工、运输、进场，按规定地点和要求堆放。

岩石平巷（隧道）施工的大宗物资主要有钢材、木材、水泥、砂石料、爆破器材、油料等。

4. 施工机具准备

施工机具准备是指根据施工组织设计要求，分期分批组织施工机械和工具进场，按进度要求合理使用，充分发挥效率。进场机械设备应配套，按总平面布置图要求入库或就位，应进行维护、检查和试运转，保持完好状态；对操作及维修人员进行必要的技术培训，对工人操作需用的工具亦应有所储备。

岩石平巷（隧道）施工的主要机具有凿岩设备、装（岩）载机、自卸汽车、电机车、矿车等。

5. 劳动力准备

劳动力准备包括建立现场指挥机构，组建队组，配齐工种，集结施工力量；组织劳动力进场，进行专业技术培训；向外委托工程项目或特殊工程，做好分包或劳务安排，签订分包或劳务合同等。

由于施工复杂和情况多变，施工准备工作较难做到一次完成，要随工程施工的进展不断完善和调整。因此，施工准备工作贯彻于整个工程建设的全过程。

7.1.2 施工方案选择

1. 施工方案选择需要考虑的因素

1）施工条件。实践证明，施工条件是决定施工方法的最基本因素，它包括一支施工队伍所具备的施工能力、素质、装备以及管理水平。施工队伍的素质和施工装备一般都会存在参差不齐的情况，因此，在选择施工方法时，不能不考虑这个因素的影响。

2）围岩条件。围岩条件包括围岩级别、地下水及不良地质现象等。围岩级别是对围岩工程性质的综合判定，对施工方法的选择起着重要的甚至决定性的作用。

3）隧道断面面积。隧道尺寸和形态对施工方法选择也有一定的影响，目前隧道断面有向大断面方向发展的趋势，如三车道和四车道的大断面公路隧道。在这种情况下，施工方法必须要适应其发展。例如在单线和双线的铁路隧道、双车道公路隧道中，越来越多地采用了全断面法以及台阶法；而在更大断面的隧道施工中，普遍采用各种方法先修建小型的导坑，再扩大形成全断面的施工方法。

4）埋深。深度会影响围岩的初始应力场及开挖后的各种力学现象。通常将隧道埋深分为浅埋和深埋两类。在同样的地质条件下，由于埋深不同，施工方法也有很大差异。

5）工期。作为设计条件之一的工期，在一定程度上会影响基本施工方法的选择。因为工期决定了在均衡生产的条件下，对应配备的开挖、运输等综合生产能力的基本要求，即对施工均衡速度、机械化水平和管理模式的要求。

6）环境条件。当隧道施工对周围环境产生不良影响时，环境条件也应成为选择隧道施工方法的重要因素之一，在城市地下工程中，甚至会成为选择施工方法的决定性因素。这些因素包括爆破震动、地表下沉、噪声、地下水条件等的变化等。

2. 施工方法分类

岩石巷道（隧道）的施工过程和方法有多种多样，根据不同的地质条件，洞室的开挖方法可归纳为以下几种类型：全断面开挖法，台阶法（包括长台阶法、短台阶法和超短台阶法），分部开挖法（如上下导坑超前开挖法、上导坑超前开挖法、单/双侧壁导坑超前开挖法）。

（1）全断面开挖法　这是按设计开挖断面一次开挖成型，然后修建衬砌的施工方法，如图 7-1 所示。

1）全断面法施工的顺序。全断面法施工（以凿岩台车为钻眼机械施工隧道为例）包含以下基本的施工步骤：①施工准备完成后，用凿岩台车钻眼，然后装药，连接起爆网路；②退出凿岩台车，引爆炸药，开挖出整个隧道断面；③进行通风、洒水、排烟、降尘；④排除危石，安设拱

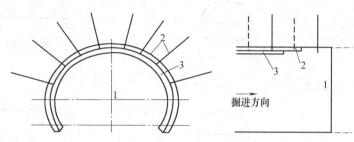

图 7-1　全断面开挖法

1—开挖断面　2—锚喷支护　3—模筑混凝土衬砌

部锚杆和喷第一层混凝土；⑤用装岩（渣）机将石渣装入矿车或运输机，运出洞外；⑥安设边墙锚杆和喷混凝土；⑦必要时可喷拱部第二层混凝土和隧道底部混凝土；⑧开始下一轮循环；⑨在初次支护变形稳定后，按施工组织设计中规定的日期灌注内层衬砌（含施做防水层）。

2）适用条件。全断面法适用于岩层覆盖条件简单、岩质较均匀的硬岩地层。该法必须具备大型施工机械，隧道长度或施工区段长度不宜太短，根据经验，这个长度不应小于 1km。

3）全断面开挖法的优缺点。全断面开挖法有如下优缺点

优点：有较大的工作空间，适用于大型配套机械机械化施工，施工速度较快，且因单工作面作业，便于施工组织和管理；有较大的断面进尺比（即开挖断面面积与掘进进尺之比），可获得较好的爆破效果，且爆破对围岩的震动次数相对较少，有利于围岩的稳定。一般情况下，应尽量采用全断面开挖法。

缺点：要求严格进行控制爆破设计，尤其是对于稳定性较差的围岩；因开挖断面大，围岩相对稳定性降低；每循环工作量相对较大，因此要求具有较强的开挖、出渣能力和相应的支护能力。

4）开挖时的注意事项。摸清开挖面前方的地质情况，随时准备好应急措施（包括改变施工方法），以确保施工安全，尤其应注意突然发生的地质条件恶化（如地下泥石流等）。各工序使用的机械设备务求配套，以充分发挥机械设备的使用效率并使各工序之间协调进行，从而在保证隧道稳定安全的条件下，提高施工速度。在软弱破碎围岩中使用全断面法开挖时，应加强对辅助施工方法的设计和作业检查，以及对支护后围岩的动态量测与监控。

（2）台阶开挖法　台阶开挖法一般是将设计断面分上半断面和下半断面两次开挖成型。台阶法包括长台阶法、短台阶法和超短台阶法三种，其划分是根据台阶长度来决定的，如图 7-2 所示。

至于施工中究竟应采用何种台阶法，要根据以下两个条件来决定：①初次支护形成闭合断面的时间要求，围岩越差，闭合时间要求越短；②上断面施工所用的开挖、支护、出渣等机械设备施工场地大小的要求。在软弱围岩中应以前一条件为主，兼顾后者，确保施工安全。在围岩条件较好时，主要考虑如何更好地发挥机械效率，保证施工的经济性，故主要考虑后一条件。

1）长台阶法。上、下断面相距较远，一般上台阶超前 50m 以上或大于 5 倍洞跨。施工时上下部可配属同类机械进行平行作业，当机械不足时也可用一套机械设备交替作业，即在上半断面

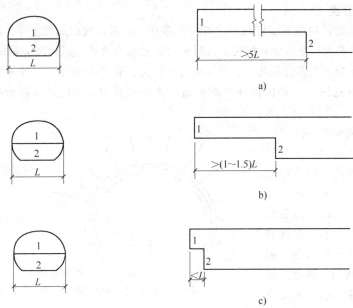

图 7-2 台阶法施工形式

a）长台阶法 b）短台阶法 c）超短台阶法

1—上半断面 2—下半断面 L—隧洞跨度

开挖一个进尺，然后再在下断面开挖一个进尺。当隧道长度较短时，亦可先将上半断面全部挖通后，再进行下半断面施工，即为半断面法。

上半断面开挖作业顺序：用两臂凿岩台车钻眼、装药爆破，地层较软时亦可用挖掘机开挖；安设锚杆和钢筋网，必要时加设钢支撑、喷射混凝土；用推铲机将石渣推运到台阶下，再由装载机装入车内运至洞外。

下半断面开挖作业顺序：用两臂凿岩台车钻眼、装药爆破、装渣直接运至洞外；安设边墙锚杆（必要时）和喷混凝土；用反铲挖掘机开挖水沟，喷底部混凝土。

长台阶法有足够的工作空间和相当的施工速度，上部开挖支护后，下部作业就较为安全，但上下部作业有一定的干扰。相对于全断面法来说，长台阶法一次开挖的断面和高度都比较小，只需配备中型钻孔台车即可施工。凡是在全断面法中开挖面不能自稳，但围岩坚硬不需用底拱封闭断面的情况，可采用长台阶法。

2）短台阶法。台阶长度小于 5 倍但大于 1~1.5 倍洞跨。上下断面采用平行作业。短台阶法的作业顺序和长台阶相同。

短台阶法可缩短支护结构闭合的时间，改善初次支护的受力条件，有利于控制隧道收敛速度和量值，Ⅰ~Ⅴ级围岩都能采用，尤其适用于Ⅳ、Ⅴ级围岩，是新奥法施工中经常采用的方法。缺点是上台阶出渣时对下半断面施工的干扰较大，不能全部平行作业。可采用长胶带运输机运输上台阶的石渣；或设置由上半断面过渡到下半断面的坡道。过渡坡道的位置可设在中间，也可交替地设在两侧。过渡坡道法通常用于断面较大的双线隧道中。

3）超短台阶法。台阶仅超前 3~5m，只能采用交替作业。

超短台阶法施工作业顺序：用一台停在台阶下的长臂挖掘机或单臂掘进机开挖上半断面至一个进尺；安设拱部锚杆、钢筋网或钢支撑，喷拱部混凝土；用同一台机械开挖下半断面至一个进尺；安设边墙锚杆、钢筋网或接长钢支撑，喷边墙混凝土（必要时加喷拱部混凝土）；开挖水沟、安设底部钢支撑，喷底拱混凝土；灌注内层衬砌。

由于超短台阶法初次支护全断面闭合时间更短，更有利于控制围岩变形；在城市隧道施工中，能更有效地控制地表沉陷。所以，超短台阶法适用于软岩支护，如膨胀性围岩和土质围岩等，要求及早闭合断面的场合。当然，也适用于机械化程度不高的各类围岩地段。缺点是上下断面相距较近，机械设备集中，作业时相互干扰较大、生产效率较低、施工速度较慢。在软弱围岩中施工时，应特别注意开挖工作面的稳定性，必要时可对开挖面进行预加固或预支护。

（3）分部开挖法　这是将巷道（隧道）断面分部开挖逐步成型，且一般将某部超前开挖，故也可称为导坑超前开挖法。隧道施工中常用的分部开挖法有 CD（中隔壁）法、CRD（交叉中隔壁）法、双侧壁导坑法等。图 7-3 所示为 CD 法示意图，图 7-4 所示为 CD 法施工现场图；图 7-5 所示为 CRD 法示意图，图 7-6 所示为 CRD 法施工现场图；图 7-7 所示为双侧壁导坑法示意图，图 7-8 所示为双侧壁导坑法施工现场图。各图中阿拉伯数字代表隧道开挖顺序，罗马数字代表隧道支护顺序。

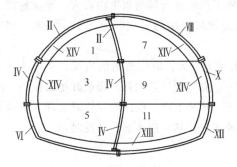

图 7-3　CD 法示意图

图 7-4　CD 法施工现场图

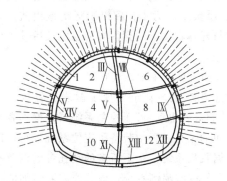

图 7-5　CRD 法示意图

图 7-6　CRD 法施工现场图

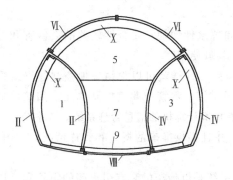

图 7-7　双侧壁导坑法示意图

图 7-8　双侧壁导坑法施工现场图

1）CD 法与 CRD 法的区别如下：

开挖顺序：CD 法先开挖隧道的一侧，并施做中隔壁墙，然后再开挖另一侧；CRD 法先开挖隧道一侧，施做部分中隔壁和横隔板，再开挖隧道另一侧，完成横隔板施工，然后再开挖最先施工一侧的最后部分，并延长中隔壁，最后开挖剩余部分。

临时支护：CD 法是用钢支撑和喷射混凝土的隔壁分割，一般临时仰拱没有横撑；CRD 法是用隔壁和仰拱把断面上下、左右分割是在地质条件要求分部开挖及时封闭的条件下采用的，一般临时仰拱有横撑。即 CRD 法在施工过程的每一步，都要求用临时仰拱（横撑）闭合，它的临时支护较 CD 法要求高。

2）分部开挖法的优缺点。分部开挖因为减少了每个坑道的跨度（宽度），能显著增强坑道围岩的相对稳定性，且易于进行局部支护，因此它主要适用于围岩软弱、破碎严重的隧道或者设计断面较大的隧道中。分部开挖由于作业面较多，各工序相互干扰较大，且增加了对围岩的扰动次数，若采用钻爆法施工，则更不利于围岩的稳定，施工组织和管理的难度也较大。导坑超前开挖，有利于提前探明地质情况，并予以及时处理。但是如果采用的导坑断面过小，则施工速度较慢。

3）分部开挖法应注意的事项。因工作面较多，相互干扰大，应注意组织协调，实行统一指挥。由于多次开挖对围岩的扰动大，不利于围岩的稳定，应特别注意加强对爆破开挖的控制。应尽量创造条件，减少分部次数，尽可能争取大断面开挖。凡是下部开挖，均应注意上部支护或者衬砌的稳定，减少对上部围岩及支护、衬砌的扰动和破坏，尤其是边帮部位开挖时。

7.1.3　钻眼爆破

钻爆法由于对地质条件适应性强、开挖成本低，特别是对于坚硬的岩石。钻爆法目前仍是岩石巷道（隧道）掘进的主要手段。爆破开挖是以钻孔、爆破工序为主，配以装运机械出渣，完成隧道施工的方法，是建设隧道的主要工序，它的成败与好坏直接影响到围岩的稳定及后续工序的正常进行和施工速度，是隧道建设非常重要的组成部分。

自 20 世纪 80 年代以来，钻爆法施工技术取得了很大的进展，主要表现在以下几个方面：

（1）凿岩设备　液压凿岩机和凿岩台车的使用越来越广泛，甚至出现了凿岩机器人。如 Tamrock DataMini 凿岩台车采用了带遥控操作运行和安装的双臂电动/液压控制系统，在操作者的监控下，钻机能够全自动钻眼。该凿岩台车在掘进工作面的钻孔过程中装备了定位系统进行精确的定位和导航，以保证炮眼的方位和角度。钻机中的数据收集系统记录下所有的钻孔参数以及孔位、方向、深度、时间和人为的调整等，钻机还应用了空气潮湿喷洒系统，该系统需要附加的空气压缩和储存水的能力，同时能够使钻机在没有与标准辅助装置相连接的情况下完成整个掘进循环的工作。

（2）爆破器材　炸药的品种日益增多，安全性和抗水性增加；安全性较差的火雷管和导火索已经禁用，可靠性更高的数码雷管已经开始在某些领域使用。

电子雷管起爆系统（EDD）包含一个电子集成电路，这样就可以很精确地控制起爆雷管点火时间。该系统主要有四个组成部分：炮眼中的电子雷管，雷管与巷道控制单元之间接口的接点，控制爆炸顺序和多个接点的巷道控制单元，包含有标准计算机的信息管理系统。该系统通常放在地面控制室中，控制室与地下巷道控制单元相连，并且提供准确的掘进和爆炸情况，如图 7-9 所示。

雷管是该系统的核心，其组成如图 7-10 所示。该系统是以传统的装有引火药的雷管和点燃引火药系统为基础设计的。雷管有两个延期定时开关，当要进行爆破时，在最后时刻输出电流，发出起爆信号，这样可以确保工作面在电子系统发出起爆信号后才准确起爆。起爆时先释放出电容中电流，引热桥丝，接着引爆雷管。

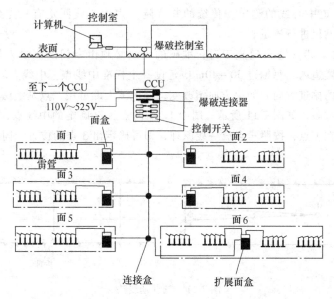

图 7-9　EDD 的控制系统组成

（3）炸药装填　大断面隧道施工中已经采用装药车，降低了劳动强度。如 DynoRoc-mec 2000 装药车，为自存储的、柴油驱动的单臂装药车。该装药车具有自动控制的装填系统和密度控制的传送系统，并能够记录所有的装填和装药数据。装药车由人工通过轨道运输到掘进断面。

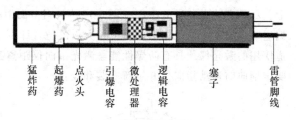

图 7-10　电子数码雷管的组成示意图

（4）钻爆设计　出现了钻爆设计软件，便于现场操作和因地制宜及时修改爆破参数，做到巷道（隧道）爆破设计、施工信息化控制。如澳大利亚开发的 JKSimBlast 软件是一款应用于爆破的专门软件，它涵盖了岩土爆破的设计、编辑、模拟、分析计算及管理等功能。此外，国内外主要的矿业工程软件如 Dimine、3DMine、Surpac、Datamine 等都有自己的爆破设计模块，可用于岩质巷道（隧道）掘进爆破的设计。

隧道爆破一般采用小孔径（直径小于 50mm）钻眼爆破，有钻眼、装药、连线、爆破等主要工序。隧道爆破的主要特点：①由于地下施工存在作业面潮湿、温度高、噪声、粉尘等的影响以及照明和通风不良，钻眼爆破作业条件差；②爆破的临空面（自由面）少，岩石的夹制作用大，炸药单耗高，爆破难度大；③对钻眼爆破质量要求较高，要求掘进方向正确，隧道断面达到设计标准，爆破时既要预防飞石崩坏支架及设备等，又要保证爆落岩石块度均匀、爆堆集中、便于装渣运输；④要求采用光面爆破等控制爆破技术，尽量减少爆破对围岩的扰动和损伤，确保围岩完整，超挖和欠挖量控制在一定范围内。

钻爆工作包括以下几部分工作：

1. 炮眼定位

钻眼是隧道钻爆法施工的关键工序。要想达到设计开挖的断面形状和进尺，需要保证钻孔设计的位置和深度准确。掘进巷（隧）道时要用中线指示其掘进方向，用腰线控制其坡度。每次钻眼前都要测定出巷道的中线，以便确定出掘进轮廓线，并按爆破设计中的图表标出炮眼位置，这样才能保证掘进出的断面符合设计要求。

（1）巷（隧）道中心线的测定　传统的巷（隧）道中心线测定有三点延线法和激光指向法，现在多采用全站仪进行测量。

1）三点延线法。巷（隧）道施工时，准确的中线必须由专门的测量人员用经纬仪测量确定。一般在巷道或隧道内，每掘进 30～40m 应延设一组标准中线点。中线点均应固定在顶板上，挂下垂球指示巷道的掘进方向。如果方向不改变，掘进工人即可用三点延线法延长中心线，并以此在工作面上布置炮眼，如图 7-11 所示。图中 1、2 两点为已确定的中线点，3 点为待测点。测定时，一人持灯站在 1 点，按照三点成一线原理，即可确定出 3 点的位置，同时将中线画在工作面上。

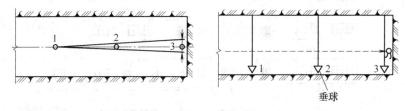

图 7-11　三点延线法

2）激光指向法。在巷道中安置激光指向仪指示掘进方向。激光指向仪一般悬吊在顶板锚杆上，尽量安装在巷道的中心（图 7-12a），当偏离中心时，测量人员必须给出偏离值（图 7-12b）。掘进时，施工人员根据工作面上投光点的位置即可确定出巷道中心和炮眼的位置。此外，煤矿巷道使用的激光仪须具有防爆性能。激光指向仪距离工作面一般不超过 500m，随着工作面的推进，要定期向前移动指向仪并重新安装和校正。

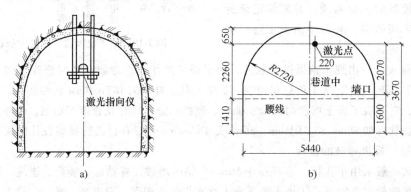

图 7-12　利用激光指向仪进行掘进定向
a）激光指向仪安装方法　b）利用激光点确定巷道轮廓

在大型的岩石隧道施工中，已经普遍采用全站仪来测定中线。全站仪不仅能精确放出施工桩号的隧道中心线，并能放出横向法线方向以确保尺寸量测的方向。全站仪测量应设置第二后视作为复核，以防止导线点有挠动时造成错误。

（2）巷道坡度的测定　有腰线法、激光指向仪和全站仪法。腰线法需人工确定，后两种方法可通过仪器直接确定。

采用腰线法时，腰线点一般设在巷道无水沟侧墙上，高出底板或轨道面 1.0m 左右。腰线点应成组设置，每组 2～3 个点，每隔 30～40m 设置一组。在主要平巷中，需用水准仪定出腰线，或者先用半圆仪（又叫度尺）延长腰线，掘进一定距离后用水准仪进行校正。次要巷道可用半圆仪定腰线。半圆仪测量方法如图 7-13 所示。测量时需 3 人同时操作，一人将线索按在后面的已知点上，第二人操作半圆仪，第三人持线索的另一端在工作面。半圆仪上有角度刻线和锤球，由第二人按照巷道的倾角指示第三人调整绳端的高度，使半圆仪上的垂线所对应的角度正好与巷道的倾角相同，然后由第二人用白漆沿线索画出腰线。根据腰线的位置，可确定出拱形巷道的拱垂线高度或者巷道顶板的高度位置（腰线距巷道顶板、底板的高度须标注在掘进断面图中）。

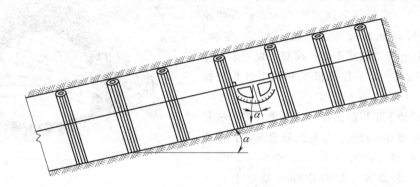

图 7-13　巷道腰线的测定

（3）曲线巷道掘进方向的测定

1）等分圆心角法。将曲线圆心角分为若干中心角为 α_1 的等份，求出每等份的弦长和弦转角，按弦长和弦转角从曲线起点用经纬仪或线交会法逐点标定曲线巷道的中心。施工操作时，可自行制作一种称为曲线规尺的简易工具，如图 7-14 所示。图中 b 为等分中心角 α_1 所对应的弦长，$a = b^2/r$，r 为巷道的曲线半径。曲线规尺使用方法如图 7-15 所示。将规尺的 A、B 点与巷道底板的已知 A、B 重合，则 C 点即为所要确定的中线点，然后再以 B、C 点为基准，确定出下一中线点，以此类推。在找第一个曲线点时，A、B 点必须是在直线段上，且 B 点位于曲线的起点。注意，曲线规尺须用不易变形的木材制作。

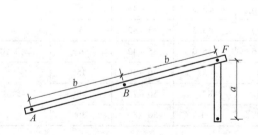

图 7-14　曲线规尺

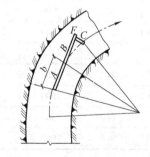

图 7-15　曲线规尺放线方法

2）定弦法。选定固定弦长，求出所对应的圆心角及弦转角，然后用与等分圆心角法相同的方法标定巷道中心。为保证掘进的方向，应注意爆破参数的选择和炮眼的布置。掏槽眼应适当往外侧偏移，且外侧炮眼适当加深。

近年来，多种新型的巷（隧）道定向、炮孔布置等仪器已相继投入使用，如隧道自动导向定位系统、TMS Tunnel scan 隧道扫描系统（瑞士安伯格公司集团生产，已经用于四川锦屏二级电站地下厂房及引水洞施工质量控制和西昌官地水电站右岸高低线隧道施工测量等）、APS 测量系统（隧道炮眼及断面自动测设仪，包括一台电动经纬仪、一台无反射测距仪和一台 AST 计算机）等，目前在隧道施工过程中使用较多的此类仪器有非接触自动坐标（TAPS）激光断面仪，SJC-1 型激光断面仪，DMY-I 激光断面仪，BJSD-2 激光隧道限界检测仪，有条件时应尽量采用。图 7-16 所示为激光断面仪的工作示意图。

2. 钻孔机械及作业

钻孔机械按照凿岩原理可以分为冲击回转式（如普通气动钻机）、旋转碾压式（如牙轮钻机）和回转切削式（一般用于软岩）三大类；按照原始驱动动力可以分为风（气）动、液压、电动、内燃机、水压和气液联动六类；按照工程用途可分为露天钻孔机械、地下钻孔机械和水下钻孔机械三类。

用于开挖地下工程的钻孔设备种类较多，按其支撑方式分主要有手持式、支腿式和台车式；按冲击频率分有低频（2000 次/min）、中频（2000 ~ 2500 次/min）和高频（2500 次/min 及以上）三种；按动力分有风动、电动、液压三种。手持式凿

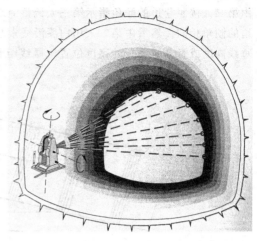

图 7-16　激光断面仪的工作示意图

岩机目前我国平巷施工中已经很少采用，电动凿岩机由于不防爆和对硬岩适应性较差而较少选用，使用最普遍的是风动凿岩机（见表 7-1）。液压凿岩机近年来得到迅速发展，它与凿岩台车相配合，使用数量在逐渐增加。此外还有以凿岩台车为基础研制的凿岩机器人。

表 7-1　常用风动凿岩机技术特征表

型号	机重/kg	冲击频率/（次/min）	冲击功/J	转矩/（N·m）	耗风量/（m³/min）	钻孔直径/mm	最大钻深/m	备注
YT-23	23	2100	59	>14.7	<3.6	34 ~42	5	
YT-24	24	1800	>59	>12.7	<2.9	34 ~42	5	
YT-26	26	2000	>70	>15.0	<3.5	34 ~43	5	
YTP-26	26	2600	>59	>17.6	<3.0	36 ~45	5	气腿式
YT-28	26	2100	>75	>18.0	<3.3	34 ~42	5	
YSP-45	44	2700	>69	>17.6	<5.0	35 ~42	6	向上式
YG-40	36	1600	103	37.2	5	40 ~50	15	
YG-80	74	1800	176	98.0	8.1	50 ~75	40	导轨式
YGZ-90	90	2000	196	117.0	11	50 ~80	30	

（1）气腿式风动凿岩机　气腿式风动凿岩机简称风动凿岩机或气腿式凿岩机，根据不同行业的习惯，又叫风锤、风钻或风枪，其结构和操作方式如图 7-17 所示。气腿式凿岩机一般为中低频凿岩机，在硬岩石中使用时，应选冲击功、转矩相对较大的机型。气腿式凿岩机适宜打水平或小倾角的炮孔。

使用气腿式凿岩机时可多台凿岩机同时钻孔，钻孔与装岩平行作业，机动性强，辅助工时短，便于组织快速施工。工作面凿岩机台数主要根据岩巷的施工速度要求、断面大小、岩石性质、工人技术水平、压风供应能力和整个掘进循环劳动力的平衡等因素来确定。按巷道宽度来确定凿岩机台数时，一般每 0.5 ~ 0.7m 宽配备一台。按巷道断面确定凿岩机台数时，在坚硬岩石

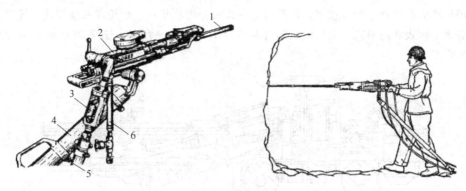

图7-17 YT23型凿岩机外形图及操作方式
1—钎杆 2—主机 3—注油器 4—气腿 5—压风软管 6—水管

中，常为2.0~2.5m²配备一台；在中硬岩石中，可按2.5~3.5m²配备一台。为了提高钻孔速度，要使凿岩机具保持良好的工作状态，操作工人要进行培训，提高操作技术，加强组织管理，采用定人、定机、定位、定任务、定时间的钻工岗位责任制。钻眼前应做好各项准备工作。测量人员应给出准确的掘进方向，钻眼时应保证眼位准确。

掘进工作面同时使用风、水的设备较多，并且拆卸、移动频繁。为提高钻眼工作效率和各工序互不影响，必须配备专用的供风、供水设施，并予以恰当的布置。一般情况下，工作面风、水管路的布置如图7-18所示。它的主要特点是在工作面集中供风、供水，将分风、分水器设置在巷道两侧，这样既方便了钻眼工作，又不影响其他工作。分风、分水器通过集中胶管与主干管连接，便于移动，并分别采用滑阀式和弹子式阀门，使风动设备装卸方便。

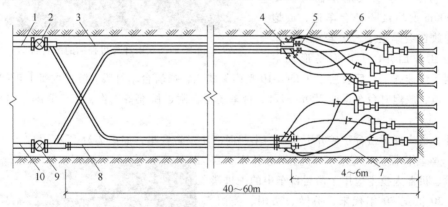

图7-18 工作面风、水管路布置
1—供水干管 2—供水总阀门 3—供水集中胶管 4—分水器 5—分风器 6—供水小胶管
7—供风小胶管 8—供风集中胶管 9—风压总阀门 10—风压干管

（2）液压凿岩台车 将一台或多台液压凿岩机连同推进装置安装在钻臂导轨上，并配以行走机构，使凿岩作业实现机械化，并具有效率高、机械化程度高、可打中深孔眼、钻眼质量高等优点。近二十多年来，隧道施工机械化水平不断提高，台车式钻车得到了越来越广泛的使用。

凿岩台车一般由行走部分、钻臂和凿岩推进机构三部分组成。台车的钻臂数目可为1~4个，常用2~3个，一次钻深为2~4m，最深为6m，钻孔直径多为38~64mm，适用断面积为8~180m²。使用时，需根据断面大小、岩石坚硬程度、施工进度要求、其他配套设备等情况进行优化选择。凿岩台车在单轨巷道只能配备一辆，而在双轨巷道可根据上述因素配备1~2辆。

我国生产的凿岩台车型号较多，按其行走方式可分为轨轮式、胶轮式和履带式，按照其结构形式可分为实腹式和门架式。实腹式轮胎行走的台车如图 7-19 所示，图 7-20 所示为由计算机控制的凿岩台车。

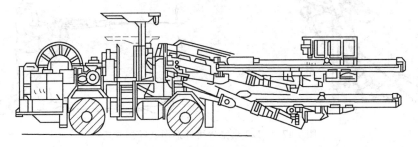

图 7-19　实腹式轮胎行走凿岩台车外形

轨轮式适用于中小型断面，易与装岩设备发生干扰。门架式多用于中等断面（20～80m²）的隧道，装岩设备可从门架内进出工作面，两者之间干扰少，有利于快速施工。广西米花岭隧道钻孔深 3.8m，使用了 TH563-5 型门架式四臂台车。陕西秦岭隧道 II 线平导施工中，前期采用了 TH178 轮式三臂液压台车打眼，由于与运岩车及其他车辆避让困难，每 500m 要增设一处会车道，放炮时台车停放在会车道上，运岩车过会车道后才往工作面开，工作面易形成空

图 7-20　由计算机控制的凿岩台车

挡，不利于快速施工。后改用了 TH568-10 型门架式三臂凿岩台车打眼。隧道内每 1.0～1.2km 设一处会车道，放炮时台车退回 200m 即可，台车还可在附近做准备工作，工序紧凑，实现了快速施工。

此外，也出现了适合于矿井下作业的小断面液压凿岩台车，如图 7-21 所示。

（3）凿岩机器人　这是一种将信息技术、自动化技术、机器人技术应用于凿岩台车中的先进凿岩设备。20 世纪 70 年代末，芬兰、法国、美国、日本、挪威等近 20 个国家开始了凿岩机器人的研究。在我国，原中南工业大学通过多年研究，于 2000 年成功开发出了国内第一台计算机控制凿岩机器人（图 7-22）。该机整机长 17180mm，宽 4415mm，高 5540mm，重达 40t，伸出长度超过 10m，其功能和性能达到了国际先进水平，适用于

图 7-21　矿井下液压凿岩台车

高度 8.5m，宽度 12.0m 的隧道施工。该机为门架式二臂隧道凿岩机器人，整机基本结构由液压凿岩机、推进器、钻臂、辅助臂、司机室、门架式机架、行走系统、电缆卷筒、电动机电气控制、供水和供气系统、液压系统、操作面板以及控制系统组成。它能完成自隧道断面形状、炮孔布置的 CAD 到车体定位后的坐标转换计算。所具备的多个钻臂（机械手）的防干涉控制、孔序规

划、自动移位控制、炮孔钻凿过程控制等一系列有一定自适应能力的作业过程控制系统，能进行自动化作业，并使隧道开挖中炮孔钻凿的时间最短，而爆破后断面形状精度最高。

隧道凿岩机器人对操作工人的熟练程度要求不高；可以改善作业环境；不必在工作断面画爆破孔；可精确控制炮孔深度、角度和位置，获得精确的隧道断面轮廓，减少超挖与欠挖，提高隧道施工质量，提高经济效益；可以减少对围岩的机械破坏，从而节省支护工程的费用；通过优化钻孔布置，达到单位进尺炸药消耗量最少和炮孔利用率最高，获得较好的爆破进尺和破碎块度；根据凿岩

图 7-22　门架式二臂隧道凿岩机器人外形

过程中自动记录的凿岩穿孔速度数据，预测岩层条件和破碎带，从而预先确定开挖参数、支护工作量以及是否需要加固，并准确确定钻头修磨周期和设备维修周期；通过计算机自动定位、定向，减少钻车和钻臂定位时间；通过计算机控制实现凿岩过程各输出参数的最优匹配，从而使穿孔推进速度或效率达到最优，钻头、钻杆、钻车的机械损耗大大减小。世界各地隧道工程现场使用得到的数据表明：计算机控制凿岩可使超挖减少 10% ~ 15%，一次爆破进尺可提高 10% 以上，生产率提高 15% ~ 30%，钻头寿命提高 27% 以上，钻进成本降低 25% 以上。

（4）钻眼工具　钎杆和钎头是凿岩的工具，其作用是传递冲击功和破碎岩石。钎头和钎杆连成一体的称为整体钎子，分开组合的称活动钎子。工程中多用活动钎子，如图 7-23 所示。冲击式凿岩用的钎杆呈中空六边形或中空圆形，圆形钎杆多用于重型钻机或深孔接杆式钻进。

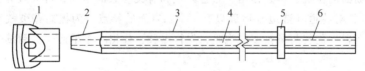

图 7-23　活动钎子

1—活动钎头　2—锥形梢头　3—钎身　4—中心孔　5—钎肩　6—钎尾

活动钎子由活动钎头和钎杆组成，两者用锥形连接，即用钎杆前部的锥形梢头与钎头上的锥窝楔紧连接。钎杆分钎梢、钎身、钎肩和钎尾四个部分。钎杆后部的钎尾插入凿岩机的转动套筒内，是直接承受冲击力和回转力矩的部分。钎肩起限制钎尾进入凿岩机头长度的作用，并便于卡钎器卡住钎子，防止钎子从机头内脱出。钎杆中央有中心孔，用以供水冲洗岩粉，钎身断面形状为六边形，故称其为中空六角钢钎子。活动钎子可提高钎杆的利用率，钎头修磨时可减少钎杆搬运量，并有利于专门工厂研制高质量的硬质合金钎头，以适应不同岩性和凿岩机对钎头的不同需要。

钎头是直接破碎岩石的部分，其形状、结构、材质、加工工艺等是否合理，都直接影响凿岩效率和本身的磨损。钎头的形状较多，但最常用的是一字形、十字形和柱齿形钎头，如图 7-24 所示。成品钎头镶有硬质合金片或球齿。一字形钎头结构简单，凿岩速度较高，应用最广，适用于整体性较好的岩石，但在节理裂隙发育的岩石中容易卡钻。十字形钎头较适用于层理、节理发育和较破碎的岩石，但结构复杂，修磨困难，凿岩速度略低。柱齿形钎头是一种新发展起来的钎头，排渣颗粒大，防尘效果好，凿岩速度快，使用寿命长，适用于磨蚀性高的岩石。一般气腿式凿岩机使用的钎头直径多为 38 ~ 43mm；台车多用直径为 45 ~ 55mm 的钎头。

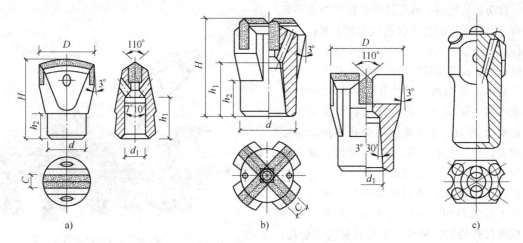

图 7-24　活动钎头结构示意图

a）一字形　b）十字形　c）柱齿形

3. 爆破作业

钻眼爆破在掘进循环作业中是一个先行和主要的工序，其他后续工序都要围绕它来安排。爆破的质量将影响支护的效果和质量，也直接关系到掘进施工的安全。爆破后要求能够保持准确的断面，尽可能不损坏围岩，且岩石块度和岩堆有利于装载。为此，需要在工作面上合理布置一定数量的炮眼，采用合理的爆破参数和起爆顺序。

（1）炮眼的种类和作用

巷道（隧道）开挖爆破的炮眼数目与巷道（隧道）断面、围岩级别、爆破方法等有关。炮眼按其所在开挖断面的位置、爆破作用、布置方式和有关参数的不同，可大致分为以下几种：

1）掏槽眼。针对巷道（隧道）爆破只有一个临空面的特点，为提高爆破效果，先在开挖断面的适当位置，布置一些装药量较多的炮眼，先行爆破，炸出一个槽腔，为后续炮眼的爆破创造新的临空面。

2）周边眼。沿巷道（隧道）周边布置的炮眼，称为周边眼。其作用是炸出较平整光滑的巷道（隧道）断面轮廓。按其所在位置的不同，又可以分为帮眼、顶拱眼和底板眼。

3）辅助眼。位于掏槽眼与周边眼之间的炮眼，统称为辅助眼。用于爆落岩石，提高爆破效率，形成有利于装载的岩石块度和岩堆，并为周边眼爆破创造临空面。

各种炮眼的布置如图 7-25 所示。

（2）掏槽方式　在全断面一次开挖或导坑开挖时，只有一个临空面，必须先开出一个槽口作为其余部分新的临空面，以提高爆破效果。先开这个槽口称为掏槽。掏槽的好坏直接影响其他炮眼的爆破效果。因此，必须合理选择掏槽形式和装药量。

掏槽形式分为斜眼掏槽、直眼掏槽和混合掏槽三类。每一类又有各种不同的布置方式，常用的掏槽方式如图 7-26 所示。斜眼掏槽的特点是：适用范围广，爆破效果较好，所需炮眼少，但炮眼方向不易掌握，孔眼受巷道断面大小的限制，

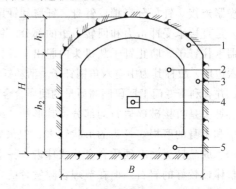

图 7-25　巷道（隧道）掘进各种炮眼布置示意图

1—顶眼　2—辅助眼　3—帮眼　4—掏槽眼　5—底眼

B—掘进宽度　H—掘进高度　h_1—拱高　h_2—墙高

碎石抛掷距离大。直眼掏槽的特点是：所有炮眼都垂直于工作面且相互平行，技术易于掌握，可实现多台钻机同时作业或采用凿岩台车作业；其中不装药的炮眼作为装药眼爆破时的临空面和补偿空间，有较高的炮眼利用率；碎石抛掷距离小，岩堆集中，不受断面大小的限制；但总炮眼数目多，炸药稍耗量大，使用的雷管段数较多，有瓦斯的工作面不能采用。混合掏槽则综合了以上两种掏槽方式的优点。

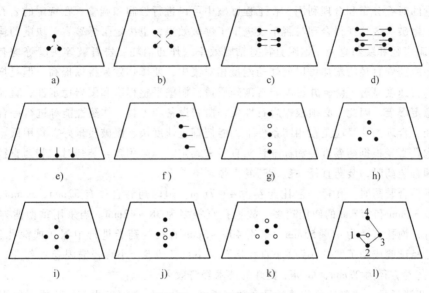

图 7-26　常用的掏槽方式

1）锥形掏槽。所谓锥形掏槽，是由数个共同向中心倾斜的炮眼组成，炮眼倾斜角度一般为 60°~70°，岩石越硬，倾角越小。爆破后槽口呈角锥形，常用于坚硬或中硬整体岩层。根据孔数的不同有三眼锥形和四眼锥形（图 7-26a、b），前者适用于较软一些的岩层。这种掏槽方式不易受工作面岩层层理、节理及裂隙的影响，掏槽力量集中，故较为常用，但打眼时眼孔方向较难掌握。

2）楔形掏槽。其适用于各种岩层，特别是中硬以上的稳定岩层。因其掏槽可靠，技术简单，故应用最广。它一般由 2 排、3 对相向的斜眼组成。槽口垂直的为垂直楔形掏槽（图 7-26c），槽口水平的为水平楔形掏槽。炮眼底部两眼相距 200~300mm，炮眼与工作面相交角度为 60°左右。断面较大、岩石较硬、眼孔较深时，还可采用复楔形（图 7-26d）。内楔眼深较小，装药也较少，并先行起爆。在层理大致垂直、机械化程度不高、浅眼掘进等情况下，采用垂直楔形较多。

3）单向掏槽。适用于中硬或具有明显层理、裂隙或松软夹层的岩层。根据自然弱面的赋存情况，可分别采用底部（图 7-26e）、侧部（图 7-26f）或顶部掏槽。底部掏槽中炮眼向上的称为爬眼，向下的称为插眼。顶、侧部掏槽一般向外倾斜，倾斜角度为 50°~70°。

4）平行龟裂掏槽。炮眼相互平行，与开挖面垂直，并在同一平面内。隔眼装药，同时起爆（图 7-26g）。眼距一般为（1~2）d（d 为空眼直径）。适用于中硬以上、整体性较好的岩层及小断面隧道（或导坑）掘进。

5）角柱式掏槽。这是应用最为广泛的直眼掏槽方式，适用于中硬以上岩层。各眼相互平行且与工作面垂直。其中有的眼不装药，称为空眼。根据装药眼、空眼的数目及布置方式的不同，有各种角柱形式，如单空孔三角柱形（图 7-26h）、中空四角柱形（图 7-26i）、双空孔菱形（图 7-26j）、六角柱形（图 7-26k）等。

6）螺旋式掏槽。这是在硬岩中用得最成功的直眼掏槽方式。所有装药眼都绕空眼呈螺旋线状布置（图7-261），按照1、2、3、4号孔顺序起爆，逐步扩大槽腔。这种方式在实用中取得较好效果。优点是炮眼较少而槽腔较大，后继起爆的装药眼易将碎石抛出。空眼距各装药眼（1、2、3、4号眼）的距离可依次取空眼直径的1~1.8倍、2~3倍、3~3.5倍、4~4.5倍。遇到难爆岩石时，也可在1、2号和2、3号眼之间各加一个空眼。空眼比装药眼深30~40cm。

（3）爆破参数 所谓的爆破参数，包括孔网几何参数、装填参数和起爆参数三类。它们涉及炸药能量的时空分布和合理利用，在工程爆破中可以进行控制和调整。在特定的岩石性质和炸药条件下，爆破参数选择得合理与否不仅决定了爆破效果，也决定了爆破岩石块度的构成。

1）炮眼直径和装药直径。炮眼直径对钻眼效率、炸药消耗、岩石破碎块度等均有影响。炮眼直径及相应药卷直径的增加可以使炸药能量相对集中，使爆炸效果得以提高。但是炮眼直径过大将导致凿岩速度显著下降，并影响岩石破碎质量、洞壁平整程度和围岩稳定性，直径过小会影响炸药的稳定爆轰。因此，必须根据岩石性质、凿岩设备和工具、炸药性能等进行综合分析，合理选用孔径。合理的孔径应是在相同条件下，能使掘进速度快、爆破质量好、费用低。

一般炮孔直径根据药卷直径和标准钻头直径来确定。当采用耦合装药时，装药直径即为炮孔直径；不耦合装药时，装药直径一般指药卷直径。

采用不耦合装药时，孔径一般比药卷大4~7mm。国内药卷直径有32mm、35mm、45mm等几种，其中32mm和35mm的使用较多，故炮孔直径多为38~42mm。当采用重型凿岩机和凿岩台车钻孔时，炮孔直径为45~55mm，采用40~45mm直径的药卷进行中深孔或深孔掘进爆破。我国煤矿已经试验成功了"三小"（小直径炮孔、小直径药卷、小直径锚固卷）作业，炮孔直径为32mm，药卷直径为27mm，取得了良好的技术经济效果。

2）炸药消耗量。这包括单位消耗量和总消耗量。爆破每立方米或者每吨原岩所需的炸药量称为单位炸药消耗量，每循环所使用的炸药消耗量总和称为总消耗量。单位炸药消耗量与炸药性质、岩石性质、断面大小、临空面多少、炮眼直径与深度等有关。其数值大小直接影响着岩石块度、飞石飞散距离、炮眼利用率、对围岩的扰动，以及对施工机具、支护结构的损坏等，故合理确定炸药用量十分重要。

单位炸药消耗量 q 可根据经验公式计算或者根据经验选取，也可根据炸药消耗定额确定。经验公式有多种，此处仅介绍形式较简单的普氏公式，其表达式为

$$q = 1.1K\sqrt{f/s} \tag{7-1}$$

式中　q——单位炸药消耗量（kg/m³）；

f——岩石坚固性系数；

s——巷道掘进断面面积（m²）；

K——考虑炸药爆力的修正系数，$K = 525/P$，P 为所选用炸药的爆力。

按定额选用时需注意，不同行业的定额指标不完全相同，施工时需根据工程所属行业选用相应的最新定额。隧道和煤矿水平巷道施工的定额消耗量见表7-2和表7-3。

表7-2　隧道开挖 1m³ 原岩的炸药用量　　　　　　　（单位：kg）

开挖部位		软　石	次坚石	坚石	特坚石
导坑断面面积/m²	4~6	1.5/1.1	1.8/1.3	2.3/1.7	2.9/2.1
	7~9	1.3/1.1	1.6/1.25	2.0/1.6	2.5/2.0
	10~12	1.2/0.9	1.5/1.1	1.8/1.35	2.25/1.7
扩大		0.6/0.45	0.74/0.53	0.95/0.70	1.2/0.87
挖底		0.52/0.38	0.62/0.45	0.79/0.58	1.0/0.72

注：表中分子为硝铵炸药用量，分母为62%硝化甘油炸药用量。

表 7-3　煤矿岩石巷道炸药消耗量定额　　　（单位：kg/m³ 原岩）

普氏系数 f	掘进断面面积/m²									
	≤4	≤6	≤8	≤10	≤12	≤15	≤20	≤25	≤30	>30
煤	1.20	1.01	0.89	0.83	0.76	0.69	0.65	0.63	0.60	0.56
≤3	1.91	1.57	1.39	1.32	1.21	1.08	1.05	1.02	0.97	0.91
≤6	2.85	2.34	2.08	1.93	1.79	1.61	1.54	1.47	1.42	1.39
≤10	3.38	2.79	2.42	2.24	2.09	1.92	1.86	1.73	1.59	1.46
>10	4.07	3.39	3.03	2.82	2.59	2.33	2.22	2.14	1.93	1.85

3）炮眼数量。这主要与挖掘的断面尺寸、炮眼直径、炮眼深度、岩石性质（裂隙率、坚固性系数）、炸药性能和药卷直径、装药密度、临空面数目等有关。合理的炮眼数量应当保证有较高的爆破效率（一般要求炮孔利用率 85% 以上），爆落的岩块和爆破后的轮廓均能符合设计和施工要求。在矿山巷道掘进中，常用的有以下几种计算炮眼数量 N 的方法：

根据掘进断面面积 S 和岩石坚固性系数 f 估算，有

$$N = 3.3\sqrt[3]{fS^2} \tag{7-2}$$

根据每循环所需炸药量与每个炮眼的装药量计算，有

$$N = \frac{qS\eta m}{\alpha p} \tag{7-3}$$

式中　N——炮眼数目（个）；

q——单位炸药消耗量（kg/m³）；

S——掘进断面面积（m²）；

η——炮眼利用率；

p——每个药卷的质量（kg）；

m——每个药卷长度（m）；

α——炮眼的平均装药系数，取 0.5~0.7。

按炮眼布置参数进行布置确定。即按掏槽眼、辅助眼、周边眼的具体布置参数进行布置，然后将各类炮眼数相加即得。

4）炮眼深度。这是指炮眼眼底至临空面的垂直距离，它是确定掘进循环劳动量和工作组织的主要钻爆参数。炮眼深度与掘进速度、采用的钻孔设备、循环方式、断面大小等有关。合理的炮眼深度应是在施工优质、安全、节省投资的前提下，能够防止爆破面以外围岩过大的松动，减少繁重支护，避免过大的超欠挖，又能获得最好的掘进速度的炮眼深度。循环组织方式有浅眼多循环和深眼少循环两种。深孔钻眼时间长、进尺大、总的循环次数少，相应辅助时间可减少；但钻眼阻力大，钻速受影响。

根据经验，炮眼深度一般取矿山巷道掘进断面高（或宽）的 0.5~0.8 倍，围岩条件好及断面小时，对爆破夹制力大，系数取小值。也可根据所使用的钻眼设备确定：采用手持式或气腿式凿岩机时，炮孔深度一般为 1.5~2.5m；使用中小型台车或其他重型钻机时，孔深一般为 2.0~3.0m；使用大型门架式凿岩台车时，孔深可达 4.0~5.0m。另外，还可按照日进度计划确定，计算式为

$$l = \frac{L}{Nn\eta\eta_1} \tag{7-4}$$

式中　l——炮眼深度（m）；

L——月或日计划进尺（m）；

N——每月用于掘进作业的天数，按日进度计算时，$N=1$；

n——每日完成的掘进循环数；

η——炮眼利用率，取 0.85~0.9；

η_1——正规循环率，一般取 0.9；按日进度计算时，$\eta_1=1$。

单位炸药消耗量确定后，根据断面尺寸、炮眼深度、炮眼利用率即可求出每循环所使用的总炸药消耗量。确定总用药量后，还需将其按炮眼的类别及数目加以分配（按卷数或质量）。掘槽眼因为只有一个临空面，药量可多些；周边眼中，底眼药量最多，帮眼次之，顶眼最少。扩大开挖时，由于有 2~3 个临空面，炸药用量应相应减少，两个临空面时减少 40%，三个临空面时可减少 60%。

（4）炮眼布置　掘槽眼、辅助眼和周边眼应合理布置。合理的炮眼布置应达到较高的炮眼利用率，块度均匀且大块率低，岩面平整，围岩稳定。炮眼布置的方法和原则有以下几点：

1）首先选择掘槽方式和掘槽眼位置，然后布置周边眼，最后根据断面大小布置辅助眼。

2）掘槽眼一般布置在开挖面中部或稍偏下，并比其他炮眼深 10~30mm。

3）帮眼和顶眼一般布置在设计掘进断面轮廓线上，并符合光面爆破要求。在坚硬岩石中，眼底应超出设计轮廓线 10cm 左右，软岩中应在设计轮廓线内 10~20cm。

4）底眼眼口应高出底板水平面 15cm 左右。眼底越过底板水平面 10~20cm，眼深宜与掘槽眼相同，以防欠挖；眼距和抵抗线与辅助眼相同。

5）辅助眼在周边眼和掘槽眼之间交错均匀布置，圈距一般为 65~80cm，炮眼密集系数一般为 0.8 左右。

6）周边眼和辅助眼的眼底应在同一垂直面上，以保证开挖面平整。

7）扩大爆破时，落底可采用扎眼或抬眼（即眼孔向断面内下斜或上斜钻进）。刷帮可采用顺帮眼。炮眼布置要均匀，间距通常为 0.8~1.2m。石质坚硬时，顺帮眼应靠近轮廓线。扩大开挖时，最小抵抗线 W 一般为眼深的 2/3，圈距与 W 相同，眼距为 $1.5W$。

8）当巷（隧）道掘进工作面进入曲线段时，掘槽眼的位置应往外帮适当偏移，同时外帮的帮眼要适当加深，并相应增加装药量，这样才可以使外帮进尺大于内帮，达到巷道沿曲线前进的目的。

9）当岩层层理明显时，炮眼方向应尽量垂直于层理面，这样爆破效果较好。

（5）装药结构与填塞　装药结构指炸药在炮眼内的装填情况，主要有耦合装药、不耦合装药、连续装药、间隔装药、正向起爆装药及反向起爆装药等。

1）不耦合装药时，药卷直径要比炮眼直径小，目前多采用此种装药结构。

2）间隔装药是在炮眼中分段装药，药卷之间用炮泥、木棍、竹片、水袋或者 PVC 管隔开。这种装药爆破震动小，故较适用于光面爆破周边眼等控制爆破以及炮孔穿过软硬相间岩层时的爆破。若间隔较长，不能保证稳定传爆时，应采用导爆索起爆。

3）正向起爆装药是将起爆药卷置于装药的最外端，爆轰向孔底传播。

4）反向装药与正向装药相反。反向装药由于爆破作用时间长，破碎效果好，故爆破效果优于正向装药。

在炮孔孔口一段应填塞炮泥。炮泥通常用黏土或黏土加砂混合制作，也可辅之以装有水的聚乙烯塑料袋作填塞材料。填塞长度约为炮眼长度的 1/3，当眼长小于 1.2m 时，填塞长度需有眼长的 1/2 左右，具体的填塞长度须符合安全规程的规定。

（6）起爆与爆破安全　起爆网路是爆破成败的关键之一，必须保证每个药卷按照设计的起爆顺序和起爆时间起爆。根据起爆的原理和使用器材的不同，起爆方法有电起爆和非电起爆两类。电起爆系统所用的材料有电雷管、电线、电源及测量仪器。非电起爆有火雷管法、导爆索法和非电导爆管法等。目前常用的是电雷管和导爆索雷管起爆法。

起爆顺序一般为：掏槽眼→辅助眼→帮眼、顶眼→底眼。

电雷管起爆时间用延期雷管控制。延期雷管有秒延期和毫秒延期之分。毫秒延期雷管由于延期时间短，能量集中，从而可提高爆破效果。

放炮前，无关人员应撤离现场。用电雷管起爆时，要认真检查电爆网路，以免出现瞎炮，即由于操作不良、爆破器材质量等原因引起的拒爆现象。出现瞎炮时应严格按照规定的方法处理，瞎炮处理完毕之前，不允许继续施工。处理瞎炮应由专人负责，无关人员撤离现场。

煤矿地下巷道施工工作面有瓦斯和煤尘时，爆破作业应使用煤矿许用安全炸药和煤矿许用雷管，爆破作业应严格按《煤矿安全规程》执行。同样，在放射性地下矿床巷道掘进和高温高硫条件下的爆破也须采取相应的安全技术措施。

4. 控制爆破技术

控制爆破技术是减小对设计开挖轮廓线外岩石的超挖或损伤的最重要手段。在地下巷道施工时，通常采用减少超欠挖的爆破技术，包括光面爆破、预裂爆破、轮廓线钻孔和缓冲爆破等，它们的目的一致，就是减少药量和较好地布置药卷以减小对设计开挖边界外岩石的破坏和损伤。

（1）光面爆破　这是在隧道以及矿山井巷工程掘进中广泛使用的一种控制超欠挖的方法。光面爆破的实质，是在掘进设计断面的轮廓线上布置间距较小、相互平行的炮孔，控制每个炮眼的装药量，选用低密度和低爆速的炸药，采用不耦合装药，同时起爆，使炸药的爆炸作用刚好能够在炮眼连线上产生贯穿裂缝，并沿各炮眼的连线将岩石崩落下来。由于岩石爆破过程本身的复杂性和爆破理论研究的不成熟，关于成缝机理，有不同的理论，如应力波叠加原理，以高压气体为主要作用的理论，应力波和爆炸气体共同作用理论。典型的隧道光面爆破效果如图 7-27 所示。

图 7-27　隧道光面爆破效果图

光面爆破应采取以下技术措施。

1）合理布置周边眼。周边眼布置参数包括眼距 E 和最小抵抗线 W，两者既相互独立又相互联系。E 值与岩石的性质有关，一般为 40～70cm，层节理发育、不稳定的松软岩层中应取较小值。W 值与 E 值相关，两者的比值 m（$m = E/W$，称为周边炮眼密集系数，隧道中称相对距离）一般为 0.8～1.0，软岩时取小值，硬岩和断面大时取大值。

2）合理选择装药参数。根据经验，周边眼的装药量约为普通爆破装药量的 1/4～1/3，并采用低密度、低爆速炸药。装药结构采用普通药卷间隔装药或小直径药卷连续装填，并使用导爆索串装完成炮眼内炸药传爆。

3）精心实施钻爆作业。炮眼应相互平行且垂直于工作面，眼底要落在同一平面，开孔位置准确落在设计掘进断面轮廓线上，炮眼偏斜角度不要超过 5°，内圈眼与周边眼应采用相同的斜率钻眼。

4）必要时可采取一些特殊的措施和新技术，如切槽法、缝管法、聚能药包法等。

全断面一次爆破时，应按起爆顺序分别装入间隔为 25ms 的毫秒延期电雷管。大断面隧道采用分次开挖时，可采用预留光面层的方法，分次爆破。

合理的光面爆破参数应由现场试验确定，设计时可参照表7-4选用。

表7-4 周边眼光面爆破参数

岩石类别	爆破方式	眼距 E/mm	抵抗线 W/mm	炮眼密集系数 E/W	装药密度/（kg/m）
硬岩	全断面一次爆破时	550~650	600~800	0.8~1.0	0.3~0.35
	预留光面层时	600~700	700~800	0.7~1.0	0.2~0.3
中硬岩	全断面一次爆破时	450~600	600~750	0.8~1.0	0.2~0.3
	预留光面层时	400~500	500~600	0.8~1.0	0.10~0.15
软岩	全断面一次爆破时	350~450	450~550	0.8~1.0	0.07~0.12
	预留光面层时	400~500	500~600	0.7~0.9	0.07~0.12

注：炮眼深度 1.0~3.5m，炮眼直径 40~50mm。

光面爆破的质量要求，一般应达到三条标准：岩石上留下具有均匀眼痕的周边眼数应不少于周边眼总数的50%；超挖尺寸不得大于150mm，欠挖不得超过质量标准规定；岩石上不应有明显的炮震裂缝。隧道施工规范的规定是：眼痕保存率，软岩中要不少于50%，中硬岩中要不小于70%，硬岩中要不小于80%；局部欠挖量小于50mm，最大线性超挖量（最大超挖处到爆破设计开挖轮廓切线的垂直距离）在硬岩中要小于等于200mm，其他小于等于250mm。两炮衔接台阶的最大尺寸为150mm；爆破块度应与所采用的装岩机相适应，以便于装岩。

（2）预裂爆破 沿设计边界打单排钻孔，在工程施工中，这些钻孔的直径和其他钻孔相同，在地下工程中，一般情况下装入22~25mm或稍大一点直径的药卷，在主爆区爆破之前起爆。这种不耦合装药比同直径的耦合装药产生了相当低的冲击波峰值，这种小峰值冲击波沿钻孔周边形成辐射状裂隙。预裂爆破的原理是一些由微量装药炮孔形成的辐射状裂隙与邻近炮孔形成的裂隙相汇合在孔间形成一个破裂面，这些裂隙随即被膨胀气体延长或加宽。根据岩石的特征和状态、孔间距、单孔药量等因素，孔间破碎带可能是一条细裂纹，也可能是厚的岩石破碎带，这些裂缝或裂隙形成的不连续带，可以减小或消除主体爆破形成的超挖，从而形成一个光滑的轮廓。

总的来说，光面爆破和预裂爆破是在密集钻孔爆破法、龟裂爆破法和缓冲爆破法等基础上发展起来的。它们都是沿着设计轮廓线布置一排平行的炮孔，孔内采用不耦合装药，使每个炮孔既是爆破孔，又是邻近孔的导向孔。不耦合装药可以减小作用在孔壁上的爆炸压力，减轻对保留岩体的破坏影响。采用光面和预裂爆破时，既可以沿设计轮廓线爆破出规整的断面轮廓，同时对周围岩体损伤很小，保护了岩体的完整性，因此得到了广泛的应用。总的说来，光面爆破和预裂爆破的机理是一样的，就具体的爆破条件而言，光面爆破有两个自由面，而预裂爆破只有一个自由面。

（3）轮廓线钻孔法 沿开挖边界打一排密集的、不装药的小直径钻孔，这样一条钻孔轮廓线被主体爆破所震裂而形成一个边界间断平面或空气间隙，以阻碍爆破震动波的透射。轮廓线钻孔的直径通常是38~76mm，相互之间的间距为2~4倍炮孔直径。在主爆区中和排孔相邻的那排炮孔往往需要减少装药量，它们之间的距离通常是正常抵抗线的50%~75%，通常装入主爆孔50%的药量。最后一排邻近炮孔在其他主爆孔爆破之后起爆，这种过程使边界面得到最大限度的减荷，使岩石易于向前运动从而最大限度地降低向围岩传递的震动能量。由于成本太高，轮廓线钻孔法在地下工程中很少使用，只有在其他控制爆破技术对开挖边界外的岩石造成不可控损伤区域，才可能被采用。

（4）缓冲爆破 也称为修边爆破，和光面爆破相类似，沿开挖轮廓线钻一排孔，通过微量装药，精心布置药包，在主爆区形成之后爆破。与光面和预裂爆破的作用原理一样，缓冲爆破利用不偶合装药来减小传递给围岩的冲击强度以减弱药卷爆炸对围岩的冲击作用。事实上，主爆破区完成后，会在轮廓线前留下一个极小的缓冲层，缓冲孔既可以在主爆破前钻成，也可在其后钻成。缓冲爆破也是一种在地下采掘工程中很少使用的钻爆技术，可以考虑采用基于缓冲爆破技术的一种变型。当巷道的主体区通过爆破法剥离后，周边不是通过缓冲爆破来修整，而是用机械方法来剥离（如水压破碎机或剥离器等），这种钻爆和机械相结合的开挖方法能减少爆破破碎带所留下的松动岩石和边角。通过控制对开挖边界 1~2m 范围内的爆破，可以清除最终开挖边界外的爆破破碎带，并在修整和剥离过程中清除在爆破边界之外的大部分已有裂隙或已破碎岩块。采用钻爆和机械相结合的方法比直接用钻爆法成本要高得多。然而，考虑到用纯机械法的费用及低效性以及用纯爆破开挖的潜在损伤，巷道的中心部分用爆破法开挖，然后用机械方法把周边修整到开挖边界，这对于在对围岩损伤控制十分严格的掘进工作面仍不失为一种可行的选择。

5. 爆破图表

爆破图表是指导和检验钻眼爆破工作的技术性文件，是掘进技术管理的重要环节。地下工程施工必须根据具体条件编制切实可行的爆破图表。在施工过程中，爆破图表还要根据地质条件的变化不断修正、完善。一旦确定爆破图表就要严格按照图表施工。

爆破图表包括炮眼布置图、爆破参数表、爆破技术经济指标表。某矿山巷道的爆破图表如图 7-28、表 7-5 和表 7-6 所示。

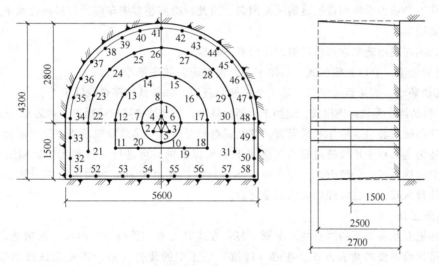

图 7-28　巷道炮眼布置图

表 7-5　爆破参数表

序号	炮眼名称	眼号	眼数/个	眼深/mm	眼距/mm	倾角/(°) 水平	倾角/(°) 垂直	装药量/kg 单孔	装药量/kg 小计	起爆顺序	连线方式
1	中心眼	0	1	2.7		90	90				
2	掏槽眼	1~3	3	1.5	500	90	90	1.35	4.05	I	
3	掏槽眼	4~6	3	2.7	250	90	90	1.20	3.60	II	
4	辅助掏槽眼	7~10	4	2.7	850	90	90	2.40	9.60	III	串联
5	辅助眼	11~20	10	2.5	800	90	90	1.65	16.50	IV	
6	辅助眼	21~31	11	2.5	800	90	90	1.65	18.15	V	
7	边眼	32~50	19	2.5	600	87	87	0.8	15.2	VI	
8	底眼	51~58	8	2.5	800	90	87	1.65	13.2	VII	
9	合计		59						80.3		

表 7-6　爆破技术经济指标表

指标名称	单　位	数　量	指标名称	单　位	数　量
掘进断面面积	m^2	20.71	循环进尺	m	2.13
岩石性质		中硬岩（$f = 4 \sim 6$）	循环实体岩石量	m^3	44.11
工作面瓦斯情况		无	炸药单位消耗量	kg/m^3	1.82
循环炸药用量	kg	80.3	雷管单位消耗量	$发/m^3$	1.31
循环雷管用量	发	58	每米进尺炸药消耗量	kg	37.70
炮眼利用率	%	85	每米进尺雷管消耗量	发	27.23

注：炸药使用的是 2 号岩石硝铵，雷管使用的是段发（延时 100ms）。

7.1.4　装岩与运输

装岩（又叫装渣）运输是巷道或隧道掘进中比较繁重的工作，包括在开挖面上装渣并运出洞外弃渣场，即装渣、出渣与卸渣。另外，还要从洞外运进大量混凝土拌合料、钢筋网、钢拱架、模板及轨道等材料。根据统计分析，出渣作业在整个作业循环中所占时间约为 40% ~ 60%，在一定条件下会成为影响掘进速度的重要因素。因此，提高装岩调车和运输机械化水平，是快速掘进的主要措施。

目前，国内隧道施工常用的运输作业线有三种模式：

1）有轨装渣、有轨运输模式，适用于小断面隧道，如平导等。

2）无轨装渣、有轨运输模式，适用于中断面隧道，如普通铁路单线隧道等。

3）无轨装渣、无轨运输模式，适用于大断面隧道，如普通铁路双线隧道及客运专线隧道等。

对于铁路隧道装岩运输作业线而言，其发展趋势是以大功率装载机装渣、反铲配合，大容量运输车运输为主。对于单线隧道独头长度大于 1km 以上的，可进行有轨和无轨运输的经济比较后，再确定运输方式。一般而言，对于单线隧道独头长度超过 3km 的均应采用有轨运输。但在前期一次性投入较大，且管理较无轨运输复杂。

1. 装岩工作

装岩即把开挖爆破下的岩石装入车辆。装岩方式有人力和机械装岩两种。机械装岩速度快、效率高，是目前主要的装岩方式。巷道（隧道）施工中的装岩（渣）作业应该根据断面大小、施工方法、机械设备及施工进度等要求综合考虑，装岩（渣）机械的选型应能满足在开挖面内高效作业，装岩（渣）能力应与开挖能力及运输能力相匹配，并保证装运能力大于开挖能力。

装岩机械种类繁多，按取岩构件名称分有铲斗式、耙斗式、蟹爪式、立爪式等；按行车方式分有轨轮式、股轮式、履带式以及履带与轨道兼有式；按驱动方式分有电动、风动、液压、内燃式；按卸岩方向分有后卸式、前卸式、侧卸式等。

轨轮式装岩机需铺设行走轨道，因而其工作范围受到限制，一般只适用于断面较小的巷（隧）道中。为了改进其缺点，有的轨轮式能转动一定角度，以增加其工作宽度，必要时可采用增铺轨道来满足更大的工作宽度要求。胶轮式装岩机移动灵活，工作范围不受限制，在大断面导坑及全断面隧道的施工中，采用无轨运输时，可使用大型胶轮式铲车装岩。履带行走的大型电铲则适用于特大断面的隧道中。

（1）铲斗前卸式装岩机　这种装岩机多采用轮胎行走。轮胎行走的铲斗式装岩机多采用铰接车身，燃油发动机驱动；装岩机转弯半径小，移动灵活；铲取力强、铲斗容最大，达 0.76 ~ 3.8m^3，工作能力强；可侧卸也可前卸，卸渣准确。但燃油废气会污染洞内空气，需配备净化器或加强隧道通风。常与装载汽车配套用于较大断面的隧道工程，如图 7-29 和图 7-30 所示。

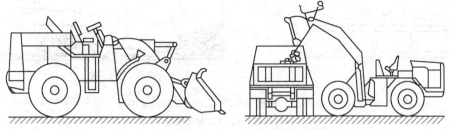

图 7-29　轮胎行走铲斗式装岩机

（2）铲斗后卸式装岩机　该种装岩机有铲斗、行走、操作、动力几个主要组成部分。工作时依靠自身质量运动产生的动能，将铲斗插入碎石，铲满后将碎石卸入转载设备或矿车中，工作过程呈间歇式。

铲斗后卸式装岩机行走方式多为轨轮式，工作方式为前装后卸。Z-20B 型电动铲斗后卸式装岩机如图 7-31 所示。装岩时，一般将矿车放在装岩机后 1.5 ~ 2.5m 处，通过操纵按钮驱使装岩机沿轨道前冲并将铲斗插入岩堆，铲斗铲满岩石后再后退并同时提起铲斗，把岩石往后翻卸入矿车，即完成一个装岩动作。随着装岩工作面向前推进，及时延伸轨道，延伸的方法采用短道和爬道。爬道结构如图 7-32 所示，当装岩机工作接近工作面时，便可在短道前边扣上爬道，爬道后端用枕木垫起，使爬道尖端稍微向下，以便于顶入岩堆，然后用装岩机碰头冲顶爬道，当爬道被顶入一段距离后便可抽出所垫枕木，装岩机便可在爬道上行驶和工作。

图 7-30　轮胎行走铲斗式装岩机现场施工图

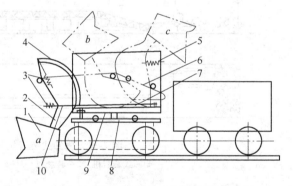

图 7-31　Z-20B 型电动铲斗后卸式装岩机构造图
1—铲斗　2—斗柄　3—弹簧　4—翻斗工作机构
5—缓冲弹簧　6—提升链条　7—导轨
8—回转底盘　9—回转台　10—稳绳
a、b、c—卸载时翻斗的三种不同位置状态

铲斗后卸式装岩机具有使用灵活、行走方便等特点，特别是其结构紧凑、体积小；用它装岩时前方可同时进行打眼，易于实现装岩和钻眼工作平行作业。与其他装岩机相比，其不足之处在于卸载为抛掷方式，要求巷道较高，扬尘较多；操作难度大，装岩能力较低；必须在轨道上行驶，装载宽度受到一定限制。

（3）铲斗侧卸式装岩机　这种装岩机是正面铲取岩石，在设备前方侧转卸载，行走方式为履带式，如图 7-33 所示。与铲斗后卸式相比，铲斗插入力大、斗容大、提升距离短；履带行走机动性好，装岩宽度不受限制，铲斗还可以用于安装锚杆和挑顶等；电气设备均为防爆型，可用于有瓦斯与煤尘爆炸危险的矿井。

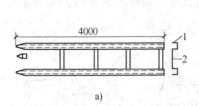

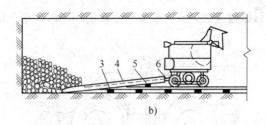

图 7-32 爬道结构及其使用情况示意图

a）爬道结构 b）使用情况

1—槽钢 2—扁钢连接板 3—临时短道 4—爬道 5—垫木 6—装岩机碰头

侧卸式装岩机装岩效率比较高，如 ZLC-60 型的斗容为 $0.6m^3$，生产能力为 $90m^3/h$，常将其与转载机配合使用，形成以侧卸式装岩机为主的机械化作业线，如图 7-34 所示。装岩机铲取的岩石直接卸到停靠在掘进工作面前部的料仓中，通过转载机再转卸到矿车中，这样可以连续装满一列矿车，大大提高装岩效率。

（4）耙斗装岩机 这是一种结构简单的装岩设备，动力为电动，行走方式为轨轮，是矿山施工中应用最广的装载设备之一。

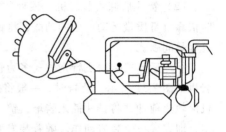

图 7-33 侧卸式装岩机外形图

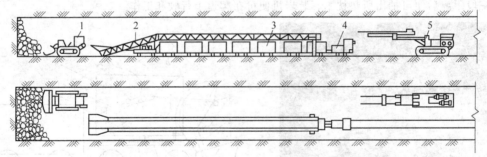

图 7-34 侧卸式装岩机与转载机配套示意图

1—侧卸式装岩机 2—转载机 3—矿车组 4—电机车 5—凿岩台车

耙斗装岩机主要由绞车、耙斗、台车、槽体，滑轮组、卡轨器、固定楔等部分组成，如图 7-35 所示。其工作原理是：耙斗装岩机在工作前，用卡轨器将机体固定在轨道上，并用固定楔

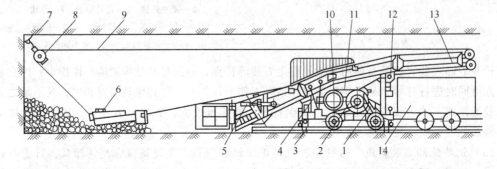

图 7-35 耙斗装岩机总装示意图

1—连杆 2—主、副滚筒 3—卡轨器 4—操作手把 5—调整螺钉 6—耙斗 7—固定楔 8—尾轮

9—耙斗钢丝绳 10—电动机 11—减速器 12—架绳轮 13—卸料槽 14—矿车

将尾轮悬吊在工作面适当位置。工作时，通过操纵手把启动行星轮或摩擦轮传动装置，驱使主绳滚筒转动，并缠绕钢丝绳牵引耙斗把矸石耙到卸料槽。此时，副绳滚筒从动并放出钢丝绳，矸石靠自重从槽口流入矿车。然后使副绳滚筒转动，主绳滚筒变为从动，耙斗空载返回工作面。这样，耙斗反复运行不断进行装岩。

在工作面用于悬挂耙斗尾绳的滑轮叫作尾轮。尾轮用固定楔固定。固定楔安装得既要牢固可靠，又要便于耙装整个工作面岩石。一般楔眼位于岩地面以上 800~1000mm 处，小断面打两个眼，较大断面可打左、中、右三个眼，眼深比楔子长 100mm 并向下有一点角度，以防楔子拔出。

耙斗装岩机常用型号有 P-15、P-30、P-60、YP-35、YP-6、YP-90 等，其耙斗的容积为 0.1~0.9m³ 不等，最常用的是 0.3m³、0.6m³ 和 0.9m³。为适应煤矿施工的需要，各种型号均有防爆型。如 YP-90B 型，为防爆型，耙斗容积 0.9m³，装岩能力为 120~150m³/h，900mm 轨距，运用于高度 3m 以上、断面面积 12m³ 以上的巷道，与 1.7m³ 矿车配合使用。

耙斗装岩机适用于净高大于 2m、净断面面积 5m² 以上巷道，它不但可用于平巷装岩，而且还可在 35° 以下的上山、下山掘进中装岩，亦可用于在拐弯巷道中作业。

（5）挖斗式装岩机　这是近年发展起来的较为先进的巷（隧）道装岩机，如 ITC312H14 型和 WZ160 型。其扒岩机构为自由臂式挖掘反铲，并采用电力驱动和全液压控制系统。ITC312H14型配备有轨道行走和履带行走两套行走机构，工作宽度可达 3.5m，工作长度可达轨道前方 7.11m，生产能力为 250m³/h，可兼作高 8.34m 范围内工作面清理和找顶工作。WZ160 型挖斗式装岩机如图 7-36 所示。该机可连续装岩，可与梭式矿车和其他转载设备配套，装岩范围大，其生产效率为 160m³/h（180 型可达到 180m³/h），适用于 3m × 2.8m（宽 × 高）以上的巷道断面，能应用于有防爆要求的施工环境。挖斗式装岩机是一种很有应用前景的装岩设备。

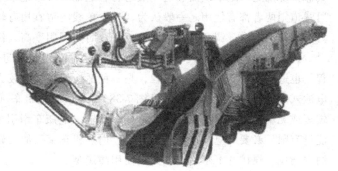

图 7-36　WZ160 型挖斗式装岩机

（6）爪式装岩机　这是为实现快速掘进施工而发展起来的一种可连续工作的高效装岩机。按扒爪的布置形式，有蟹爪式、立爪式和蟹立爪式。

蟹爪式装岩机如图 7-37 所示，由蟹爪、履带行走部分、输送机、液压系统和电气系统等部分组成。在前方倾斜的受料盘上，装有一对由曲轴带动的蟹爪式扒爪，装岩时，受料盘插入岩堆，同时两个蟹爪交替将岩渣扒入受料盘，并由刮板输送机将岩渣装入机后的运输车内。

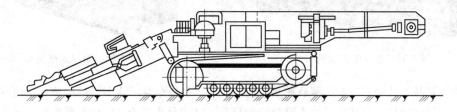

图 7-37　蟹爪式装岩机

立爪式装岩机多采用轨道行走，也有采用轮胎或履带行走的，以采用电力驱动、液压控制的为好。装岩机前方装有一对扒岩立爪，可以将前方或左右两侧的矸石扒入受料盘，其他同蟹爪式装岩机。立爪扒岩的性能较蟹爪式的好，对岩渣的块度大小适应性强。

立爪式和蟹立爪式装岩生产率比较高，适于大型机械化配套作业。

装岩机的选择与巷（隧）道断面的大小、施工速度快慢要求、转载和运输设备供应、操作维修水平以及机械化配套要求等因素有关。所选装岩机的类型和能力必须要与其他设备配套合理，以充分发挥装岩机的单机能力和设备的综合能力，并能保证施工安全，获得合理的技术经济指标。在大型机械化配套施工及快速掘进时，宜选用大容积铲斗装岩机配以大型斗车装岩，或选用爪式连续装岩机配以胶带转载机转载式装岩，转载机可一次连续装满数个斗车，节省大量调车时间。如秦岭隧道Ⅱ线平巷施工中，使用了 ZL-120 型电动立爪式装岩机及 ITC312H4 型挖斗式装岩机（装岩能力为 $250m^3/h$），创造了硬岩独头月掘进 456m 的好成绩。

2. 运输工作

地下工程施工运输的主要任务是运送矸（废）石和材料。目前，我国地下工程施工运输方式主要分为有轨运输和无轨运输两种。而在煤炭行业中采用胶带运输机与轨道相结合的运输系统，经多年使用与改进，已逐渐完善和成熟。目前，在欧美国家，胶带运输机出渣技术已经趋于成熟，美国 80% 的工程项目采用胶带运输机出渣，欧洲长大隧道用 TBM 掘进机施工，岩块小而均匀，也大都采用胶带运输机出渣。

有轨运输和无轨运输各有利弊，施工时应根据隧道长度、开挖方法、机具设备、运量大小等具体情况确定。地下矿山巷道一般为有轨运输，城市地下空间工程多为无轨运输，铁路、公路交通隧道则两者都有使用。一般认为，长大单线隧道宜用有轨运输。选择运输方式时要满足运输能力大于开挖能力，调车容易、便捷，有效时间利用率高，作业环境良好等条件。

（1）有轨运输　铺设轨道，用轨道式运输车出渣和进料。有轨运输既适应大断面开挖的工程，也适用于小断面开挖的工程，是一种适应性较强且较为经济的运输方式。有轨运输多采用蓄电池式电机车（又叫电瓶车，见图 7-38）、架线式电机车（图 7-39）或内燃机车牵引，运输距离较短或无牵引机械时也可使用人力推车运输。电瓶车牵引的优点是无废气污染，但电瓶需充电，能量有限，必要时应增加电瓶车台数。内燃机车牵引能力较大，但存在噪声和污染问题，须加强洞内通风。煤矿井下牵引车辆必须使用防爆型。

图 7-38　蓄电池式电机车　　　　　　　图 7-39　架线式电机车

运输车辆按形式分有斗车、窄轨矿车、梭式矿车、平板车等。斗车结构简单，使用方便，适应性强，经济性较好。按其容量大小可分为小型斗车（容量小于 $3m^3$）和大型斗车（单车容量可达 $20m^3$）。小型斗车结构简单，轻便灵活，满载率高，调车便利，一般均可人力翻斗卸渣。大型斗车须用动力机车牵引，并配用大型装岩机械装岩才能保证快速运送。窄轨矿车有固定车厢式（图 7-40）、翻转车厢式（又叫 V 形翻斗车，见图 7-41）和侧卸式等多种。平板车主要用于运送材料和设备，在大型机械化配套时，出矸（渣）可使用梭式矿车或仓式列车。

图 7-40　固定车厢式矿车　　　　　　　　图 7-41　V 形翻斗车

梭式矿车既是一种大容积矿车（6~20m³），又是一种转载设备，是适合于隧道施工中采用的大型运输设备，如图 7-42 所示，为国内长大隧道施工中主要的有轨运输设备，并正在向大容量重载运输的方向发展。根据工作面条件，梭车可一台单用，也可 2~4 节搭接组别使用，一次将工作面爆落的矸（废）石装走。梭式矿车采用整体式车体，下设两个转向架，在车厢底部设有链板输送机，装岩机把岩石装入车厢前端，当岩堆达到车厢高度时，开动链板机将岩堆向后移一段距离，直至装满整个车厢。秦岭隧道Ⅱ线平导进口端快速施工中分别采用了 8m³ 和 12m³ 的梭式矿车运岩，使用 25t 的内燃机牵引（3 台梭车串联）及用 12t、18t 蓄电池式电机车牵引（2 台梭车串联）。根据经验，运输长度在 8km 以上时，蓄电池式电机车的电量明显不足，此时，使用内燃机车比较合适。

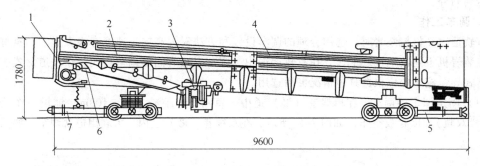

图 7-42　梭式矿车

1—减速器　2—前车体　3—电动机　4—后车体　5—搭接牵引杆　6—方向转动轴　7—牵引杆

仓式列车由头部车、若干中部车及一台尾部车组成，链板机贯串整个列车车厢底部，各车厢用销轴连接，中部车厢数量可根据需要增减。该种车辆适合于较小断面的隧道掘进。轨道要根据所选用的设备选择，小型设备一般用轻型钢轨，轨距为 600mm 或 762mm；大型设备则须用重轨（38kg/m 以上）和 900mm 轨距。洞内外轨道、岔线、渡线布置要有利于调车、装岩、支护、装料、卸岩等作业。洞内外可根据需要铺设单线或双线轨道。双线运输更有利于调车，有利于加快施工速度。

（2）无轨运输　采用各种无轨运输车或者胶带输送机出渣和进料。隧道和大型金属矿山施工基本上采用车辆运输，而煤矿主要是胶带输送机运输。

无轨车辆运输设备主要有自卸汽车（载重量 2~25t）。无轨车辆运输在近二三十年内得到了较多应用，如我国的军都山、大瑶山隧道及日本的九鬼、三户隧道等。无轨运输不需铺设轨道，无电瓶车充电、车辆掉道等问题，其最大优点是比有轨运输施工速度快，劳动强度比有轨运输低。另外，对洞门场地要求不高，对洞外上坡、远距离弃岩、场地狭窄等困难地形的适应性强。

但其最大缺点是由于运输车辆排放的废气多，洞内空气污染严重，通风费用大，尤其在单线长距离施工时，增加了通风难度。其次，如果施工组织不合理，易产生装岩运输车与衬砌车的干扰。因此，无轨运输时必须加强通风，要多开工作面，长隧短打，缩短独头通风距离（不宜超过2km）。也可增设通风井，以解决通风问题。掘进与衬砌要拉开距离并合理组织，洞内各种管线应尽量在拱顶及侧帮布置，以减少对车辆的干扰。

过去，煤矿井下由于存在瓦斯问题，使用轨道运输较多。煤炭科学研究总院太原分院已研制出 WC、WQC 等适用于煤矿井下使用的 17 个品种的系列化无轨胶轮车，并应用于神东、兖州等矿区，取得了良好的效果。

但是，国外在长大隧道中大多采用胶带运输机出渣系统与汽车运输作为辅助运输的运输方式，且单洞掘进居多，这种运输方式具有系统简单、便于维护的特点。隧道施工采用胶带运输机方案的大体流程如图 7-43 所示。

胶带机出渣工作流程：由挖装机将渣土装到移动破碎站上，小于200mm 的石渣漏入其下部的移动胶带机上，大于 200mm 的石渣向下输送到破碎机内，进行破碎，达到要求的粒径后也进入排料机，由排料

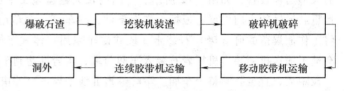

图 7-43　胶带运输机方案流程示意图

机转到移动胶带机，穿过仰拱施工区、二次衬砌施工区到达连续胶带机，由连续胶带机将渣土直接输送到洞外。

3. 调车工作

有轨运输和机械装岩时，选用合理的调车设施和方法对提高施工速度有很大影响，良好的调车应使装岩机不间断地连续工作。在有轨运输中，调车方法有固定调车场式、浮放道岔式、平行调车器式等，施工中应根据具体情况灵活选用。

（1）固定调车场调车　在单线巷（隧）道中，每隔一定距离（60~100m）铺设一个错车场（即一段双轨），以存放空车，如图 7-44 所示。在双线巷（隧）道内，可利用道岔调车，如图 7-45 所示。

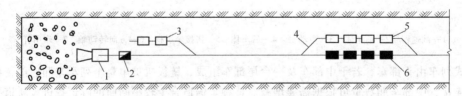

图 7-44　单线固定错车场调车示意图

1—装岩机　2—正在装岩的斗车　3—等待装岩的斗车　4—错车场　5—空车　6—重车

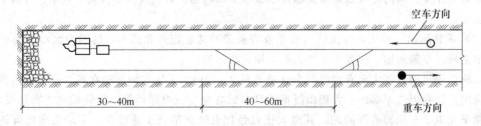

图 7-45　双线巷（隧）道道岔调车示意图

（2）浮放道岔调车　浮放道岔不仅在钻爆法施工时采用，而且在掘进机施工的巷道（隧道）也可使用。

浮放道岔调车即利用搭设在原线路上的一组完整的道岔进行调车。浮放道岔结构简单、移动方便，调车距离可按需要及时调整。常用的浮放道岔有钢板对称式、双轨错车场式等。钢板对称浮放道岔的结构和调车方法如图 7-46 所示。

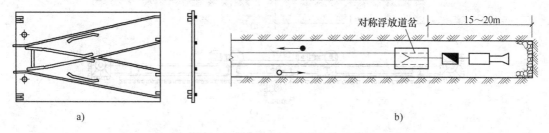

图 7-46　钢板对称浮放道岔结构及调车方法示意图

a）钢板对称浮放道岔结构　b）对称浮放道岔调车方法

双轨错车场式实质上是由两个对称道岔和一段直线组合而成的调车场（会让站），随着隧道的延伸，可每 2～3km 增设一幅。这种道岔的结构及调车方法如图 7-47 所示。

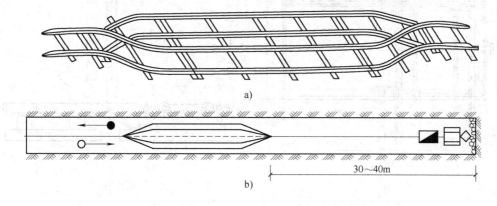

图 7-47　双轨错车场式浮放道岔的结构及调车方法示意图

a）双轨错车场式浮放道岔结构　b）双轨错车场式浮放道岔调车方法

（3）移车器式调车　该种调车方法是在距工作面 10～20m 处安设调车器，将空车平移至装载线路上进行装车的方法。横向调车器有平移式、翻框式、吊车式等几种。

平移式调车器由底架、车架和车轮组成，如图 7-48 所示。工作面的矿车装满推出后，空车线上的空车通过调车器平移到装车线上继续装车。

在单轨巷道，可使用翻框式调车器。这种调车器由金属活动盘和滑车板组成，如图 7-49 所示。它的两个框架由 75mm×5mm 等边角钢焊成，一个为活动盘，另一个为固定盘，两个盘用螺栓连接，活动盘可翻起折叠。在盘上设有一个四轮滑车板（移车盘），可沿框架的长边角钢横向移动。滑车板上焊有两根方钢轨条，其间距与轨距相等。使用时，将活动盘放在轨道上，将调来的空车推到活动盘的滑车板上，横推到固定盘上，然后掀起活动盘让出轨道。待工作面重车推出后，再放下活动盘，将该空车调至装岩机后装岩。此法需在工作面后一定距离（80～100m）设一错车场存放空车，如图 7-50 所示。空车利用装岩机工作的时间逐一推至翻车框上。

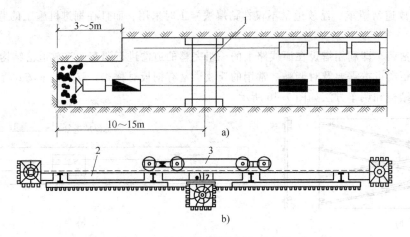

图 7-48 平移式调车器调车示意图

1—调车器 2—折叠式底架 3—车架

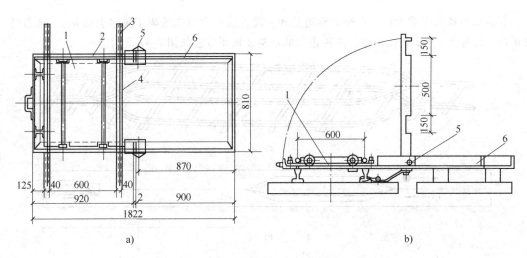

图 7-49 翻框式调车器结构图

a）平面图 b）剖面图

1—滑车板 2—活动盘 3—斜坡道尖 4—方钢轨条 5—螺栓 6—固定盘

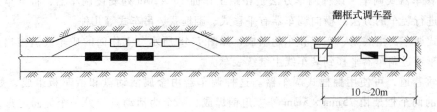

图 7-50 翻框式调车器调车方法示意图

吊车式调车器的调车方式如图 7-51 所示，它在单轨或双轨巷道内部可使用。双轨使用时直接将空车线上的空车移动到装车线上去；单轨使用时，可提前将空车吊在空中，移位到巷道一侧，待工作面重车推出后，再将空车移到装车线上，推到工作面装车。

（4）矸（废）石转载 为了进一步减少调车时间，提高装载机的工时利用率，将装岩与运输工作组织为装载机→转载机→矿车三个过程的作业线。即装载机将岩石装入专用转载机，再由

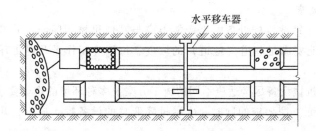
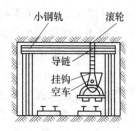

图 7-51　吊车式调车器在单轨巷道内的调车方法示意图

转载机将岩石装入矿车。这一作业线与错车场相比，可以将装载机的工时利用率由30% ~ 40%提高到60% ~ 70%，长距离转载可实现100%的工时利用率。

转载设备有胶带转载机和斗式转载机两种。其中，前者采用较多，故本教材中仅介绍胶带转载机。

装岩时，转载机下方可以由电机车推入一组空车（图7-52），一般要求转载机下方的矿车的容量应能容纳一个循环的爆破岩石量。但是这样设计的转载机将过长而且笨重，因此，可采用反复调车的方法，增加连续装车的数目。连续调车数目为 $2^n - 1$，n 为转载机下能容纳的矿车数目。

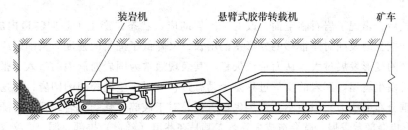

图 7-52　胶带转载机转载示意图

胶带转载机按其结构形式大体上可分为悬臂式、支撑式和悬挂式。悬臂式转载机（图7-52）一般长度较短，结构简单，行走方便，能适用弯道装岩，辅助工作量小。但是一次容纳矿车数量少，连续转载能力较差。欲使转载机的臂下能容纳更多的矿车，可采用支撑式转载机，即在悬臂的后端增加竖向支撑，或在悬臂式转载机后面另设置一段带有竖向支撑的转载机。支撑方式有门框式支撑架支撑和液压缸式支腿支撑两种。门框式要铺设辅助轨道，供支撑架行走。

悬挂式胶带转载机是利用固定在巷道顶部的单轨架空轨道悬挂胶带的转载机。胶带长度大，存放车辆多，转载能力大，但悬挂辅助工作量较大，适用于大断面长直巷（隧）道施工。

4. 卸渣作业

卸渣作业的安排与卸渣场码头的设置，应能适应每个洞口出渣高峰期的需要，根据卸渣场地地形条件、弃渣利用情况、车辆类型，妥善布置卸渣线和卸渣设备，提高卸渣速度，尽量减少调车时间，做到安全、有效、快速卸渣。卸渣场应结合当地自然环境、水土保持、人文景观、运输条件、弃渣利用等因素综合考虑。卸渣场应做好挡墙护坡、排水系统、绿化覆盖等配套设施。有轨运输进行卸渣时，卸渣线路应设有安全线，并设置1% ~ 3%的上坡道。卸渣码头应搭设牢固，并设有挂钩、栏杆及车挡装置，防止溜车。卸渣设备的选型应与运输机械相匹配。使用侧卸式矿车或大型矿车运渣时，应配备自动卸渣设备，以提高卸渣速度。

综上所述，一般说来，装岩与运输机械设备选型配套应坚持以下原则：

（1）设备的外形尺寸　要保证其在巷道（隧道）的作业空间内运转自如，交叉作业的机械设备应能满足相互之间安全距离的要求。

（2）机械动力性能、生产能力　每种机械设备的生产能力应与其他机械相匹配，并能满足施工总工期的要求；机械的动力性能要满足巷道（隧道）的坡度、每循环工作量及施工环境的要求。

（3）机械适应能力强　所选的机械设备尽量适应不同的施工方案及多种环境的作业要求。

（4）机械选配的经济性　在保证工期要求的同时，应尽量降低总的设备投入成本，并选择节能的机型。

（5）机械设备的防爆性能　在煤矿井下和可能遇到煤层及瓦斯的隧道施工时，机械设备应考虑采用防爆型设备。

（6）机械的通用性、维修性好　同类机械设备应尽量采用同一厂家、同一型号的设备，以加强设备的通用、互换。国产设备质量能基本达到要求时，尽量选用国产设备，保证设备配件充足、维修方便快捷。

（7）选用低污染、低噪声设备　通风是独头巷道和长大隧道施工的难题，洞内设备应选用低污染甚至无污染的设备，以减少施工中的空气污染，提供一个良好的施工环境。

7.1.5　支护

隧道开挖后，出现了岩石临空面，改变了围岩的应力状态，产生了趋向隧道内的变形位移。同时，由于开挖扰动及随时间推移的变形量的增长，又降低了围岩的强度。当围岩应力超过围岩强度时，围岩的变形发展过大，从而造成失稳。其表现通常为围岩向洞内的挤入、张裂、沿结构面滑动，最后发生坍塌。围岩的变形过程是个动态过程。对于坚硬稳固的围岩，开挖成洞后其强度足以承受重分布的应力，因而不会产生失稳。但是对于破碎、软弱围岩，开挖后随着暴露时间的增加，变形也会随着发展，就会造成失稳。尤其是在巷道（隧道）拱部、洞口、交叉洞及围岩呈大面积平板状且结构面发达的部位，更易失稳。因此，为了有效约束和控制围岩的变形，增强围岩的稳定性，防止塌方，保证施工和运营作业的安全，必须及时、可靠地进行临时支护和永久支护。

由于永久支护一般工作量较大，质量要求高，在组织快速施工时，有时因围岩稳定性较差等原因，为保证工作面的安全，往往需要进行临时支护。一般永久支护由设计单位提供图样和参数，而临时支护则由施工单位自行选定。但由于地质、水文等因素在设计时难以准确估计，往往设计与实际条件出入较大，所以永久支护也要随着所穿过岩层的条件变化而变化，才能取得较好的技术经济效果。

从目前各类支护形式和支护效果来看，地下工程支护主要可分为两大类。第一类为被动支护形式，包括木棚支架、钢筋混凝土支架、金属型钢支架、料石碹、混凝土及钢筋混凝土碹等。第二类是积极支护形式，即以锚杆支护为主，旨在改善围岩力学性能的系列支护形式，包括锚喷支护、锚网支护、锚梁支护、锚索支护、锚注支护等。预应力锚索支护技术是近年发展起来的一种主动支护方法，能够对地下工程围岩及时提供较大的主动锚固约束作用，控制范围大，支护效果好。锚喷支护是一种作用原理先进、施工简单、施工速度快、经济有效和适应性强的地下工程支护技术，已在各类地下工程中得到了广泛应用，并形成了一套比较完善的支护体系。目前存在的主要问题是喷射混凝土时粉尘浓度高，施工质量不易检查和支护理论尚待探讨等。

1. 棚式支护

棚式支护是最早的支护形式。随着锚喷等新型支护形式的出现，棚式支护在大型地下工程中的应用已越来越少，但在矿山、服务寿命较短的坑道工程中以及临时支护中仍有较多应用。棚式支护所用支架，按地下工程的断面形状分，有梯形支架、矩形支架和拱形支架；按支架材料分，有木支架、金属支架、钢筋混凝土支架、钢管混凝土支架等。

（1）木支架　地下工程中常用的木支架是梯形棚子，其结构如图 7-53 所示，是由一根顶梁、两根棚腿以及背板、木楔等组成。巷道顶梁承受顶板岩石给它的垂直压力和由棚腿传来的水平压力。棚腿承受顶梁传给它的轴向压力和侧帮岩石给它的横向压力。背板将岩石压力均匀地传到主要构件梁与腿上，并能阻挡岩石垮落。木楔的作用是使支架与围岩紧固在一起，防止爆破崩倒支架。木楔应向工作面方向打紧。撑柱的作用是加强支架在坑道轴线方向上的稳定性。

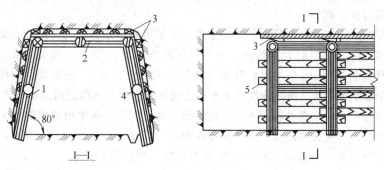

图 7-53　木支架
1—棚腿　2—顶梁　3—木楔　4—撑柱　5—背板

根据围岩的稳定程度，背板可密集或间隔布置。每架支架的平面应和巷道的纵轴相垂直。木支架一般可使用在地压不大、服务年限不长、断面较小的矿山采区巷道里，有时也用作巷道掘进中的临时支架。

木支架的优点是质量较轻，具有一定的强度，加工容易，架设方便，特别适应于多变的地下条件。构造上可以做成一定刚性的，也可以做成有较大可缩性的。其缺点是强度有限，不能防火，很易腐朽，风阻很大，并且不能阻水和防止围岩风化，特别是需要消耗大量木材，成本较高。因此，木支架的使用量越来越少。

（2）金属支架　金属支架的强度大、体积小、坚固、耐久、防火，在构造上可以制成各种形状的构件。虽然初期投资较大，但坑道维修工作量少，并且可以回收复用，最终成本还是经济的。金属支架的主要形式有梯形和拱形两种，如图 7-54 所示。

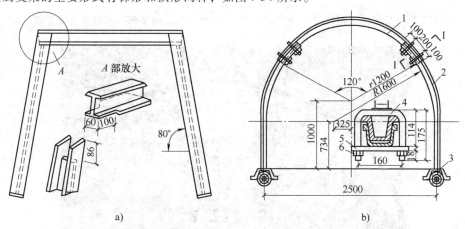

图 7-54　金属支架
a）梯形金属支架　b）拱形金属支架
1—顶梁　2—棚腿　3—底座　4—U 形卡子　5—垫板　6—螺母

1）梯形金属支架。常用 18～24kg/m 钢轨或 16～20 号工字钢制作，由两腿一梁构成。型钢棚腿的下端焊有一块钢板，以防止陷入底板。梁腿连接要求牢固可靠，安装、拆卸方便。

2）拱形金属支架。拱形金属支架又叫钢拱架，一般可用工字钢、H 型钢、U 型钢、钢轨、钢管等型钢制作。工字型钢架加工较简易，使用方便，但由于截面纵横方向不是等刚度和等强度而容易失稳，在较大跨度中使用有困难，适用于跨度较小的矿山巷道或隧道施工支护。H 型钢虽克服了工字型钢架的缺点，但自重大、费钢材多，安装较困难，所以使用不广。钢管钢架比 H 型钢架轻便，但造价较高。

对于动压影响大、围岩变形量大的矿山巷道，多采用 U 型钢制作的可缩性支架（图 7-54b）。它可避免使用刚性金属支架的大量折损。这种可缩性支架由三节（或四节）曲线形构件组成，接头处重叠搭接 0.3～0.4m，并用螺栓箍紧（箍紧力靠螺栓调节）。通常顶部构件的曲率半径 r 小于两帮棚腿的曲率半径 R，顶部构件曲率半径逐渐增大，当其和棚腿的曲率半径 R 相等，并且沿搭接处作用的轴向力大于螺栓箍紧所产生的摩擦力时，构件之间便相对滑动，支架即产生可缩性。这时，围岩压力得到暂时卸除，支架构件在弹性力作用下，又恢复到原来 $r < R$ 的状态，直到围岩压力继续增加至一定值时，再次产生可缩现象，如此周而复始。这种棚子的可缩量可达 0.2～0.4m。

图 7-55 所示为现场加工钢拱架，图 7-56 所示为现场人工安装钢拱架，图 7-57 所示为现场机械安装钢拱架。

图 7-55 现场加工钢拱架

图 7-56 现场人工安装钢拱架

图 7-57 现场机械安装钢拱架

（3）预制钢筋混凝土支架　又称水泥支架，它也是由一根顶梁和两根棚腿组成梯形棚子。这种支架的构件是在地面工厂预制的，故构件质量高。可以紧跟工作面架设，并能立即承受地压，支护效果良好。但是，这种支架存在着构件太重、用钢量多、成本高以及可缩性不够等问题。这种支架分普通型和预应力型两种。预应力钢筋混凝土支架进一步提高了钢筋混凝土构件的强度，缩小了支架断面尺寸，同时节约材料，减轻了构件质量，降低了支架成本。预应力工字形断面钢筋混凝土支架结构如图 7-58 所示。

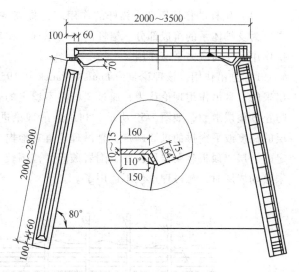

图 7-58　预应力工字形断面钢筋混凝土支架

（4）钢管混凝土支架　钢管混凝土是在劲性钢筋混凝土及螺旋配筋混凝土的基础上演变和发展起来的。它是由普通混凝土填入钢管内而形成的结构构件。其工作实质就在于钢管及其核心混凝土间的相互作用和协同互补。正是这种相互作用，使得钢管混凝土既具有钢材的高强和延性，同时还具有混凝土耐压和造价低廉的优点，是一种介于钢材和混凝土之间的复合材料。

钢管混凝土构件是一种实心构件，其截面积要比空钢管大很多倍，所以其整体稳定性和局部稳定性均优于钢管构件。在承载过程中，一方面由于薄壁钢管临界承载力极不稳定，在钢管中填充混凝土形成钢管混凝土，钢管约束了混凝土，在轴心受压荷载作用下，混凝土三向受压，延缓了受压时的纵向开裂；另一方面，混凝土的存在可以避免或延缓薄壁钢管过早地发生局部屈曲。因此，通过两种材料组合相互弥补了彼此的弱点，充分发挥彼此的长处，从而使钢管混凝土构件具有很高的承载力，大大高于组成钢管混凝土的钢管和核心混凝土承载力之和，并且使混凝土的性能大为改善。

在地下工程应用中，首先根据巷道断面形状，将钢管设计加工成相应的形状，之后在现场拼装成支架，通过泵送充填高强度混凝土，使支架处于受压状态，就能充分利用钢管混凝土耐压的优势，提供强大支护反力，进而控制巷道围岩的变形。因此用钢管混凝土作为支架材料，是提高支架承载力、降低支护成本的一种途径，可达到经济合理的支护目的。

2. 锚杆支护

锚杆是用金属、木质、化工等材料制作的一种杆状构件，使用最为普遍的为金属锚杆。锚杆支护时首先在岩壁上钻孔，然后通过一定施工操作将锚杆安设在地下工程的围岩或其他工程体中，即能形成承载结构、阻止围岩变形的一种支护方式。棚式支架是在地下工程围岩外部对岩石进行支撑，它只是被动地承受围岩产生的压力和防止破碎的岩石冒落。锚杆支护则是通过锚入围岩内部的锚杆改变围岩本身的力学状态，在围岩中形成一个整体而又稳定的岩石带，利用锚杆与围岩共同作用，达到维护巷道稳定的目的。所以，它是一种积极防御的支护方法，是地下工程支护技术的重大变革。

实践证明，锚杆支护效果好、用料省、施工简单、有利于机械化操作、施工速度快。但是锚杆不能封闭围岩，防止围岩风化；不能防止各锚杆之间裂隙岩石的剥落。因此，在围岩不稳定情况下，往往需配合其他支护措施，如挂金属网、喷射混凝土等，形成联合支护形式。下面分别介绍锚杆的作用原理、结构类型、支护参数设计，锚杆施工等内容。

（1）锚杆的作用原理　锚杆的作用就是提高围岩的抗变形能力，并控制围岩的变形，使围岩成为支护体系的组成部分。锚杆的作用原理，比较公认的有悬吊作用、组合梁作用、挤压加固拱作用、三向应力平衡作用。

1）悬吊作用。该理论是由 LouisA. Panek 在 1952～1962 年经理论分析及实验室和现场试验提出来的。悬吊作用理论认为，通过锚杆将不稳定的岩层和危石悬吊在上部坚硬稳定的岩体上，以防止其离层滑脱，如图 7-59 所示。利用悬吊理论进行锚杆支护设计时，锚杆长度可根据坚硬岩层的高度或平衡拱的拱高确定。悬吊理论直观地揭示了锚杆的悬吊作用，但若顶板中没有坚硬稳定的岩层或顶板软弱岩层较厚、围岩破碎区范围较大，势必无法将锚杆锚固到上面的坚硬岩层或未松动岩层时，悬吊理论就不适用了。

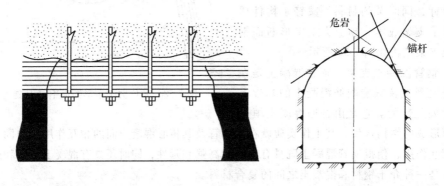

图 7-59　锚杆的悬吊作用

2）组合梁作用。该理论由德国的 Jacobio 在 1952 年提出来的。组合梁作用是指把水平或者缓倾斜层状岩体看成一种梁（简支梁）。没有锚固时，它们只是简单地叠合在一起。由于层间抗剪能力不足，各层岩石都是各自单独地弯曲，若用锚杆将各层岩石锚固成组合梁，层间摩擦阻力大为增加，从而增加了组合梁的抗弯强度和承载能力。图 7-60 所示的试验模型较好地诠释了这种作用。但当顶板较破碎、连续性受到破坏、层状性不明显时，组合梁也就不存在了。

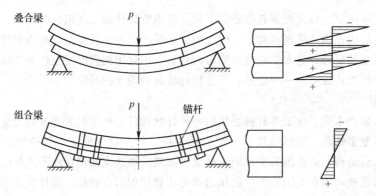

图 7-60　组合梁前后的挠度和内应力对比

3）挤压加固拱作用。锚杆的挤压加固拱作用认为，对于被纵横交错的弱面所切割的块状或破裂状围岩，在锚杆挤压力作用下，每根锚杆周围都会形成一个以锚杆两头为顶点的锥形体压缩区，各锚杆所形成的压缩区彼此重叠，便形成一条拱形连续压缩带（组合拱），如图 7-61 所示。组合拱理论没有深入考虑围岩-支护的相互作用，只是将各支护结构的最大支护力简单相加，从而得到复合支护结构总的最大支护力，缺乏对被加固岩体本身力学行为的进一步分析探讨，计算也与实际情况存在一定差距，一般不能作为准确的定量设计，但可以作为锚杆加固设计和施工的重要参考。

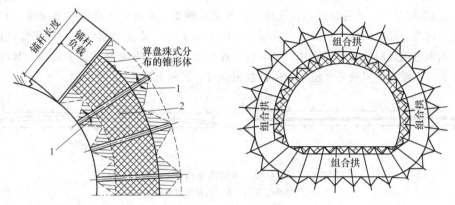

图 7-61　挤压加固拱作用

1—锥形体压缩区　2—连续压缩带（组合拱）

4）三向应力平衡作用。地下工程的围岩在未开挖前处于三向受压状态，开挖后围岩则处于二向受力状态，故易于破坏而丧失稳定性。锚杆安装以后，相当于岩石又恢复了三向受力状态，从而增大了它的强度。

上述锚杆的支护作用原理在实际工程中并非孤立存在，往往是几种作用同时存在并综合作用，只是在不同的地质条件下某种作用占主导地位而已。

（2）锚杆的种类及安装方法　目前用作支护的锚杆种类很多，按其与被支护体的锚固长度划分，可分为集中锚固类锚杆和全长锚固类锚杆。集中锚固类锚杆是指锚杆装置和杆体只有一部分和锚杆孔壁相接触的锚杆，包括端头锚固、点锚固和局部锚固等。全长锚固类锚杆是指锚固装置或锚杆杆体在全长范围内全部和锚杆孔壁接触的锚杆，包括各种摩擦式锚杆、全长砂浆锚杆、树脂锚杆和水泥锚杆等。根据锚杆的锚固方式可分为机械式锚固型和黏结锚固型两类。锚固装置或锚杆杆体和孔壁接触，靠摩擦力起锚固作用的锚杆，属于机械锚固型锚杆；锚杆杆体部分或全长利用树脂、砂浆、快硬水泥等胶结材料将锚杆杆体和锚杆孔壁黏结固定在一起，靠黏结力起锚固作用的锚杆属于黏结型锚杆。

用于制作锚杆的材料种类较多，根据锚杆的材质不同，又可将锚杆分为普通钢筋锚杆、螺纹钢锚杆、玻璃钢锚杆、木锚杆和竹锚杆等类型。下面介绍部分不同形式的锚杆。

1）木质锚杆。木质锚杆有木锚杆和竹锚杆，如图 7-62 所示。木锚杆杆体直径一般为 38mm、长 1.2～1.8m。锚杆安装到位后，一般在孔口的锤击作用下，内楔块劈进锚杆体端的楔缝，使杆体楔缝两翼与孔壁挤紧而产生锚固力，然后装上垫板。再将外楔块锤入杆尾楔缝，将锚杆固定，从而实现对围岩的支护作用。木锚杆结构简单、易加工、成本低、安装方便，但其强度和锚固力较低，锚固力一般在 10kN 左右。对锚杆不作防腐处理，其服务年限只有 1 年左右。

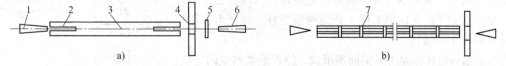

图 7-62　木锚杆和竹锚杆结构

a）木锚杆　b）竹锚杆

1—内楔块　2—楔缝　3—杆体　4—垫板　5—加固钢圈　6—外楔块　7—钢丝箍

竹锚杆是用 22 号钢丝将竹片箍成圆形杆体而成，其锚固方法与木锚杆相同。垫板均用木材制作。竹片锚杆锚固力不够稳定，锚固力略低于普通木锚杆。

2）金属灌浆锚杆。这种锚杆是在孔内放入钢筋或钢索，孔内灌入砂浆或水泥浆，利用砂浆或水泥浆与钢筋、孔壁间的黏结力锚固岩层，如图 7-63 所示。钢筋灌浆锚杆一般用螺纹钢制作。在矿山，钢索可用废旧的钢丝绳制作，以节省工程费用。这是一种全长锚固的锚杆，其特点是不能立即承载，在破碎围岩处不宜使用，用砂浆锚固时，锚固力不大。

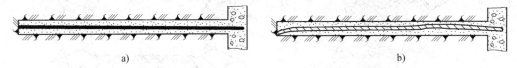

图 7-63　金属灌浆锚杆
a）钢筋灌浆锚杆　b）钢丝绳灌浆锚杆

灌浆锚杆的安装有先灌后锚式和先锚后灌式两种，可根据灌浆材料和杆体材料的不同选择。采用钢筋锚杆时，先灌后锚或者先锚后灌都可，采用钢索时一般用先锚后灌法。

对于灌浆水泥，应选用强度等级 42.5 以上的普通硅酸盐水泥。灌注砂浆时，要用干净的中粗黄砂，水泥、黄砂配合比采用 1∶2 或 1∶2.5，水胶比以 0.38 ~ 0.45 为宜。灌注水泥浆时，水胶比可为 0.5 ~ 0.8。灌注水泥浆宜于下向锚孔（不需止浆），如底板锚杆。

钻孔时，要按设计要求确定锚杆孔的位置、孔向、孔深及孔径。孔径应大于锚杆直径 15 ~ 20mm，以保证锚杆与孔壁之间充填一定数量的砂浆。灌浆前应用高压风将孔眼吹净。

先灌后锚施工时，先将注浆管插入到孔底，在注浆的同时将注浆管缓缓地拔出，待注浆管距孔口 200 ~ 300mm 时，即可停止注入，然后插入锚杆至孔底，将砂浆挤满钻孔。孔在拱顶部时，为防止钢筋下滑，可在孔口用木楔临时固定。

3）金属倒楔式锚杆。金属倒楔式锚杆由杆体、固定楔、活动倒楔、垫板和螺帽组成，如图 7-64 所示。固定楔和活动倒楔都是铸铁的，固定楔与钢杆体的一端绕在一起，杆体另一端车有螺纹，杆体直径为 14 ~ 22mm。安装时把活动倒楔（小头朝向孔底）绑在固定楔下部，一同送入锚杆眼的底部，然后用一专用的锤击杆顶住活动倒楔进行锤击，直到击不进去为止。最后套上垫板并拧紧螺母。拧紧螺母后，杆体便会给围岩一个大小相同、方向相反的挤压力，以抑制围岩的变形或松动。所以，拧紧螺母是保证锚杆安设质量的重要措施。

金属倒楔式锚杆是端头锚固型，理论上可以回收复用，安装后可以立即承载，结构简单，易于加工，设计锚固力为 40kN 左右，常用于围岩较破碎、需要立即承载的地下工程。

4）锚固剂黏结型锚杆。这种锚杆多为端头锚固型，其原理是在孔内放入锚固剂，利用锚固剂把锚杆的内端锚定在锚孔内。根据所使用的锚固剂不同，分为树脂锚杆、快硬水泥锚杆和快硬膨胀水泥锚杆三种。

树脂锚杆由杆体和树脂锚固剂组成，锚固剂被制成圆卷状，外用塑料包装，内装树脂黏结剂填料和固化剂，树脂填料和固化剂之间用塑料纸隔开。使用时，先将锚固剂药卷放入孔内，再用专用风动工具或凿岩机将锚杆推入锚孔，边推进边搅拌，在固化

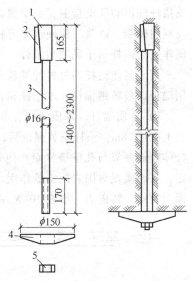

图 7-64　金属倒楔式锚杆
1—固定楔　2—活动倒楔　3—杆体
4—垫板　5—螺母

剂的作用下，将锚杆的头部黏结在锚杆孔内，然后在外端装上盖板，拧紧螺母即可。它凝结硬化快，黏结强度高，在很短时间内（5min 内）便能达到很大的锚固力。树脂药卷直径有 23mm、28mm、35mm 等几种，长度有 300mm、500mm、800mm 等，按凝固的快慢分有超快（12 ~ 40s）、快速（41 ~ 90s）、中速（91 ~ 180s）和慢速（180s 以上）等，这是目前使用较多的锚杆。以往用的杆体为圆钢，在其前端头制成麻花状，便于搅拌树脂药卷和增大锚固力，如图 7-65a 所示，这种杆体加工麻烦，成本高。目前已改为螺纹钢筋作杆体，靠钢筋上的螺纹直接起到搅拌和增大锚固力作用，而且外端头也不再车螺纹，利用钢筋本身的螺纹配上相应的螺母即可，加工和使用十分方便。

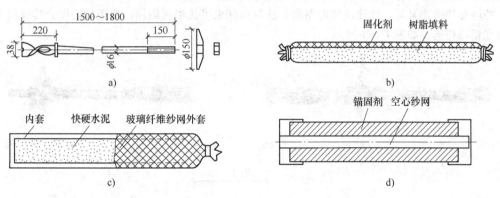

图 7-65 锚固剂黏结锚杆

a）锚杆杆体 b）树脂药卷 c）快硬水泥卷 d）快硬膨胀水泥卷

树脂锚固剂成本较高，有关单位研制了快硬水泥锚杆和快硬膨胀水泥锚杆，如图 7-65c、d 所示。这种锚杆的杆体结构与树脂锚杆相同，只是用水泥卷代替了树脂卷。快硬水泥卷的使用方法与树脂药卷基本相同，只是使用前需先将水泥卷在水中浸泡 2 ~ 3min。这种锚固剂在 1h 后锚固力可达 60kN。快硬膨胀水泥卷内装有快硬膨胀水泥，结构为空心卷，使用时先将水泥药卷穿到锚杆上，再浸水 2 ~ 3min，将其送入锚孔，用冲压管压实，而后套上垫板、紧固螺母即可。水泥药卷材料来源广，锚固力较高，成本约为树脂锚固剂的 1/4。

5）管缝式锚杆。管缝式锚杆又称开缝式或摩擦式锚杆，由美国詹姆斯·斯特科于 1972 年发明。它是采用高强度钢板卷压成带纵缝的管状杆体（图 7-66），用凿岩机强行压入比杆径小 1.5 ~ 2.5mm 的锚孔，为安装方便，打入端略呈锥形。由于管壁弹性恢复力挤压孔壁而产生锚固力，属全长锚固型自锚式锚杆。

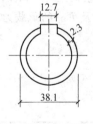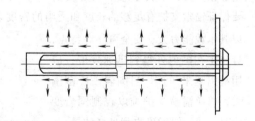

图 7-66 管缝式锚杆

我国于 20 世纪 80 年代初引进这种锚杆，杆体材料为屈服应力大于 350MPa 的 16Mn 和 20MnSi 钢，管壁厚 2.0 ~ 2.5mm，管径 38 ~ 41.5mm，开缝为 10 ~ 14mm。由于锚固力大（60kN 以上），结构简单，制作容易，安装方便，质量可靠，因而迅速在全国推广。

这类全长自锚式锚杆还有水力（或压气、爆炸力）膨胀式、螺栓式（图 7-67）。膨胀式是利用高压水或高压风或炸药爆炸的胀力将瘪合的卷筒胀开，使其与孔壁密贴压实而产生锚固力；螺栓式锚杆是锚杆体本身带有螺纹，在旋转式安装机的作用下，利用螺纹在孔壁上切出沟槽而产生锚杆力的无锚固剂锚杆。

6）中空注浆锚杆。这是一类可用于注浆的锚
杆。在破碎岩体中施工时，为了加固围岩，利用锚
杆进行注浆，形成锚注支护形式。这类锚杆形式较
多，如普通式、自进式、半自进式、胀壳式、组合

图 7-67　螺栓式自锚锚杆

式等，部分形式的注浆锚杆如图 7-68 所示。自钻式锚杆在强度很低和松散的地层中钻进后不需
退出，并可利用中空杆体注浆。自钻式锚杆价格较高，其推广应用受到一定限制。胀壳式中空锚
杆是在钻孔完成后安设，前头带有可张开的钢质锚头，锚头在锚杆顶紧状态下张开，与孔壁贴
合；外端有塑料止浆塞，防止注浆时漏浆。注浆锚杆也可使用树脂锚杆剂进行锚固，其锚固方法
与树脂锚杆相同，如图 7-68c 所示。

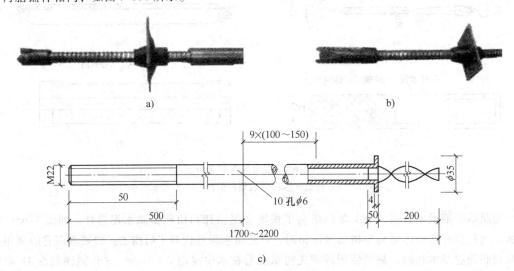

图 7-68　中空注浆锚杆

a）自钻式中空注浆锚杆　b）胀壳式中空注浆锚杆　c）锚固剂式中空注浆锚杆

7）锚索。锚索支护的显著特点是：锚索长度长，能够锚入到深部较稳定的岩层中；锚索可
施加预紧力，承载力大。一般来说，要提高锚索支护的可靠性，首先要保证锚索产品的质量，其次
要保证锚索支护有足够的长度和适当的密度以及可靠的承载力。锚索支护作为一种主动支护手段，
以其承载能力大、安全可靠等特点，
近年来在国内外得到迅速发展，应
用范围越来越广。当围岩破碎范围
大，普通锚喷支护难以控制围岩变
形时，使用锚索可收到良好效果。

锚索的主要部件有钢绞线、锁
具和锚固剂。地下工程用锚索一般
为由多根高强钢丝组成的单股钢绞
线，如图 7-69 所示。锚索直径为
28～32mm，长度为 5～15m，用树
脂锚固剂锚固，锚固长度在 1m 以
上。锚索一般布置在地下工程的顶
部，在跨度 3～6m 的拱形巷道里，

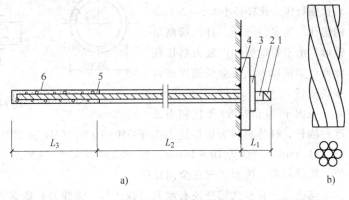

图 7-69　锚索结构图

a）锚索锚固方式　b）钢绞线结构

1—钢绞线　2—锚（锁）具　3—垫板　4—钢托板　5—挡片　6—树脂

L_1—张拉端　L_2—自由端　L_3—锚固端

可采用每排布置 3~5 根，每隔 3~5m 布置一排的布置方案。锁具有多种类型，具体的锁具选型应根据钢绞线规格进行，保证锁具与钢绞线有良好的匹配关系，常见的有瓦片式锁具。

8）化工材料锚杆。一直以来，制作锚杆的材料首选钢材，而钢材的锈蚀问题日益成为影响锚固体系安全性和耐久性的突出问题，特别是在一些腐蚀性严重的山区，以及地下水富集的软土地区，钢材的锈蚀问题更加严重。而化工材料锚杆可以克服以上问题。从目前看，利用化工材料制作的锚杆主要有普通 PVC 塑料锚杆、双抗（抗静电、阻燃）塑料锚杆、塑料胀壳式锚杆、玻璃纤维强化塑料锚杆（玻璃钢锚杆）、TKM 型全螺纹纤维增强树脂锚杆等。这类锚杆的质量较轻，易于切割，节约钢材，成本低，抗腐蚀，使用范围广，锚固力能够满足要求，尽管目前使用尚不普遍，但是值得今后大力推广应用。

9）盘式锚杆。传统锚杆在荷载作用时，顶端易产生应力集中现象，不易将杆体的剪应力分散到周围的岩土体中，荷载不能均匀地分布在锚杆的整个长度范围内。锚杆近端的承载力达到极限破坏时，远端锚杆受力仍较小，这种现象是对材料的极大浪费，且较小的承载力也易造成工程事故。近年来出现了一种新型锚杆——盘式锚杆。盘式锚杆是由直锚杆、多个锚盘、锚刺和周围的灌浆体组成。盘式锚杆属于一种变截面的新型锚杆，从成孔方式分类属于钻孔灌注锚杆，从承载原理上考虑，它既属于摩擦力型又属于端承型。盘式锚杆的几何形状如图 7-70 所示。

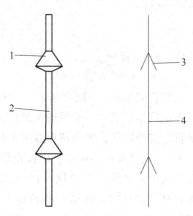

图 7-70　盘式锚杆的几何形状示意图
1—锚盘　2—灌浆体　3—锚刺　4—杆体

盘式锚杆的施工工艺是在普通锚杆施工方法的基础上，增加了一道"挤扩或切削成盘"工序，即依据设计参数，在相应的岩土层挤扩或切削出特定大小规格的锚盘。一方面，由于在挤扩成盘过程中，机械设备对需切削成盘的岩土层做了功，巨大的压力挤密了岩土层，不仅提高了岩土层的压缩模量和摩擦角，而且对岩土层起到了加固作用。另一方面，由于锚刺和锚盘的存在，增加了锚杆与灌浆体之间的咬合力，同时增大了受力面积。相比于传统锚杆，锚固体的局部扩径，使锚杆表面出现了几处类似于竹子的"节"，这些"节"对岩土体有支撑作用。因此，杆体的侧摩阻力和锚盘的端承载力共同分担了顶部荷载，从而大大提高了盘式锚杆的极限承载力。

（3）锚杆支护技术参数　主要包括锚杆的直径、锚杆的长度、锚杆的间排距、锚杆的安装角度、锚固力等，其中长度、间排距为主要参数。锚杆支护参数的确定方法有经验法、理论计算法、数值模拟法和实测法等，目前应用较多的是经验法和理论计算法。

1）锚杆支护间距的确定。在一般情况下，锚杆支护通常都布置成正方形，即锚杆的间距等于锚杆排距。根据锚杆悬吊作用理论，计算锚杆间距公式为

$$G = a^2 mr \tag{7-5}$$

由 $kG = Q_{固}$，得出锚杆支护间距为

$$a = \sqrt{\frac{Q_{固}}{kmr}} \tag{7-6}$$

同时，由 $kG = \frac{\pi}{4} d^2 \sigma_{拉}$，可得

$$a = 0.887d \sqrt{\frac{\sigma_{拉}}{kmr}} \tag{7-7}$$

式中　r——岩体容重；

　　　k——安全系数；

　　　a——锚杆间距；

　　　m——锚固岩层厚度；

　　　d——锚杆直径；

　　　G——锚固的岩石重量；

　　$Q_固$——锚杆的锚固力；

　　$\sigma_拉$——杆体材料的设计抗拉强度。

此外，锚杆间距 a 也可以按照经验，取以下两式中较小者

$$a \leqslant 0.5l \tag{7-8}$$

$$a < 3S' \tag{7-9}$$

式中　l——锚杆长度；

　　　S'——围岩裂隙间距。

锚杆间距 a，一般为 $0.8 \sim 1.0\mathrm{m}$，最大不超过 $1.5\mathrm{m}$。

依据地质条件，按照选定的排距，锚杆除了按照方形布置外，也可布置成梅花形。方形适用于较稳定的岩层，而梅花形适用于稳定性较差的岩层。

2）锚杆长度的确定。假设锚杆安设在顶板岩层中，被锚固的岩层厚度不大，在它上面有坚固岩层时，则锚杆的长度只要使其锚固部分固定在坚固岩层内，大于或等于 $0.2 \sim 0.3\mathrm{m}$ 即可。假如直接顶板为软弱岩层和坚固岩层的互层，只要将锚杆锚固部分固定在较远的、较厚的坚固岩层内，大于或等于 $0.2 \sim 0.3\mathrm{m}$ 即可。在这种情况下，按单体锚杆悬吊作用的理论计算，如图 7-71 所示；锚杆长度 l 的计算公式为

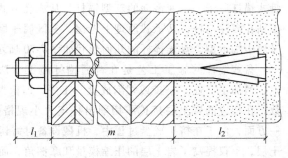

图 7-71　锚杆长度计算示意图

$$l = l_2 + m + l_1 \tag{7-10}$$

式中　l_2——锚杆顶端进入岩层的长度；

　　　m——锚固岩层厚度；

　　　l_1——锚杆露在锚杆眼外的长度。

① l_2 的确定。

a. 按经验取 $l_2 \geqslant 0.2 \sim 0.3\mathrm{m}$。

b. 根据杆体材料设计抗拉强度等于锚固端部的黏结力

$$\frac{\pi}{4}d^2\sigma_拉 = \pi d l_2 \tau_黏$$

可得

$$l_2 = \frac{d\sigma_拉}{4\tau_黏} \tag{7-11}$$

式中　d——锚杆直径；

　　　$\sigma_拉$——杆体材料设计抗拉强度；

　　　$\tau_黏$——锚杆与砂浆的黏结强度，其中，圆钢 $\tau_黏 = 2.5\mathrm{MPa}$，螺纹钢 $\tau_黏 = 5.0\mathrm{MPa}$。

② m 的确定。

a. 如果能调查清楚易碎直接顶时，则 $m \geqslant$ 易碎直接顶厚度。

b. 按冒落拱的高度 $1.3 \sim 1.5$ 倍为基础，锚固岩层厚度的计算公式为

$$m = kb \tag{7-12}$$

式中　k——安全系数，取 $k = 1.3 \sim 1.5$；

b——自然冒落高度，$b = \dfrac{B}{2f}$（B 为巷道掘进跨度，f 为岩石坚固性系数）。

c. 取 m 为洞室围岩破碎带厚度，对圆形洞室有

$$m = R_{\mathrm{p}} - R_0 \tag{7-13}$$

式中　R_{p}——破碎带半径；

R_0——洞室半径。

③ l_1 的确定。锚杆露在锚杆眼外长度 l_1，取决于锚杆的各种类型和构造，对钢锚杆而言，其确定方法如下

$$l_1 = 托梁厚 + 垫板厚 + 螺母厚 + 露在螺母外的长度(2 \sim 3 \mathrm{cm})。 \tag{7-14}$$

此外，依据国内外锚喷支护的经验和实例，常用锚杆长度为 $1.4 \sim 3.5 \mathrm{m}$。对于跨度小于 $10 \mathrm{m}$ 的硐室，锚杆长度 l 取以下两式中的较大者

$$l = n\left(1.1 + \frac{B}{10}\right) \tag{7-15}$$

$$l > 2S \tag{7-16}$$

式中　l——锚杆长度（m）；

B——硐室跨度（m）；

n——围岩稳定性系数，对于稳定性较好的 Ⅱ 类岩石（按锚喷支护围岩分类，下同），$n = 0.9$；对于中等稳定的 Ⅲ 类岩石，$n = 1.0$；对于稳定性较差的 Ⅳ 类岩石，$n = 1.1$；对于不稳定的 Ⅴ 类岩石，$n = 1.2$；

S——围岩中节理间距。

3）锚杆直径的确定。各种锚杆的锚固力必须与杆体本身的抗拉强度相适应，即锚杆的实际锚固力要等于杆体的抗拉极限，这样才能充分发挥锚杆材料的作用。因此，锚杆体直径，按照杆体的抗拉力等于锚杆实际锚固力的原则确定。

由 $P_{拉} = \dfrac{\pi}{4} d^2 \sigma_{拉}$，$P_{拉} = Q_{固}$，得

$$d = 1.13 \sqrt{\frac{Q_{固}}{\sigma_{拉}}} \tag{7-17}$$

式中　$P_{拉}$——锚杆杆体材料的抗拉力；

$\sigma_{拉}$——锚杆杆体材料的设计抗拉强度；

$Q_{固}$——锚杆的锚固力；

d——锚杆直径。

因此，锚杆直径 d 主要依据锚杆的类型、布置密度和锚固力而定。常用锚杆的直径为 $16 \sim 24 \mathrm{mm}$。

（4）锚杆支护施工

1）锚杆施工要求：

① 锚杆应均匀布置，在岩面上排成方形或梅花形，锚杆间距不宜大于锚杆长度的 $1/2$，以有利于相邻锚杆的共同作用。

② 锚杆的方向，原则上应尽可能与岩层层面垂直布置，或使其与岩面形成较大的角度；对于倾斜的成层岩层，锚杆应与岩层层面斜交布置，以便充分发挥锚杆的作用。

③ 锚杆眼深必须与作业规程要求和所使用的锚杆相一致。

④ 锚杆眼必须用压气吹净，扫干孔底的岩粉、碎渣和积水，保证锚杆的锚固质量。

⑤ 锚杆直径应与锚固力的要求相适应。锚固力应与围岩类别相匹配。

⑥ 保证锚杆有足够的锚固力。

2）锚杆施工机械。锚杆施工机械主要是钻孔机械、安装机械、灌浆机械等。应根据具体的岩层条件和锚杆种类选择合适的施工机具。地下工程的断面较小、锚杆较短时，一般使用气腿式凿岩机钻孔，锚索孔一般采用旋转式专用锚索钻机。锚杆的安装，不同的锚杆有不同的安装方式和机具，如风钻、电钻、风动扳手、锚杆钻机等。树脂或快硬水泥锚杆的推进，一般用手持式风动锚杆钻机。锚杆孔深度大时，需使用专用锚杆打眼安装机（图7-72），或者使用锚杆台车（图7-73）。

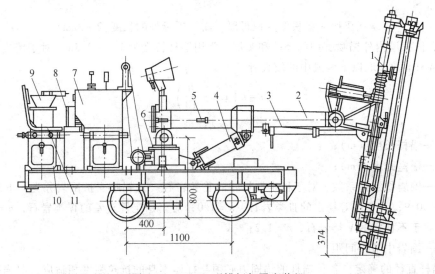

图 7-72　MGJ-1 型锚杆打眼安装机

1—工作机构　2—大臂　3—仰角液压缸　4—支撑液压缸　5—液压管路系统　6—车体

7—操作台　8—液压泵站　9—注浆罐　10—电气控制系统　11—座椅

3）锚杆施工质量检测。锚杆质量检测包括锚杆的材质、锚杆的安装质量和锚杆的抗拔力检测。材质检测在实验室进行。锚杆安装质量包括锚杆托盘安装质量、锚杆间排距、锚杆孔深度和角度、锚杆外露长度、螺母的拧紧程度以及锚固力，其中有的应在隐蔽工程检查中进行。锚杆托盘应安装牢固，紧贴岩面；锚杆的间排距的允许偏差为 ±100mm，喷浆封闭后宜采用锚杆探测仪探测和确定锚杆的准确位置；锚杆的外露长度应不大于 50mm。

锚杆质量检测的重要项目是锚固力试验，锚固力达不到设计要求时，一般可用补打锚杆予以补强。锚杆抗拔力采用锚杆拉力计进行检测，检测方法如图7-74 所示。试验时，用卡具将锚杆紧固在千斤顶活塞上，摇动液压泵手柄，高压油经高压胶管到达拉力计的液压缸，驱使活塞对锚杆产生拉力。压力

图 7-73　阿特拉斯锚杆台车现场作业图

表读数乘以活塞面积即为锚杆的锚固力，锚杆的位移量可从随活塞一起移动的标尺上直接读出，其位移量应控制在允许范围内。各种锚杆必须达到规定的抗拔力。

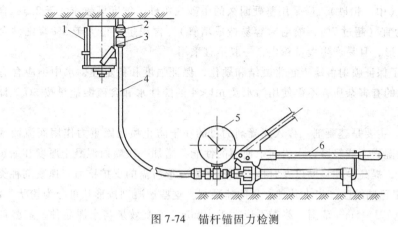

图 7-74　锚杆锚固力检测
1—标尺　2—胶管接头　3—空心千斤顶　4—高压胶管　5—压力表　6—手摇液压泵

3. 喷射混凝土支护

喷射混凝土支护是将一定配比的混凝土，用压缩空气以较高速度喷射到巷道围岩岩面上，形成混凝土支护层的一种支护形式。

（1）喷射混凝土作用原理

1）封闭岩体防止风化。洞室开挖后，暴露岩体经受大气、地热、地下水的侵蚀风化，会逐渐丧失稳固性而发生剥落。在采用钻爆法掘进时，洞室围岩有一定的爆破裂隙，再加之地压的作用，就更易被侵蚀风化而丧失稳固性。喷射混凝土后，喷层与围岩粘贴成一体，形成致密坚实的防护层，隔绝了空气、水气等，防止了岩体的风化作用。

2）粘贴、补强和柔性作用。喷射混凝土支护的早期强度是发挥支护能力的前提。喷射混凝土不但能及时地封闭围岩，而且能充填裂隙、凹穴，将围岩粘贴在一起形成连续支护，阻止了围岩的位移和松动，提高了围岩强度，可利用围岩自身的强度去支护其本身。由于喷层与围岩粘贴咬合成了一整体结构，变形一致，受载均匀，减少了喷层中的弯矩，甚至不出现拉应力。这种受力状态适合于混凝土抗压强度大而抗拉强度低的特性。

3）支承危岩活石作用。当围岩被节理裂隙等不连续结构所切割时，局部可能出现危岩活石，这时喷层具有抗冲切作用而对危岩活石产生支承。

4）共同承载作用。由于喷层与岩面的交界面具有很高的致密度和强度，使喷层与岩面构成整体组合结构，围岩与喷层协调变形，共同承载。

以上的这些作用，彼此间不是孤立的，而是互为补充、相互联系的。

（2）喷射混凝土材料　主要由水泥、碎石或卵石（砾石）、砂子、水和速凝剂组成，一些特殊的混凝土，尚需掺入一些相关材料，如喷射纤维混凝土需掺入纤维材料等。

1）水泥。喷射混凝土对所用水泥的基本要求是凝结快，保水性好，早期强度增长快，收缩较小。因此，应优先选用普通硅酸盐水泥。在没有普通硅酸盐水泥的条件下，也可根据工程实际选用矿渣硅酸盐水泥或火山灰硅酸盐水泥。水泥的强度等级一般不得低于 42.5，不得使用受潮或过期结块的水泥。

2）粗骨料（碎石或卵石）。又叫瓜子片，应采用坚硬耐久的卵石或碎石。石子的最大粒径与混凝土喷射机的输料管直径有关，目前最大粒径采用 20mm，一般不超过 15mm。为防止喷射混凝土过程中的管道堵塞和减少回弹量，大于 15mm 粒径的颗粒控制在 20% 以下。石子的含泥量不得大于 1% 。高速铁路要求粗骨料最大粒径不超过 16mm。

3）细骨料（中、粗砂）。应采用坚硬耐久的中砂或粗砂，细度模数应大于 2.5，含水率以控制在 5% ~7% 为宜（超过 7% ，喷射时容易造成堵管），含泥量不得大于 3%。细砂会增加喷射混凝土的干缩变形，且易产生大量粉尘，一般不宜采用。

4）水。为了保证喷射混凝土正常凝结和硬化，保证强度和稳定性，水中不应含有影响水泥正常凝结与硬化的有害杂质，不得使用污水及 pH < 4 的酸性水和含硫酸盐量按 SO_4^{-2} 计算超过水重 1% 的水。

5）外加剂。主要是速凝剂。掺入速凝剂的目的在于防止喷层因重力作用而流淌或坍落，提高喷混凝土在潮湿岩面或轻微含水岩面中使用的性能，增加一次喷射混凝土厚度和缩短喷层之间的喷射间歇时间，提高早期强度以及时提供稳定围岩变形所需的支护抗力。速凝剂种类繁多，我国从 1965 年以来已陆续生产出十几种牌号的速凝剂。这些速凝剂按形状可分为粉状和液体两类。一般要求初凝应在 3 ~5min 范围，终凝不应大于 10min。速凝效果与水泥品种、速凝剂掺量、水胶比、施工温度等有关。加入适量的速凝剂，可大大提高喷射混凝土的早期强度，但后期强度却略有降低，且加大了混凝土的收缩。因此，在满足施工条件下，应尽量减少速凝剂掺量，并拌和均匀。速凝剂掺量没有统一标准，应根据速凝剂生产厂家的推荐量设计混凝土配合比，达到预想的凝结时间、强度指标即可使用。一般掺量为水泥质量的 2% ~4%，实际使用时拱部可用 2% ~4%，边墙可用 2%。速凝剂掺量越大，对混凝土强度影响也越大，所以尽可能不要增大掺量。

6）喷射混凝土配合比。配合比是指每立方米喷射混凝土中，水泥、砂、石子所占比例。为了减少喷混凝土时的回弹量，与普通混凝土相比，其石子含量要少得多，且粒径也小，而砂子含量则相应增大，一般含砂率在 50% 左右效果较好。一般喷射混凝土的配合比如下：喷砂浆时，水泥：砂子为 1：（2 ~2.5），水胶比为 0.4 ~0.55；喷射混凝土时，水泥：砂：石子为 1：2：2 或 1：2.5：2，水胶比为 0.4 ~0.5。总之，合理适当的配合比，必须满足喷射混凝土工艺流程的基本要求，即易喷射，不易堵管，减少回弹量和粉尘；同时，要符合设计要求，要质量好、强度高、密实度高、防水性能好以及达到其他物理力学指标等。

（3）喷射混凝土机具 主要包括喷射机、上料机、搅拌机、喷射机械手等，其中最主要的设备是混凝土喷射机。国内混凝土喷射机种类较多，按喷射料的干湿程度分有干喷机、潮喷机和湿喷机三类。干喷机使用最为广泛，但干喷机的粉尘太大，故应大力推广使用潮喷机和湿喷机。

1）干式混凝土喷射机。干喷机是最早使用的混凝土喷射机，曾用过螺旋式、双罐式等，由于这两种喷射机机体高大、笨重，已被转子式所代替。转子式喷射机体积小、质量轻、结构简单、使用和移动方便。转子Ⅱ型是早期干式喷射法的主要设备，其结构如图 7-75 所示。经多次改进，现已有Ⅴ型以上的产品。该机工作时，其转子体即旋转体由传动系统带动不断旋转，随旋转体转动的拨料板，将料斗中的干料连续投入旋转体料腔内。旋转体是这类喷射机的核心，转体上有 14 个料杯，当旋转体上的料杯转至主送气管下时，干料即被转入料杯，当料杯旋转到出料弯管口时，料杯内的干料在压缩空气作用下被输送出去。如此循环下去，即可达到连续供料喷射的目的。

2）潮式混凝土喷射机。潮式混凝土喷射机也多属转子型，如 PC5B 型混凝土喷射机，其结构如图 7-76 所示。该机采用了防黏转子，综合了国内外喷射机的优点，体积小、质量轻、作业时粉尘少、回弹率低、易损部件寿命长、使用维修方便。尤其采用了分体式防黏转子，转子不黏结、不堵塞，可进行潮式作业，作业环境好，劳动强度低。该机的生产能力为 4 ~5m³/h，功率为 4kW，重 560kg。其他机型还有 PC6B 型、HPC-V 型、PC6U、PC7U、PC8U 型等。

3）湿式混凝土喷射机。湿式喷射的主要目的是减少粉尘，目前国内已有多种产品，中国煤

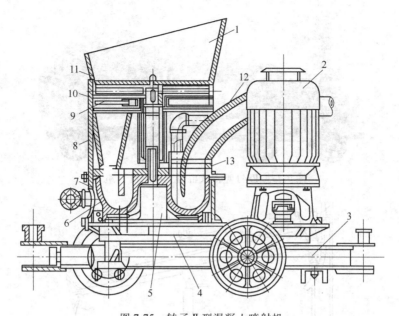

图 7-75　转子Ⅱ型混凝土喷射机

1—料斗　2—电动机　3—车架　4—减速箱　5—主轴　6—转子体　7—下座体　8—上座体
9—拨料板　10—定量板　11—搅拌器　12—出料弯管　13—橡胶结合板

炭科工集团南京研究所研制的 PS4J 型湿式混凝土喷射机（组）如图 7-77 所示。该机的性能特点是：井下现场拌制混凝土，无须二次上料，不漏风、不返风，不会产生粉尘，不存在混凝土黏结问题，易损件数量少，工艺易于掌握，机型小，上料高度低，适合煤矿井下使用。该机喷射能力为 $4 m^3/h$。

4）喷射混凝土机械手。喷射混凝土时，粉尘多，回弹量大，劳动条件差，人工喷射时劳动强度大，不利健康，遇到高、大断面的地下工程时，还要搭设临时工作平台，费工费时，故应尽量采用机械手进行喷射作业。图 7-78 所示为 HJ-1 型简易机械手，工作时由工人调整手轮、立柱高度和小车位置，喷嘴的摆动由电动机、减速器通过软轴带动。简易型机械手主要靠人力操作，喷射高度和距离受到一定限制，在大断面中可使用液压型机械手，如国内研制的有 KM-Ⅱ型、TP-865 型、QPS-11、TKJ-15 型等多种型号，国外品种更多，有 PS-8 型、ROBOT-75 型等。液压型机械手全

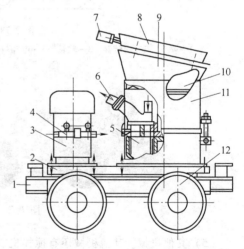

图 7-76　PC5B 型混凝土喷射机

1—车架　2—减速箱　3—电动机　4—气路系统
5—防黏转子　6—输料系统　7—振动器
8—振动筛　9—料斗　10—拨料盘
11—座体　12—行走机构

部动作由液压驱动，喷头的最大扬高可达 13m。图 7-79 所示为中铁岩锋成都科技有限公司研制的 TKJ-15 型喷射机械手，具有以下特点：采用稀薄流风送型湿喷机，对混凝土拌合物适应性好，胶凝材料和外加剂用量低；独特臂架结构，采用具有移动回转支柱的二级臂架结构，适宜于隧道台阶法施工，可满足三台阶环形开挖留核心土工法喷射，作业无死角；机动性强，采用轮式装载机作为底盘，具有性能优良、机动灵活、高通过性和维修方便等特点；无线遥控系统，改善作业环境；电动机与柴油机双动力系统，可根据需要快速切换，适应性强。

图 7-77　PS4J 型湿式混凝土喷射机（组）

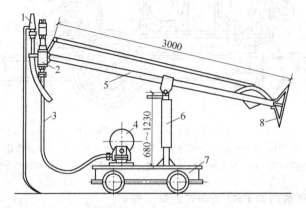

图 7-78　HJ-1 型简易机械手

1—喷头　2—回转器　3—软轴　4—电动机和减速器　5—回转杠杆　6—伸缩立柱　7—小车　8—手轮

图 7-79　TKJ-15 型喷射机械手

5）其他机械。其他机械还有搅拌机、上料机、压风机、压水泵，可根据情况选用，应注意设备之间的配套。

（4）混凝土喷射工艺

1）混凝土喷射方法。喷射混凝土施工，按喷射方法可分为干式喷射法、潮式喷射法、湿式喷射法和混合喷射（SEC 法喷射）等。

干式喷射法的施工工艺如图 7-80 所示。砂子、石子预先在洞外（或地面）洗净、过筛，按设计配合比混合，用运输车辆运到喷射工作面附近，再加入水泥进行拌和，然后采用人工或机械往喷射机上铲装干料进行喷射。速凝剂可同水泥一起加入并拌和，也可在喷射机料斗处添加。水在喷嘴处施加，水量由喷嘴处的阀门控制，水胶比的控制程度与喷射手操作的熟练程度有直接关系。

虽然干喷法有使用的机械较简单，机械清理和故障处理较容易等优点，但是缺点也非常明显，主要是粉尘太大，回弹量也较大。因此，为改善干喷法的缺点，又出现了潮式喷射法。潮式喷射是将骨料预加少量水，使之呈潮湿状，再加水拌和，从而降低上料、拌和和喷射时的粉尘，

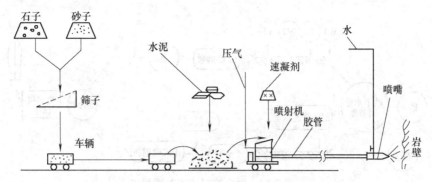

图 7-80　干喷法喷射混凝土工艺流程

但大量的水仍是在喷头处加入。潮喷
的工艺流程与干喷法相同，喷射机应
采用适合于潮喷的机型。图 7-81 所示
为潮喷工艺流程图。

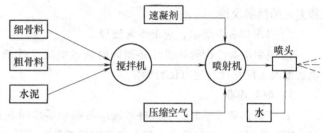

图 7-81　潮喷工艺流程图

湿喷法基本工艺过程与干喷法类
似，其主要区别有三点：一是水和速凝
剂的施加方式不同。湿喷时，水与水泥
同时按设计比例加入并拌和，速凝剂是
在喷嘴处加入。二是干喷法用粉状速凝剂，而湿喷法多用液体速凝剂。三是喷射机不同。湿喷法一
般需选用湿式喷射机。湿喷混凝土的质量较容易控制，喷射过程中的粉尘和回弹量都较少，是应当
发展和推广应用的喷射工艺。但湿喷对湿喷机的技术要求较高，机械清洗和故障处理较困难。对于
喷层较厚、软岩和渗水隧道，不宜采用湿喷混凝土施工工艺。图 7-82 所示为湿喷工艺流程图。

混合喷射法（SEC 法喷射）
又称水泥裹砂造壳喷射法。在砂
子中加上适量的水，使水泥颗粒
黏结在砂子表面，形成低水胶比
的净浆薄壳，用以提高混凝土或
砂浆强度的方法，简称 SEC 施工
法。SEC 法喷混凝土的工艺流程
（图 7-83）：将砂子调湿到一定含
水率，加入全部用量的水泥，经
裹砂机搅拌，使砂粒外面包裹一

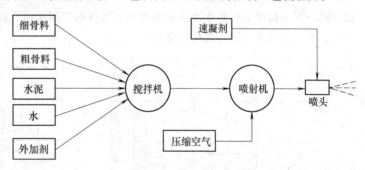

图 7-82　湿喷工艺流程图

层低水胶比的水泥浆壳，继而加入拌和用水与减水剂，形成 SEC 砂浆。此种砂浆易于泵送，水
胶比稳定，与干式骨料混合时在喷嘴处无须另加水，因此喷射混凝土的质量稳定。

2）施工准备。施喷前应做好的准备工作，主要包括以下几个方面：

① 检查开挖断面净空尺寸。

② 清理施工现场，清除松动岩块、浮石和墙脚的岩渣、堆积物，拆除操作区域的各种障碍
物，用高压风、水冲洗受喷面（当岩面受水容易潮解、泥化时，只能用高压风清扫）。

③ 设置控制喷射混凝土厚度的标志。

④ 检查机具设备和风、水、电等管线路，并试运转，喷射机应具有良好的密封性能，输料
连续、均匀，附属机具的技术条件应能满足喷射作业需要。保证喷射作业地区有良好的通风条件

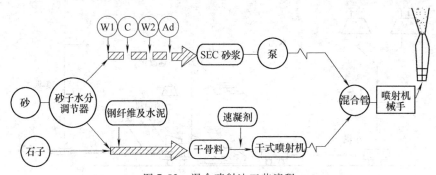

图 7-83　混合喷射法工艺流程

C—水泥　W1—一次水　W2—二次水　Ad—减水剂

和充足的照明设施。

⑤ 岩面如有渗漏水，应予妥善处理。

⑥ 喷射混凝土配合比设计必须同时满足混凝土性能和喷射混凝土工作度（可喷性）要求，喷射混凝土配合比应通过试验确定。

3）喷射作业

① 喷射作业开始时，喷射机司机应与喷射手取得联系，先送风后开机，再给料；喷射结束时，应待喷射机及输料管内的混合料喷完后再停机、关风。喷射机供料应保持连续、均匀，以利喷射手控制水胶比。

② 为了减少喷射混凝土因重力作用而引起的滑动或脱落现象，喷射时应按照分段、分部、分块，由下而上，先边墙后拱墙和拱腰，最后喷拱顶的原则进行。

③ 图 7-84 所示为 6m 长的基本段，其中又分为 2m 长的三个小段，每段高 1.5m（指边墙），顺次横向推移，从"1"向"3"喷射，待"3"喷完约 20~30min 以后，"1"部混凝土已终凝，就可进行下一高度的喷射作业。如需在其上进行第二层喷射，也不会造成第一层混凝土被冲坏的现象，不论边墙还是拱部都是如此。

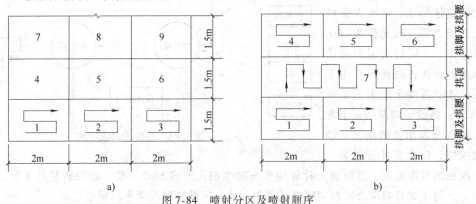

图 7-84　喷射分区及喷射顺序

a）边墙喷射分区及喷射顺序　b）拱圈喷射分区及喷射顺序

④ 喷射混凝土时，喷头要正对受喷岩面，均匀缓慢地按顺时针方向作螺旋形移动，一圈压半圈，绕圈直径为 200~300mm。

⑤ 对凹凸悬殊的岩面，喷射时应注意喷射次序要先下后上、先两头后中间，以减少回弹量。正常状态下喷射混凝土的回弹率拱部不超过 25%，边墙不超过 15%。

（5）喷射混凝土的主要工艺参数　主要包括工作压力、水压力、水胶比、喷头方向、喷头与受喷面的距离及一次喷射厚度等。

1）工作压力。工作压力是指喷射混凝土正常施工时，喷射机转子体内的气压力。气压掌握是否适当，对于减少喷射混凝土的回弹量，降低粉尘，保证喷射混凝土质量，防止输送管路堵塞等都有很大的影响。

控制气压就是要保证喷头处混凝土的喷射速度稳定在一个合理的范围内。为了降低粉尘和回弹，通常采用低压喷射。一般混合料水平输送距离为 30 ~ 50m 条件下，喷射机的供气压力宜保持在 0.12 ~ 0.18MPa。

水平输料，输料管长度在 200m 以内，进料管内径为 50mm 时，喷射机的压力为

$$空载压力(MPa) = 0.001 \times 输料管长度(m) \tag{7-18}$$

$$工作压力(MPa) = 0.1 + 0.0013 \times 输料管长度(m) \tag{7-19}$$

向上垂直输料时，要求工作压力比水平输料时大，高度每增加 10m，工作气压增加 0.02 ~ 0.03MPa。

2）水压。为了保证喷头处加水使随气流迅速通过的混凝土混合料充分湿润，通常要求水压比气压高 0.1MPa 左右。

3）水胶比。水胶比对减少回弹、降低粉尘和保证喷射混凝土质量有直接关系。混合料加水是在喷头处瞬间实现的。理论上最佳水胶比为 0.4 ~ 0.5，但实际上全靠喷射手的经验（主要靠目测）加以控制、调整。根据经验，如果新喷射的混凝土易黏着、回弹量小、表面有一定光泽，则说明水胶比适宜。

4）喷头方向。当喷头喷射方向与受喷面垂直，并略向刚喷过的部位倾斜时，回弹量最小。因此，除喷岩帮侧墙下部时，喷头的喷射角度可下俯 10° ~ 15° 外，其他部位喷射时，均要求喷头的喷射方向基本上垂直于围岩受喷面。

5）喷头与受喷面的距离。喷头与受喷面的最佳距离是应使喷射混凝土强度最高、回弹量最小，最大为 0.8 ~ 1.0m。一般在输料距离 30 ~ 50m，供气压力 0.12 ~ 0.18MPa 时，最佳喷距为喷帮 300 ~ 500mm，喷顶 450 ~ 600mm。喷距过大、过小，均可引起回弹量的增大。

6）一次喷射厚度及间隔时间。喷射混凝土应有一定的厚度，当喷层较厚时，喷射作业需分层进行。一次喷射厚度应根据岩性、围岩应力、裂隙、隧道规格尺寸，以及与其他形式支护的配合情况等因素确定，可参考表 7-7 的要求。

表 7-7　一次喷射厚度

（单位：mm）

喷 射 部 位	掺 速 凝 剂	不掺速凝剂
边墙	70 ~ 100	50 ~ 70
拱部	50 ~ 70	30 ~ 50

分层喷射时，合理的间隔时间应根据水泥品种、速凝剂种类及掺量、施工温度和水胶比大小等因素确定。一般对于掺有速凝剂的普通硅酸盐水泥，温度在 15 ~ 20℃ 时，其间隔时间为 20 ~ 30min。

（6）喷射混凝土质量检测　主要包括强度和厚度检测两方面，此外还有喷层外观与围岩黏结情况等。

1）喷射混凝土强度。喷射混凝土强度等级，一般工程不低于 C15，重要工程不低于 C20，隧道工程要求不低于 C20 或设计要求强度等级，高速铁路隧道要求 C25 混凝土 24h 早期强度不小于 10MPa。检查喷射混凝土强度时，应就地提取喷混凝土试件（块），以做抗压强度试验。对特殊要求的重点工程，可增做抗拉强度与岩面的黏结力、抗渗性等相应试验。抗压强度不应低于标准值，最小值不低于标准值的 85%。强度不符合要求时，应查明原因，采取加厚等措施予以补强处理。

喷射混凝土强度检验可采用喷大板切割法、直接喷模法、取芯点荷载法及拉拔法等。取芯点

荷载法和拉拔法是在混凝土喷层上直接取芯或钻孔，能比较真实地反映喷混凝土的实际强度，应推广采用。

2）喷射混凝土厚度。喷射混凝土厚度一般应不小于 50mm，不大于 200mm。喷层厚度在喷混凝土凝结前可采用针探法检测，凝结后用凿孔尺量法或取芯法检测。要求喷层厚度不小于设计值的 90%。高速铁路隧道要求检查点数的 90% 及以上大于设计厚度。

3）喷层外观与围岩黏结情况。喷射混凝土表面应无裂纹；要求喷层与岩石黏结紧密，受喷面无松动岩块，墙脚无松动岩块，墙脚无岩渣堆积；用锤敲击方式检查是否有空洞，如有空洞应凿除洗净重喷。

4. 锚喷联合支护

锚喷支护是指以锚杆和喷射混凝土为主体的一类支护形式的总称，根据地质条件及围岩稳定性的不同，它们可以单独使用也可联合使用。联合使用时即为联合支护，具体的支护形式根据所用的支护材料而定，如锚杆+喷射混凝土支护，称锚喷联合支护，简称锚喷支护；锚杆+注浆支护，简称锚注支护；锚杆+钢筋网+喷射混凝土支护，简称锚网喷联合支护等。

联合支护在设计与施工中应遵循以下原则：

1）有效控制围岩变形，尽量避免围岩松动，以最大限度地发挥围岩自承载能力。

2）保证实现围岩、喷层和锚杆之间具有良好的黏结和接触，使三者共同受力，形成共同体。

3）选择合理的支护类型与参数并充分发挥其功效。

4）合理选择施工方法和施工顺序，以避免对围岩产生过大扰动，缩短围岩暴露时间。

5）加强现场监测，以指导设计与施工。

以下是几种常用的联合支护形式：

（1）锚喷支护　同时采用锚杆和喷射混凝土进行支护的形式，适用于Ⅲ、Ⅳ类围岩和部分Ⅱ类围岩。它能同时发挥锚杆和喷射混凝土的作用，并且能取长补短，两者合一，形成了联合支护结构，是一种有效的支护形式，在地下工程领域得到了广泛应用。

（2）锚网喷支护　锚杆、金属网和喷射混凝土联合形成的一种支护结构。金属网的介入，提高了喷射混凝土的抗剪、抗拉及其整体性，使锚喷支护结构更趋于合理，因此在较为松软破碎的围岩中得到了广泛应用。一般金属网的网格不小于 150mm×150mm，金属网所用钢筋直径多为 5~12mm。为便于挂网安装，需提前将钢筋网加工成网片，网片长宽尺寸各为 1~2m。钢筋网使用前要除锈，在洞外分片制作，用车辆运至洞内。钢筋网的铺设应符合以下要求：

1）钢筋网宜在初喷混凝土后再铺挂，使其与喷射混凝土形成一体，底层喷射混凝土的厚度不宜小于 40mm。

2）砂土层地段应先铺挂钢筋网，沿环向压紧后再喷混凝土。

3）采用双层钢筋网时，第二层钢筋网应在第一层钢筋网被混凝土覆盖后再铺设，其覆盖厚度应不小于 30mm。

4）钢筋网可利用风钻气腿顶撑，以便贴近岩面。钢筋网应与锚杆或者其他固定装置连接牢固，与钢架绑扎时，应绑在靠近岩面一侧。

5）喷射混凝土时，应调整喷头与受喷面的距离、喷射角度，以减轻钢筋振动，降低回弹，并保证钢筋网喷射混凝土保护层厚度不小于 40mm。

6）喷射中如有脱落的石块或混凝土块被钢筋网卡住，应及时清除。

（3）锚喷钢架支护　对于松软破碎严重的围岩，其自稳性差，开挖后要求早期支护具有较大的刚度，以阻止围岩的过度变形和承受部分松弛荷载，此时就需要采用刚度较大的钢拱架支护。另外，在浅埋、偏压隧道，当早期围岩压力增长快，需要提高初期支护的强度和刚度时，也多采用钢拱架支护。

钢拱架的整体刚度较大，能很好地与锚杆、钢筋网、喷射混凝土相结合，构成联合支护，受力性能较好。钢拱架的安装架设比较方便。

钢架的纵向间距一般不宜大于 1.2m，两榀钢架之间应设置直径为 20～22mm 的钢拉杆。钢架如与钢筋网喷射混凝土联合使用，应保证钢架与围岩之间的混凝土厚度不小于 40mm。钢架的截面高度，应与喷射混凝土厚度相适应，一般为 10～18cm，最大不超过 20cm，且要有一定保护层。钢架通常是在初喷 4～5cm 厚的混凝土之后才架设。为架设方便，每榀钢架一般分为 2～6 节，并应保证接头刚度。节数应与隧道净空断面大小及开挖方法相适应。

钢拱架可用型钢或格栅钢架制作。型钢多用槽钢、工字钢、钢管或钢筋制作。型钢拱架质量大，消耗钢材多，在公路、铁路隧道工程中的初次支护中多用格栅钢架。格栅钢架一般与锚喷支护联合采用。格栅钢架由钢筋焊接而成，受力性能较好，安装方便，并能和喷射混凝土结合较好，节省钢材，优点较多，其构造如图 7-85 所示。格栅钢架的主筋直径不宜小于 22mm，材料宜采用 20MnSi 或 Q235 钢，联系钢筋可按具体情况灵活选用。

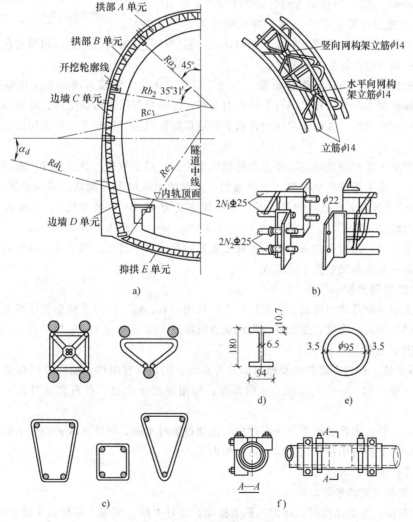

图 7-85　格栅钢架构造

a）格栅钢拱架示意图　b）接头示意图　c）格栅钢架断面　d）工字钢钢架　e）钢管钢架　f）钢管钢架可塑接头

钢架安装时，应严格控制其内轮廓尺寸，且预留沉降量，防止侵入衬砌净空。钢架与围岩间的间隙必须用喷射混凝土充填密实；钢架应全部被喷射混凝土覆盖，保护层厚度不得小于40mm。

（4）钢筋网壳锚喷支护　这是在格栅钢架基础上开发研制的一种适用于高地应力、软弱、膨胀、破碎岩体的一项新型支护技术，其结构是用钢筋在地面焊接成板壳结构，外表面是一层钢筋网，内部是立体纵横交叉的钢筋网架。每块构件的两端焊有带螺栓孔的连接板，每架支架出数块构件对头拼装，用螺栓连接。使用时是一架紧接一架安装，架间不留间隔。安装前，先进行锚杆支护，然后架设网壳板块，最后喷射混凝土。每棚支架可为4～6片，每片宽0.8～1.0m，厚度100～150mm。图7-86所示为网壳支架结构。

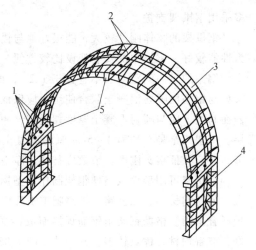

图7-86　网壳支架结构
1—螺栓　2—连结板　3—弧板型网壳构件
4—平板型网壳构件　5—木垫板

（5）锚注喷射混凝土支护　这是在破碎软岩中应用的一种支护结构，即在掘进后先利用内注式注浆锚杆及喷射混凝土进行锚喷初次支护，滞后工作面一定距离再进行注浆二次支护。

锚注支护技术利用锚杆兼作注浆管，实现了锚注一体化。注浆可改善更深层围岩的松散结构，提高岩体强度，并为锚杆提供可靠的着力基础，使锚杆与围岩形成整体，从而形成多层有效组合拱，即喷网组合拱、锚杆压缩区组合拱、浆液扩散加固拱，提高了支护结构的整体性和承载能力。

锚注支护施工工艺的关键是注浆参数的确定与控制。对于节理、裂隙发育、断层破碎带等松散围岩注浆，一般采用单液水泥浆，也可掺加一定量的水玻璃等外加剂。采用水泥-水玻璃液浆时，宜选用42.5级以上普通硅酸盐水泥，水玻璃浓度为45°Be'（波美度），用量为水泥质量的3%～5%，水胶比0.8～1.0，注浆压力1.0～1.5MPa，最大注浆压力为2.0MPa。

注浆时采用同一断面上的锚杆按自下而上先帮后顶的顺序进行。为了提高注浆效果，可采用隔排初注、插空复注的交替性作业方式。

5. 连续式衬砌支护

连续式支护分砌筑式和浇筑式。砌筑式主要指用料石、砖、混凝土或钢筋混凝土块砌筑而成的地下支护结构形式。浇筑式是指在施工现场浇筑混凝土而形成的支护结构形式。

（1）砌筑式支护

1）石材支架。石材支架的主要断面形式为直墙、拱顶。它由拱、墙和基础构成。使用料石砌筑拱、墙（壁）时，一般均采用拱、壁等厚；使用混凝土砌拱、料石砌壁时，一般拱、壁不等厚。

石材支架的施工多数情况下是在掘进后。先架设临时支架，以防止未衬砌段坑道的顶、帮岩石的垮落。临时支护可用锚喷或金属拱形支架形式。

砌筑式支护的施工顺序如下：

① 拆除临时支架的架腿。

② 掘砌基础。基础挖出后，将沟内积水排净，挂好中线、腰线，在硬底上铺50mm厚砂浆，然后在其上砌筑料石基础。

③ 砌筑侧墙。砌筑料石墙时，垂直缝要错开，横缝要水平，灰缝要均匀、饱满。砌筑时，

应用矸（废）石充填壁后空隙。砌筑混凝土墙时，必须根据巷道的中线、腰线组立模板，然后分层浇灌与捣固。

④ 砌拱。首先拆除临时支架，然后立碹胎、搭工作台，再进行拱部砌筑。碹胎可由 14 ～ 16 号槽钢或钢轨弯制而成，模板可用 8 ～ 10 号槽钢或木材制作。砌拱必须从两侧拱基向拱顶对称进行，使碹胎两侧均匀受力，以防碹胎向一侧歪斜。砌拱的同时，应做好壁后充填工作。封顶时，最后的砌块必须位于正中。砌筑工作面的横断面布置如图 7-87 所示。

砌筑完毕后，要待拱达到一定的强度后才能拆除碹胎和模板。由于砌筑石材支架劳动强度很大，效率低，承载能力低，矿山巷道及隧道现已很少使用。

2）大型混凝土预制块砌筑支护

① 大型高强钢筋混凝土弧板支架。大型高强钢筋混凝土弧板支架简称为高强弧板支架，适应于矿山高地应力、松软、破碎、膨胀地层的软岩巷道支护，其混凝土强度等级可达 C100。弧板块在地面预制，在巷道工作面组装。每圈由 4 ～ 5 块弧板组成，每块厚 200 ～ 300mm，宽 300 ～ 500mm。弧板两端为平接头，中间垫入厚 20 ～ 30mm 的木垫板做压缩层。前后圈各弧板支架的接头缝相互错开 500mm。弧板壁后用塑料编织袋灰包充填密实。灰包材料为粉煤灰、石灰和水泥的混合物，

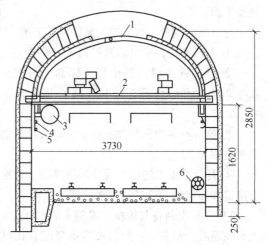

图 7-87　砌筑工作面横断面布置
1—金属碹胎　2—工作台　3—风筒　4—风带
5—水带　6—压风管

充填前要浸水，以便充填后固化。高强弧板支架适用于圆形断面。由于重量较大（10kN 左右），需要由专门的机械手安装。该技术已在淮南、平顶山、永夏等矿区得到成功应用。

② 钢筋混凝土管片支护。钢筋混凝土管片衬砌是城市地铁盾构隧道中广泛使用的一次衬砌支护形式，隧道贯通后在其内再用混凝土进行二次衬砌。

（2）现浇混凝土衬砌施工　现浇混凝土支护是地下工程中应用最为广泛的支护形式之一，在隧道工程中通常称为模筑混凝土衬砌。现浇混凝土衬砌施工的主要工序有准备工作、拱架与模板架立、混凝土制备与运输、混凝土灌注、混凝土养护与拆模等。

1）准备工作。衬砌施工开始前，要认真研究设计文件和现行相关施工规范，选择拟使用的原材料，设计出满足工作性、强度和耐久性要求的混凝土配合比。应进行场地清理，进行中线和水平施工测量，检查开挖断面是否符合设计要求，然后放线定位、架设模板支架或架立拱架等。同时，准备砌筑材料、机具等。此外，深埋隧道二次衬砌施工，一般情况下应在围岩和初期支护变形基本稳定后进行。变形基本稳定应符合下列条件之一：隧道周边变形率明显下降并趋于缓和；水平收敛（拱脚附近 7d 平均值）小于 0.2mm/d，拱部下沉速度小于 0.15mm/d；二次衬砌前的累计位移值，已达到极限相对位移值的 80% 以上；初期支护表面裂隙（观察）不再继续发展。

2）拱架与模板施工。砌筑拱架的间距应根据衬砌地段的围岩情况、隧道等地下工程的宽度、衬砌厚度及模板长度确定，一般可取 1m，最大不应超过 1.5m。

模筑衬砌所用的拱架、墙架和模板，宜采用金属或其他新型模板结构，应式样简单、装拆方便、表面光滑、接缝严密，有足够的刚度和稳定性。

模筑衬砌施工中，根据不同的施工方法，可使用衬砌模板台车或移动式整体模架，如图 7-88

所示，并配备混凝土泵车或混凝土输送器浇筑衬砌。中、小长度隧道可使用普通钢模板或钢木混合模板。

当围岩压力较大时，拱（墙）架应增设支撑或缩小间距，拱架脚应铺木板或方木块。架设拱架、墙架和模板，应位置准确、连接牢固。

巷（隧）道施工墙架时应做好以下工作：

① 立墙架时，应对墙基标高进行检查。

② 衬砌施工时，其中线、标高、断面尺寸和净空大小均须符合巷（隧）道设计要求。

图 7-88 隧道衬砌移动式整体模架

③ 模筑衬砌的模板放样时，允许将设计的衬砌轮廓线扩大 50mm，确保衬砌不侵入巷（隧）道建筑限界。

④ 衬砌的施工缝应与设计的沉降缝、伸缩缝结合布置，在有地下水的隧道中，所有施工缝、沉降缝和伸缩缝均应进行防水处理。

3）混凝土制备与运输。混凝土的配合比应满足设计要求。目前，现场多采用机械拌和混凝土。在混凝土制备中应严格按照质量配合比供料，特别要重视掌握加水量，控制水胶比和坍落度等。

混凝土坍落度在边墙处为 10 ~ 40mm，在拱圈及其他不便施工处为 20 ~ 50mm。当隧道不长时，搅拌机可设在洞口，在矿山井下施工时，搅拌机一般设在施工地点。

混凝土拌和后，应尽快浇筑。混凝土的运送时间一般不得超过 45min，以防止产生离析和初凝。城市地下工程原则上应采用混凝土搅拌运输车，采用其他方法运送时，应确保混凝土在运送中不产生损失及混入杂物。已经达到初凝的剩余混凝土，不得重新搅拌使用。图 7-89 所示为在隧道施工现场的泵送混凝土运输车。

4）混凝土的浇筑工艺要求。混凝土衬砌的浇筑应分节段进行。节段长度应根据围岩状况、施工方法和机具设备能力等确定。在松软地层，一般每节段长度不超过 6m。为保证拱圈和边墙的整体性，每节段拱圈或边墙应连续进行灌注混凝土衬砌，以免产生施工工作缝。

图 7-89 隧道内的泵送混凝土运输车

① 浇筑边墙混凝土。浇筑前，必须将基底石渣、污物和基坑内积水排除干净，墙基松软时，应做加固处理。边墙扩大基础的扩大部分及仰拱的拱座，应结合边墙施工一次完成。边墙混凝土应对称浇筑，以避免对拱圈产生不良影响。

② 拱圈混凝土衬砌。拱圈浇筑顺序应从两侧拱脚向拱顶对称进行。分段施工的拱圈合拢宜选在围岩较好处；先拱后墙法施工的拱圈，混凝土浇筑前应将拱脚支承面找平。钢筋混凝土衬砌先做拱圈时，应在拱脚下预留钢筋接头，使拱墙连成整体。拱圈浇筑时，应使混凝土充满所有角落，并应充分进行捣固密实。

③ 拱圈封顶。封顶应随拱圈的浇筑及时进行。墙顶封口应留 7 ~ 10cm，在完成边墙灌注 24h

后进行，封口前必须将拱脚的浮渣清除干净，封顶、封口的混凝土均应适当降低水胶比，并捣固密实，不得漏水。

④ 仰拱施工。应结合拱圈和边墙施工抓紧进行，使结构尽快封闭。仰拱浇筑前应清除积水、杂物、虚渣；应使用拱架模板浇筑仰拱混凝土。仰拱浇筑如图 7-90 所示。

⑤ 拱墙背后回填。拱墙背后的空隙必须回填密实，边墙基底以上 1m 范围内的超挖，宜用与边墙相同强度等级混凝土同时浇筑，超挖大于规定时，宜用片石混凝土或 M10 砂浆砌片石回填，不得用渣体随意回填，严禁片石侵入衬砌断面（或仰拱断面）。

图 7-90 隧道内仰拱施工现场

⑥ 如果采用泵送混凝土，则浇筑要连续进行，如有中断，则中断时间不宜超过 20min。当允许间歇时间已经超过时，应按照浇筑中断处理，同时应留置施工缝，并作记录。施工缝的平面与结构的轴线相垂直。施工缝处应埋置适量的钢筋或型钢，并使其体积露出前层混凝土外一半左右。

⑦ 采用机械振捣混凝土时，应符合以下规定：

a. 插入式振捣器的移动距离不宜大于振捣器作用半径的 1.5 倍，且插入下层混凝土内的深度宜为 5～10cm。

b. 表面振捣器的移动距离应能覆盖已振捣部分的边缘。

c. 附着式振动器的设置间距和振动能量应通过试验确定，并与模板紧密连接。

d. 机械振捣时不得碰撞模板、钢筋和预埋件。

e. 每一振点的振捣延续时间宜为 20～30s，以混凝土不再沉落、不出现气泡，表面出现浮浆为准。

f. 模板台车左右侧混凝土面高差不得超过 50cm，以防偏压。

5）衬砌混凝土养护与拆模。衬砌混凝土灌注后 10～12h 应开始洒水养护，以保持混凝土良好的硬化条件。养护时间应根据衬砌施工地段的气温、空气相对湿度和使用的水泥品种确定，使用硅酸盐水泥时，养护时间一般为 7～14d。寒冷地区应做好衬砌混凝土的防寒保温工作。

拱架、边墙支架和模板的拆除，应满足下列要求：

① 不承受荷载的拱、墙，混凝土强度达到 5.0MPa，或拆模时混凝土表面及棱角不致损坏，并能承受自重。

② 承受较大围岩压力的拱、墙，应在封口或封顶混凝土达到设计强度 100% 时拆模。

③ 受围岩压力较小的拱和墙，当封顶或封口混凝土达到设计强度的 70% 时可以拆模。

④ 围岩较稳定、地压很小的拱圈，当封顶混凝土达到设计强度的 40% 时可以拆模。

6）二次衬砌混凝土外观质量标准及检查方法。混凝土外观质量的控制标准：混凝土结构表面应密实平整、颜色均匀，严禁露筋，不得有蜂窝、孔洞、疏松、麻面和缺棱掉角等缺陷。表面错台不应大于 3mm，无渗漏水，达到一级防水要求，衬砌表面除施工缝外无裂缝，施工缝宽不得大于 2mm。混凝土结构外形尺寸允许偏差和检验方法应符合相关规范的要求。

7）二次衬砌混凝土完工质量检测。对完成的巷（隧）道衬砌，应对衬砌混凝土进行无损检测，检查衬砌质量和封顶效果，进行信息反馈，及时进行补强，并分析原因，采取纠正和预防措施。

7.1.6　通风与防尘

1. 通风目的

任何地下工程施工时都需要通风，尤其采用钻眼爆破法施工时更为重要。爆破时炸药分解产生大量的热量和 CO、SO_2、NO_2、NH_3、CO_2 等有害气体，同时隧道内空气中 O_2 的含量相对下降，机械设备也将排出大量废气和热量，隧道穿过煤层或某些地层还会放出 CH_4、H_2S 等气体。另外，钻眼、爆破、出渣、喷射混凝土等作业环节均会产生大量粉尘。这些有毒有害气体以及粉尘对施工人员危害极大，例如 CO 中毒、呼吸困难、尘肺病、工作效率降低等。因此，施工通风应达到以下目的：

1）供给新鲜空气。地下工程施工空间内空气应保持流通、新鲜，O_2 含量不低于 20%（按体积计）。

2）冲淡与排出有害气体。CO 是窒息性气体，化学性能稳定，持续时间长，浓度比其他有害气体高，对人体危害极大；SO_2、NO_2 和 NH_3 属刺激性气体。规范中对各种有毒有害气体的允许浓度都有明确规定：CO 不大于 $30mg/m^3$，特殊情况下，施工人员必须进入工作面时，可为 $100mg/m^3$，但工作时间不得超过 30min；CO_2 不得超过 0.5%（按体积计）；NO_2 应在 $5mg/m^3$ 以下；SO_2 不大于 $15mg/m^3$；NH_3 不大于 $30mg/m^3$。

3）降低粉尘浓度。粉尘是地下空间内空气污染的主要因素，粉尘中游离 SiO_2 对人体危害很大，长期吸入易患矽肺病。要求每立方米空气中含 10% 以上游离 SiO_2 的粉尘不得大于 2mg，含 10% 以下游离 SiO_2 的矿物性粉尘不得大于 4mg。

4）降低地下空间内的温度。为改善工作环境，使工人能在较舒适的气温下工作，公路隧道内作业地点空气温度不宜高于 30℃，铁路隧道内气温不得高于 28℃，《矿山安全法》规定不得超过 26℃。根据研究，巷（隧）道内最适宜作业人员的温度是 15~20℃。

5）瓦斯（CH_4）浓度不得大于 0.5%（按体积计），否则必须按照煤炭行业现行的《煤矿安全规程》之规定办理。

在巷（隧）道施工环境中，除了温度外，湿度和风速也对作业人员有较大影响。空气相对湿度低于 30% 时，水分蒸发快，会引起身体黏膜干裂；相对湿度大于 80% 时，水分蒸发困难，使人烦闷。比较舒适的空气相对湿度应在 50%~60%。风速过高，尘土飞扬，对作业人员的环境不利；风速过低，易造成有害气体积聚，不利于洞内施工设备散热，对安全生产不利。一般来说，湿度不易调节，因此主要从温度和风速两个方面进行调节，即维持温度、风速有一个相当的对应关系。此外，通风还直接影响隧道方案的选择、辅助坑道的设置、施工速度的快慢及工程造价，所以对于长大隧道，必须进行施工通风设计。

2. 通风方式

施工通风方式应根据巷（隧）道的长度、掘进坑道的断面大小、施工方法和设备条件等诸多因素综合考虑。在施工中，有自然通风和强制机械通风两类，其中自然通风是利用洞内外的温差或风压来实现通风的一种方式，一般仅限于在短直隧道（如 300m 以下）、浅埋地下空间工程中采用，且受洞外气候条件影响极大。因而完全依赖于自然通风的硐室较少，绝大多数应采用强制式机械通风。

根据通风机的作用范围，机械通风分为主机通风和局部扇风机（简称局扇）通风。当主机通风不能满足坑道掘进要求时，应设置局部通风系统，风机间隔串联或加设另一路风管增大风量。如有辅助坑道，应尽量利用坑道通风。矿山巷道施工均借助于矿井主扇风机（简称主扇），利用局部扇风机通风；竖井及隧道施工时，可用主扇或局扇或主、局扇结合式通风。实施机械通风必须具有通风机和风道。按照风道的类型和通风机安装位置，机械通风可分为管道式、巷道式和风墙式三种。

（1）管道通风 也称风管通风或风筒通风。根据巷（隧）道内空气流向的不同，又可分压入式（送风式）、抽出式（排风式）和混合式三种（图7-91），其中以混合式的通风效果较好。根据通风机的台数及其设置位置，风管的连接方式可分为集中式和串联式；还可根据风管内的压力来分，可分为正压型和负压型。

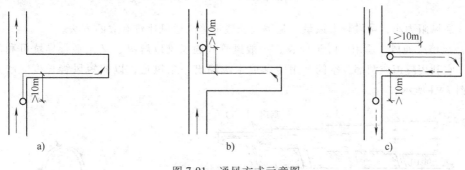

图 7-91 通风方式示意图
a）压入式　b）抽出式　c）混合式

1）压入式通风。这种通风方式是由通风机吸入新鲜空气，通过风管压入工作面，吹走工作面上有害气体和粉尘，使之沿巷（隧）道排出。地下矿山施工时，局部通风机必须安装在有新鲜风流通过的巷道内。隧道施工时，由于洞口直通外界，主扇风机可安置在洞口外一定距离，一般应大于30m。为了尽快排除工作面的炮烟，风筒口距工作面的距离一般以不大于10m为宜，隧道施工规范为不大于15m。

压入式通风能较快排除工作面的污浊空气，可采用柔性风筒，质量轻，拆装简单。但污浊空气排除时流经全洞，排烟时间较长，污染整个巷（隧）道。

单台风机可用于100～400m内的独头巷道，多台风机串联可用于400～800m的独头巷道。

2）抽出式通风。抽出式通风方式用通风机将工作面爆破所产生的有害气体通过风筒吸出，新鲜风流则由巷道进入工作面。风筒的排风口必须设在主要巷道风流方向的下方，距掘进巷道口10m以上。

这种通风方式一般需用刚性风筒。由于风管吸入口附近的风速随着远离吸入口而急剧降低，有效吸程小，工作面排烟时间长，污浊风流通过局部通风机，安全性差。其优点是不污染巷道。适合用于长度在400m以内的独头巷道。

3）混合式通风。这种通风方式是压入式和抽出式的联合应用，它具有以上两者的优点，适合用于长度在800～1500m的独头巷道。抽出、压入风口的布置要错开20～30m，以免在洞内形成循环风流。抽出风机能力要大于压入式风机20%～30%。矿山巷道施工一般均使用局扇，隧道施工可主扇与局扇结合使用。

隧道施工时，还可采用两路风筒并列的混合式通风方式，图7-92a所示为两台主扇集中式，图7-92b所示为多台小型风机串联式。送风式风机功率比排出式风机大，风筒随开挖面推进而接长。

（2）巷道式通风 当两条巷道或有平行导坑的隧道同时施工时，可采用这种通风方式。其特点是通过最前面的横洞使正洞和平行巷道组成一个风流循环系统，在平行巷道口附近安装通风机，将污浊空气由平行巷道抽出、新鲜空气由正洞流入，形成循环风流，如图7-93所示。这种

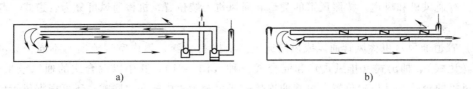

图 7-92　并列式混合通风

a) 两台主扇集中式　b) 多台小型风机串联式

通风方式通风阻力小，可供较大风量，是解决长隧道施工通风比较有效的方法。

（3）风墙式通风　适用于隧道较长、一般风管式通风难以解决、又无平行导坑可利用的隧道施工。它利用隧道成洞部分空间，用砖砌或木板隔出一条风道，以缩短风管长度、增大通风量，如图 7-94 所示。

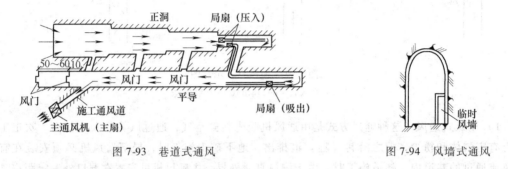

图 7-93　巷道式通风　　　　　　　　　图 7-94　风墙式通风

3. 通风方式的选择

通风方式应根据巷（隧）道长度、施工方法和设备条件等确定。通风方式应针对污染源的特性，尽量避免成洞地段的二次污染，且有利于快速施工。因此，在选择通风方式时应注意以下几个问题：

1）自然通风因其影响因素较多，通风效果不稳定且不易控制，除短直隧道外，应尽量避免采用。《铁路隧道施工规范》（TB 10204—2002）规定，隧道施工必须采用机械通风；井下矿山通风也有类似的规定。

2）压入式通风能将新鲜空气直接输送至工作面，有利于工作面施工，但污浊空气将流经整个坑道。若采用大功率风机、大管径风管，其适用范围较广。

3）抽出式通风的风流方向与压入式正好相反，但其排烟速度慢，且易在工作面形成炮烟停滞区，故一般很少单独使用。

4）混合式通风集压入式和抽出式的优点于一身，但管路、风机等设施增多，在管径较小时可采用；若有大管径、大功率风机时，其经济性不如压入式。隧道施工时，如果主机通风不能保证坑道掘进通风要求，则应设置局部通风系统。

5）利用平行坑道作巷道通风，是解决长隧道施工通风的方案之一，其通风效果主要取决于通风管理的好坏。若无平行坑道、断面较大，可采用风墙式通风。

6）选择通风方式时，一定要选用合适的设备——通风机和风管，同时要解决好风管的连接，尽量降低漏风率。

7）搞好施工中的通风管理，对设备要定期检查、及时维修，加强环境监测，使通风效果更加经济合理。

4. 通风机选择

通风机主要根据施工需要的风量及风压选择。

（1）风量计算　地下工程施工通风计算会因施工方法、地下工程断面、爆破器材、炸药种类、施工设备等不同而不同。目前使用的通风计算公式大多以矿井通风及铁路营运通风的计算公式类比或直接引用，一般按洞内同时工作的最多人数、同时爆破的最多炸药量、洞内允许的最小风速、内燃机械作业废气排放量的需要四个方面计算，并以其中最大值作为计算风量。

1）按洞内同时工作的最多人数计算

$$Q = kmq \tag{7-20}$$

式中　Q——工作面所需风量（m^3/min）；

　　　k——风量备用系数，常取 $1.1 \sim 1.25$；

　　　m——洞内同时工作的最多人数；

　　　q——洞内每人每分钟所需新鲜空气（m^3），公路、铁路隧道按 $3m^3$ 计算，矿山按 $4m^3$ 计算。

2）按同时爆破的最多炸药量计算。由于通风方式不同，计算方法也有差异。

① 管道式通风。

a. 压入式通风

$$Q = 7.8 \sqrt[3]{AS^2 L^2}/t \tag{7-21}$$

式中　A——同时爆破的炸药量（kg）；

　　　S——巷（隧）道净断面面积（m^2）；

　　　L——巷（隧）道长度（m）；

　　　t——爆破后的通风时间（min）。

b. 抽出式通风（当 $L_{吸} \leqslant 1.5 \sqrt{S}$）

$$Q = 18 \sqrt{ASL_{散}}/t \tag{7-22}$$

式中　$L_{吸}$——风管口至开挖面的距离（m）；

　　　$L_{散}$——爆破后炮烟的扩散长度（m），非电起爆时 $L_{散} = 15 + A$，电雷管起爆时 $L_{散} = 15 + A/5$。

c. 混合式通风

$$Q_{混压} = 7.8 \sqrt[3]{AS^2 L_{入口}^2}/t \tag{7-23}$$

$$Q_{混吸} = (1.2 - 1.3)Q_{混压} \tag{7-24}$$

式中　$Q_{混压}$——压入风量（m^3/min）；

　　　$Q_{混吸}$——抽出风量（m^3/min）；

　　　$L_{入口}$——压入风口至工作面的距离，一般按 2m 计算。

② 巷道式通风

$$Q = 5Ab/t \tag{7-25}$$

式中　b——1kg 炸药爆炸时产生的有害气体折合成 CO 的体积（m^3）。

因炸药爆炸后产生的有害气体中 CO 的化学性能最不稳定，对人体危害也最大，所以在通风计算时以 CO 为衡量标准，将其他有害气体都换算为 CO 再进行计算。一般 1kg 炸药爆炸后产生的有害气体换算成 CO 时按 40L 计。

3）按洞内允许的最小风速计算

$$Q = 60VS \tag{7-26}$$

式中　V——洞内允许的最小风速（m/s），《铁路隧道施工规范》（TB 10204—2002）规定，全断面开挖时为 $0.15m/s$，导坑开挖时为 $0.25m/s$，但均不应大于 $6m/s$；《煤矿安全规程》规定，岩石巷道掘进最小风速为 $0.15m/s$，最高为 $4m/s$；

S——巷（隧）道开挖断面面积（m^2）。

4）按内燃机械作业废气稀释的需要计算

$$Q = n_i A \tag{7-27}$$

式中　n_i——洞内同时使用内燃机械作业的总功率（kW）；

A——洞内内燃机械每千瓦所需的风量，一般按 $3m^3/min$ 计算。

按上述四种情况计算后，取其中最大者为计算风量，则要求通风机提供的风量为

$$Q_{供} = pQ \tag{7-28}$$

式中　$Q_{供}$——通风机需提供的风量（m^3/min）；

Q——前述风量计算结果的最大值（m^3/min）；

p——管路的漏风系数。

p 值与通风形式、风管直径、总长、接头形式及安装质量、风压、风管材料等因素有关，其值可在有关设计手册以及通风工程书籍中查得。若处于高山地区，由于大气压强降低，供风量尚需进行风量修正。

（2）风压计算　为保证将所需风量送至工作面，并在出风口仍有一定风速，要求通风机的风压必须克服风流沿途所受阻力。气流所受到的阻力有摩擦阻力、局部阻力（包括断面变化处阻力、分岔阻力和拐弯阻力）和正面阻力。其计算公式为

$$h_{机} \geq h_{总阻} \tag{7-29}$$

$$h_{总阻} = \sum h_{摩} + \sum h_{局} + \sum h_{正} \tag{7-30}$$

式中　$h_{机}$——通风机具有的风压（Pa）；

$h_{总阻}$——风流所受到的总阻力（Pa）；

$h_{摩}$——沿途阻力（Pa），气流经过各种断面的管（巷）道时，管（巷）道周壁与风流相互摩擦以及风流中空气分子间的扰动和摩擦而产生的阻力；

$h_{局}$——气流经过风管的断面变化、拐弯、分岔等处时，由于速度或方向发生突然变化而导致风流本身产生剧烈的冲击而产生的风流阻力；

$h_{正}$——巷道通风时受运输车辆的阻塞而产生的阻力（Pa），仅在巷道式通风时才考虑。

$h_{摩}$ 可按下式计算

$$h_{摩} = \frac{\alpha L U}{S^3} Q^2 \tag{7-31}$$

式中　α——风道摩擦阻力系数（$N \cdot s^2/m^4$），与风道材料性质、表面粗糙程度有关，可在有关施工、设计手册中查得；

L——风道长度（m）；

U——风道周长（m）；

S——风道断面面积（m^2）；

Q——风道流量（m^3/s）；

$h_{局}$ 可按下式计算

$$h_{局} = 0.612\xi \frac{Q^2}{S^2} \tag{7-32}$$

式中　ξ——局部阻力系数（$N \cdot s^2/m^4$），可在有关手册中查得。

$h_{正}$ 可按下式计算

$$h_{正} = 0.612\varphi \frac{S_m Q^2}{(S - S_m)^3} \tag{7-33}$$

式中　φ——正面阻力系数（$N \cdot s^2/m^4$），当列车行走时 $\varphi = 1.15 N \cdot s^2/m^4$，列车停放时 $\varphi =$

　　　　0.5 $N \cdot s^2/m^4$，当两列车（或斗车）停放间距超过 1.0m 时，则逐辆相加；

　　　S_m——阻塞物最大迎风面积（m^2）。

（3）通风机选择

1）通风机的类型。通风机按使用行业分有矿用型和非矿用型，在矿用型中按其安全性又分普通型和安全型（防爆型）。通风机按构造分有轴流式和离心式两种，如图 7-95 所示。轴流式又分普通轴流式和对旋式轴流式。轴流式通风机主要由叶轮、电动机、筒体、底座、集流器和扩散器主要部件组成。对旋式轴流通风机与普通轴流通风机的不同之处是没有静叶，仅由动叶构成，两级动轮分别由两个不同旋转方向的电动机驱动。在矿井，通风机按其用途分有主扇、辅扇和局扇三种。主扇用于全矿井或矿井某一翼，又称为主要通风机；辅扇用于某些分支风路中借以调节风量，协助主扇工作；局扇用于无贯穿风流的局部地点通风，故又称为局部扇风机。主扇和辅扇的机型和功率一般都比较大，多为固定式；局扇的机型和功率一般比较小，多为移动式，而且以轴流式为主。通风机种类繁多，形式多样，地下工程施工一般为独头掘进，故多使用轴流式通风机，部分轴流式通风机的技术特征见表 7-8。

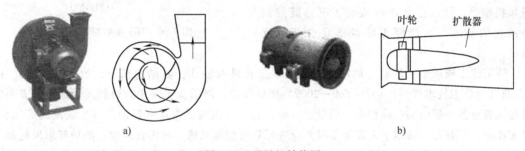

图 7-95　通风机结构图

a）离心式通风机　b）轴流式通风机

表 7-8　几种轴流式通风机性能参数表

型　　号	类　型	直径/cm	最大风量/ （m^3/min）	最大风压/ Pa	电动机 功率/kW	备　　注
JFD-90-4	普通式	90	660 ~ 720	3200	<60	选自《公路隧道施工技术规范》（JTG F60—2009）
JFD-100-4	普通式	100	960	3200	<80	
MFA100P2-SC3（日本）	—	100	1000	5000	55×2	
JK58-INO4	普通式	40	210	1648	5.5	矿用高效、节能、低噪声局扇
JK40-INO8	普通式	80	900	1339	30	
DJK50-INO8	对旋式	80	1068	2500	30×2	
FBDCZ(A)-6-NO20	对旋式	—	5550	5893	250×2	矿用防爆主扇
FBD-NO5.6×30	对旋式	—	395	4470	15×2	防爆压入式局扇
FBDC-NO7.1/30×2	对旋式	—	540	5338	30×2	防爆抽出式局扇

2）通风机选型

通风机选型的依据是隧（巷）道的通风阻力、要求的通风量以及其他一些条件。通风机所要达到的风量和风压按下式计算

$$Q_{机} \geq 1.1 Q_{供} \tag{7-34}$$

$$h_{机} \geqslant p h_{总阻} \qquad (7\text{-}35)$$

式中　1.1——风量储备系数；

p——漏风系数。

根据式（7-31）和式（7-32）求出的风量和风压，查通风机的特性曲线或技术特征表即可选择出通风机的型号。图 7-96 所示的是 JBT 系列局部扇风机不同型号的特性曲线，图中横坐标为风量，纵坐标为风压，选择时按计算的风量和风压在图中找出其交点，离交点较近且大于交点值的那条曲线所对应的风机型号即为所要选用的风机。每种类型通风机的特性均可用它的特性曲线来描述，通风机类型不同，其特性曲线也不同，其中区别较大的是合理的工况点的范围（通风量和通风压力的范围）。选择通风机型号实质上是在寻求类型特性曲线适宜的通风机型号，使该型号通风机的工况点既能满足通风量的要求，又能使工况点落在合理的范围以内。

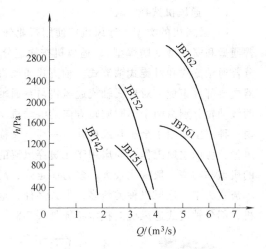

图 7-96　JBT 系列局扇特性曲线

隧道施工通风中主要采用轴流式通风机，尤其是对旋式，其结构简单、效率高、性能好。《公路隧道施工技术规范》（JTG F60—2009）明确要求，隧道施工采用大口径风管通风，需要配置与风管直径相适应的、体积小、质量轻、噪声低、可在隧道内任意移动的新型轴流式通风机。但需注意，在有瓦斯的地下工程施工时，应选择防爆型通风机。我国目前生产的局部扇风机都是轴流式的，有防爆型的 BKJ 系列和非防爆型的 JF 系列、JFD 系列等。轴流式通风机按风流的方向还有压入式和抽出式之分，在选用时也应注意。

选用通风机时，除合理选择通风机的形式和型号外，还需确定通风机的台数。当巷（隧）道较长、断面较大，单机不能满足风量要求时，应选多机并联或串联运转。在巷（隧）道通风阻力小，而要求风量大的情况下，采用通风机并联运转能够取得较好的效果。通风机联合运转的效果取决于多台通风机联合运转的综合特性曲线，两台通风机并联运转时，通风量明显增加，一般可比单机通风增大 70% 左右。但随并联通风机台数的增多，风量增加的效果会减小。所以并联通风机以 2~3 台为宜。在需风量较小，风阻大时，可进行串联运转。串联运转时，风量变化不大，风压明显提高。通风机并联或串联运转时，各台通风机的型号宜相同，这样选型、管理、维修都比较方便。

5. 风筒（管）的选择

风筒（隧道工程内称风管）是地下工程施工通风系统的重要组成部分，其性能的优劣、安装及维护的质量，对通风效果有着直接的影响。

（1）风筒的种类　常用的风筒分刚性风筒和柔性风筒两类。刚性风筒主要有金属（铁皮、镀锌钢板或铝合金板）风筒和玻璃钢风筒，柔性风筒有胶皮风筒、塑料（聚氯乙烯）风筒和维尼龙风筒。风筒一般都是圆形的，刚性风筒在必要时也可制成矩形。金属风筒的主要优点是坚固耐用；其最大缺点是质量大，储存、搬运和安装不便，已逐步被玻璃钢风筒所替代。柔性风筒原则上只能用于压入式通风，但用弹簧钢做螺旋形骨架的柔性风筒，同时具有刚、柔的特点，也可用于抽出式通风。刚性风筒既可用于压入式通风，也可用于抽出式通风。各种风筒的优缺点及应用情况如表 7-9 所示。

表 7-9　各种风筒的主要优缺点及应用情况

风筒材料	主要优点	主要缺点	应用情况
维尼龙胶布	质量轻，运输存放方便，价格便宜，可回收，修补连接容易	易挂破，通风阻力大，耗用动力多，不能用于抽风	使用广泛
聚氯乙烯	质量轻，运输存放方便，价格便宜	易挂破，不能用于抽风	使用不广，在煤矿使用需具有抗静电和阻燃性能
镀锌薄钢板	较便宜，能回收，可在现场制造，阻力小，刚度大	质量大，吊挂困难，易锈蚀，料源有一定问题，存放困难	
铝合金板	较便宜，能回收，阻力小，刚度大，耐锈蚀，质量轻，易安装	制造技术较复杂，存放困难，料源有问题	
玻璃钢	质量轻，易安装，比强度大，耐锈蚀，寿命长，阻力小	造价较贵，运输存放困难	逐渐增多，在煤矿使用需具有抗静电和阻燃性能
铁皮	坚固耐用，刚度大	笨重，体积大，储存、搬运和安装都不方便，易锈蚀	过去使用较多，因缺点较多已趋于淘汰

（2）风筒直径的选择　风筒直径根据需通过的风量、通风的长度等条件确定。风筒直径为 300~1500mm，送风量大、距离长，直径应大些。根据经验，通风距离为 200~500m 时，风筒直径为 500mm 左右；距离为 500~1000m 时，风筒直径为 600~800mm。常用的部分风筒规格见表 7-10。

表 7-10　部分风筒技术规格

风筒种类	直径/mm	每节长度/m	筒壁厚度/mm	每米质量/kg
胶皮	300	10	1.2	1.3
	400	10	1.2	1.6
	500	10	1.2	1.9
	600	10	1.2	2.3
	800	10	1.2	3.2
	1000	10	1.2	4.0
塑料	300	50	0.3	—
	400	50	0.4	1.28
玻璃钢	700	3	2.2	12
	800	3	2.5	14
铁皮	500	2.5、3.0	2.0	28.3
	600	2.5、3.0	2.0	34.8
	700	2.5、3.0	2.5	46.1
	800~1000	3.0	2.5	54.5~68.0

随着地下工程施工技术的日益发展，长隧道采用全断面开挖越来越多，选用大口径风筒进行施工通风可大大简化隧道施工工序，有利于全断面开挖的推广使用，是解决长隧道施工通风的主要途径。大口径风筒的直径一般为 1.0~1.5m。

风筒直径应通过计算确定。计算方法是：在计算风阻时，先初选风筒直径 D，待风机选定后，风筒直径同时被确定。

（3）风筒的安设与管理　风筒一般应设在不妨碍出渣运输作业、衬砌作业的空间处，同时要牢固地安装，以免受到碰撞、冲击而发生移动、掉落。风筒一般均用夹具等安装在支撑构件上。风筒可挂设在巷（隧）道拱顶中央、中部或靠边墙墙角等处，一般在拱顶中央处通风效果较佳。

风筒的漏风率是影响管道通风的主要因素之一，要做到防止漏风，减少通风阻力，防止主流风回风、短路等，这与隧道施工管理水平有很大关系，要经常性定期检查、测试以提高通风效果，达到安全、卫生的目的。风筒的安装要平顺，接头严密，弯曲半径不得小于风筒直径的 3 倍，以减小通风阻力。风筒的连接应密贴，以减少漏风。一般硬管用密封带或垫圈连接，软管用紧固件连接。风筒如有破损，必须及时修理或更换。

6. 防尘工作

在地下工程施工中，凿岩、爆破、装岩、喷射混凝土等作业都有粉尘产生，其中凿岩作业产生的粉尘占洞内空气中含尘量的 85%，爆破产生的粉尘约占 10%，装渣运输产生的粉尘约占 5%。粉尘对人体危害极大，故必须采取多种措施，把含 10% 以上游离 SiO_2 的粉尘控制在国家规定的 $2mg/m^3$ 的标准之内。

地下工程施工中的防尘措施应是综合性的，应做到"四化"，即湿式凿岩标准化、机械通风经常化、喷雾洒水制度化和人人防护普遍化。

（1）湿式凿岩标准化　湿式凿岩就是在钻眼过程中利用高压水润湿粉尘，使其成为岩浆流出炮眼，从而防止岩粉的飞扬。这种方法可降低粉尘量 80%。目前，我国生产并使用的各类风钻都有给水装置，使用方便。对于缺水、易冻害或岩石不适于湿式钻眼的地区，可采用干式凿岩孔口除尘，其效果也较好。

（2）机械通风经常化　使用机械通风是降低洞内粉尘浓度的重要手段。在爆破通风完毕，主要的钻眼、装渣等作业进行期间，仍需经常通风，以便将一些散在空气中的粉尘排出，这对于消除装渣运输等作业中所产生的粉尘是很有作用的。

（3）喷雾洒水制度化　为避免岩粉飞扬，应在爆破后及装渣前喷雾洒水、冲刷岩壁，不仅可以消除爆破、出渣所产生的粉尘，而且可溶解少量的有害气体（如 CO_2、NO_2、H_2S 等），并能降低坑道温度，使空气变得明净清爽。

（4）个人防护普遍化　每个施工人员均应注意防尘，戴防尘口罩，在凿岩、喷混凝土等作业时还需要佩戴防噪声的耳塞及防护眼镜等。

7.1.7　防排水

相对于矿山巷道，交通隧道对防排水的要求较高。目前我国大部分隧道存在不同程度的水害。水害不仅对隧道结构产生危害，而且造成洞内通信、供电、照明等设备处于潮湿环境而发生锈蚀；使路面积水或结冰，造成打滑，危及行车安全。

因此，地下结构的防水事关重大。应根据使用要求，全面考虑地形、地貌、水文地质、工程地质、地震烈度、冻结深度、环境条件、结构形式、施工工艺及材料来源等综合考虑治水方案。

通常采用的有防水混凝土自身防水，设置附加防水层，采用注浆或其他防水措施。对变形缝、施工缝应采取可靠的堵、排等防水措施。当地下水有侵蚀性时，要针对水的腐蚀成分采取相应的耐腐蚀混凝土、防水砂浆、卷材或涂料等防水方案。隧道内的电气化设备及照明设施等应做防水处理。此外，洞内要设置排水系统，洞顶地表水要设置截堵工程。

1. 防排水的原则

为避免和减少水的危害，我国巷道（隧道）工作者总结出"防、排、截、堵相结合，因地制宜，综合治理"的治水原则。

1）防。"防"是指隧道衬砌具有一定的防水能力，防止地下水浸入。

2）排。"排"是指人为设置排水系统，将地下水排出隧道。

3）截。"截"是指在隧道以外将地表水和地下水疏导截流，使之不能进入隧道工程范围内。如在地表水上游设置截水导流沟，地下水上游设置泄水洞或洞外井点降水。此外，辅助导坑中的平行导坑、横洞、斜井、竖井等均可以作为泄水洞。

4）堵。"堵"是指以衬砌混凝土为基本防水层，以其他防水材料为辅助防水层，阻隔地下水，使之不能进入隧道内的防水措施，必要时还可以采用注浆堵水措施。

以上措施的结合，就是因地制宜，综合考虑，适当选择治水方案，做到技术可行，经济合理，效果良好，保护环境。这要根据围岩的工程地质条件，地下水的水量大小及埋藏和补给条件，工程结构的设计使用要求，施工技术水平及环境保护要求等情况来选择确定。应当指出的是，绝对堵死地下水是很困难的，因此要求在设计和施做堵水设施时，就要充分考虑到排水的组织，做到堵、排结合，边排边堵。

2. 衬砌的自身防水

为保证隧道衬砌、通信信号、供电线路和轨道等设备正常使用，隧道衬砌要根据要求采取防水措施。衬砌的自身防水一般有如下几种措施：

（1）注浆　在地下水较丰富的地质条件下，在开挖隧道前，需要在掌子面前方一定范围内进行注浆，经凝结、硬化后起到防水和加固的作用。

（2）防水混凝土衬砌　衬砌采用防水混凝土浇筑。防水混凝土是指以调整配合比或掺用外加剂的方法增加混凝土的密实性，以提高混凝土自身抗渗性能的一种混凝土。

（3）衬砌各类缝隙防水　在地下水较丰富的地区，隧道衬砌的各种接缝，如施工缝、变形缝（沉降缝、伸缩缝）处常用止水带防水，如金属（铜片）止水带、聚氯乙烯止水带以及橡胶止水带等。金属止水带目前已经很少使用了；聚氯乙烯止水带的弹性较差，只能用于相对变形较小的场所；橡胶止水带则可以用于变形幅度较大的场合。

（4）复合式衬砌的中间防水层　在复合式衬砌的内外层衬砌之间设防水层，是一种效果良好的防水形式。防水层可以用软聚氯乙烯薄膜、聚异丁烯片、聚乙烯片等防水卷材，或用喷涂乳化沥青等防水剂。图 7-97 所示为复合式衬砌，图 7-98 所示为正在施做的防水板。

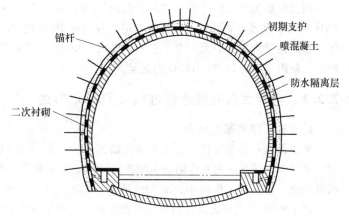

图 7-97　复合式衬砌示意图

3. 结构的排水设施

常用的结构排水设施有：盲沟—泄水孔—排水沟。结构排水设施应结合混凝土衬砌来施做。其排水过程是：水从围岩裂隙进入衬砌背后的盲沟，盲沟下接泄水孔（泄水孔穿过衬砌边墙下部），水从泄水孔泄出后，进入隧道内的纵向排水沟，并经纵向排水沟排出洞外。

图 7-98　正在施做的防水板

7.2　掘进机施工技术

在岩石中开凿矿山巷道或交通隧道时，除采用常规的钻眼爆破法外，还可采用掘进机施工。掘进机是指能够直接切割、破碎工作面岩石，同时完成装载、转运岩石，并可调动行走和具有喷雾除尘功能的巷（隧）道掘进综合机械，有的掘进机还具有支护功能，以机械方式破落煤、岩。

掘进机按其结构特征和工作机构破岩方式的不同，分为全断面掘进机（TBM）和部分断面掘进机（又叫悬臂式掘进机）两大类。前者适用于直径为 2.5 ~ 10m 的全岩巷（隧）道，岩石的单轴抗压强度可达 50 ~ 350MPa，可一次切割出所需断面，且形状多为圆形，主要用于工程涵洞和隧道的岩石掘进。后者一般适用于单轴抗压强度小于 60MPa 的煤、半煤岩和软岩水平巷道，一次仅能切割断面的一部分，需要工作机构多次摆动才能掘出所需断面，断面可以是矩形、梯形、拱形等多种形式，故在矿山尤其是煤矿巷道掘进中使用普遍。

掘进机在国外已广泛用于铁路及公路隧道、水电工程隧道及矿山巷道工程。1985 年，应用 TBM 贯通了世界著名的英吉利海峡隧道。我国在 20 世纪 80 年代末，已研制出多种掘进机。1992 年，我国在甘肃省的引大入秦工程中首次成功应用了 TBM 掘进技术，并在之后的万家寨引黄工程中，取得了日最高进尺 113m 的记录。

7.2.1　全断面岩石隧道掘进机（TBM）概述

1. TBM 法的基本概念

全断面岩石隧道掘进机通常简称隧道掘进机（缩写为 TBM），是一种用于圆形断面隧（巷）道、采用滚压式切削盘在全断面范围内破碎岩石，集破岩、装岩、转载、支护于一体的大型综合掘进机械。其掘进工作循环如图 7-99 所示。

图 7-99 中，图 a 表示机器用支撑板撑住，前后下支撑回缩，推进缸推压刀盘钻掘开始；图 b 表示掘进一个行程，钻掘终止；图 c 表示前后下支撑伸出到洞底部、支撑板回缩；图 d 表示外机体前移，用后下支撑调整机器方位；图 e 表示支撑板撑住洞壁，前后下支撑回缩，为下一个工作循环做好准备。

2. TBM 法的特点

（1）TBM 法的优点

1）开挖作业能连续进行，施工速度快，工期短。特别是在稳定的围岩中长距离施工时，此特征尤其明显。

2）对围岩的扰动损伤小，用爆破法使围岩的损伤范围约为 2～3m，而 TBM 法一般只有 0.5m 左右，几乎不产生松弛、掉块、崩塌的危险，可减轻支护的工作量。此外，超挖小，衬砌也省时省料。

3）开挖表面平滑，在圆形隧洞的情况下，受力条件好。

4）振动和噪声对周围的居民和结构物的影响小。

5）施工安全。TBM 可在防护棚内进行刀具的更换，密闭式操纵室、高性能集尘机等的采用，使安全性和作业环境有了较大的改善。

6）作业人员少。

（2）TBM 法的缺点

1）设备的购置、运输、组装解体等的费用高，设计制造时间长，初期投资高。

2）施工途中不能改变开挖直径。

3）地质的适应性受到一定限制，对多变的地质条件（如断层、破碎带、溶洞、挤压带、涌水等）的适应性差。不同地质条件需要不同种类的掘进机及相应的配置，因此其适应性没有钻爆法灵活。

4）开挖断面的大小、形状变更难，在应用上受到一定的制约。

5）运输困难。由于 TBM 为大型配套设备，具有部件多、质量大的特点，总质量往往达到 2000t 以上，许多部件的外形尺寸超过铁路运输界限，需要用大型汽车来运输。因此，不仅运费昂贵，而且在许多情况下，顺利运到洞口都是困难的。

6）要求施工人员的技术水平和管理水平高，施工短隧道时不能发挥其优越性。

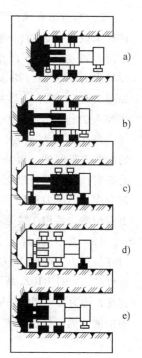

图 7-99　TBM 的工作循环示意图

3. TBM 的破岩原理

TBM 的破岩原理，随刀具的类型不同分为滚刀破岩和削刀破岩两类。

（1）滚刀破岩　这是通过滚刀对岩石施加强大的压力，在岩面上滚动来破碎岩石的。根据滚刀的形式不同，又分为圆盘形、楔齿形、球齿形滚刀几类。

1）圆盘形滚刀。圆盘形滚刀如图 7-100a 所示。工作时，每只圆盘刀具上作用有 50～200kN 的压力，使岩体表面在刀圈刀尖强集中力作用下破碎而被切入，并形成切入坑，如图 7-100b 所示。随着滚刀滚动，切入坑连通，在岩面上形成一条条破碎沟，破碎沟之间岩石 AO_1C 又受滚刀侧刃挤压力的作用而剪切破碎。当切入深度 h 较小时，剪裂面为 O_1C 或 O_2D，h 较大时，剪裂面为 O_1O_2，如图 7-100c 所示。

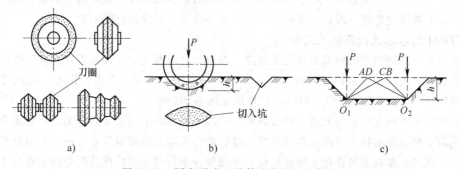

图 7-100　圆盘形滚刀及其破岩原理示意图

a）圆盘形刀具　b）刀具切入情况　c）剪切破岩情况

2）楔齿形和球齿形滚刀。这两种刀具如图 7-101a、b 所示。楔齿形滚刀的破岩原理可以这样来说明：最初由楔齿的尖端，在滚刀转动情况下产生切向张力破坏岩石的表面，切入深度为 λ，如图 7-101c 所示。然后，由齿尖在楔入力作用下继续引起剪切破坏，楔入深度为 h。另外，各齿环的齿节是不同的，因此加大了楔齿的破岩作用。球齿形滚刀的破岩原理与楔齿形滚刀相同，球齿形滚刀更为耐磨，适用于硬岩掘进。

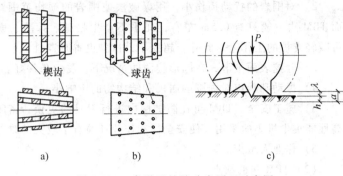

图 7-101 齿形刀具及破岩原理示意图
a）楔齿形刀具 b）球齿形工具 c）齿形刀具破岩

（2）削刀破岩 工作时，削刀在挤压力 P_V 和切割力 P_H 的作用下，首先在刀尖处形成切碎区，随着刀具回转运动，形成剪力破碎区，如图 7-102a 所示。削刀继续回转，即在岩壁上留下环状切削槽，该槽的宽度即为切削刃的宽度，约为刀具回转一周破岩总进尺的 1/4 ~ 1/3，两切削槽之间的岩石，为破岩进尺的 2/3 ~ 3/4，则由削刀侧向挤压力 R 作用而剪力破碎，如图 7-102b 所示。

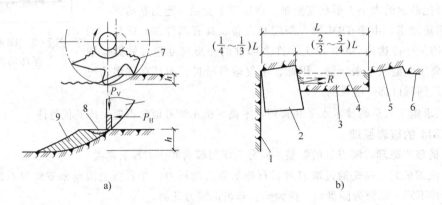

图 7-102 削刀破岩示意图
1—掌子面 2—切削刃 3—剪切破碎区 4—剪切破裂线 5—切割槽
6—洞壁 7—削刀 8—切碎区 9—剪力破碎区

不论是滚刀或是削刀，总的破岩体积中，大部分破岩并不是由刀具直接切割的，而是由后进刀具剪切破碎的。为有效破岩，先形成破碎沟或切削槽是前提条件。破碎沟或切削槽的深度、宽度越大，破岩效果便越好。因此，需根据开挖岩体的性质，选择适宜的刀具。

4. TBM 的基本功能及施工工艺

全断面岩石隧道掘进机的基本功能是掘进、出渣、导向和支护，并配置有完成这些功能的机构。除此之外，还配备有后配套系统，如运渣运料、支护、供电、供水、排水、通风等系统设备，故总长度较大，一般为 150 ~ 300m，其外形如图 7-103 所示。

掘进机的基本施工工艺是刀盘旋转破碎岩石，岩渣由刀盘上的铲斗运至掘进机的上方，靠自重下落至溜渣槽，进入机头内的运渣胶带机，然后由带式输送机转载到矿车内，利用电机车拉到洞外卸载。掘进机在推力的作用下向前推进，每掘够一个行程，便根据情况对围岩进行支护。整个掘进工艺如图 7-104 所示。

图 7-103　全断面岩石隧道掘进机的外形

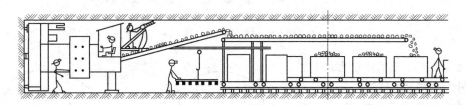

图 7-104　全断面岩石隧道掘进机工作示意图

7.2.2　全断面岩石隧道掘进机施工技术

1. 全断面岩石隧道掘进机的类型与结构

全断面岩石隧道掘进机按掘进的方式分全断面一次掘进式（又叫一次成洞）和分次扩孔掘进式（又叫两次成洞）；按掘进机是否带有护壳分为敞开式和护盾式。掘进机的结构部件可分为机构和系统两大类。机构包括刀盘、护盾、支撑、推进、主轴、机架及附属设施和设备等，系统包括驱动、出渣、润滑、液压、供水、除尘、电气、定位导向、信息处理、地质预测、支护、吊运等，它们各具功能、相互连接、相辅相成，构成有机整体，完成开挖、出渣和成洞功能。刀具、刀盘、大轴、刀盘驱动系统、刀盘支承、掘进机头部机构、司机室以及出渣、液压、电气等系统，不同类型的掘进机大体相似。从掘进机头部向后的机构和结构、衬砌支护系统，敞开式掘进机和护盾式掘进机有较大的区别。

（1）敞开式 TBM　这是一种用于中硬岩及硬岩隧道掘进的机械。由于围岩比较好，掘进机的顶护盾后，洞壁岩石可以裸露在外，故称为敞开式。敞开式掘进机的主要类型有 Robbins、JarvaMK27/8.8、Writh780-920H、WrithTB880E 等，其中 Robbinsϕ8.0m 型如图 7-105 所示。

敞开式 TBM 的支撑分主支撑和后支撑。主支撑由支撑架、液压缸、导向杆和靴板组成。靴板在洞壁上的支撑力由液压缸产生，并直接与洞壁贴合。主支撑的作用一是支撑掘进机中后部的重量，保证机器工作时的稳定；二是承受刀盘旋转和推进所形成的转矩与推力。后支撑位于掘进机的尾部，用于支撑掘进机尾部的机构。

主支撑的形式分单 T 形支撑和双 X 形支撑。单 T 形支撑采用一组水平支撑（图 7-106a），位于主机架的中后部，结构简单，调向时人机容易统一。双 X 形支撑采用前、后两组 X 形结构的支撑（图 7-106b），支撑位置在掘进机的中部，支撑液压缸较多，支撑稳定，对洞壁比压小，其

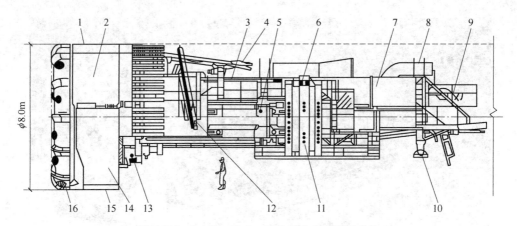

图 7-105　Robbinsϕ8.0m 型敞开式全断面掘进机

1—顶部支撑　2—顶部侧支撑　3—主机架　4—探测孔凿岩机　5—推进液压缸

6—主支撑架　7—TBM 主机架后部　8—通风管　9—胶带输送机

10—后支撑带靴　11—主支撑靴　12—锚杆钻　13—刀盘主驱动

14—左右侧支撑　15—垂直前支撑　16—刀盘

不足是主梁太长，整机重量大，不利于施工小拐弯半径的隧道。

掘进机的工作部分由切削盘、切削盘支承及其稳定部件、主轴承、传动系统、主梁、后支腿及石渣输送带组成。其工作原理是支撑机构撑紧洞壁，刀盘旋转，液压缸推进，盘型滚刀破碎岩石，出渣系统出渣而实现连续开挖作业。其工作步骤为

1）主支撑撑紧洞壁，刀盘开始旋转。

2）推进液压缸活塞杆伸出，推

图 7-106　敞开式全断面掘进机的支撑形式

a）T 形支撑　b）X 形支撑

1—靴板　2—液压缸　3—支撑架

进刀盘掘够一个行程，停止转动，后支撑腿伸出抵到仰拱上。

3）主支撑缩回，推进液压缸活塞杆缩回，拉动机器的后部前进。

4）主支撑伸出，撑紧洞壁，提起后支腿，给掘进机定位，转入下一个循环。

掘进机工作中由切削头切削下来的岩渣，经机器上部的输送带运送到掘进机后部，卸入其后配套运输设备中。掘进机上装备有打顶部锚杆孔和超前探测（注浆）孔的凿岩机，探测孔可超前工作面 25 ~ 40m。

敞开式掘进机掘进时，支护在顶护盾后进行，所以在顶护盾后设有锚杆安装机、混凝土喷射机、灌浆机和钢环梁安装机等机械设备以及支护作业平台。锚杆机安设在主梁两侧，每侧一台。钢环梁安装机带有机械手，用以夹持工字钢或槽钢环形支架。喷射机、灌浆机等安设在后配套拖车上。

（2）护盾式 TBM　按其护壳的数量分有单护盾、双护盾和三护盾三种，我国以双护盾掘进机为多。双护盾为伸缩式，以适应不同的地层，尤其适用于软岩且破碎、自稳性差或地质条件复杂的隧道。

与敞开式掘进机不同，双护盾式掘进机没有主梁和后支撑，除了机头内的主推进液压缸外，还有辅助液压缸。辅助推进液压缸只在水平支撑液压缸不能撑紧洞壁进行掘进作业时使用。辅助液压缸推进时作用在管片上。护盾式掘进机只有水平支撑没有 X 形支撑。

刀盘支承用螺栓与上、下刀盘支撑体组成掘进机机头。与机头相连的是前护盾，其后是伸缩套、后护盾、盾尾等构件，它们均用优质钢板卷成。前护盾的主要作用是防止岩渣掉落，保护机器和人员安全，增大接地面积以减小接地比压，有利于通过软岩或破碎带。伸缩套的外径小于前护盾的内径，四周设有观察窗，其作用是在后护盾固定、前护盾伸出时，保护前后护盾之间推进液压缸和人员的安全。后护盾前端与推进液压缸及伸缩套液压缸连接；中部装有水平支撑机构，水平支撑靴板的外圆与后护盾的外圆相一致，构成一个完整的盾壳；后部与混凝土管片安装机相接。后护盾内四周留有布置辅助推进液压缸的孔位，盾壳上沿四周留有超前钻作业的斜孔。盾尾通过球头螺栓与后护盾连接，以利于安装和调向，其尾部与混凝土管片搭接。

由于双护盾掘进机适用于不良岩体，机后用拼装式管片支护，因此，掘进机上还须配置管片安装机和相应的灌浆设备。

护盾式掘进机的主要类型有 Robbins、TB880H/TS、TB1172H/TS、TB539H/MS 等，其中德国的 TB880H/TS（直径 8.8m）型如图 7-107 所示，它由装切削盘的前盾、装支撑装置的后盾（主盾）、连接前后盾的伸缩部分以及为安装预制混凝土块的盾尾组成。该类掘进机在围岩状态良好时，掘进与预制块支护可同时进行；在松软岩层中，两者须分别进行。机器所配备的辅助设备有衬砌回填系统、探测（注浆）孔钻机、注浆设备、混凝土喷射机、粉尘控制与通风系统、数据记录系统、导向系统等。

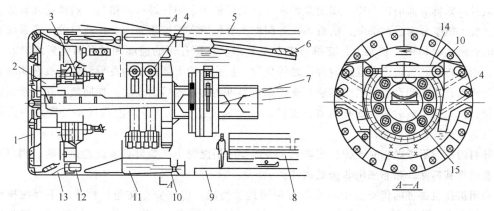

图 7-107　TB880H/TS（直径 8.8m）型护盾式全断面掘进机
1—刀盘　2—石渣漏斗　3—刀盘驱动装置　4—支撑装置　5—盾尾密封　6—凿岩机
7—砌块安装器　8—砌块运输车　9—盾尾面　10—辅助推进液压缸　11—后盾
12—主推进液压缸　13—前盾　14—支撑液压缸　15—带式输送机

（3）扩孔式全断面掘进机　当隧道断面过大时，会带来电能不足、运输困难、造价过高等问题。在隧道断面较大、采用其他全断面掘进机一次掘进技术经济效果不佳时，可采用扩孔式全断面掘进机。

扩孔式全断面掘进机是先采用小直径 TBM 在隧道中心用导洞导通，再用扩孔机进行一次或两次扩孔。扩孔机的结构如图 7-108 所示。为保证掘进机支撑有足够的撑紧力，导洞的最小直径为 3.3m，扩孔的孔径一般不超过导洞孔径的 2.5 倍。对于直径 6m 以上的隧道，除在松软破碎的围岩中作业的护盾式掘进机外，设备制造商比较主张先打直径 4m 左右的导洞，再用扩孔机扩孔。国外在 1970 年施工的一条隧道，先用直径 3.5m 的掘进机开挖，然后用扩挖机扩大到 10.46m；另一隧道用的扩孔机直径为 4.5m，扩孔直径 10.8m。

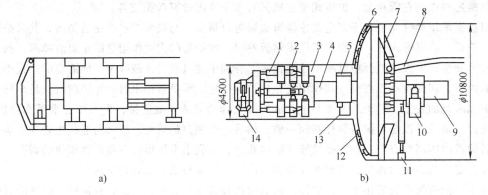

图 7-108　扩孔机施工方式图

a）导洞掘进机　　b）Wirth 扩孔机主机部分

1—推进液压缸　2—支撑液压缸　3—前凯氏外架机　4—前凯氏内架机　5—护盾

6—切削盘　7—石渣槽　8—输送带　9—后凯氏内架机　10—后凯氏外架机

11—后支撑　12—滚刀　13—护盾液压缸　14—前支撑

显然，这套掘进系统需要两套设备，一台小直径全断面导洞掘进机和一台扩孔机。扩孔机的切削盘由两半式的主体与 6 个钻臂组成，用螺栓装成一体并用拉杆相连。6 个钻臂上装有刮刀，将石渣送入钻臂后面的铲斗中。切削盘转动，石渣经铲斗、圆柱形石渣箱与一斜槽送到输送机上运出。整个机架分前后两部分，前机架在导洞内，后机架在扩挖断面内。扩孔机的支撑系统在导洞内的外凯氏（Kelly）机架上，支撑形式为双 X 形。在扩孔机的前端和扩孔刀盘后均具有支承装置，用以将扩孔机定位在隧道的理论轴线位置。扩孔机的大部分结构在导洞内，故在切削盘后面空间较大，后配套设备可紧跟其后，支护砌块也可在切削盘后面安装。如同敞开式全断面掘进机一样，扩孔机主机后面仍配有出渣、支护、各个辅助系统的设备，这些设备安置在一台拖车上，独立于扩孔机自行前移。

导洞内一般不考虑临时支护，或者只在表面喷一层混凝土。如果必须设置锚杆时，则应在扩孔机前面将其拆除，除非采用非金属锚杆。

采用扩孔机掘进的优点：中心导洞可探明地质情况，以作安全防范；扩孔时不存在排水问题，通风也大为简化；打中心导洞速度快，可早日贯通或与辅助通道接通；扩孔机后面的空间大，有利于紧随其后进行支护作业；扩孔机容易改变成孔直径，以便于在不同的工程项目中重复使用。

2. 全断面岩石掘进机的后配套系统

全断面岩石掘进机的后配套系统是实现 TBM 快速掘进的重要组成部分，也是实现 TBM 机械化和程序化的一个整体。正确的后配套系统使 TBM 隧道施工成为一个隧道"工厂"。主机的结构类型和规格确定之后，就要根据主机选择先进、可靠、合理的后配套系统。后配套系统包括出渣运输系统、支护系统、通风系统、液压系统、供电系统、降温系统、防尘系统、供水系统以及生活服务设施、小型维修等。

（1）运输方式和运输设备

1）轨行门架型。这是目前世界上普遍采用的、常规的后配套形式，与出渣列车（斗车和电机车）相配合形成轨行式出渣系统。它由一系列轨行门架串接而成，其数量根据一个掘进行程、后配套设备和临时支护的数量、规格确定。轨行门架形式分为有平台车和无平台车两种，如图 7-109 所示。有平台车型，门架固定在台车上，台车的滚轮在仰拱轨道上行走，平台上铺设单股道或双股道，供出渣列车通行。无平台车型取消了平台车，门架直接放置在仰拱块的轨道上。

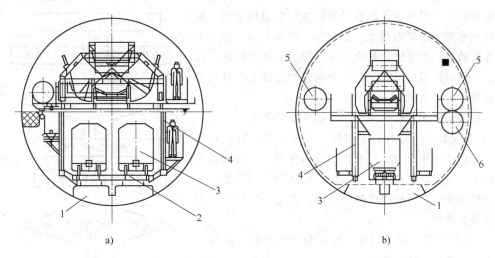

图 7-109　门架形式

a）有平台车型　b）无平台车型

1—仰拱块　2—平台车　3—矿车　4—门架　5—进风管　6—排气管

门架内主要用于车辆的通行，门架的两侧用于安设液压泵站，供电、供气、排水设备及喷混凝土、打锚杆等支护设施。门架顶部主要安装胶带输送机和通风除尘管道。

例如，Wirthφ8.8m 敞开式 TBM 后配套为一个过桥和 17 台门架组成的有平台型系统，门架内为全长双轨线路。过桥用于连接掘进机和平台车。石渣经过桥输送到后配套输送带上，运至一对卸渣漏斗，卸入停放在下面的两列斗车（20m³/辆，每列 10 辆）内，由电机车或内燃机车成列运出。漏斗可纵向移动，石渣装车时不需转轨。

2）连续带式输送机型。带式输送机结构单一、运渣快捷，在煤矿巷道中应用广泛。这种运输方式与 TBM 平行作业，能与 TBM 的快速掘进相匹配。在隧道施工断面布置时，输送机固定在洞壁一侧，在洞底铺设轨道向洞内供应各类材料。

3）无轨轮胎型。这种出渣系统设备单一，易于管理，但由于存在轮胎型斗车不能直接在圆形底板上行走、运输车辆废气污染、不能与掘进机平行作业等问题，目前应用很少，只能用在较大断面隧道且有一些特殊要求的场合。

（2）其他后配套设备　后配套设备因围岩条件、施工环境及施工方法的不同而异。设备配备必须具备能满足计划进度的能力，与工程规模和施工方法相适应，运转安全，并符合环境保护的要求。

1）根据不同的出渣运输及供料方式，配备出渣运输及供料所要使用的设备，如牵引机车、出渣矿车、管片平台车、豆砾石罐车、散装水泥车、胶带输送机等。

2）根据掘进机类型和围岩条件配备相应的支护设备，如喷混凝土机、锚杆机、钻孔机、注浆机、混凝土搅拌机、混凝土输送车、牵引电瓶车、混凝土输送泵、钢模板台车等。

3）通风、除尘设备的配置主要有通风机、风管、除尘机等。

TBM 后配套设备方案制定流程如图 7-110 所示。

3. 全断面岩石隧道掘进机的选择

（1）选择原则　决定使用掘进机开挖后，还要确定隧道的总体开挖方案，如隧道的施工顺序、方向与开挖方式等。方案确定后再对掘进机设备进行选型，选择掘进机的形式、台数、直径等。总体开挖方案和掘进机机型应根据隧道的直径与长度、隧道的条数、所穿过的地层类型、岩石硬度、涌水量、设备供应、施工工期等条件确定。掘进机设备的配置应尽量做到合理化、标准化，选用时应因地制宜，在充分调研的基础上经过技术经济比较后合理选择。

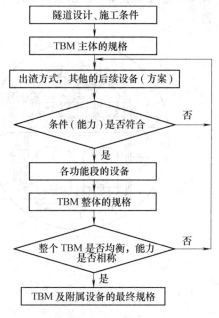

一般来说，掘进机设备选型应遵循以下原则：

1）安全性、可靠性、实用性、先进性和经济性相统一。一般应按照安全性、可靠性、适用性第一，兼顾技术先进性和经济性的原则进行。经济性应从两方面考虑：一是完成隧道开挖、衬砌的成洞总费用；二是一次性采购掘进机设备的费用。

2）满足隧道外径、长度、埋深和地质条件，沿线地形以及洞口条件等环境条件。

3）满足安全、质量、工期、造价及环保要求。

4）考虑工程进度、生产能力对机器的要求，以及配件供应、维修能力等因素。

图 7-110　TBM 后配套设备方案制定流程

（2）隧道施工方案的选择　隧道的设计有单洞、双洞之分和断面大小之别。根据掘进工作面的设置和推进方向，掘进方式有单头单向掘进、双向对头掘进、多向多头掘进等方案。对于矿山巷道，一般都是单巷单头掘进。根据断面的大小，掘进方式有全断面掘进机一次掘进、分次扩孔掘进、机掘与钻爆混合掘进等方案。

只有一条隧道时，如果长度不很大，可采用一台掘进机单头单向掘进；长度很大、工期较紧时，宜用两台掘进机实行双向对头掘进，甚至还可通过竖井实现多向多头掘进。两条隧道并列时，如果长度不大、工期许可，可采用一台掘进机单向顺序施工两条隧道，这样更能发挥掘进机的经济效益；长度大时，可采用两台掘进机单头单向掘进，或者四台掘进机实行双向对头掘进，必要时甚至可通过竖井实行多向多头掘进。

例如英法海峡隧道由两条并列的直径 7.3m、长逾 50km 的隧道组成，使用了 11 台全断面掘进机，通过竖井等在不同的隧道分段中实行多头多向同时施工；西（安）—（安）康铁路秦岭 I 线隧道，全长 18.46km，采用了进出口各一台掘进机实行南北两头同时掘进的单洞双向对头施工方案，施工工期缩短一半。计划修建穿越阿尔卑斯山脉的单洞总长大于 500km 的铁路隧道，开挖直径约 6.5m，共需 20 多台 TBM 同时在不同的围岩中掘进。

选用掘进机时，常需把岩石硬度与断面大小联系起来考虑。地层软弱、断面较小时，采用小直径掘进机进行掘进；坚硬地层中用中小直径掘进机，在技术上也已经成熟且经济上与钻爆法持平；在中硬、软岩地层，大、中、小型掘进机均取得成功经验。当地层坚硬、断面很大时，会有电能不足、运输困难、造价过大等种种问题，选用大直径掘进机在技术上风险较大，建议先用直径为 3.5～5m 的小直径掘进机开挖导洞，然后用钻爆法扩大到设计断面的混合套打法。由于 TBM 先开挖了一个小直径硐室，形成了临空面，使钻爆法比没有临空面的方法速度提高 2～3 倍以上，这是一种应推荐的方法。另外，也可先用小直径 TBM 开挖导洞，再用扩孔机扩挖。如果隧道中具有严重不适应掘进机施工的地段，还可通过平导或立井采用掘进机掘进和钻眼爆破法掘进的混合施工方案。

（3）掘进机主机的选择　做好掘进机设备的选型，是保证工程顺利进行的关键。选型时，技术上主要考虑以下因素：

1）隧道的长度和弯曲度。隧道越长，使用掘进机的优越性越明显。一般认为，全断面掘进机在 3km 以上的隧道中使用才具有较好的技术经济效果；隧道长度大于 6km 时应尽量使用；长度大于 10km 且工程地质、水文地质条件较适宜时应优先采用。

2）隧道断面的形状与大小。全断面掘进机适用于圆形断面的巷（隧）道。断面大小基本上可决定掘进机机型的大小，每种机型都有一定的使用范围，选用时应考虑其最佳掘进断面面积。如断面过大，采用全断面掘进机时，可考虑扩孔机掘进或者先用小直径全断面掘进机掘进再用钻爆法扩挖。

3）岩石性质。掘进机对隧道的地层最为敏感。影响掘进机选型的地质因素有岩石的坚硬程度、结构面的发育程度、岩石的耐磨性、围岩的初始地应力状态、岩体的含水出水状态等。一般情况下，岩石越硬，耐磨性越高，掘进越困难，刀具磨损越严重；节理较发育和发育的，掘进机掘进效率较高。节理很发育，岩体破碎，自稳能力差，掘进机支护工作量增大，同时岩体给掘进机撑靴提供的反力低，造成掘进推力不足，因而也不利于掘进机效率的提高。围岩处于高地应力状态且围岩为坚硬、脆性、较完整岩体时，极有可能发生岩爆灾害，危及掘进机及施工人员的安全；若围岩为软岩，则围岩将产生较大的变形。富含水和涌漏水地段，围岩的强度及稳定性会有不同程度的降低，影响掘进机的工作效率；大量的隧道涌漏水，必将恶化掘进机的工作环境，也会降低掘进机的工作效率。

因此，采用全断面掘进机施工首先应进行地质条件适应性评估。有塑性地压大的软弱围岩、砂类土软弱围岩和中等以上膨胀性的围岩，主要由碎裂岩及断层泥砾组成的宽大断层破碎带及其他的规模较大的软弱破碎带、涌漏水严重的地段及岩溶发育带等不良地质条件，不适宜采用全断面掘进机施工。

掘进机的具体类型要根据地质条件、施工环境、工期要求等因素确定。不同类型、型号的掘进机有其各自适用的最佳岩石单轴抗压强度范围值。一般情况下，在围岩硬度为中硬以上且整体性较好的隧道中，宜选用敞开式掘进机；中等长度隧道且整条隧道地质情况相对较差的条件下使用单护盾式掘进机；双护盾式掘进机常用于复杂地层的长隧道开挖，一般适应于中厚埋深、中高强度、稳定性基本良好的隧道，其对各种不良地质和岩石强度变化有较好适应性。

（4）掘进机主要技术参数的选择　在确定了掘进机类型后，要针对具体工程的隧道设计参数、地质条件、隧道的掘进长度，确定主机的主要技术参数，选择对地层的适应性强、整机功能可靠、可操作性及安全性较强的主机。掘进机的主要技术参数包括刀盘直径、刀盘转速、刀盘转矩、刀盘驱动功率、掘进推力、掘进行程和贯入度等。

刀盘直径应按掘进机的类型、成洞洞径和衬砌厚度等确定，可按下式计算

敞开式

$$D = d + 2(h_1 + h_2 + h_3) \tag{7-36}$$

护盾式

$$D = D_0 + 2(\delta + h) \tag{7-37}$$

式中　D——刀盘直径（m）；

　　d——工程要求的成洞洞径（m）；

　　h_1——预留变形量（m），应考虑掘进误差、围岩变形量、衬砌误差；

h_2——初次支护厚度（m）；

h_3——二次衬砌厚度（m）；

D_0——管片内径（m）；

δ——管片厚度（m）；

h——灌注的砾石平均厚度（m）。

刀盘转速应根据围岩类别及刀盘直径等因素确定。刀盘转速的选择还与刀盘直径有关，计算公式为

$$n = 60 V_{max} / \pi D \tag{7-38}$$

式中　　n——刀盘转速（r/min）；

V_{max}——边刀回转最大线速度（m/s），一般控制在 2.5m/s 以内；

D——刀盘直径（m）。

刀盘转速与直径成反比，刀盘直径越大，转速越低。

刀盘转矩必须根据围岩条件、掘进机类型、掘进机结构和掘进机直径确定。刀盘驱动功率根据刀盘转矩、转速及传动效率确定。推力必须根据各种推进阻力的总和及其所需要的富余量确定。掘进行程宜选用长行程，护盾式掘进机的掘进行程必须根据管片环宽确定。

对掘进机本身而言，掘进速度＝刀盘转速×贯入度，在相同的掘进速度情况下，刀盘转速高时的贯入度低，刀盘转矩小，而此时推进力相对也较小。因此，主电动机的工作电流和刀具的承载负荷也就相应较小。在软弱围岩的地质情况下，刀盘转速主要选用低速，因为此时需要刀盘有较大的转矩。

合理选择掘进机行程对加快掘进速度、提高施工效率十分有利。选用合理长行程可减少换步次数，提高总体施工速度。减少停开机次数有利于延长掘进机寿命，当使用护盾式掘进机时，还可减少混凝土管片接缝数量，从而减少渗漏水的概率。

贯入度也称为切深，即刀盘每转动一周刀具切入岩石的深度。贯入度指标与岩石特性有关，如岩石类别、单轴抗压强度、裂隙发育、可钻性、耐磨度和孔隙率等。

（5）后配套设备的选择　后配套选型时应遵循的原则：后配套设备的技术参数、功能、形式应与主机配套；应满足连续出渣、生产能力与主机掘进速度相匹配的要求；结构简单、体积小、布置合理；能耗小、效率高、造价相对较低；安全可靠；易于维修和保养。具体选择时应根据隧道所处的位置走向、隧道直径、开挖长度、衬砌方式等因素综合分析确定。配备的各种辅助设备必须与掘进机的类型及施工技术要求相适应，并配置备用设备。

后配套设备的生产能力，要考虑留有适当余地。对敞开式掘进机应配置及时支护围岩的所有设备，如超前钻机、锚杆机、混凝土喷射机、注浆机和钢架机械手等。进入隧道的机械，其动力应优先选择电力机械。

此外还需注意的是：作为后配套设备要考虑开挖能力，支护方法和衬砌方法，不但必须确定锚喷支护能力、运料能力、液压系统、变压器、控制室、集尘器等的能力和配置，而且还要确定出渣系统，以及通风、排水、动力、照明用电、给水等设备。洞内轨道线路应能保证岩渣的及时运出和仰拱、轨料及其他材料的运入。胶带输送机的能力要大于掘进速度产渣量的两倍，而且应安全可靠、检修方便。

出渣运输设备选型首先要与掘进机的生产能力相匹配，其次须从技术经济角度分析，选用技术上可靠、经济上合理的方案。出渣运输及供料设备主要有两种方式：轨道出渣及供料；胶带机出渣、轨道供料。

1）有轨出渣及供料。根据隧道掘进长度、开挖断面、隧道坡度、每个掘进循环进尺、岩石

的松散系数，在安全的牵引速度下计算每列出渣车的矿车斗容和辆数。机车选型要满足不仅可以牵行一列重载矿车，还可带动所需辆数的材料车和载人车，同时考虑坡度，最终确定机车台数和规格。首先确定每列出渣列车所含矿车、机车的数量和规格，要求一个掘进循环出渣量由一列出渣列车一次运走。根据掘进长度、列车平均运行速度，按掘进机连续出渣的要求，确定所需出渣列车的列数。掘进初期，距离较短，所需出渣列车数较少，随着掘进距离的加长，逐渐增加出渣列车数。每列列车应包含机车、矿车和材料车等。如双护盾掘进机的编组列车应包含机车、矿车、管片平台车、豆砾石罐车和散装水泥车等。

2）胶带输送机出渣和有轨供料。胶带输送机结构简单、运输效率高，便于维护管理，可减少洞内运输车辆，减少空气污染，有利于形成快速连续出渣系统。胶带机随掘进机移动，从掘进机一直连接到洞门口出边。使用胶带输送机连续出渣的关键是胶带输送可随掘进机每次步进得到延长。胶带输送机尾部安装在后配套上，当后配套前进时，胶带逐段从储存仓中被拉出，使胶带输送机不间断地完成石渣输送。随着掘进机每次掘进完成一个循环行程步进时，后配套系统被向前拉动一个行程，此时胶带输送机也随之延伸，为此需要在胶带输送机尾部的前方，将胶带机架、托辊、槽形托辊进行安装，为胶带运输提供条件。为了满足掘进机在一定距离内不断向前延伸而不用随时延长胶带，设置了一个储存装置。由后配套胶带机运来的石渣卸到出渣胶带输送机上。当储存仓中的胶带用尽时，出渣胶带输送机需停止工作，进行接长胶带的硫化处理工作。当轨道仅承担隧道支护材料和掘进机维修人员和器材等运输时，应采用轻型钢轨。

4. 全断面岩石隧道掘进机施工

（1）施工准备　掘进机施工具有速度快、效率高的特点。因此，施工前充分的准备工作非常重要，施工的准确放线定位、机械设备的调试保养、各种施工材料的配备、施工记录表格的配备，都应当有充分的准备，以避免影响正常作业和施工进度。

1）地质调查。影响掘进机适用的地层条件，有隧道通过的主要断层及软弱破碎带的性质、规模、分布范围、主要破碎物质、破碎程度、富水程度、膨胀性围岩等。应掌握隧道的水文地质条件，判明地下水类型及补给来源，预测洞身分段涌水量和可能的最大涌水量，以及可能出现的严重突、涌水点（段）。在岩溶地区，应查明隧道区岩溶的发育范围、深度、规模及有无岩溶水或充填物突然涌出的危险，以确定掘进机能否安全通过。

2）技术准备。掘进施工前应熟悉和复核设计文件和施工图，熟悉有关技术标准、技术条件、设计原则和设计规范。应根据工程概况、工程水文地质情况、质量工期要求、资源配备情况，编制实施性施工组织设计，对施工方案进行论证和优化，并按相关程序进行审批。施工前必须制定工艺实施细则，编制作业指导书。

3）设备、设施准备。按工程特点和环境条件配备好试验、测量及监测仪器。长大隧道应配置合理的通风设施和出渣方式，选择合理的洞内供料方式和运输设备，并达到环境保护的要求。供电设备必须满足掘进机施工的要求，掘进机施工用电和生活、办公用电分开，并保证两路电源正常供应。管片、仰拱块预制厂应建在洞口附近，保证管片、仰拱块制作、养护等空间场地。

4）材料准备。掘进机施工前必须满足施工所需要的各种材料，应当结合进度、地质情况制定合理的材料供应计划。做好钢材、木材、水泥、砂石料和混凝土等材料的试验工作。所有原材料必须有产品合格证，且经过检验合格后方能使用。隧道施工前应结合工程特点积极进行新材料、新技术、新工艺的推广应用工作，积极推进材料本地化，从而服务于地方经济。

5）作业人员准备。隧道施工作业人员应做到专业齐全、满足施工要求，人员须经过专业技术培训和安全培训，并做到持证上岗。

6）施工场地布置。隧道洞外场地应包括主机及后配套拼装场、混凝土搅拌站、预制车间、预制块（管片）堆放场、维修车间、料场、翻车机及临时渣场、洞外生产房屋、主机及后配套存放场、职工生活房屋等，其临时占地面积为 60 ~ 80 亩（40000 ~ 53333m²），洞外场地开阔时可适当放大。

施工场地布置应进行详尽的总平面规划设计，要有利于生产、文明施工、节约用地和保护环境。实现统筹规划，分期安排，便于各项施工活动有序进行，避免相互干扰，保证掘进、出渣、衬砌、转运、调车等需要，满足设备的组装和初始条件。

施工场地临时工程布置包括：确定弃渣场的位置和范围；有轨运输时，洞外出渣线、备料线、编组线和其他作业线的布置。汽车运输道路和其他运输设施的布置；确定掘进机的组装和配件储存场地；确定风、水、电设施的位置；确定管片、仰拱块预制厂的位置；确定砂、石、水泥等材料、机械设备配件存放或堆放场地；确定各种生产、生活等房屋的位置；场内供、排水系统的布置。

弃渣场地要符合环境保护的要求，不得堵塞沟槽和挤压河道，渣堆坡脚采用重力式挡土墙挡护。拼装场应位于洞口，场地应用混凝土硬化，强度满足承载力要求。

组装场地的长度至少等于掘进机长度、牵引设备和转运设备总长、调转轨道长度和机动长度之和。

7）预备洞、出发洞。隧道洞口一定长度内围岩一般不太好，掘进机的长度比较大，TBM 正式工作前需要用钻爆法开挖一定深度的预备洞和出发洞。预备洞是指自洞口挖掘到围岩条件较好的洞段，用于机器撑靴撑紧；出发洞是指由预备洞再向里按刀盘直径掘出用以 TBM 主机进入的洞段。如秦岭 I 线隧道预备洞为 300m，出发洞为 10m。

（2）掘进作业　掘进机在进入预备洞和出发洞后即可开始掘进作业。掘进作业分起始段施工、正常推进和到达出洞三个阶段。

1）掘进机始发及起始段施工。掘进机空载调试运转正常后开始掘进机始发施工。开始推进时，通过控制推进液压缸行程使掘进机沿始发台向前推进，因此，始发台必须固定牢靠，位置正确。刀盘抵达工作面开始转动刀盘，直至将岩面切削平整后，开始正常掘进。在始发掘进时，应以低速度、低推力进行试掘进，了解设备对岩石的适应性，对刚组装调试好的设备进行试机作业。在始发磨合期，要加强掘进参数的控制，逐渐加大推力。

推进速度要保持相对平稳，控制好每次的纠偏量。灌浆量要根据围岩情况、推进速度、出渣量等及时调整。始发操作中，司机需逐步掌握操作的规律性，班组作业人员逐步掌握掘进机作业工序，在掌握掘进机的作业规律性后，再加大掘进机的有关参数。

始发时要加强测量工作，把掘进机的姿态控制在一定的范围内，通过管片、仰拱块的铺设，掘进机本身的调整来达到状态的控制。

掘进机始发进入起始段施工，一般根据掘进机的长度、现场及地层条件将起始段定为 50 ~ 100m。起始段掘进是掌握、了解掘进机性能及施工规律的过程。

2）正常掘进。掘进机正常掘进的工作模式一般有三种：自动转矩控制、自动推力控制和手动控制模式，应根据地质情况合理选用。在均质硬岩条件下，选择自动推力控制模式；在节理发育或软弱围岩条件下，选择自动转矩控制模式；撑子面围岩软硬不均，如果不能判定围岩状态，选择手动控制模式。

掘进机掘进时的掘进速度及推力应根据地质情况确定，在破碎地段严格控制出渣量，使之与掘进速度相匹配，避免撑子面前方出现大范围坍塌。

掘进过程中，观察各仪表显示是否正常；检查风、水、电、润滑系统以及液压系统的供给是否正常；检查气体报警系统是否处于工作状态和气体浓度是否超限。

施工过程中要进行实际地质的描述记录、相应地段岩石物理特性的实验记录、掘进参数和掘进速度的记录并加以图表化，以便根据不同地质状况选择及时调整掘进参数，减少刀具过大的冲击荷载。硬岩情况下选择刀盘高速旋转掘进。正常情况下，推进速度一般为额定值的 75% 左右。节理发育的软岩状况下作业，掘进推力较小，采用自动转矩控制模式时要密切观察转矩变化和整个设备振动的变化，当变化幅度较大时，应减小刀盘推力，保持一定的贯入度，并时刻观察石渣的变化，尽最大可能减少刀具漏油及轴承的损坏。节理发育且硬度变化较大的围岩，推进速度控制在额定值的 30% 以下。节理较发育、裂隙较多，或存在破碎带、断层等地质情况下作业，以自动转矩控制模式为主选择和调整掘进参数，同时应密切观察转矩变化、电流变化及推进力值和围岩状况，控制转矩变化范围在 10% 以下，降低推进速度、控制贯入度指标。在硬岩情况下，刀盘转速一般为 6r/min 左右，进入软弱围岩过渡段后期时，调整为 3~6r/min，完全进入软弱围岩时维持在 2r/min 左右。

在掘进过程中发现贯入度和转矩增加时，适时降低推力、对贯入度有所控制，这样才能保持均衡的生产效率，减少刀具的消耗。硬岩时，贯入度一般为 9~12mm，软弱围岩一般为 3~6mm。转矩在硬岩情况下一般为额定值的 50%，软弱围岩时为 80% 左右。

在软弱围岩条件下的掘进，应特别注意支撑靴的位置和压力变化。撑靴位置不好，会造成打滑、停机，直接影响掘进方向的准确，如果由于机型条件限制而无法调整撑靴位置时，应对该位置进行预加固处理。此外，撑靴刚撑到洞壁时极易陷塌，应观察仪表盘上撑靴压力值下降速度，注意及时补压，防止发生打滑。

硬岩时，支撑力一般为额定值，软弱围岩中为最低限定值。

掘进机推进过程中必须严格控制推进轴线，使掘进机的运动轨迹在设计轴线允许偏差范围内。双护盾掘进机自转量应控制在设计允许值范围内，并随时调整。双护盾掘进机在竖曲线与平曲线段施工，应考虑已成环隧道管片竖、横向位移对轴线控制量的影响。

掘进中要密切注意和严格控制掘进机的方向。掘进机方向控制包括两个方面：一是掘进机本身能够进行导向和纠偏；二是确保掘进方向的正确。导向功能包含方向的确定、方向的调整、偏转的调整。掘进机的位置采用激光导向系统确定。激光导向、调向液压缸、纠偏液压缸是导向、调向的基本装置。在每一循环作业前，操作司机应根据导向系统显示的主机位置数据进行调向作业。采用自动导向系统对掘进机姿态进行监测。定期进行人工测量，对自动导向系统进行复核。

当掘进机轴线偏离设计位置时，必须进行纠偏。掘进机开挖姿态与隧道设计中线及高程的偏差控制在 ±50mm 内。实施掘进机纠偏不得损坏已安装的管片，并保证新一环管片的顺利拼装。

掘进机进入溶洞段施工时，利用掘进机的超前钻探孔，对机器前方的溶洞处理情况进行探测。每次钻进 20m 长，两次钻探间搭接 2m。在探测到前方的溶洞都已经处理过后，再向前掘进。

3）到达掘进。这是指掘进机到达贯通面之前 50m 范围内的掘进。掘进机到达终点前，要制定掘进机到达施工方案，做好技术交底，施工人员应明确掘进机适时的桩号及刀盘距贯通面的距离，并按确定的施工方案实施。

到达前必须做好以下工作：检查洞内的测量导线；在洞内拆卸时，应检查掘进机拆卸段支护情况；检查到达所需材料、工具；检查施工接收导台。做好到达前的其他工作，如接收台检查、滑行轨的测量等；要加强变形监测，及时与操作司机沟通。

掘进机掘进至离贯通面 100m 时，必须做一次掘进机推进轴线方向的传递测量，以逐渐调整掘进机轴线，保证贯通误差在规定的范围内。达到掘进的最后 20m，要根据围岩的情况确定合理的掘进参数，要求低速度、小推力和及时的支护和回填灌浆，并做好掘进姿态的预处理工作。

做好出洞场地、洞口段的加固。应保证洞内、洞外联络畅通。

（3）支护作业　隧道支护按支护时间分初期支护和二次衬砌支护；按支护形式有锚喷支护、钢拱架支护、管片支护和模筑混凝土支护。

1）初期支护。初期支护紧随着掘进机的推进进行。可用锚喷、钢拱架或管片进行支护。地质条件很差时还要进行超前支护或加固。因此，为适应不同的地质条件，应根据掘进机类型和围岩条件配备相应的支护设备。开敞式掘进机一般需配置超前钻机及注浆设备、钢拱架安装机、锚杆钻机、混凝土喷射泵、喷射机械手，以及起吊、运输和铺设预制混凝土仰拱块的设备。开敞式掘进机在软弱破碎围岩掘进时必须进行初期支护，以满足围岩支护抗力要求，确保施工安全。初期支护包括喷混凝土、挂网、锚杆、钢架等。双护盾掘进机一般配置多功能钻机、喷射机、水泥浆注入设备、管片安装机和管片输送器等。

① 喷射混凝土施工。喷射混凝土前用高压水或高压风冲刷岩面，设置控制喷混凝土的标志。喷射混凝土的配合比应通过试验确定，满足混凝土强度和喷射工艺的要求。喷射作业应分段、分片、分层，由下而上顺序进行。分层喷射混凝土时，一次喷射的最大厚度：拱部不得超过 8cm，边墙不得超过 10cm，后一层喷射应在前一层混凝土终凝后进行。喷射后应进行养护和保护。喷射混凝土的表面平整度应符合要求。

② 锚杆施工。锚杆类型应根据地质条件、使用要求及锚固特性和设计文件确定。锚杆杆体的抗拉力不应小于 150kN，锚杆直径宜为 20 ~ 22mm。锚杆孔应按设计要求布置；孔径应符合设计要求；孔位允许偏差为 ±10cm，锚杆孔距允许偏差为 ±10cm；锚杆孔的深度应大于锚杆体长度 10cm；锚杆用的水泥砂浆，其强度不应低于 M20。

③ 钢架施工。钢架安装利用刀盘后面的环形安装器及顶升装置完成。钢架安装允许偏差：钢架间距允许偏差为 ±10cm，横向和高程偏差为 ±5cm，垂直度偏差为 ±2°。钢架与喷射混凝土应形成一体，沿钢架外缘每隔 2m 应用钢楔或混凝土预制块与初喷层顶紧，钢架与围岩间的间隙必须用喷混凝土充填密实，钢架必须被喷射混凝土覆盖，且不得小于 4cm。

④ 管片施工。管片拼装时，一般情况应先拼装底部管片，然后自下而上左右交叉拼装，每环相邻管片应均匀拼装并控制环面平整度和封口尺寸，最后插入封顶块成环。管片拼装成环时，应逐片初步拧紧连接螺栓，脱出盾尾后再次拧紧连接螺栓。当后续掘进机掘进至每环管片拼装之前，应对相邻已成环的 3 环范围内的连接螺栓进行全面检查并再次紧固。

逐块拼装管片时，应注意确保相邻两管片接头的环面平整、内弧面平整、纵缝密贴。封顶块插入前，检查已拼管片的开口尺寸，要求略大于封顶块尺寸。拼装机把封顶块送到位，伸出相应的千斤顶将封顶块管片插入成环，作圆环校正，并全面检查所有纵向螺栓。封顶成环后，进行测量，并按测得数据作圆环校正，再次测量并做好记录。最后拧紧所有纵、环向螺栓。

拼装过程中，遇有管片损坏，应及时使用规定材料修补。管片损坏超过标准时应更换。拼装过程中应保持成环管片的清洁。如后期发现损坏的管片也必须修补。隧道结构加强处理方案需经业主和设计单位认可。

平曲线段隧道的曲线是使用楔形环管片拼装后形成的，拼装方法与直线段施工相同。保证隧道曲线的精度主要靠控制楔形管片成环精度，要求第一环管片定位要准确。

⑤ 混凝土仰拱施工。混凝土仰拱是隧道整体道床的一部分，也是 TBM 后配套承重轨道的基础，同时又是机车运输线路的铺设基础。TBM 每掘进一个循环需要铺设一块仰拱块。仰拱块在洞外预制，用机车运入后配套系统，在铺设区调正方向，用仰拱吊机起吊，移到已铺好的仰拱块前就位。拱块铺设前要对地板进行清理，做到无虚渣、无积水、无杂物，铺设后进行底部灌注。

2）模筑混凝土衬砌　模筑衬砌必须采用拱墙一次成型法施工，施工时中线、水平、断面和净空尺寸应符合设计要求。衬砌不得侵入隧道建筑限界。衬砌材料的标准、规格、要求等，应符合设计规范规定。防水层应采用无钉铺设，并在二次衬砌灌注前完成。衬砌的施工缝和变形缝应做好防水处理。混凝土灌注前及灌注过程中，应对模板、支架、钢筋骨架、预埋件等进行检查。发现问题应及时处理，并做好记录。

顶部混凝土灌注时，按封顶工艺施工，确保拱顶混凝土密实。模筑衬砌背后需填充注浆时，应预留注浆孔。模筑衬砌应连续灌注，必须进行高频机械振捣。拱部必须预留注浆孔，并及时进行注浆回填。

隧道的衬砌模板有台车式和组合式两种形式，前者优于后者。全断面衬砌模板台车为轨行自动式台车，其伸缩和平移采用液压缸操纵。模板台车应配备混凝土输送泵和混凝土罐车，并自动计量，形成衬砌作业线。衬砌作业线合理配套，才能确保衬砌不间断施工、混凝土灌注的连续性和衬砌质量。

混凝土灌注应分层进行，振捣密实，防止收缩开裂。振捣时不应破坏防水层，不得碰撞模板、钢筋和预埋件。模板台车的外轮廓在灌注混凝土后应保证隧道净空，门架结构的净空应保证洞内车辆和人员的安全通行，同时预留通风管位置。模板台车的门架结构、支撑系统及模板的强度和刚度应满足各种荷载的组合；模板台车长度宜为 9 ~ 12m；模板台车侧壁作业窗宜分层布置，层高不宜大于 1.5m，每层宜设置 4 ~ 5 个窗口，其净空不宜小于 45cm × 45cm，并设有相应的混凝土输送管支架或吊架；模板台车应采用 43kg/m 及以上钢轨为行走轨道。

二次衬砌在初期支护变形稳定前施工时，拆模时的混凝土强度应达到设计强度的 100%；在初期支护变形稳定后施工的，拆模时的混凝土强度应达到 8MPa。

混凝土搅拌站的生产能力应根据隧道每延米混凝土数量和循环进度的要求而定。

（4）出渣和运输　掘进机施工，掘进过程中产生的岩渣的运出、支护材料的运进及人员的进出，不仅数量大，而且十分频繁，运输工作跟不上将直接影响施工速度。尤其是长及特长隧道，影响更为突出。掘进机施工的隧道内，可用的运输方式有有轨列车运输、无轨车辆运输、带式输送机运输、压气运输和水力运输，选择时应根据隧道长度、工期、运输能力、运输干扰程度、污染情况、隧道基底形式、运输组织方式等因素进行综合比选确定。

有轨运输是最普通的运输方式，具有安装设备简单、适应性强、故障比较少等优点，在直径较大的隧道内，有利于使用较多的调车设备，可使用多组列车在单轨或双轨上运行，既可运输渣石、材料，也可运送人员，因此最为常用。无轨车辆运输适应性强，在短隧道内使用方便，故矿山巷道和短隧道施工中使用较多。带式运输机运输可靠、能力大、维修费用低、连续运输，但其适应性和机动性不如轨道运输，安装时需留出一条开阔的运送人员、材料的通道。压气运输是利用压缩空气通过管路将渣石运送到洞外的卸渣池的一种运输方式，这种方式已用于矿山，但在隧道工程中则只是试验和有限使用。水力运输是利用浆液通过管路将渣石排到洞外的一种运输方式，这种方式存在诸多不足，岩石隧道掘进机施工中应用极少。

施工进料应采用有轨运输。出渣运输可根据隧道的长度、掘进速度选择有轨运输和胶带机运输方式。有轨运输时，应采用无渣道床；洞外应根据需要设调车、编组、卸渣、进料、设备维修等线路，运输线路应保持平稳、顺直、牢固，设专人按标准要求进行维修和养护；应根据现场卸渣条件确定采用侧翻式或翻转式卸渣形式。

有轨运输应符合下列安全规定：机车牵引不得超载；车辆装载高度不得大于矿车顶面 50cm，宽度不得大于车宽；列车连接必须良好，编组和停留时，必须有制动装置和防溜车装置；车辆在同一轨道行驶时，两组列车的间距不得小于 100m；轨道旁临时堆放材料距钢轨外缘不得小于 80cm，高度不得大于 100cm；车辆运行时，必须鸣笛或按喇叭，并注意瞭望，严禁非专职人员开车、调车和搭车，以及在运行中进行摘挂作业；采用内燃机车牵引时，应配置排气净化装置，以符合环保要求。

牵引设备的牵引能力应满足隧道最大纵坡和运输量的要求，车辆配置应满足出渣、进料及掘进进度的要求，并考虑一定的余量。

列车编组与运行应满足掘进机连续掘进和最高掘进速度的要求，根据洞内掘进情况安排进料。材料装车时，必须固定牢靠，以防运输途中跌落。

掘进机由斜井进入隧道施工时，井身纵坡宜设计为缓坡，出渣可采用胶带运输，人、料可采用有轨运输。若受地形条件限制，斜井坡度较大时，出渣宜采用胶带运输，人、料运输应进行有轨运输与无轨运输比较。

采用胶带机出渣时，应按掘进机的最高生产能力进行胶带机的选型。胶带机机架应坚固，平、正、直。胶带机全部滚筒和托辊，必须与输送带的传动方向成直角。运输胶带必须保持清洁，严格按照设备使用与操作规程进行胶带机操作；必须定期按照胶带机的使用与保养规程对胶带机电气、机械、液压系统进行检查、保养与维修。设专人检查胶带的跑偏情况并及时调整。严格按照技术要求设置出渣转载装置。

（5）通风除尘工作　掘进机施工的隧道通风，其作用主要是排出人员呼出的气体、掘进机的热量、破碎岩石的粉尘和内燃机等产生的有害气体等。

TBM 通风方式有压入式、抽出式、混合式、巷道式、主风机局扇并用式等，施工时要根据所施工隧道的规格、施工方式、周围环境等选择。一般多采用风管压入式通风，其最大的优点是新鲜空气经过管道直接送到开挖面，空气质量好，且通风机不要经常移动，只需接长通风管。压入式通风可采用由化纤增强塑胶布制成的软风管。

掘进机施工的通风分为：一次通风和二次通风。一次通风是指洞口到掘进机后面的通风，二次通风是指掘进机后配套拖车后部到掘进机施工区域的通风。一次通风采用软风管，用洞口风机将新鲜风压入到掘进机后部；二次通风采用硬质风管，在拖车两侧布置，将一次通风经接力增压、降温后继续向前输送，送风口位置布置在掘进机的易发热部件处。秦岭 I 线铁路隧道的通风系统如图 7-111 所示。

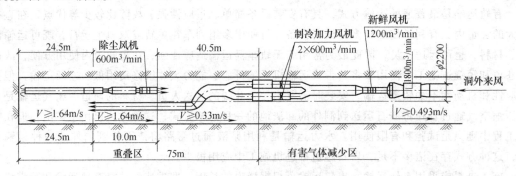

图 7-111　秦岭 I 线铁路隧道的通风系统

通风机的型号根据网路（阻力）特性曲线，按照产品说明书提供的风机性能曲线或参数确定。

掘进机工作时产生的粉尘，是从切削部与岩石的结合处释放出来的，必须在切削部附近将粉尘收集，通过排风管将其送到除尘机处理。另外，粉尘还需用高压水进行喷洒。

5. 全断面岩石隧道掘进机评述

（1）该施工方法的优点　全断面岩石隧道掘进机作为一种长隧道掘进的先进设备，其主要优点是综合机械化程度高、掘进速度快、工作效率高、工人劳动强度低、工作面条件好、隧道成型好、围岩不受爆破的震动和破坏、有利于隧道的支护等，可概括为快速、优质、安全、经济等四个方面。

1）施工速度快。掘进速度快是掘进机施工的核心优点。其开挖速度一般是钻爆法的 3～5 倍，而且可减少辅助斜井和竖井，大大缩短建设工期，因此修建长大隧道时应优先采用。根据已施工的长隧道经验，实际月进尺取决于两个因素：①岩石破碎的难易程度，这决定实际发生的每小时进尺；②掘进机的作业率，这反映管理水平。目前掘进机的管理水平一般可使作业率达到 50%。掘进机的掘进速度，在花岗片麻岩中，月进尺可达 500～600m，在石灰岩、砂岩可达 1000m，若进一步提高管理水平，月进尺还会更高。要实现长隧道全断面岩石隧道掘进机快速施工取决于三个要素：明确的地质条件及其必要的预处理措施；合理的掘进机型及其完善的配套系统；有经验的施工队伍及适合全断面掘进机施工的科学管理。这是全断面掘进机有效、快速施工的三个要素，三者缺一不可。

2）施工质量好。掘进机开挖的隧道由于是刀具挤压和切割洞壁岩石，所以洞壁光滑美观。掘进机开挖隧道的洞壁粗糙率一般为 0.019，比钻爆法光面爆破的粗糙率还小 17%。开挖的洞径尺寸精确、误差小，可以控制在 ±2cm 范围内。

3）安全性高。掘进机开挖隧道对洞壁外的围岩扰动少，影响范围一般小于 50cm，容易保持原围岩的稳定性，得到安全的边界环境。掘进机自身带有局部或整体护盾，使人员可以在护盾下工作，有利于保护人员安全。掘进机配置有一系列的支护设备，在不良地质处可及时支护以保证安全。掘进机是机械能破岩，没有钻爆法的炸药等化学物质的爆炸和污染。

4）经济效果优。虽然掘进机的纯开挖成本高于钻爆法，但掘进机在施工长度超过 3km 的长隧道（甚至可达 20km）时，成洞的综合成本要比钻爆法低。采用掘进机掘进时可改变钻爆法长洞短打、直洞折打的费时费钱的施工方法，代之以聚短为长、裁弯取直，从而省时省钱。掘进机施工洞径尺寸精确、对洞壁影响小，可以不衬砌或减少衬砌，从而降低衬砌成本。掘进机的作业面少、作业人员少、人员的总体费用低。掘进机的掘进速度快，提早成洞，可提早得益。这些优越性促使掘进机施工的综合成本降低到可与钻爆法竞争。

（2）存在的不足　虽然全断面岩石隧道掘进机具有很多优点，但也有其适用范围和局限性，选用时应加以考虑。

1）设备的一次性投资成本较高。由于掘进机结构复杂，对零部件的耐久性要求较高，因而制造的价格较高，前期一次性投资费用较高，工程建设投资高，施工承包商需要具有足够的经济实力。

2）掘进机的设计制造周期一般需要 9 个月，从确定选用到实际使用约需一年时间。

3）全断面岩石隧道掘进机一次施工只适用于同一个直径的隧道。虽然掘进机的动力推力等的配置可以使其适用于某一段直径范围（如 JarvaMK27/8.8 型，标准直径为 8.8m，可用于直径 6.4～12.4m 的隧道掘进），但结构件尺寸的改动需要一定的时间和满足一定的规范，一般只在完成一个隧洞工程后，更换工程时才实施，从而决定了它在工程上的专用性和制造上的单件性，使成本增加。有的掘进机虽已考虑了变直径问题，但直径尺寸可调范围不大。

4）全断面岩石隧道掘进机对地质条件的适应性不如钻眼爆破法灵活，不同的地质需要不同种类的掘进机并配置相应的设施。如果岩石太硬，则刀具磨损严重。

5）由于掘进生产效率高，需要有效的后配套排渣系统，否则会减慢推进速度。

6）操作维修水平要求高，一旦出现故障，不能及时维修便会影响施工进度。

7）刀具及整体体积大，更换刀具和拆卸困难，作业时能量消耗大。

8）只能掘进圆形断面，限制了其发展前景，故多用于水工隧洞、工程导洞等。

（3）发展趋势 尽管使用全断面岩石隧道掘进机掘进尚有某些方面的不足，但大力研究发展、推广使用掘进机掘进仍是今后发展的趋势。

1）需要采用全断面掘进机施工的隧道越来越多。全断面岩石隧道掘进机最适于长大隧道（洞）的施工，21世纪开始的穿越阿尔卑斯山的几座长大铁路隧道，如长57.1km的圣哥达隧道、长37.7km的列奇堡隧道均采用掘进机施工。近年来，全断面岩石隧道掘进机已在我国水利、交通工程中得到了一些应用，取得了许多成功的经验，例如长18.4km的秦岭特长铁路隧道、引大入秦隧道、引黄入晋隧道、辽宁大伙房水库输水隧道等都采用了掘进机施工。但从整体上看，仍尚属起步阶段，采用TBM施工的隧洞还不多。我国是一个多山的国家，随着铁路、公路、水电等工程建设的发展，必然会出现许多长度大于6km、横断面面积大于$80m^2$的隧道，尤其是以南水北调工程为代表的水利水电工程，将会出现一批特长隧洞。

2）提高机器的自动化程度。现在的TBM采用了电视监控和通信系统，具有很高的操作自动化程度，但还不能达到完全自动化的要求，未来的发展方向是完全自动化隧道掘进机，人们可以在办公室控制掘进机作业，甚至可以实现异地远程遥控掘进机施工。

3）提高对地质条件的适应性。要求TBM能更适应不利的地质条件。虽然掘进机对地质条件比较敏感，但随着科学技术的不断进步，施工技术水平的提高，TBM可以适应较为复杂的地层条件，从软土到极坚硬的岩石都可以使用，而且可以较好地使用。为适应围岩初始应力高、径向变形大的情况，甚至要求TBM的开挖直径是可变的。

4）TBM直径两极化，即向大直径化和微型化方向发展。目前公路隧道因多车道的需要，要求大断面。三车道或三车道以上要求路面宽至少大于20m，有的甚至达到30m。直径达20～30m的TBM正处于"预研究"阶段。预计今后TBM将更大直径化。因此，大直径TBM的设计制造和部件运输组装是其技术上的主要趋势之一。目前主要用于工业和民用管道施工的微型TBM发展很快，微型TBM技术水平日本居世界首位，其次为西欧。

5）加大国产化。目前国内大直径TBM多数是从国外进口的，价格高，运距远，订购周期长。要节省大量的购置费，就要走国产化的道路。21世纪我国的掘进机制造业将会振兴，其应用将会推广，施工技术和管理水平将大大提高。

7.2.3 掘进机非全断面施工技术

1. 概述

非全断面掘进机法也称为自由断面掘进机法或者部分断面掘进机法，采用悬臂式掘进机进行掘进，在矿山等部门应用较多。悬臂式掘进机是具有切割、装载、转运矿（煤）岩，并能自行，具有喷雾降尘等功能，有的还具有支护功能，以机械方式破落矿（煤）岩的掘进设备，是矿山中掘进机械化系统中的主力设备。世界上第一台悬臂式掘进机于1949年在匈牙利问世，现有10多个国家从事悬臂式掘进机的研制工作，主要有奥地利、美国、英国、德国、日本等。我国从20世纪60年代开始研制掘进机，50多年来，从引进、消化吸收到自主研发，悬臂式掘进机的设计、生产和使用技术跨入了国际先进的行列，已先后研制出数十种型号的掘进机，在矿山井巷、隧道及地下工程掘进中发挥着越来越大的作用。

悬臂式掘进机是一种利用装在一可俯仰、回转的悬臂上切削装置切削岩石并形成所设计断面形状的大型掘进机械，如图7-112所示。悬臂式掘进机主要靠悬臂上的切割头切割岩石，通常又称为部分断面掘进。由于受到机器本身条件的限制，悬臂式掘进机主要用于硬度较小的岩层和断面及高度适中的巷道或隧道。煤矿巷道断面一般不是很大，且煤系地层的强度相对较低，故应用较多。

图 7-112　EBZ160 掘进机外形图

悬臂式掘进机有以下特点：

1）悬臂式掘进机仅能切割巷道部分断面，要破碎全断面岩石，需多次上下左右连续移动切割头来完成工作，故该类掘进机可用于任何断面形状的隧道。

2）掘进速度受掘进机利用率影响很大，在最优条件下利用率可达 60% 左右，但若岩石需要支护或其他辅助工作跟不上时，其利用率更低。

3）与全断面掘进机有一些相同的优点：连续开挖、无爆破震动、能更自由地决定支护岩石的适当时机；可减少超挖；可节省岩石支护和衬砌的费用。

4）与全断面掘进机相比，悬臂式掘进机小巧，在隧道中有较大的灵活性，能用于任何支护类型。

5）与全断面掘进机相比，具有投资少、施工准备时间短和再利用率高等显著特点。

6）工作机构外形尺寸小，各重要部位便于维修和支护作业。

使用掘进机掘进与爆破掘进相比，其优点是连续掘进，掘进工序少、效率高、速度快、施工安全、劳动强度低，对巷道围岩无震动破坏、好维护。其缺点是初期投资大，技术比较复杂，要求的操作水平和维修水平比较高。

2. 悬臂式掘进机的类型与参数

悬臂式掘进机的分类方法有多种。按用途分类，切割煤岩坚固性系数 $f < 4$ 的叫作煤巷掘进机，切割煤岩坚固性系数 $f = 4 \sim 8$ 的叫作半煤岩巷掘进机，切割煤岩坚固性系数 $f > 8$ 的叫作岩巷掘进机。按切割机构功率分，有特轻型、轻型、中型和重型四种。按工作机构切割煤岩的方式不同，分为纵轴式掘进机和横轴式掘进机。纵轴式掘进机的切割头旋转轴线与悬臂轴线垂直，横轴式掘进机的切割头旋转轴线与悬臂轴线重合。按截割部是否可伸缩，悬臂式掘进机还分为可伸缩和不可伸缩两种。在功能方面，除了基本的掘进要求外，有的机型还附带有一台锚杆钻机，初步实现了掘锚一体化。

悬臂式掘进机的主要参数有生产能力、适用的煤岩硬度、切割机构功率、最大工作坡度、机高、可掘巷道断面、机重等，其基本参数见表 7-11。机器的质量与切割功率匹配，其大小直接影响机器的工作稳定性。机器的工作稳定性是指掘进机作业时的动态稳定性。但由于机器受力复杂，很难精确计算，故悬臂式掘进机仍以静态稳定性估算。静态稳定性是指抵抗倾覆和在坡道上滑移的能力。

表 7-11　悬臂式掘进机的基本参数

技术特征		单位	机型			
			特轻	轻	中	重
可切割性能指标	适用切割煤岩硬度，不大于	普氏系数	4	6	7	8
	岩石的研磨系数，不大于	mg	10	10	15	15
	煤岩最大单向抗压强度	MPa	50	60	85	100
切割机构功率		kW	≤30	55~75	90~110	>132
纵向最大工作坡度		(°)	±16	±16	±16	±16
机高，不大于		m	1.4	1.6	1.8	2.0
可掘巷道断面面积		m²	5~8.5	7~14	8~20	10~28
机重（不含转载机）		t	<20	20~30	30~45	>45

大多数掘进机机重为 16~160t，总功率 100~660kW，最大切削高度从 3.5~8.0m 不等，可切削 40~120MPa 的中硬以下的岩石。部分型号掘进机的参数见表 7-12。

表 7-12　部分掘进机主要技术参数表

型号	EBJ-120TP	EBZ50TY	WAV408	EBZ300TY	EBH-160HN	S200M
切割硬度/MPa	≤60	≤40	≤120	≤120	≤100	≤80
适用断面/m²	9~18	3.8~12.5	87.5	15~38	28	—
最大切割高/m	3.75	3.2	7.975	6.0	4.25	5.1
工作电压/V	660/1140	660/380	—	1140	1140	1140
总功率/kW	190	95	661	460	314	290
切割功率/kW	120	50	408	300	160	200/110
接地比压/kPa	140	110	200	140	130	140
机重/t	36	18.5	160	90	57	60
外形尺寸/m（长×宽×高）	8.6×2.1×1.55	7.6×1.77×1.4	16.14×4.06×5.0	13.5×2.5×3.2	10.475×3.06×1.57	10.7×3.6×1.8

3. 悬臂式掘进机的主要结构

悬臂式掘进机要同时实现剥离（煤）岩层、装载运出、机器本身的行走调动以及喷雾除尘等功能，即集切割、装载、运输、行走于一身。它一般由切割部、铲板部、第一运输机（运输机构）、本体部（机架）、行走部、后支承、液压系统、供水系统、润滑系统、电气系统等部分构成。总体结构如图 7-113 所示。

（1）切割部　一般由切割头、伸缩部、切割减速机、切割电动机组成（图 7-114）。

切割部的主要功能有五方面。第一，直接对煤岩进行破碎；这是最主要的功能。第二，辅助支护，在架棚子支护时挖柱窝，用托梁器托起横梁；锚杆支护时，切割部处于水平状态，工人可以站在上面作业，也可以用托梁器托起钢带。第三，协助装货。第四，在特殊情况下可以参与自救。第五，有伸缩功能的掘进机在坡度较大的下山巷道后退时可以用伸缩来协助。

切割头为圆锥台形，在其圆周螺旋分布镐形切齿，切割头通过花键套和高强度螺栓与切割头轴部相连。伸缩部位于切割头和切割减速机中间，通过伸缩液压缸使切割头具有伸缩功能。切割减速机是两级行星齿轮传动，它和伸缩部用高强度螺栓相连。切割电动机为双速水冷电动机，使切割头获得两种转速，它与切割减速机通过定位销及高强度螺栓相连。另外，为方便井下临时支护，一些掘进机还提供托梁器装置。

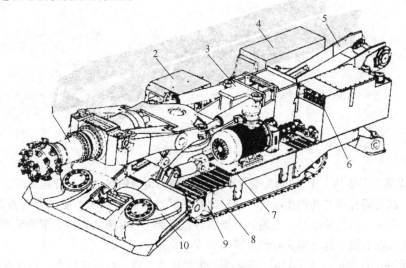

图 7-113　悬臂式掘进机的主要结构

1—切割机构　2—供水系统　3—机架及回转台　4—电气系统　5—运输机构
6—操作台　7—机座　8—行走机构　9—液压机构　10—铲板部

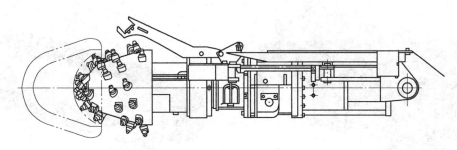

图 7-114　切割部

（2）铲板部（图 7-115）　有三个功能：第一，装料；第二，当切割头钻进后即将进行摆动之前，铲板与支承器落地，有利于机组的稳定，切割臂左右摆动时机组不摆尾；第三，与支承器配合可以进行自救。

铲板驱动采用成熟的低速大转矩电动机驱动装置，两侧分别驱动，取消了铲板减速机和中间轴装置，降低故障率。铲板上部装料装置为弧形星轮，星轮和低速大转矩电动机直接连接为一体，便于传动装置的装拆和故障检修。

（3）第一运输机　第一运输机（图 7-116）只有一个功能，就是将铲板部装上来的煤岩转运给第二运输机。第一运输机机体设计为分体结构件，由前后溜槽两大部分组成，采用双边链运输形式，采用了矿山通用的 $\phi 18 \times 64$ 矿用圆环链，强度和通用性得到提高，采用两个低速大转矩电动机同时驱动

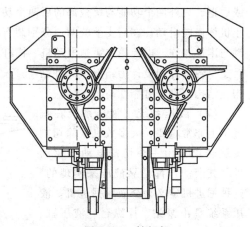

图 7-115　铲板部

刮板链装置，减少了故障环节。

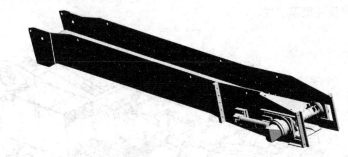

图 7-116　第一运输机

（4）本体部　本体部（图7-117）位于机体的中部，由厚钢板为主材焊接而成。本体部是机器的主机架，其他部分都与其相连固定。回转架在回转液压缸的推动下能带动切割部左右摆动。本体的右侧装有液压系统的泵站，左侧装有操纵台，前面上部装有切割部，下面装有铲板部及第一运输机，在其左右侧下部分别装有行走部和后支承部。

（5）行走部　行走部（图7-118）的功能是带动机器前进、后退或转弯。行走部是用两台液压马达驱动，通过行星减速机构驱动链轮及履带实现行走。履带架与本体的连接采用先进机型成熟的键、螺栓连接方式，强度与可靠性有了保证。

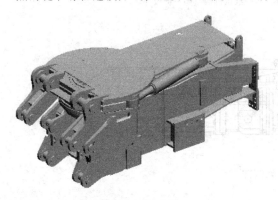

图 7-117　本体部

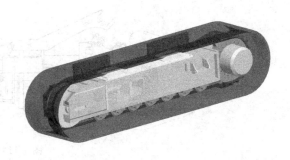

图 7-118　行走部

（6）后支承部　后支承部（图7-119）有三个功能，第一是牵引第二运输机随主机一起前进或后退，另外两个功能与铲板部的后两个功能相同。后支承是用来减少切割时机体的振动，以防止机体横向滑动。在后支承的两边分别装有升降支承器的液压缸，后支承的支架用高强度螺栓、键与本体相连。电控箱、泵站电动机、锚杆电动机等都固定在后支承上，并且连接第二运输机。后支承各部件均设计为箱形组焊件结构，结构合理，可靠性高。

（7）液压系统　液压系统在掘进机上非常重要，大多数机型除切割头旋转单独由一个切割电动机驱动外，其余动作都是靠液压来实现的。这种掘进机定义为全液压掘进机。液压系统是由泵站、操纵台、液压缸、液压马达、油箱以及相互连接的配管

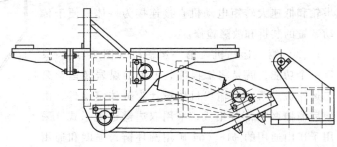

图 7-119　后支承部

所组成。主要实现以下功能：机器行走；切割头的上、下、左、右移动及伸缩；星轮的转动；第一运输机的驱动；铲板的升降；后支承部的升降；提高锚杆钻机接口等功能。

（8）供水系统　供水在掘进机上有两个功能，一是冷却，即冷却液压油和切割电动机，二是喷雾。供水系统由外喷雾和内喷雾两部分组成。

（9）润滑系统　掘进机的运动环节多，所以润滑点就多，润滑对于掘进机同样非常重要。润滑系统对掘进机的关键部位进行油、脂的补充，使掘进机良好地运转，是对掘进机的有效维护。

（10）电气系统　电气系统相当于人的神经，它同液压系统一起使掘进机各机械部分联动，完成掘进工作。它主要由操作箱、电控箱、切割电动机、液压泵电动机、锚杆电动机、矿用隔爆型压扣控制按钮、防爆电铃、照明灯和防爆电缆等组成。

4. 悬臂式掘进机的选择

合理选择悬臂式掘进机机型是为了满足综合掘进速度的需要，同时也是取得良好经济效益的基本条件。选择机型主要是选择机器的尺寸、切割功率和质量等。选择机型的决定因素有煤岩的种类及特性、巷道断面大小和形状、巷道支护形式、巷道底板岩石的硬度和特性、煤岩层的倾角、巷道水平弯曲度、地质构造、涌水量、设备供应、操作维修水平等，选用时应因地制宜经过技术经济比较后合理选择。

（1）煤岩的种类和特性　这是决定机型和切割头特征的重要依据。煤岩坚硬时应选用切割头功率大、机体重的机型，以保证切割力度和掘进机的整体稳定性。煤岩特性包括：

1）煤岩的抗压、抗拉强度。通常岩石按其抗压强度分成若干等级。岩石强度高，能耗大，速度慢。用于采全煤的掘进机可以选择横轴式的切割头，其截齿的排列较少，螺旋线的节距大，截齿较长，有利于提高效率。用于半煤岩巷道的掘进机优先选择纵轴式的切割头，其截齿排列密，螺旋线的节距小，截齿短、合金头大，巷道成形好，便于煤岩兼顾。

2）煤岩的比能耗。比能耗用于判断岩石的可钻性，表示开采单位体积岩石所做的功，代表切割效率。比能耗小，切割效率高，即在给定的输入功率下，具有较高的掘进速度。在给定的切割深度和切割间距下，比能耗与切割成正比。比能耗取决于岩石硬度及其塑性性质，岩石的硬度大，比能耗一般较大。

3）煤岩的抗磨蚀性。磨蚀性是岩石对刀具磨损的能力，通常用研磨系数（利用直径为 8mm 的钢棒，以一定的力压在岩石试样表面，以一定的速度转动钢棒，在规定时间内试棒的质量减小量）表示，研磨系数越大，切割阻力越大，对刀具的磨损越严重。磨蚀性与岩石硬度、岩石颗粒硬度等有关。在掘进过程中，切割头上的截齿不断受到岩石表面的磨损而变钝，影响掘进速度。

4）岩石的坚固性系数（普氏系数 f）。它主要反映岩石的抗压强度大小。坚固性系数越大，切割越困难。目前部分断面中型掘进机的切割硬度为 $f = 4 \sim 8$，选择掘进机时，为提高可靠性可加大一个硬度系数。当切割硬岩时，要选择机器质量大的机型，因为机重对切割时振动和工作稳定性起重要作用。

（2）巷道断面形状和大小　巷道断面是选择掘进机的重要参数，包括断面形状和断面大小。

1）断面形状。一般来说，悬臂式掘进机可掘进任何断面形状的巷道，但全断面掘进圆形巷道时，一般选择 TBM。

2）断面大小。每种掘进机都有一定的施工断面范围，其下限由机器作业最小尺寸决定，上限是机器位于巷道中部位置不动，切割头可掘出的最大断面。断面大小基本上可决定掘进机机型的大小和质量，选用时应考虑其最佳掘进断面积。一般小断面巷道应大于掘进机适宜断面面积的

15% ~20%，或不小于掘进机外形尺寸宽度加 1m，高度加 0.75m 的要求。大断面巷道小于掘进机适应断面值即可，但必须满足最大切割高度的要求。如掘进宽度过大，将频繁地调动掘进机，将影响掘进效率，此时可考虑分步掘进。

从掘进机的功率方面考虑，断面较小时适宜采用小于 100kW 的掘进机，而 100 ~200kW 的掘进机适应断面的范围较宽。在既满足断面范围也满足切割硬度时，选择功率较小的掘进机经济性更好，选择较大功率的掘进机效率更高。

隧道断面较大或岩层不够稳定时，可将断面分成多个部分，分台阶或导洞开挖。

（3）底板条件和倾角 选用悬臂式掘进机时，底板松软不利于掘进机正常行走推进。掘进机履带接地比压在 45 ~200kPa 范围内，使用时应根据隧道底板坚硬情况在此比压范围内选择机型，即松软岩层宜选用较小的接地比压。掘进机非作业状态的履带接地比压称为公称比压，即计算平均比压。但机器在作业时的真实比压常常是公称比压的 3 ~5 倍。按标准规定，一般接地比压值不大于 0.14MPa。否则，遇到松软底板，应向掘进机制造企业提出特殊要求，选择加宽履带板的机型。

掘进机要适用掘进上山、下山的坡度，在不同倾角下作业，按我国标准，要求其爬坡能力在 ±16° 范围内。若超过此值，掘进机行走电动机的功率要特殊设计，并且要校核工作稳定性。倾角小于 6° 的巷道可以正常选择，6° ~15° 坡度的巷道需要选择牵引力较大、带停机制动器的掘进机，以满足上坡时有足够的牵引力和下坡时的及时制动。

（4）巷道支护形式 巷道需要支护，掘进机必须具有装备适合支护系统的结构和与支护系统相适应的切割工艺过程。如巷道支护为锚杆支护系统，那么掘进机应当装备有供锚杆钻机作业的动力源；如果是金属支架，掘进机必须切割出正确的巷道断面形状，以利于支护支架的安装。除此之外，掘进机应该配备有助于支护金属梁的机构（如在切割悬臂上附加托梁器等）。当然最好是采用掘锚机组，它本身具有掘、支、运等综合功能。

（5）其他因素 巷道的拐弯半径必须大于或等于所选机型要求的拐弯半径。隧道越长，使用掘进机的优越性越大。对于不长的隧道，若别的工程条件适宜时，采用悬臂式掘进机是适宜的。另外，还应考虑工程进度、生产能力对机器的要求，以及配件供应、维修能力和职工素质等因素。

5. 悬臂式掘进机施工

（1）悬臂式掘进机的切割方式 悬臂式掘进机的主切割运动是切割头的旋转和切割臂的水平或垂直摆动的合成运动，其切割头工作方式如图 7-120 所示。

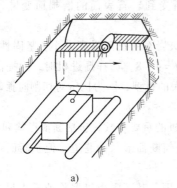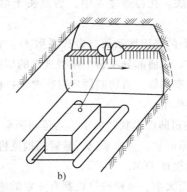

a)　　　　　　　　　　　　　　b)

图 7-120　掘进机切割头工作方式

a) 纵轴式　b) 横轴式

1）掏槽切割。切割机构工作时首先要在工作面上用切割头进行掏槽，然后按一定方向摆动悬臂，掘出所需的断面。

掏槽时，纵向切割头的推进方向与切线力方向近似呈直角，需要的力较小，切割力来自切割臂伸缩机构。掏槽可在断面任意位置，在一个工作循环中，最大掏槽深度为切割头直径，切割煤层时一般推荐为切割头直径的 2/3，切割岩时，为切割头直径的 1/3。

使用横轴式切割头，推进方向与切线力方向几乎一致，由于是两个切割头同时工作，需要的切割力较大。掏槽可在工作面的上部或下部进行，但切割硬岩时应尽可能在工作面上部掏槽，切割成水平槽，最大掏槽深度为切割头直径的 2/3。掏槽时，切割头需做短幅摆动，以切割位于两个切割头中间部分的煤岩，因而操作较为复杂。

2）工作面切割程序　切割程序指切割头在巷道工作面上切割岩石的移动路线。切割程序取决于巷道断面大小、煤岩硬度、顶底板状况、矸石夹层分布等工作面条件和技术规范。研究表明，沿着阻力最小的方向切割能耗最小。切割层状岩石时，应沿层理方向切割。若为水平层面，横向切割最有利。若为倾斜层面，纵轴式切割可先切割软岩，有了自由面后再切割硬岩；横轴式切割也应从软岩层入切，然后横向左右切割，如图 7-121 中的箭头所示。

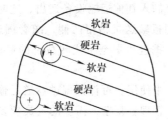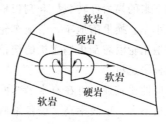

图 7-121　切割倾斜岩层时切割头的运动方式

不论纵轴式还是横轴式，在整个工作面上的切割方式都是自上而下或者自下而上，在同一切割层上左右摆动。多数情况下采用自下而上方式，有利于装载和机器的稳定，提高生产率。掘进半煤岩巷道时，应先从煤层钻进，再卧移切割至地板下角，切底掏槽，增加自由面。

（2）机械化掘进作业线及设备配套　悬臂式掘进机的主机效率一般比较高，但如果掘进设备不配套，掘进速度仍然上不去。因此，在选用悬臂式掘进机施工时，除合理选择掘进机外，还要综合考虑系统其他设备的合理性，如煤岩的运输、材料设备的辅助运输、巷道支护、通风防尘、供电等，这些设备必须相互配套，形成完整的综合机械化掘进作业线，才能提高掘进效率。

配套设备主要包括掘进机、转载机、运输设备、支架机（或锚杆机）、激光指向仪、瓦斯断电仪、除尘器、辅助运输设备和电气系统等，其中最主要的是运输配套设备。根据运输设备的不同，可有不同形式的机械化掘进作业线。

1）掘进机＋桥式胶带转载机＋可伸缩胶带输送机作业线。该作业线主要由掘进机、桥式胶带转载机和可伸缩胶带输送机组成（图 7-122）。这是一种可实现连续运输的方案，在我国煤矿

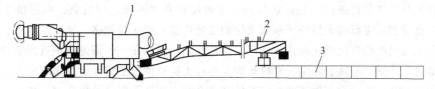

图 7-122　掘进机＋桥式胶带转载机＋可伸缩胶带输送机作业线

1—掘进机　2—桥式胶带转载机　3—可伸缩胶带输送机机尾

巷道中应用较为广泛。设备布置是在掘进机后面紧接着胶带转载机，转载机后面是可伸缩胶带输送机。转载机前端搭接在掘进机的机架上，后端搭接在胶带输送机上。掘进机破碎下来的煤岩装上转载机，卸在胶带输送机上运出。掘进过程中产生的粉尘，靠掘进机内外喷雾灭尘和湿式除尘器抽尘净化处理。当工作面采用双向胶带输送机运输时，胶带输送机底胶带同时能够向工作面运送材料，形成一个运输系统。

常用的转载机有 SDZQ-11、ES-650、QZP-160 等型号，配套的可伸缩胶带输送机多为 SJ-44、SJ-80、SD-80 等型号。选择时要求伸缩式输送机的输送量要大于转载机的输送量，转载机的输送量要大于掘进机的生产能力。

该配套方案的主要特点是可实现矸石连续运输，减少矸石转运停歇时间，能充分发挥掘进机的生产效率，切割、装载、运输生产能力大，掘进速度快；上胶带出煤下胶带运料，做到一机多用，减少辅助运料系统。该方案的初期投资大，在有水平弯曲的巷道中不宜使用，比较适用于长度大于 800m 的较长直巷道。

2）掘进机 + 桥式胶带转载机 + 刮板输送机作业线。该作业线适用于巷道距离短、坡度变化大的掘进条件，是我国特别是小规模的地方煤矿使用较广的一种配套方案。

掘进机切割下来的煤岩经转载机和刮板输送机再倒入其他运输设备运出，这时需要拆掉在胶带机尾上行走的小车，换上落地车。落地车轮位于刮板输送机槽帮两侧，随着掘进机向前掘进，桥式转载机的落地车轮沿着刮板输送机的槽帮运行。掘进机掘至桥式转载机的最大搭接长度后，需要停机接长刮板输送机。

该作业线适应性比较强，可在有水平弯曲的巷道中使用；可保证掘进巷道运输的连续性；初期投资小，消耗功率大；事故率高，设备维修量大，管理较复杂；需要的人员较多。

3）掘进机 + 梭车作业线。该作业线由掘进机、梭式矿车和牵引电机车等几部分组成。掘进机切割下来的煤岩经装运机构、胶带转载机卸载于梭车内，然后用防爆电机车拉至卸载地点卸载。

梭式矿车是一种大容量矿车，在车底上安装有刮板输送机，梭车前端接受转载机装入的煤或矸石，并通过车厢底板上的刮板输送机逐渐运向后部，直至均匀装满全车，然后由电机车牵引至卸载点，开动刮板输送机卸载。梭式矿车分轨轮式和胶轮式。轨轮式适用于有轨运输，胶轮式适用于无轨运输。根据巷道转弯半径大小，可将多辆轨轮梭车穿套搭接使用。隧道中可用多辆胶轮梭车运输。

这种配套方案不能连续装载，影响掘进机能效的充分发挥，因此，它适用于装卸地点运输距离较短的条件，掘进矿山巷道时井下必须具有卸载仓。

4）掘进机 + 吊挂式胶带机 + 矿车作业线。该作业线适应于断面较小、地压较大，需用金属材料作永久支护的巷道。为提高掘进机的工时利用率，减少调车次数和调车停机时间，在巷道转弯半径允许的条件下，尽量选用长度较大（可容纳 8～10 辆矿车）的吊挂式胶带转载机。吊挂式转载机的一端与掘进机连接，另一端通过行走车轮吊挂在巷道顶板的单轨上，随着掘进机向前掘进，吊挂式胶带转载机随同一起向前移动。这种配套方案不能连续装载，掘进机工时利用率低，掘进速度受到一定影响。另外，永久支架的安装质量要求比较严格，辅助工程量较大。

以上作业线又叫综合机械化掘进作业线，简称综掘。就是在一条掘进机掘进的巷道内，将测量定向、掘进、运煤、通风、除尘、材料运输、巷道支护和供电系统等设备相互配套，形成一条效率高、相互配合、连续均衡生产的、完整的掘进系统，达到了掘进过程全部机械化，从而获得较高的掘进速度和较好的经济效益。在选择和确定巷道配套运输方式时，应根据具体地质条件、工程条件和运输系统来选择，不能只考虑一种配套运输形式。凡能充分发挥掘进机的效率而又经济合理的，即为最优配套方式。条件满足时应优先考虑前两种作业线，其中第一种作业线最佳。在水平弯曲巷道可采用可弯曲刮板输送机配套，如选用 SGW-44、SGW-40T 型，当巷道既有水平弯曲又有一定坡度（＜±10°）时，可采用胶轮梭车运输，可使转载、运输合一。如果是轨道运输系统，可采用矿车运输。如果巷道坡度变化较大，可选用齿轨式机车牵引矿车。不论采用哪种运输形式，都要协调辅助运输、通风、防尘、供电等，使之成为一完整的机械化掘进作业线。

（3）悬臂式掘进机施工实例　某煤矿石门长 3200m，巷道支护形式为锚网喷，正顶施工锚索 1 根。巷道净宽 4m，净高 3.3m，喷厚 100mm。锚杆规格为直径 20mm，长 2000mm，锚杆排间距 700mm，全长锚固。临时支护采用带帽单体支护。

1）掘进支护方法。采用综掘多循环作业制，掘进机型号为 EBZ135 型。工作面岩性稳定时，实行"一掘一锚网支护"。

采用分层切割掘进，先切割上分层，高度为 2.0m，在岩性稳定段第一刀切割进度为 1.6m，随后在拱部打两排锚杆，每排 7 根锚杆，进行挂网支护后，再切割下分层。第一循环完成后，再按同样方法进行第二刀、第三刀，循环切割支护施工。待第三循环完成后，将综掘机后退，并进行两帮锚网支护。左帮锚网支护到拱基线，右帮锚网支护到底，喷混凝土滞后工作面不超过 35m，左帮拱基线以下的锚网支护与喷混凝土平行作业。

若围岩松软，循环切割进度为 1.4m，全断面锚网支护到底。掘进岩巷时，即按先软后硬的顺序。

掘支施工工艺流程：交接班安检→延接胶带机→标定中心→开机检查→掘进机切割上分层，同时出渣→找净帮顶活煤危岩→临时单体支柱→打眼安装顶部锚杆挂网→掘进机切割下分层（出渣）→打帮部锚杆挂网护帮。

司机操纵掘进机，在掘进机前进的同时，依靠切割臂的摆动和切割头的旋转破岩（煤），所破落岩（煤）经环行刮板运输机转载，掘进机切割一个循环后，停机进行打锚杆支护。

2）劳动组织。工作制度为"三八"作业制。施工队伍配置 45 人，每班 15 人，其中掘进机司机 1 人，机电维护工 2 人，掘进工 8 人，班组长 2 人，其他 2 人，管理人员 5 人。

3）施工安全。严禁空顶作业，采用带帽单体支柱临时支护，单体支柱不少于 2 组。

必须坚持"敲帮问顶"制度。每次进入工作面前，班组长必须对工作面顶、底、帮部安全情况进行一次全面检查，确认无安全隐患后方可进入。每次切割后，必须由有经验的工人站在安全地点用长柄工具将所有危矸、悬矸、浮矸找出。找顶时安排专人监护顶板安全情况。打眼前，必须敲帮问顶，撬掉活矸。对有可能发生冒落的位置附近，打眼时必须架设临时支护然后再钻眼。钻眼时应按事先确定的眼位标志处钻进。钻完后应将眼内的岩粉和积水吹（掏）净。

4）机电运输。掘进机必须由专职司机操作，设主、副司机各一名并持证上岗。主司机操作，副司机监护掘进机周围安全环境及机组电缆。综掘机工作时迎头严禁有人，所有人员撤到综掘机尾后 3m 的安全地点，发现迎头有冒顶危险或其他危及人身安全情况时，必须立即停机切断电源。

坚持正确使用掘进机上所有的安全闭锁和保护装置，不得擅自改动或甩掉不用，不得随意调整液压系统、雾化系统等各部位的压力。

加强机器的维护与保养，坚持执行掘进机的维护与保养制度。对掘进机的检修应包机责任到人，实行计划检修与强制检修相结合的办法。每天对掘进机的要害部位指定专人检查，易松动部位要及时检查紧固。掘进机工作有异常现象时，应立即停机处理，以免出现大的机械事故。

5）综合防尘。除了机器本身的除尘系统之外，距迎头不大于 30m 安设三道喷雾装置，坚持洒水灭尘。回风流中安设一道净化喷雾，距迎头不大于 50m。另外，还需洒水装岩，冲洗煤岩帮，加强个人防护，粉尘作业区域必须佩戴防尘口罩。

6. 悬臂式掘进机的技术发展趋势

随着科学技术的不断进步，悬臂式掘进机的发展出现以下几个特点：

（1）解决除尘问题。掘进机工作时，由于其为独头巷，因喷嘴易堵及湿煤黏附问题，操作工一般又不愿开内喷雾，所以尘雾较大。目前各制造企业都在努力解决该问题。

（2）掘锚一体化。据统计，巷道支护需占用 40% ~ 50% 的掘进作业时间。为了提高掘进速度，应根据巷道支护的要求，在掘进机上装备有锚杆钻机，超前临时支护装置等，以提高工作效率。国外此技术在 20 世纪 90 年代已基本成熟，目前国内掘锚一体化还处于初级阶段。三一集团自行研制的掘锚一体机已于 2007 年进行下井实验，并达到了预期的效果。

（3）掘进机的自动控制及远程遥控。掘进机的自动控制及远程遥控的最终目标是实现不经常有人的自动化采掘工作面。实现掘进机的自动控制及远程遥控在国外已有先例。德国艾柯夫公司早在 20 世纪 80 年代就已经研制了微机控制巷道轮廓、导向及机器运行状况监视系统。

（4）向重型化发展。机重在 100 吨以上、可切割岩石硬度 $f = 10 ~ 15$、切割功率 200 ~ 450kW，如英国的 TP3000 型、奥地利的 AM105 型。

（5）工作的稳定性提高。增加机重，实行紧凑化设计，降低机器高度。如奥地利 AM65 型、德国 ET110 型的机高都低于 1.5m。佳木斯 S150 的机高 1.65m，南京晨光 EBJ-132 型的机高低于 1.6m，机重达到 42t。

（6）扩展型发展迅速。即以原先基本机型技术为基础、进行机器功能扩展开发研制。如近几年工程隧道上使用的隧道掘进机，在机重、功率、功能上与基本机型相近，在切割岩石硬度、切割断面面积、运输方式及功率等方面进行了有针对性的改进，以适应非煤（岩）巷道工程。如日本三井公司制作所生产的 S300 隧道掘进机，从软岩到中硬岩的广泛范围皆可为工作对象，可用于铁路、公路、矿山或上下水道等所有隧道。

7.3 巷道施工作业方式与循环图表

巷道施工要达到快速、优质、高效、低耗和安全的要求，除合理选择施工技术装备及施工方法外，正确选择施工作业方式，采用科学的施工组织和先进的管理方法，也是十分重要的。

7.3.1 巷道施工作业方式

矿山巷道施工作业有两种方法，即分次成巷施工法和一次成巷施工法。

1. 分次成巷施工法

分次成巷施工法是先掘进出巷道断面并暂时用临时支护进行维护，待整条巷道掘进完成或按照施工安排掘进一段距离后，再进行永久支护和水沟掘砌及管路线路的安装。分次成巷的缺点是施工不安全、成巷速度慢、收尾工程多、材料消耗大、工程成本高。因此，在巷道施工过程中除特殊情况外，一般都不采取分次成巷施工方式。在实际施工中，通风巷道急需贯通，可以采用分次成巷法，先用小断面贯通以解决通风问题，过一段时间以后再刷大断面并进行永久支护。在长距离贯通巷道施工时，为了防止测量误差造成巷道贯通出现偏差，在贯通点附近也可以先用小断面贯通，纠正偏差后再进行永久支护。

2. 一次成巷施工法

一次成巷就是一次将巷道做成。具体做法是把巷道施工中的掘进、永久支护、水沟掘砌三个分部工程（有条件的还应加上永久轨道的铺设和各种管路与线路的安装）视为一个整体，有机地联系起来，按照设计和质量标准要求，在一定距离内前后连贯、互相配合，最大限度地同时施工，一次做成巷道而不留收尾工程。实践证明，一次成巷具有施工安全、速度快、质量好、节约材料、降低成本和便于管理等优点，具体如下：

1）成巷速度快。全断面一次掘进，可以大大简化施工工序，同时施工空间较大，为施工机械化创造了条件。如采用掘、支平行作业，还可以在巷道的各个区段内安排多工种、多工序的平行交叉作业，充分利用巷道空间，加快施工速度。此外，采用一次成巷施工还可减少收尾工程，缩短施工工期。

2）节约材料，降低工程成本。一次成巷施工要求架设临时支架的距离短（指永久支护时为砌碹），这就有可能用金属支架来代替木支架，以节约大量木材。同时，金属支架除可多次反复使用外，还有可能实现标准化，这样架设工效也能提高。总之，由于成巷速度和工效的提高，材料消耗的降低，必将导致巷道施工成本的降低。永久支护若采用锚喷支护，其效果就更为显著。

3）施工作业安全，并有利于提高工程质量。随着全断面一次掘进，立即架设临时支架，随后不久即进行永久支护，围岩暴露时间短，可以减少围岩的风化、变形和破碎，故施工作业比较安全，施工质量容易得到保证。如采用锚喷支护，由于施工及时，空顶距更短，安全作业便更有保证。

在一次成巷施工中，掘进和支护是两项主要工序，它们之间的关系主要和所穿过的岩层性质有关。当穿过的岩层是坚固、稳定、整体性强的砂岩、石灰岩时，这时掘进工作量大，支护工作相对比较简单，在这种情况下，就要注意加强掘进工作；若穿过的岩层松软、破碎、压力大，这时掘进工作较易，而支护工作比较困难，就要突出加强支护工作，以确保成巷速度和掘、砌之间的合理间距。

根据掘进和永久支护两大工序在时间和空间上的相互关系，一次成巷施工法又可分为掘支平行作业、掘支顺序作业（也称单行作业）和掘支交替作业。

（1）掘进和永久支护平行作业　这是指永久支护在掘进工作面之后保持一定距离与掘进同时进行。《煤矿井巷工程施工规范》（GB 50511—2010）规定，掘进工作面与永久支护间的距离应根据围岩情况和使用机械作业条件确定，但不应大于 40m。

掘支平行作业方式的施工难易程度主要取决于永久支护的类型。

1）如果永久支护采用金属拱形支架时，则工艺过程较为简单。永久支护随掘进工作而架设，在爆破之后对支架进行整理和加固。

2）如果永久支护采用石材整体砌碹支护，掘进和砌碹之间就必须保持适当距离（一般为 20～40m），这样才不会造成两工序的互相干扰和影响，同时也可以防止爆破崩坏碹体。在这段距离内，为保证掘进施工安全，可采用锚喷或金属拱形支架作为临时支护。这样，在相距不到 40m 范围内，就有几个工种和几个工序同时施工，工艺过程较为复杂，因此在有限的空间内，必须组织安排好各工种和各工序，密切配合，做到协调一致。

3）如果永久支护为单一喷射混凝土支护，喷射工作可紧跟掘进工作面进行。先喷一层 30～50mm 厚的混凝土作为临时支护控制围岩，随着掘进工作面推进，在距工作面 20～40m 处再进行二次补喷并与工作面掘进同时进行。补喷应达到设计厚度要求。

4）如果永久支护采用锚杆喷射混凝土联合支护，则锚杆可紧跟掘进工作面安设，喷射混凝土工作可在距工作面一定距离处进行。如顶板围岩不太稳定，可以在爆破后立即喷射一层 30～50mm 厚的混凝土封顶护帮，然后再打锚杆，最后喷射混凝土和工作面掘进平行作业，直至达到设计喷厚要求。

掘支平行作业时，由于永久支护不单独占用时间，施工设备利用率高，因而可以降低工程成本、提高成巷速度。但这种作业方式需要同时投入的人力、物力较多，施工组织工作比较复杂。因此，一般适用于围岩比较稳定、掘进断面面积大于 $8m^2$ 的巷道，以免造成掘支工作互相干扰从而影响成巷速度。

（2）掘进和永久支护顺序作业   这是指掘进和永久支护两大工序在时间上按先后顺序施工。即先将巷道掘进一段距离后停止掘进，然后进行永久支护工作。当围岩稳定时，掘进与永久支护之间的间距一般为 20～40m，最大距离不超过 40m。当围岩不稳定时，应采用短段掘支顺序作业，每段掘支间距为 2～4m，并尽量使永久支护紧跟掘进工作面。

当采用锚喷永久支护时，通常有两种方式，即两掘一锚喷和三掘一锚喷。两掘一锚喷是指采用"三八"工作制，两班掘进一班锚喷。三掘一锚喷是指采用"四六"工作制，三班掘进一班锚喷。掘进班掘进时先打一部分护顶帮锚杆，以保证掘进安全；锚喷班则按设计要求补齐锚杆并喷至设计厚度。采用这种作业方式时，要根据围岩稳定性来决定掘进和锚喷之间的距离。

掘支顺序作业的特点是掘进和支护轮流进行并由一个施工队来完成。因此所需的劳动力和同时投入运行的设备都比较少，施工组织比较简单。但该作业方式要求工人既会掘进又会锚喷或砌碹，故对工人的技术水平要求较高。与掘支平行作业相比，这种作业方式成巷速度一般较慢，但是可以节约临时支护工作，适用于掘进断面较小、巷道围岩不太稳定的情况。

（3）掘进和永久支护交替作业   这是指在两条或两条以上距离较近的巷道中由一个施工队分别交替进行掘进和永久支护工作。即将一个掘进队分成掘进和永久支护两个专业小组，掘进组在甲工作面掘进时，支护组在乙工作面进行永久支护，当甲工作面转为支护时，乙工作面同时转为掘进，掘进和永久支护轮流交替进行。这样，对于每条巷道来说，掘进和永久支护是顺序进行的，但对于相邻两条巷道来说，掘进和永久支护则是轮流、交替进行的。这种作业方式实质上是在甲乙两个工作面分别进行掘支单行作业而人员交替轮流，因此，它集中了掘支顺序（单行）作业和平行作业的特点。

掘进和永久支护交替作业方式工人按工种分工，掘支在不同的巷道内进行，避免了掘进和永久支护工作的互相影响，有利于提高工人操作能力和技术水平，有利于提高机器设备的使用效率。但占用设备多、人员分散、不易管理，故必须经常平衡各工作面的工作量，以免因工作量的不均衡而造成窝工。

上述三种作业方式中，以掘支平行作业的施工速度最快，但由于工序间干扰多而效率低，费用也较高；掘支顺序作业和掘支交替作业的施工速度比平行作业低，但人工效率高，掘支工序互不干扰。对于围岩稳定性较差、管理水平不高的施工队伍，宜采用掘支顺序作业，条件允许时亦可采用掘支交替作业。在实际工作中，应详细了解施工的具体情况，如巷道断面形状及尺寸、支护材料及结构、巷道穿过岩层的地质及水文条件、施工的速度要求和技术装备、工人的技术水平等，随时进行比较和综合分析，从而选择出合理的施工作业方式。

7.3.2   循环图表

为指导巷道施工，确保正规循环作业实现，必须编制切实可行的循环图表。一般而言，循环图表的编制大体有以下几个步骤：

（1）合理选择施工作业方式和循环方式   首先根据地质条件、施工任务、技术装备、施工技术水平和巷道的设计断面形状和尺寸等，选择并确定合理、可行的作业方式。

巷道掘进的循环方式，根据具体条件可以采用每班完成 1 个循环（单循环）或 2 个以上循环（多循环）的方式。每个小班完成的循环次数应是整数，即一个循环尽量不要跨班（日）完成，否则不便于工序之间的衔接，施工管理也比较困难，不利于实现正规循环作业。如果求得小班的循环次数为非整数时，应调整为整数。对于断面大、地质条件差的巷道，也实行一日一个循环的循环方式。

关于日工作制度的确定，目前我国多数大型矿山采用"三八"工作制，也有采用"四六"工作制或"四八"交叉工作制的。这些工作制度都是按照工作时间进行分班的。

（2）确定循环进尺　在掘进施工中，每个循环作业使巷道向前推进的距离称为循环进尺。循环进尺主要取决于炮眼深度和爆破效率。

（3）确定和计算各工序作业时间　一次循环作业所需的时间包括：安全检查和准备工作时间，即交接班的时间，一般为 10～20min；装岩时间，与掘进断面大小、装岩机的总生产能力有关；钻眼时间，与炮眼深度、钻眼设备的台数和钻眼速度有关；装药连线时间，与炮眼数目和同时参加装药连线的工人组数有关；放炮通风时间，一般为 15～30min；支护时间，如果临时支护或永久支护占用循环时间的话，也应包括在内。

在实际工作中，为了防止难以预见的情况造成的工序延长，应考虑留有 10% 的备用时间。

（4）编制循环图表　根据确定的各工序时间、作业方式和循环方式即可编制循环图表。循环图表编制示例如图 7-123 所示。编制好的循环图表需要在实践中进一步修改，使之不断改进、完善并真正起到指导施工作用。

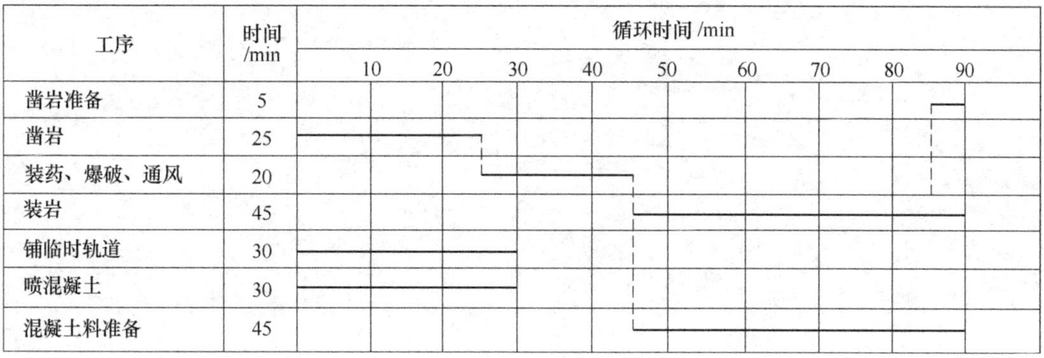

工序	时间/min	循环时间 /min
凿岩准备	5	
凿岩	25	
装药、爆破、通风	20	
装岩	45	
铺临时轨道	30	
喷混凝土	30	
混凝土料准备	45	

图 7-123　循环图表示例

习　题

7-1　岩石平巷（隧道）的施工准备工作有哪些？

7-2　岩石巷道（隧道）的施工方法有哪几种？什么是全断面开挖法？它与台阶法有何区别？

7-3　什么是 CD 法和 CRD 法？两者的区别是什么？

7-4　钻爆法有何特点？

7-5　巷（隧）道的掘进方向和坡度如何测定和控制？

7-6　钻眼机具包括哪些？钻眼机械和钻眼工具各有哪些类型？

7-7　巷道工作面炮眼有哪几类？各起什么作用？

7-8　爆破参数包含哪几个？如何确定各个参数？

7-9　常用的控制爆破方法有哪几类？光面爆破和预裂爆破有何区别？

7-10　爆破图表中包括哪些内容？

7-11　装岩机有哪几类？各有什么特点？

7-12　地下工程运输方式有哪几类？各用哪些运输设备？

7-13　调车方式有哪些？各种调车方式是如何使用的？

7-14　棚式支护有哪几种形式？简述其结构组成、优缺点和适用条件。

7-15 锚杆的作用原理有哪些？锚杆的种类有哪些？其支护参数包括哪些？

7-16 喷射混凝土由哪些材料组成？对各种材料的质量或使用都有哪些要求？

7-17 混凝土喷射机有哪几种？干喷和湿喷在工艺上有哪些区别？

7-18 锚喷联合支护有哪些形式？各有什么特点？

7-19 现浇混凝土衬砌施工的主要工序有哪些？

7-20 掘进通风的目的是什么？常见的通风方式有哪几种？

7-21 如何考虑通风风量？风压如何计算？

7-22 防尘工作的"四化"指的是什么？

7-23 巷道（隧道）防排水的原则是什么？

7-24 什么是 TBM 法？它有哪些特点？

7-25 掘进机有哪些类型？各有什么特点？

7-26 全断面岩石隧道掘进机的选择原则是什么？掘进机主机的选择需要考虑哪些因素？

7-27 全断面岩石隧道掘进机施工分为哪几个步骤？

7-28 什么是悬臂式掘进机？它适用于哪些场合？

7-29 什么是分次成巷施工法和一次成巷施工法？各有哪些特点？

7-30 什么是单循环和多循环？如何编制循环图表？

第8章 立井井筒施工

8.1 立井井筒施工概述

立井井筒是矿井通达地面的主要进出口，是矿井生产期间提升运输矿物（或矸石）、升降人员、运送材料设备以及通风和排水的咽喉工程。

立井井筒一般要穿过表土与基岩两个部分。表土部分施工：当表土稳定时，可采用普通的人工挖掘施工；当表土松软、稳定性较差时，须采用特殊凿井方法，如钻井法、沉井法、注浆法、冻结法、帷幕法等。基岩部分施工目前仍以钻眼爆破法施工为主。

立井井筒工程是矿井建设的主要连锁工程项目之一。立井井筒工程量一般占矿井井巷工程量的5%左右，而施工工期却占矿井施工总工期的40%～50%，甚至更多。井筒施工速度的快慢，直接影响其他井巷工程、有关地面工程和机电安装工程的施工。因此，加快立井井筒施工速度是缩短建井工期的重要环节。

8.1.1 立井井筒的类型和结构

1. 立井的类型

立井类型一般按用途划分。在矿山，一般分为主井、副井和风井三种。主井通常是专门用于提升矿物的，如煤炭、矿石等，由于其在生产时期的提升容器多为箕斗，故通常又叫箕斗井。副井主要用于提升人员、材料、设备和矸石等，同时也兼作进风井。由于副井在生产时期的提升容器主要为罐笼，故通常又叫罐笼井。风井通常是专作通风用的井筒。风井除用于回风外，又为矿井的安全出口。

2. 立井井筒的形状与结构

立井井筒的断面形状一般为圆形。一般情况下，立井井筒自上而下可分为井颈、井身和井底三部分。根据需要，在井筒的适当部位还设置有壁座。井颈是指靠近地表、井壁需要加厚（由于需承受井架提升及周围建筑物等的荷载）的一段井筒，其深度一般为15～20m。井颈以下到罐笼出车水平或箕斗装载水平为井身，是井筒的主要组成部分。井身以下部分为井底，其深度取决于提升过卷高度、井底装备要求和井底水窝的深度。主井的井底深度一般为35～75m不等，副井的井底深度一般为10m左右，风井井底深度一般为4～5m。立井井筒结构如图8-1所示。

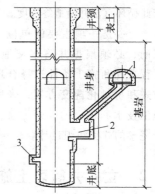

图 8-1 立井井筒结构示意图

1—翻笼硐室 2—装载硐室 3—泵房

8.1.2 立井施工的基本工艺

井筒正式掘进之前，需先在井口安装凿井井架，在井架上安装天轮平台和卸矸平台，同时进行井筒锁口施工，安设封口盘、固定盘和吊盘。另外，在井口四周安装凿井提升机、凿井绞车，建造压风机房、通风机房和混凝土搅拌站等辅助生产车间。待一切准备工作完成后，即可进行井筒的正式掘进工作。井筒施工的总体设施布置与工艺如图 8-2 所示。

立井是垂直向下掘进的，为施工服务的大量设备、管线等都要悬挂在井筒内，且随工作面的推进而下放或接长。为了满足提升、卸矸、砌壁、悬吊及安全的需要，必须设置一系列的结构物：井架、天轮平台、卸矸台、封口盘、固定盘和吊盘，简称"一架、两台、三盘"。

立井普通法施工的一般顺序是：自上而下掘进，当井筒掘够一定深度（一个段高）后，再由下向上砌壁，掘进和砌壁交替进行。每一段高内的工艺顺序是：先破岩（土），再支护。

根据掘砌作业方式的不同，拆模、立模、浇筑混凝土等砌壁工作可在掘进工作面或吊盘上进行。混凝土在地面井口搅拌站配制，经混凝土输送管或底卸式吊桶送至砌壁作业地点。当该段井筒砌好后，再转入下段井筒的掘进作业，依此循环直至井筒最终深度。

立井是一项主要的单位工程，施工前，必须根据井筒水文地质条件、工程条件和施工条件选择合理的作业方式和机械化配套方案，采用先进的施工技术和科学的管理方法，编制一套完整的施工组织设计。

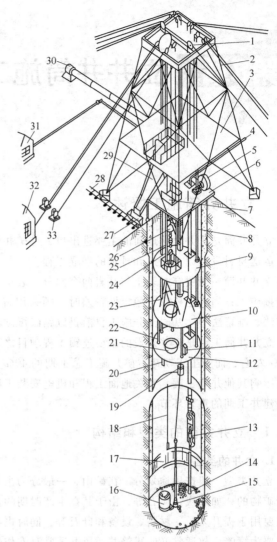

图 8-2　井筒施工的总体设施布置与工艺示意图

1—天轮　2—凿井井架　3—卸矸平台　4—排水管　5—混凝土搅拌机　6—封口盘　7—井盖门　8—混凝土输送管　9—固定盘　10—吊盘上层盘　11—气动绞车　12—吊盘下层盘　13—吊泵　14—吸水笼头　15—抓岩机　16—吊桶　17—整体金属移动模板　18—模板悬吊绳　19—风筒　20—压气管　21—喇叭口　22—吊盘连接立柱　23—吊盘叉绳　24—提升钩头　25—稳绳　26—滑架与保护伞　27—矿车　28—轻便轨道　29—卸矸溜槽　30—局部通风机　31—空气压缩机房　32—提升机房　33—凿井稳车

8.2　立井井筒表土施工

8.2.1　表土的分类

立井井筒施工中，一般将覆盖于基岩之上的第四纪冲积层和岩石风化带统称为表土层。立井井筒表土段施工方法是由表土层的地质及水文地质条件决定的。立井井筒穿过的表土层，按其掘砌施工的难易程度分为稳定表土层和不稳定表土层。

稳定表土层就是在井筒掘砌施工中井帮易于维护，用普通方法施工能够通过的表土层，包括含非饱和水的黏土层、含水量少的砂质黏土层、无水的大孔性土层和含水量不大的砾石层。

不稳定表土层就是在井筒掘砌施工中井帮很难维护，用普通方法施工不能通过的表土层，包括含水砂土层、淤泥层、含饱和水的黏土层、浸水的大孔性土层、膨胀土层和华东地区的红色新土层等。

表土的物理力学性质，随着含水程度的不同而改变。水量越大，水压越大，浸水时间越长，土的变形越大，土的稳定性也越差。

8.2.2　立井井筒锁口砌筑

在井筒进入正常施工之前，不论采用哪一种施工方法，都应先砌筑锁口，用以固定井筒位置、铺设井盖、封严井口和吊挂临时支架或井壁。

根据使用期限，锁口分临时锁口和永久锁口两类。临时锁口由井颈上部的临时井壁（锁口圈）和井口临时封口框架（锁口框）所组成，它在后期砌筑永久井壁时还要拆除，故常用砖石或砌块砌筑而成，大型井筒多用混凝土构筑。永久锁口是指井颈上部的永久井壁和井口临时封口框架。临时锁口的深度一般为 2～3m，永久锁口视井筒设计而定。锁口框可用钢梁铺设于锁口圈上，或独立架于井口附近的基础上。整个临时锁口除要求有足够的强度外，还应注意以下几点：

1）临时锁口的标高尽量与永久井标高一致，以防洪水进入井内。

2）锁口框架的位置，应避开井内测量中线、边线位置。

3）锁口梁下面采用方木或砖石铺垫时，其铺设面积应根据表土抗压强度确定。

4）锁口应尽量避开雨期施工，为防止地表水进入井内，除要求锁口圈能防水封闭外，还应砌筑排水沟或挡水墙。

在地质稳定和施工条件允许时，可一次砌筑永久井壁与井架基础，以其替代临时锁口，免除临时锁口的砌筑、拆除工作。

8.2.3　立井井筒表土掘砌方法

1. 井帮围护方法

在井筒所穿过的土层比较稳定、含水量比较小、井筒挖掘井帮能够自立时，可不专门采取其他围护方法，只要缩小挖掘段高，及时进行衬砌支护即可。否则应采取有关措施，保证施工安全。

（1）降低水位法　在工程开挖时，采用工作面超前小井或降水钻孔方法来降低水位。它们都是在小井（或钻孔）中用泵抽水，使周围形成降水漏斗，变为水位下降的疏干区，以提高施工土层的稳定性。

1）工作面超前小井降低水位法。它是用小方木做成 1.5m×1.5m 的方形筒或直径 1.5～2m 的铁质圆形筒，用挖掘法或自重沉入土层中，筒的四周均有滤水孔槽的一种降低水位法。小井的位置应与装土吊桶位置错开，并尽量靠近井筒中部。小井深度一般超前井筒工作面 1.5～2.5m 以上。随着井筒工作面向下掘进，小井也要相应挖掘下沉，并保持井内及时排水。由于小井超前工作面距离较小，降低水位的深度及范围不大，故只适用于井筒断面较小、厚度不大的不稳定土层。

2）钻孔降水法。它是在预定的井筒周围或井筒断面内打 2 个或多个钻孔，并深入不透水层，然后用泵在孔中抽水，形成降水漏斗，使工作面水位下降，保持井筒工作面在无水情况下施工的方法。疏干孔直径为 100~700mm。降水孔的数量根据井筒的大小和钻孔的布置位置而定：布置在井内时，可设 2~3 个孔；井外布置时，可设 3~6 个孔。布置圈径根据孔深及偏斜而定，要求钻孔离井筒荒径不小于 2~5m，孔底应深入含水层以下 3~10m。钻孔降水法适用于透水性良好、水量丰富的含水层。

（2）板桩法 对于厚度不大的不稳定表土层，在开挖之前，可先用人工或打桩机在工作面或地面沿井筒荒径依次打入一圈板桩，形成一个四周密封圆筒，用以支承井壁，并在它的保护下进行井筒掘进。

板桩材料有木材和金属两种。金属板桩常用槽钢相互正反扣合相接，木板桩是用坚韧的松木或柞木制成，彼此采用尖形接样。根据板桩入土的难易程度可逐次单块打入，也可多块并成一组，分组打入。板桩的桩尖做成一边带圆弧的尖形，这样易于打入土中，又使其互相紧密靠拢。为防止劈裂，桩尖与桩顶可包铁皮保护。木板桩比金属板桩取材容易，制作简单。但刚度小，入土困难，板桩间连接紧密性差，故用于厚度为 3~6m 的不稳定土层。根据板桩插入土层的方向不同，板桩法又分直板桩和斜板桩两种。

（3）井圈背板法 该法类似于斜板桩法，只是它不需打入，而是先在工作面架好槽钢井圈，然后向井圈后插入木板（又叫背板）作临时支护。每掘进一段井筒（1~1.5m），便架设一道井圈和背板。掘进一定高度后（一般不超过 30m），再由下向上拆除井圈、背板，砌筑永久井壁。这种方法适用于较稳定的土层。

（4）冻结法 在井筒开挖范围之外，沿井筒四周布置冻结管对地层进行冻结，待冻土形成一定厚度时再进行开挖。这种方法在煤矿立井表土施工中广泛使用，具体内容见"第 10 章冻结法施工技术"。

（5）其他方法 其他围护方法还有混凝土帷幕（地下连续墙）法、搅拌桩法、注浆法等，它们可以在表土层厚度不大的立井施工中应用。

2. 井筒表土的挖掘方法

矿山立井井筒表土施工通常是在井盖（封口盘）的保护下进行的。其挖掘方法：一般用人工使用铁锹挖掘和装土，土质较松软时也可用抓岩机挖掘和装土，土质较硬时用风镐挖掘、人工装土。

立井表土施工一般采用短段掘砌施工方法。为保持土的稳定性、减少土层裸露时间，段高一般取 0.5~1.5m。按土层条件，分别采用台阶式或分段分块，并配以超前小井降低水位的挖掘方法。

3. 井壁的砌筑方法

表土段一般采用短段掘砌法，即挖掘一定高度便进行砌筑井壁。一般而言，其施工顺序是从上向下逐段施工。施工时，对于钢筋混凝土井壁，首先将工作面整平、然后绑扎钢筋，架立模板和浇筑混凝土。当采用素混凝土井壁时，在上段井壁砌好后，下部土被挖去，井壁就会处于悬空状态，为防止因混凝土强度不够或混凝土与井帮间的摩擦力不够（土对井壁的围抱力小）而使井壁发生环向拉开裂缝或沿井帮下滑，可考虑采用吊挂井壁法施工，如图 8-3 所示。即在井壁中专门设置用于吊挂井壁的钢筋，钢筋的下端为圆环，上端为钩子，井壁砌筑时将钢筋的钩子挂到上段

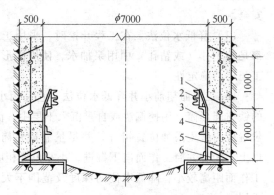

图 8-3 吊挂井壁全断面一次施工

1—接茬板 2—井圈 3—金属模板
4—混凝土 5—吊挂钢筋 6—托盘

井壁预埋的钢筋环上，下端插入刃脚模板下方，然后浇筑混凝土。

钢筋吊挂荷重可按 10m 长的井壁自重估算，钢筋的安全系数可取 1.5~2.0。

吊挂井壁施工法适用于渗透系数大于 5m/d、流动性小、水压不大于 0.2MPa 的砂层和透水性强的卵石层，以及岩石风化带。吊挂井壁法使用的设备简单，施工安全。但它的工序转换频繁，井壁接茬多，封水性差。

在表土层较厚、采用冻结法施工时，通常在整个表土层外层井壁砌筑完成后，需再自下而上套砌第二层井壁，形成双层井壁结构。

8.2.4 立井表土施工提升

按表土性质、埋深和设备条件，表土施工的提升方法有下列几种：

(1) 汽车起重机提升　汽车起重机是移动式的提升设备，机动灵活，不必另立井架，井口布置简单。但它提升能力小，只能用于浅部的表土施工，常配以 0.5~1m³ 的小吊桶，适用于深度不超过 30m 的井筒施工。

(2) 简易龙门架提升　龙门架是由立柱和横梁组成的门式框架，由于它的跨度可加大，对不同的井筒直径有较大的适应性。它结构简单，组装拆卸方便，配以凿井绞车和 1.5~2m³ 左右的吊桶，可用于深度不超过 40m 的表土施工。

(3) 帐幕式井架提升　帐幕式井架一般用钢管或木材制成，它的基本结构为四柱型，根据荷载条件，在一面或数面加上斜撑，以增加其稳定性与承载能力。它既可吊挂提升设备，还可悬吊其他施工设备与管线，可适用于垂直深度为 80~100m 的表土施工。

(4) 直接利用标准凿井井架和凿井专用设备提升　这种方式所选用的提升设备与基岩施工相同。虽然开始安装所需时间较长，但可直接用于基岩施工，不必再更换提升设备。这种提升方法的提升悬吊能力大，安全，有利于快速施工，矿山工程多使用这种提升方式。

(5) 先用简易设备，后改用凿井专用设备提升　当土层稳定性差，井筒施工时可能会出现地表沉陷，或因土层较厚，简易施工设备无法施工全深，或因设备到货及安装滞后时，均可采用该方法。

(6) 直接利用永久井架（塔）及永久提升设备提升　当井口土层条件允许、永久设备又能及时到货时，可一次安装永久井架，利用永久设备进行表土施工。它可省去临时设备、设施的改装时间，缩短工期。

8.3　立井井筒基岩施工

立井基岩施工是指在表土层以及风化岩层以下的井筒施工，根据井筒所穿过岩层的性质，目前主要以采用钻眼爆破法施工为主。为提高破岩效果，应根据岩层的具体条件，正确选择钻眼设备和爆破器材，合理确定爆破参数，采用先进的施工管理技术。

8.3.1 钻眼爆破工作

1. 钻眼工作

立井施工钻眼工作是整个立井掘砌循环中的主要工序之一，其工序时间占整个掘进循环时间的 20%~30%。钻眼爆破效果直接影响其他工序及井筒施工速度、工程成本。我国目前钻眼机械主要采用手持式凿岩机和伞形钻架钻眼。

(1) 手持式凿岩机　手持式凿岩机由于装备简单，易于操作，目前仍被广泛采用。用它钻凿孔径 39～46mm、孔深 2m 左右的炮眼效果较好。为缩短每个循环的钻眼时间，可增加凿岩机同时作业台数，一般工作面每 2～4m² 布置一台。手持式凿岩机打眼速度慢，劳动强度大，今后将逐步被机械化作业设备所取代。

（2）伞形钻架　它是由钻架和重型高频凿岩机组成的风液联动导轨式凿岩机具，如图 8-4 所示。利用伞钻打眼，机械化程度高、钻速快、一次行程大，钻眼工序的总时间可缩短，对中深孔及深孔爆破尤为适用。为适应不同直径的井筒，伞钻上装备有不同数目的钻臂，常见的有 6 臂和 9 臂，每只钻臂配备一台凿岩机。钻架由中央立柱、支撑臂、动臂、推进器、操纵阀、液压与风动系统等组成。

打眼前，用提升机将伞钻从地面垂直吊放于工作面中心的钻座上，撑开支撑臂将伞钻撑紧于井壁上，接上风管、水管，即可开始打眼。打眼时用动臂将滑轨连同凿岩机送到钻眼位置，用活顶尖定位。打眼工作实行分区作业，全部炮眼打眼结束后，先收拢动臂，然后收回、收拢支撑臂，关闭总风、水阀，捆牢后将伞钻提至地面，吊挂在井口棚内。

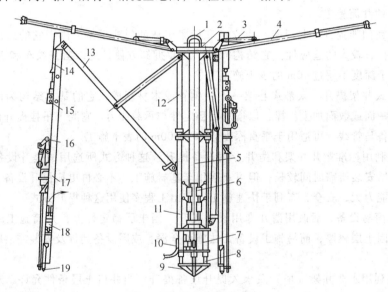

图 8-4　FDJ-6 型伞形钻架

1—吊环　2—顶盘　3—升降液压缸　4—支撑臂油缸　5—立柱钢管　6—液压阀　7—调高器　8—调高器液压缸
9—底座　10—风马达、液压缸　11—滑道　12—动臂液压缸　13—动臂　14—升降液压缸　15—推进风马达
16—YGZ-70 型凿岩机　17—滑轨　18—操纵阀组　19—活顶尖

2. 爆破工作

（1）爆破参数的选择　爆破参数的选择，目前主要采用工程类比法或模拟试验法，并辅以一定的经验计算公式，初选各爆破参数值，然后在施工中不断改进和完善。

1）炮眼深度。炮眼深度不仅对钻眼爆破工作本身而且对其他施工工序及施工组织都有重要影响，它决定着循环时间及劳动组织方式。最佳的眼深应以在一定的岩石与施工机具的条件下能获得最高的掘进速度和最低的工时消耗为主要标准。

立井井筒施工中，炮眼通常按深度分为浅眼（小于 2m）、中深眼（2～3.5m）和深眼（大于 3.5m）。采用手持式凿岩机时，一般眼深以 2m 左右为宜；若采用伞钻，则能顺利钻凿 3.5～4m 的深眼。采用大型抓岩机与伞钻所组成的立井施工机械化作业线，必须采用中深孔或深孔爆破，才能更好地发挥效益。

2）炮眼直径。采用手持式凿岩机钻眼，炮眼直径常为 38～43mm，一般适用于炸药直径 32～

35mm 药卷。随着钻眼机械化程度的提高，在深眼中采用 55mm 的眼径（药径为 45mm），取得了良好的爆破效果。为使爆破后井筒断面轮廓规整，实现光面爆破，采用大直径炮眼时，应适当增加周边眼数目。

3) 炸药的选择。炸药主要根据岩石坚固性、涌水量、瓦斯和眼深等因素来选定。立井井筒施工炸药品种的选择，主要应考虑立井施工中水的作用，选择抗水炸药，目前，主要使用的有乳化炸药或水胶炸药。

乳化炸药是将氧化剂材料如硝酸铵等和可燃剂油相材料如石蜡等，在乳化剂和一定温度条件下，利用乳化技术制备成的一种油包水型乳胶体。它是靠乳化剂的亲油基和亲水基的取向而将氧化剂饱和水溶液分散成小的液滴包覆，形成一种油包水型的胶体。它的抗水防水，是靠外层连续相的油膜的憎水作用实现的。在乳胶体中再引入微气泡或含微气泡的材料，就成为一类含水抗水的工业炸药。

水胶炸药是借助凝胶剂在氧化剂饱和水溶液中溶胀水合，将氧化剂分散混溶而形成溶胶体，再用一些辅助手段所形成的炸药。它的抗水防水是靠凝胶剂的作用。常用的凝胶剂有植物胶、改性的天然聚合物、合成聚合物和无机化合物等。

炸药的选择还要考虑炮眼深度，因炮眼深度将影响炸药的传爆性。通常，采用 40mm 眼径，装入 32mm 直径的炸药，用一个雷管起爆，只能传爆 6 ~ 7 个药卷，最大传爆长度为 1.5 ~ 2m（相当于 2.5m 左右的眼深）。因此，采用中深或深眼时，就应从增大炸药本身的传爆性能及消除管道效应着手，改变炸药品种、药卷装填结构，采用导爆索和雷管的复合起爆方式。

4) 单位炸药消耗量。这是指爆破每立方米实体岩石所需的炸药量，它是决定爆破效果的重要参数。装药过少，爆破后岩石块度大，井筒成型差，炮眼利用率低；药量过大，既浪费炸药，又有可能崩坏设备，破坏围岩稳定性，造成大量超挖。

影响单位炸药消耗量的因素很多。若岩石坚硬、裂隙层理发育，炸药的爆力小，药径小，炸药的消耗量就大。目前尚无计算单位炸药消耗量的成熟理论公式，不同行业都有各自的炸药消耗指标。煤矿立井基岩掘进炸药消耗量定额见表 8-1。

表 8-1　煤矿立井基岩掘进炸药消耗量定额　　　　　（单位：kg/m³）

项　目		井筒净直径/m										
		3	3.5	4	4.5	5	5.5	6	6.5	7	7.5	8	8.5
$f \leqslant 1.5$		0.24	0.24	0.24	0.24	0.23	0.23	0.23	0.23	0.22	0.22	0.22	0.22
$f \leqslant 2$		0.93	0.89	0.81	0.77	0.73	0.70	0.67	0.65	0.64	0.63	0.61	0.60
$f \leqslant 6$	浅孔	1.52	1.43	1.32	1.24	1.21	1.14	1.12	1.08	1.06	1.04	1.00	0.98
	中深孔					2.10	2.05	2.01	1.94	1.89	1.85	1.78	1.72
$f \leqslant 10$	浅孔	2.47	2.26	2.05	1.90	1.84	1.79	1.75	1.68	1.62	1.57	1.56	1.53
	中深孔					2.83	2.74	2.64	2.55	2.47	2.47	2.40	2.32
$f > 10$		3.32	3.20	2.68	2.59	2.53	2.43	2.37	2.28	2.17	2.09	2.06	2.00

注：1. 根据 2000 年颁发《煤炭建设井巷工程基础定额》整理。

2. 炸药为水胶炸药。

3. 涌水量调整系数；小于等于 5m³/h 时不调整，小于等于 10m³/h 时为 1.05，小于等于 20m³/h 时为 1.14。

5) 炸药消耗量的确定。目前，炸药消耗量的计算有一些经验公式，但因受工程条件变化的限制，只能作为参考。一般是按以往的经验，先布置炮眼，并选择各类炮眼的装药系数，依此求得各炮眼的装药量、每循环的炸药量。掏槽眼的装药系数为 0.55 ~ 0.8（普氏系数 $f = 4 ~ 20$），f

越大，系数越大；辅助眼的装药系数为 0.45 ~ 0.7。周边眼按光面爆破要求装药，每米装药为 100 ~ 200g（水胶炸药）。

（2）炮眼布置 由于井筒为圆形断面，所以炮眼采用同心圆布置是合理的。立井炮眼布置分为掏槽眼、辅助眼和周边眼三类。

1）掏槽眼。它是在一个自由面条件下起爆，是整个爆破的难点，应布置在最易钻眼爆破的位置上。一般情况下，掏槽眼是沿井筒中心布置的；特殊情况，如急倾斜岩层，应布置在靠井中心岩层倾斜的下方。常用的掏槽方式有斜眼和直眼两种，如图 8-5 所示。

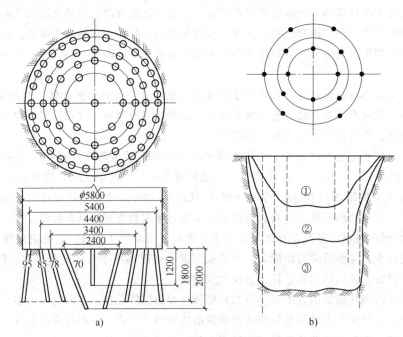

图 8-5　立井掏槽方式
a）斜眼掏槽　b）三阶直眼掏槽（数字为槽腔形成顺序）

斜眼锥形掏槽，其倾角（与工作面的夹角）一般为 70° ~ 80°，眼孔比其他眼深 200 ~ 300mm，各眼底间的距离不得小于 200mm，各炮眼严禁相交。这种掏槽方式，因打斜眼而受井筒断面大小的限制，炮眼的角度不易控制，但它破碎和抛掷岩石较易。为防止崩坏井内设备，常常增加中心空眼，其眼深为掏槽眼的 1/3 ~ 1/2，用以增加岩体碎胀补偿空间，集聚和导向爆破应力。

直眼掏槽，对于中硬岩层，一般其炮眼布置圈径为 1.2 ~ 1.8m，眼数为 4 ~ 7 个。由于打直眼，易实现机械化，岩石抛掷高度也小，如果要改变循环进尺，只需变化眼深，不必重新设计掏槽方式。中深孔和深孔爆破除需选用高威力炸药和加大药量外，可采用二阶或三阶掏槽，即布置多圈掏槽，并按圈分次爆破。相邻两圈间距为 200 ~ 300mm，由里向外逐圈扩大加深，各圈眼数分别控制在 4 ~ 9 个。需要特别注意的是，由于分阶掏槽圈距较小，炮眼中的装药顶端应低于先爆眼底位置一定数值，并要填塞较长的炮泥，避免出现殉爆。

为增加岩石破碎度及抛掷效果，可在井筒中心钻凿 1 ~ 3 个空眼，眼深超过最深掏槽眼 500mm 以上，并在眼底装入少量炸药，最后起爆。

2）周边眼。要将周边眼布置在井筒设计掘进轮廓线上，按照光面爆破要求确定周边眼间距和最小抵抗线尺寸。打眼时眼孔应略向外倾斜，通常眼底应偏出轮廓线 50 ~ 100mm，爆破后井帮沿纵向略呈锯齿形。

3）崩落眼。它介于掏槽眼与周边眼之间，可多圈布置，其最外圈与周边眼的距离（最小抵抗线）要满足光爆层要求，一般以 500 ~ 700mm 为宜，炮眼密集系数为 0.8 ~ 1。也可根据岩石条件与炸药类型，按光面爆破要求进行计算。其余崩落眼圈距取 0.6 ~ 1m，按同心圆布置，眼距为 800 ~ 1200mm。

（3）装药结构与起爆技术　合理的装药结构和可靠的起爆技术，应使药卷按时序准确无误起爆，爆轰稳定完全传爆，不产生瞎炮、残炮、空炮和带炮等事故，并要求装药连线操作简单、迅速和可靠。

1）装药结构和炮泥封堵。在普通小直径浅眼爆破中，可以考虑采用将雷管及炸药的聚能穴向上、引药置于眼底的反向装药结构，以增强爆炸应力作用时间和底部岩石的作用力，提高爆破效果。眼口要用炮泥封堵，封堵长度要符合设计要求和安全规程规定。

2）起爆方法和时序。在深度不大的炮眼中，药卷均采用电雷管起爆。对于深孔爆破，现多采用导爆索雷管起爆。

立井爆破都是由里向外，逐圈分次起爆，它们的时差应利于获得最佳爆破效果和最少的有害作用。对于掏槽眼和崩落眼，间隔时间一般为 25 ~ 50ms。周边眼间隔时间取 100 ~ 150ms。有沼气工作面，总起爆间隔时间不得超过 130ms。

3）电爆网路。这是由起爆电源、放炮母线、连接线和电雷管（包括导爆索）所组成的电力起爆系统。由于井筒断面较大，炮眼多，工作条件较差，特别是工作面容易积水，为保证稳定起爆，连线方式一般采用并联。并联网路需要大的电能，一般采用 220V 或 380V 的交流电源起爆。

（4）爆破安全　立井井筒施工时的爆破工作，应严格遵守有关规程、规范的规定，并应注意下列几点：

1）制作药卷必须在离井筒 50m 以外的室内进行，并要认真检查炸药、雷管是否合格，引药只准由放炮员携送入井。

2）装药前，应先检查放炮母线是否断路，电阻值是否正常，然后将工作面的工具提出井筒，设备提至安全高度，吊桶上提至距工作面 0.5m 高度。除规定的装药人员与信号工、水泵司机外，其余人员必须撤至地面。

3）连线时切断井下一切电源，用矿灯照明。信号装置及带电物也提至安全高度。

4）放炮前，检查线路结点是否合格，各结点必须悬空，不得浸入水中或与任何物体接触。当人员撤离井口，开启井盖门，发出信号后，才允许打开放炮箱合闸放炮。放炮工作只能由放炮员执行。

5）放炮后，检查井内设备，清除崩落在设备上的矸石。

8.3.2　装岩与排矸

装岩与排矸是立井井筒掘进循环中最重要的一项工作，它消耗工时最长，通常要占掘进循环时间的 50% 左右。因此，要合理选择装岩设备，并与其他设备形成机械化作业线。

1. 抓岩机械

立井使用的抓岩机有中心回转式、环行轨道式、钢丝绳悬吊式和靠壁式等，在操作方式上有机械化操作和人力操作两种。抓斗容积为 0.11 ~ 0.6m³，有的达到 1.0m³。所有抓岩机均以压缩空气作为动力。目前使用最多的是中心回转式抓岩机。

（1）中心回转式抓岩机（HZ 型）　它是一种大斗容抓岩机，常用型号有 HZ-4 和 HZ-6 两种，直接固定在凿井吊盘上，机组由一名司机操纵。全机由抓斗、提升机构、回转机构、变幅机构、固定装置和机架等部件组成。中心回转式抓岩机的构造如图 8-6 所示。

中心回转式抓岩机装岩时靠抓斗上的八块抓片张合抓取岩石。抓斗容积有 $0.4m^3$ 和 $0.6m^3$ 两种。悬吊抓斗的钢丝绳一端固定在臂杆上，另一端经动滑轮引入臂杆两端的定滑轮，并通过机架导向轮缠至卷筒。司机在司机室控制抓斗的升降、张合。司机室设在下部机架上，回转机构固定在吊盘的钢梁上，整机可作 360° 回转，使抓斗可在工作面任意角度工作。径向不同位置的抓岩靠臂杆的升降实现。使用时，先用螺旋千斤顶调整吊盘中心，然后用多只液压千斤顶对称撑紧井帮，以防吊盘晃动。这种抓岩机具有机械化程度高、生产能力大、动力单一、操作灵活、结构合理、运转可靠等优点。中心回转式抓岩机一般适用井径为 4～6m，宜与 2～3m^3 吊桶配套使用。

（2）环行轨道式抓岩机（HH 型）　它是一种斗容为 $0.6m^3$ 的大抓岩机，有单抓斗和双抓斗两种，型号为 HH-6 和 2HH-6。抓岩机直接固定在凿井吊盘下层盘的底面上，掘进过程中随吊盘一起升降。机器由一名（双抓斗为两名）司机操作，抓斗能作径向和环行运动。全机由抓斗、提升机构、径向移动机构、环行机构、中心回转装置、撑紧装置和司机室组成。环行轨道式抓岩机的构造如图 8-7 所示。

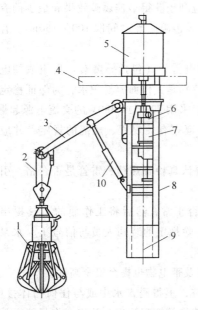

图 8-6　中心回转式抓岩机

1—抓斗　2—钢丝绳　3—臂杆　4—吊盘　5—提升
机构　6—回转机构　7—变幅机构　8—机架
9—司机室　10—变幅推力液压缸

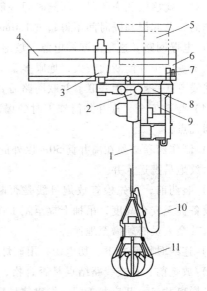

图 8-7　环行轨道式抓岩机

1—钢丝绳　2—行走小车　3—中心回转机构　4—下层吊盘
5—吊桶通过孔　6—环行轨道　7—环行小车　8—行车
横梁　9—司机室　10—供压气胶管　11—抓斗

环形轨道式抓岩机的抓斗动作原理与中心回转式抓岩机相同。提升机构为气动机，径向移动机构由悬梁上的行走小车实现，环向移动由环行轨道和环行小车实现。环行轨道用螺栓固定在凿井吊盘下层盘的圈梁上。中心回转轴固定在通过吊盘中心的主梁上，用于连接抓岩机和吊盘。回转轴下端嵌挂悬梁，为悬梁的回转中心。回转中心留有直径为 160mm 的空腔作为测量孔。吊盘固定方式与中心回转式抓岩机相同。

2HH-6 型双抓斗环行轨道抓岩机在中心轴装有上下两个回转体，中间用单向推力轴承隔开，提升机构和抓斗分别随上下两个悬梁回转。两个环行小车分别由高底座和低底座连接在悬梁上，通过底座的高差，使两台环行小车车轮落在同一环行轨面上。

环行轨道式抓岩机一般适用于大型井筒。当井筒净直径为 5～6.5m 时，可选用单斗 HH-6 型抓岩机；井筒净直径大于 7m 时，宜选用双斗 2HH-6 型抓岩机，与 3～4m³ 吊桶配套。

（3）靠壁式抓岩机（HK 型）　靠壁式抓岩机一般由地面凿井绞车单独悬吊，工作时用锚杆将机器固定在井帮上。但由于煤矿围岩松软，抓岩机锚固困难，故不多用。目前，由于中心回转式抓岩机的大力推广，即使岩石坚硬的金属矿山也已基本不用。

（4）钢丝绳悬吊式抓岩机（HS 型）　根据抓岩机悬吊装置的位置不同有长绳悬吊和短绳悬吊两种，前者以 HS-6 型（抓斗容积 0.6m³）使用较多，后者有 HS-2 型（抓斗容积为 0.2m³）和 NZQ$_2$-0.11 型（抓斗容积为 0.11m³）两种。

长绳悬吊抓岩机（HS-6 型）由提吊装置、抓斗、钢丝绳和绞车遥控系统组成。绞车安装于地面，钢丝绳通过井架天轮放至井下悬吊抓斗。由井下遥控地面绞车实现抓斗升降和抓斗启闭，用人力推拉，使抓斗移动抓取工作面矸石。根据井筒直径，在工作面可配用 1 台或 2 台抓斗。为使抓岩和装岩工作便利，悬吊点的合理位置应靠近吊桶和井筒中心布置。当采用两个吊桶和单台抓斗时，抓斗悬吊点应处于两个吊桶之间；当采用两台抓斗时，应尽量使抓斗悬吊点连线与吊桶中心连线互为正交，并使每个抓斗所承担的装岩面积大致相等。抓斗悬吊高度以 80～100m 为宜，过高时，钢丝绳摆幅过大，危及安全；过低时，推送抓斗费力。为此，当悬吊高度超过 100m 时，井筒中应安设导向架，并随工作面推进，不断向下移装导向架。该抓岩机构造简单，生产能力大，使用维修方便，耗风量少，动力费用低。但抓斗需要人力推送，劳动强度大，机械化程度低，故多应用在浅井工程。

HS-2 型、NZQ$_2$-0.11 型小抓岩机，靠人力操作，机体由抓斗、气缸升降器和操纵架三部分组成。在井内，它悬吊在吊盘上的气动绞车上，装岩时下放到工作面，作业完毕提至吊盘下方距工作面 15～40m 的安全高度处。该机适用于浅井和井径较小的井筒，它与 1.0～1.1m³ 吊桶、手持式凿岩机配套，炮眼深度以 1.2～2.0m 较为适宜。有时为了充分利用原有设备，可在井径 5.5～7m 的井筒内配置 3～4 台抓岩机，每台抓斗所承担的抓岩面积为 12～15m²。

2. 抓岩机的选择

抓岩机是立井施工设备中必须最先进行选择的设备，它的选择是否合理，直接关系到整个井筒机械化配套的合理性。选择抓岩机时首先应根据施工进度要求估算必需的抓岩能力，然后结合与其他设备、工艺的配套要求选择抓岩机的类型和数量。

抓岩机类型可根据井筒的深度、直径、围岩稳定性、机械化配套方案、现有设备状况、操作维修水平等选择。

3. 排矸

立井掘进时，矸石吊桶提至卸矸台后，通过翻矸装置将矸石卸出，矸石经过溜矸槽或矸石仓卸入自翻汽车或矿车上，然后运往排矸场。

（1）翻矸方式　有人工翻矸和自动翻矸两种。

人工翻矸是吊桶提至翻矸水平，关闭卸矸门，人工将翻矸吊钩挂住桶底铁环，下放提升钢丝绳，吊桶随之倾倒卸矸。这种翻矸方式提升休止时间长，速度慢，效率低，用人多，吊桶摆动大，矸石易倒在平台上，不安全，使用大吊桶提升时问题更突出，现已较少采用。

自动翻矸装置有座钩式、双弧板链球式和翻笼式三种，其中以座钩式最为普遍。座钩式翻矸由钩子、托梁、支架和底部带有中心圆孔的吊桶组成。其工作原理是：矸石吊桶提过卸矸台后，关上卸矸门，这时，由于钩子和托梁系统的重力作用，钩尖保持铅垂状态，并处在提升中心线上，钩身向上翘起与水平呈 20° 角。吊桶下落时，首先碰到尾架并将尾架下压，使钩尖进入桶底中心孔内。由于托梁的转轴中心偏离提升中心线 200mm，放松提升钢丝绳时，吊桶借偏心作用开始倾倒并稍微向前滑动，直到钩头钩住桶底中心孔边缘钢圈为止，继续松绳，吊桶翻转卸矸。

提起吊桶，钩子借自重复位。这种翻矸方式具有操作时间短、构造简单、加工安装方便、工作安全可靠等优点，故使用广泛。

（2）储矸与运矸　矸石的运输方式有矿车和自卸汽车两种，现在多采用自卸汽车运矸。采用矿车运矸时，一般以井架的溜矸槽作为储矸仓。随着立井施工机械化程度的不断提高，吊桶容积不断增大，装岩出矸能力明显增加，溜矸槽的容量已满足不了快速排矸的要求。因此，现在较普遍地采用落地式卸矸，即将矸石直接溜放到地面上，然后用自卸汽车运到弃矸（渣）场。自卸汽车排矸效率高，机动灵活，不需铺设轨道，简单方便，排矸能力大。排矸场运距 500m 左右时，单车（7t 汽车）排矸能力可达 50～60m³/h，一般用两辆汽车即可满足立井机械化快速施工的要求。

8.3.3　井筒支护

井筒向下掘进一定深度后，便应进行永久支护工作。有时为了减少掘砌两大工序的转换次数和增强井壁的整体性，往往向下掘进一长段后，再进行砌壁，必要时还需进行临时支护。

1. 临时支护

立井临时支护一般采用锚喷支护。使用锚喷作临时支护所使用的设备和操作程序与平巷施工基本相似，但喷层较薄（一般为 50～70mm）。同时，根据地层的不同条件，还可采用喷砂浆或加锚杆和金属网等综合支护形式。喷射混凝土时，喷射机可安置在井内吊盘上，也可安置在地面井口附近，拌和好的干料由压缩空气经钢管送至井下，喷射在井帮上。

由于立井是垂直输送，拌合料借助重力克服运输阻力，有时还因重力作用而加大喷出压力。故随着井深加大，应采取减压措施，使喷射机出口风压保持常压，甚至将压力适当减小，从而保证喷头喷出压力平稳稳定。

对于节理裂隙发育会产生局部岩块掉落，或夹杂较多的松软填充物，或易风化潮解的松软岩层，以及其他各类破碎岩层，均可采用锚喷或锚喷网联合支护。锚杆直径一般为 14～20mm，长度为 1.5～1.8m，可呈梅花形布置，间距一般为 0.5～1.5m。

2. 永久支护

基岩段永久支护主要为现浇素混凝土和锚喷支护两种形式。锚喷支护一般在风井等无提升设备的井筒中应用。锚喷支护的施工工艺与锚喷临时支护相类同，但施工质量要求更为严格，喷层厚度也较大（一般为 150～200mm）。

整体现浇混凝土井壁是较普遍采用的支护方式。施工时先按井筒设计的内径立好模板，然后将地面搅拌好的混凝土，通过管路或材料吊桶送至井下灌注入模。

（1）模板　浇筑混凝土井壁的模板有多种。采用长段掘砌单行作业和平行作业时，多采用液压滑升模板或装配式金属模板。采用掘砌混合作业时，多采用金属整体移动式模板。金属整体移动式模板有门轴式、门扉式和伸缩式三种。实践表明，伸缩式金属整体移动式模板具有受力合理、结构刚度大、立模速度快、脱模方便、易于实现机械化等优点，目前已在立井井筒施工中得到广泛应用。

1）装配式金属模板。它是由若干块弧形钢板装配而成。每块弧板四周焊以角钢，彼此用螺杆连接。每圈模板由基本模板和楔形模板组成。斜口和楔形模板的作用是为了便于拆卸模板。每圈模板的块数根据井筒直径而定，但每块模板不宜过重（一般为 60kg 左右），以便人工搬运安装。模板高一般为 1m。

装配式金属模板可在掘进工作面爆破后的岩石堆上或空中吊盘上架设，不受砌壁段高的限制；可连续施工，且段高越大，整个井筒掘砌工序的倒换次数和井壁接茬越少。由于它使用可靠，易于操作，井壁成型好，使用较广泛。但它存在着立模、拆模费时，劳动强度大以及材料用量多等缺点。

2）伸缩式金属整体移动模板。根据伸缩缝的数量又分为单缝式、双缝式和三缝式模板。目前使用最为普遍的是 YJM 型金属伸缩式模板，它由模板主体、刃脚、缩口模板和液压脱模装置等组成。其结构整体性好，几何变形小，径向收缩量均匀；采用同步增力单缝式脱模机构，使脱模、立模工作轻而易举。这种金属整体移动式模板用三根钢丝绳在地面用凿井绞车悬吊，立模时先将工作面整平，然后将模板从上段高井壁上放到预定位置，用伸缩装置将其撑开到设计尺寸并找正。浇筑混凝土时，将混凝土直接通过浇筑口注入并进行振捣。模板的高度根据井筒围岩的稳定性和施工段高度来决定，一般为 3～4m。

为增加模板刚度，弧形模板环向用槽钢做骨架，纵向焊以加强肋。为改善井壁接茬质量，每块模板下部做成高 200～300mm 的刃脚，使上下相邻两段井壁间形成斜面接茬。上部设若干个浇筑门（间距为 2m 左右），以便浇筑混凝土。利用这种模板可在工作面随掘随砌，不需要临时支护。伸缩式金属整体移动模板如图 8-8 所示。

3）整体液压滑升模板。它通过安设在提升架上的液压千斤顶，沿爬杆（支承杆）并带动模板一起向上爬升。根据爬杆安设的位置不同，可分为压杆式和拉杆式两种。前者爬杆设于井壁内（一起浇筑于混凝土井壁中），又称内爬杆；后者爬杆悬吊于井内吊盘的圈梁上，位于井壁内径之内，又称外爬杆。施工时，压杆式的爬杆受压，稳定性和强度性能均不如拉杆式。拉杆式爬杆还能重复使用，滑升时产生故障也易排除，但它需用悬吊设备单独悬吊。

滑升动力装置可为液压千斤顶、凿井绞车、丝杠千斤顶和电动葫芦等，用得较多的是前两种。拉杆式液压滑模施工如图 8-9 所示。

砌壁时，为便于捣固和滑升，开始先浇筑 100mm 厚的砂浆或者骨料减半的混凝土，并按厚 200～300mm 分层浇筑 2～3 层，总厚达 700mm 左右时，开始试滑 1～2 个行程。然后浇筑一层，滑升 150～200mm。正常施工时，必须严格分层对称浇筑，每层以 300mm 为宜，滑升间隔时间不超过 1h，并连续作业。如要停止浇筑混凝土，须每隔 0.5～1.0h 滑升

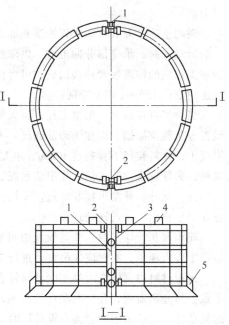

图 8-8　伸缩式金属整体移动模板示意图
1—活动小模板　2—伸缩螺栓　3—脱模螺栓
4—浇筑门　5—接茬口盒

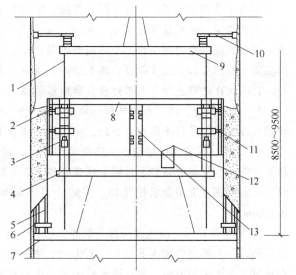

图 8-9　拉杆式液压滑模施工示意图
1—φ25mm 爬杆　2—滑模　3—液压千斤顶　4—滑模辅助盘
5—刃脚模板　6—手动千斤顶　7—固定吊盘　8—滑模工作盘
9—固定圈　10—顶紧支撑　11—顶架
12—液压控制柜　13—松紧装置

1~2个行程，直至模板脱离混凝土为止。

（2）混凝土输送　现浇混凝土施工应尽可能实现储料、筛选、上料、计量和搅拌等工艺流程的机械化作业线。也有的采用综合搅拌站实现上料、计量和搅拌的机械化，生产率可达 $15\text{m}^3/\text{h}$ 以上。

混凝土输送方式有溜灰管输送和底卸式材料吊桶输送两种。溜灰管输送需用缓冲器改变混凝土的运动方向，承受部分冲击力，以降低混凝土的出口速度。出口处需设置活节管。活节管由薄钢板围焊成的锥形短管挂接而成，可弯曲，能随时摘挂短节调整长度，既方便又耐磨。溜灰管一般选用直径 159mm 的无缝钢管。

当井筒直径较大，砌壁工程量也大时，可增加溜灰管趟数，同时多头浇筑，这时应在吊盘上设置分灰器及溜槽，以加快砌壁速度。为减少和防止堵管现象的发生，应严格按规定配合比拌制混凝土，骨料粒径不宜超过 40mm，水胶比控制在 0.6 左右，坍落度不少于 10~15cm；尽量连续供料，满管输送。输送前，除用清水湿润管壁外，须先送砂浆，下料间隙如超过 15min，应用清水冲洗。此外，管路吊挂要垂直，连接处要对齐规整，井上下要加强信号联系，一旦发现堵管，应立即停止供料，迅速处理。

使用溜灰管输送时，井筒较浅时可直接入模，井筒较深（在 300~400m 以上）时混凝土容易产生离析现象，此时应在吊盘上进行二次搅拌后再入模。

采用材料吊桶输送混凝土能改善拌合料的离析现象，但它不能一次入模，必须把混凝土卸在吊盘上的分灰器内，经二次搅拌后入模，故其输送速度慢，并要占用井内提升设备，增加了施工的复杂性。但若采用两套提升设备同时下放混凝土，速度可加快。

为保证混凝土输送顺利、保证混凝土质量，现在一般采用高性能大流动性混凝土，在混凝土中掺入减水剂等外加剂，使坍落度达到 18~20cm。

（3）井壁施工

1）砌壁吊盘。井筒砌壁不论是在井底还是在高空作业，都需要利用吊盘。砌壁吊盘的层数、层间距及其结构形式，可根据井筒掘、砌两大工序的时间与空间关系以及砌壁模板形式和施工工艺来确定。可单独设置砌壁专用盘，也可直接利用掘进吊盘，还有的组成掘砌综合多层吊盘。通常掘进吊盘为两层盘，当采用掘砌混合作业时，可在上层或下层盘放置分灰器，立模、浇捣混凝土及拆模均在工作面矸石堆上进行，砌壁吊盘常与移动式金属模板配套作业。掘砌平行作业时，砌筑在高空进行，需单独设置砌壁双层盘。

2）浇筑作业。浇筑永久井壁的质量是保证整个井筒施工质量的重要一环，必须保证达到设计强度和规格，并且不漏水。为此，施工时要注意下列几点：

①立模。模板要严格按中、边线对中抄平，保证井壁的垂直度、圆度和净直径。在掘进工作面砌壁时，先将矸石整平，铺上托盘或砂子，立好模板后，用撑木固定于井帮。采用高空浇筑时，在砌壁底盘上架设承托结构。为防止浇筑时模板微量错动，模板外径应比井筒设计净径大 50mm。

②浇筑和捣固。浇筑要对称分层连续进行，每层厚以 250~350mm 为宜，随浇随捣。用振捣器振捣时，振捣器要插入下层 50~100mm。浇捣时，对于上部已砌筑好的永久井壁段的淋水，如水量较大，可采用壁后注浆；淋水较小时，用截水槽拦截，然后排至地面或导至井底。

③井壁接茬。井段间的接缝质量直接影响井壁的整体性及防水性。接缝位置应尽量避开含水层。为增大接缝处的面积以及施工方便，接茬一般为斜面（也有双斜面）。常用的为全断面斜口和窗口接茬法。斜口法用于拆卸式模板施工；窗口法用于活动模板施工。窗口间距一般为 2m 左右。接茬时，应将上段井壁凿毛冲刷，并使模板上端压住上段井壁 100mm 左右。

8.4　凿井设备布置

凿井设备布置是一项比较复杂的技术工作。它不仅要在有限的井筒断面内妥善地布置各种凿井设备，还要兼顾矿井建设各个阶段的施工需要，所以其难度较大。凿井设备布置合理与否，对井筒的施工安全和经济效益、矿井的后期工程、矿井建设的总工期等都有较大影响。井筒凿井设备布置如图 8-10 所示。

凿井设备布置包括天轮平台的布置、井内布置和地面提绞设备布置三个方面。井内布置又包括平面布置和纵向的盘台布置。

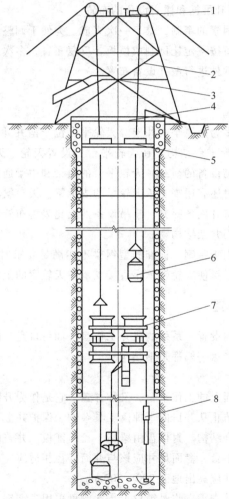

图 8-10　井筒凿井设备布置示意图

1—天轮平台　2—井架　3—卸矸台　4—封口盘
5—固定盘　6—吊桶　7—吊盘　8—吊泵

8.4.1　凿井设备布置原则

凿井设备布置的总原则是：井内设备布置以保证提升设备布置合理为主，井上与井内应以保证井内布置合理为主，地面与天轮平台应以保证天轮平台布置合理为主。具体有以下原则：

1）应兼顾矿井建设中凿井、开巷、井筒永久安装三个施工阶段充分利用凿井设备的可能性，尽量减少各时期的改装工程量。

2）井口设备布置要与井内设备布置协调一致，并考虑与邻近井筒的协调施工。

3）各种凿井设备和设施之间要保持一定安全距离，其值应符合安全规程和《煤矿井巷工程质量验收规范》（GB 50213—2010）规定。

4）设备布置要保证盘台结构合理，悬吊设备钢丝绳要与施工盘（台）梁错开，且不影响卸矸和地面运输。

5）地面提绞布置应使井架受力均衡，绞车房及其他临时建筑物要不妨碍永久建筑物的施工。

6）设备布置的重点是提升吊桶和抓岩设备的布置。

凿井设备的布置受多种因素的牵制，难于一次完成。为便于调整设备之间的相对位置，减少设计工作量，往往将各种设备按一定比例制成模板，反复布置，多次调整，直至合理可行，最后绘制成图。也可采用计算机软件进行凿井设备布置。

8.4.2　天轮平台布置

我国凿井用的标准井架多为金属亭式井架。天轮平台位于凿井井架顶部，是由4根边梁和1根中间主梁组成的"曰"字形平台结构。在天轮平台上设置天轮。天轮由天轮梁支承，并直接承受全部提升物料和悬吊掘砌设备的荷载。天轮平台的边梁和中梁通称为主梁，在边梁和中梁上设置支承天轮的天轮梁，有时还有用来支承天轮的支承梁。天轮梁和支承梁通称为副梁。

天轮平台的布置主要是将井内各提升、悬吊设备的天轮妥善布置在天轮平台上，充分发挥凿井井架的承载能力，合理使用井架结构物。

天轮梁和支承梁通常选用工字钢。标准的型钢梁不能满足要求时，可考虑采用焊接组合梁。在天轮梁上架设天轮时，应尽量使天轮轴承座直接支承在天轮梁的上翼缘上。

8.4.3　凿井工作盘的布置

立井施工时，需要在井内设置一系列的凿井工作盘，如封口盘、固定盘、吊盘、稳绳盘及其他特殊用途的作业盘等。这些盘一般都是钢结构。

1. 封口盘

封口盘是设置在井口地面上的工作平台，又称井盖。它是作为升降人员、设备、物料和装拆管路的工作平台，同时也是防止从井口向下掉落工具杂物、保护井上下工作人员安全的结构物。

封口盘一般采用钢木混合结构。封口盘由梁格、盘面铺板、井盖门和管道通过孔口盖门等组成。封口盘一般做成正方形平台，盘面尺寸应该与井筒外径相适应，但必须盖住井口。盘面标高必须高于历史最高洪水位，并应高出地面200~300mm。

封口盘主梁采用工字钢并支承在临时锁口上，次梁可采用工字钢、槽钢或木梁，盘面铺板采用木板。盘面上的各种孔口应设置盖板或以软质材料密封。封口盘的梁格布置和各种凿井设备通过孔口的位置，都必须与上下凿井设备相对应。

2. 固定盘

固定盘是设置在井筒内邻近井口的第二个工作平台，一般位于封口盘以下4~8m处。固定盘主要用来保护井下安全施工，同时还用作测量和接长管路的工作平台。

固定盘采用钢木混合结构。它的构造和设计要求，与封口盘大致相同。其不同点是吊桶通过孔口不设盖门，一般也不设置喇叭口，只设置护栏。固定盘的荷载一般较小，因此，固定盘的梁系结构通常根据工程实际经验确定，酌情选择梁的截面型号。

3. 吊盘

吊盘用钢丝绳悬吊，为井筒内的主要工作平台。它主要用作浇筑井壁的工作平台，同时还用来保护井下安全施工；在未设置稳绳盘的情况下，吊盘还用来拉紧稳绳。在吊盘上，有时还安装抓岩机的气动绞车、大抓斗的吊挂和操纵设备，以及其他设备。

吊盘有双层或多层。当采用单行作业或混合作业时，一般采用双层吊盘，吊盘层间距为 4～6m；当采用平行作业时，可采用多层吊盘。多层吊盘层数一般为 3～5 层，为适应施工要求，中间各层往往做成能够上下移动的活动盘，其中主工作盘的间距也多为 4～6m。

吊盘由梁格、盘面铺板、吊桶通过的喇叭口、管线通过孔口、扇形活页、立柱、固定和悬吊装置等部分组成。吊盘的梁格由主梁、次梁和圈梁组成。两根主梁是吊盘悬吊钢丝绳的连接梁，必须为一根完整的钢梁，一般对称布置并与提升中心线平行，通常采用工字钢。次梁需根据盘上设备及凿井设备通过的孔口以及构造要求布置，通常采用工字钢或槽钢。圈梁一般采用槽钢。各梁之间采用角钢、连接板和螺栓连接。

吊盘绳的悬吊点一般布置在通过井筒中心的连线上，吊盘、稳绳盘各悬吊梁之间及其与固定盘、封口盘各梁之间均需错开一定的安全间距，严禁悬吊设备的钢丝绳在各盘（台）受荷载的梁上穿孔通过。

吊盘上必须设置井筒测孔，其规格为 200mm×200mm。吊盘上安置的各种施工设施应均匀分布，使两根吊盘绳承受荷载应大致相等，以保持吊盘升降平稳。

吊盘之突出部分与永久井壁或模板之间的间隙不得大于 100mm，各盘口、喇叭口、井盖门、卸矸门与吊桶最突出部分之间的间隙不得小于 200mm，与滑架的间隙不得小于 100mm。吊桶喇叭口直径除满足吊桶安全升降外，还应满足伞形钻架等大型凿井设备安全地通过，吊盘下层盘底喇叭口外缘与中心回转抓岩机臂杆之间应留有 100～200mm 的安全间隙，以免相碰或影响抓岩机的抓岩范围。

吊泵通过各盘口时，其周围间隙不得小于 50mm，安全梯孔口不小于 150mm，风筒、管路及绳卡不得小于 100mm。

吊桶通过的孔口采用钢板围成圆筒，两端做成喇叭口。喇叭口与盘面用螺栓连接。喇叭口的下口离盘面高度一般为 0.5m，操作盘上的喇叭口应高出盘面 1.0～1.2m。吊泵、安全梯及测量孔口采用盖门封闭。

各层盘沿周长设置扇形活页，用来遮挡吊盘与井壁之间的空隙，防止吊盘上坠物。吊盘起落时，应将活页翻置盘面。活页宽度一般为 200～500mm。

立柱是连接上下盘并传递荷载的构件，一般采用直径 100mm 无缝钢管或 18 号槽钢，其数量应根据下层盘的荷载和吊盘空间框架结构的刚度确定，一般为 4～8 根。

吊盘一般用双绳双叉双绞车方式悬吊，即用两根钢丝绳，每根悬吊钢丝绳的下端在上层吊盘之上分叉，由分叉绳与吊盘的主梁连接。这样，吊盘上有四个悬吊点，可以保证盘体平衡。

8.4.4　井内凿井设备布置

1. 吊桶布置

提升吊桶是全部凿井设备的核心，吊桶位置一经确定，井架的位置就基本确定，井内其他设备也将围绕吊桶分别布置。提升吊桶可按下列要点布置：

1）凿井期间配用一套单钩或一套双钩提升时，矸石吊桶要偏离井筒中心位置，靠近提升机一侧布置，以利天轮平台和其他凿井设备的布置。若双卷筒提升机用作单钩提升时，吊桶多半布置在固定卷筒一侧。天轮平台上，活卷筒一侧应留有余地，待开巷期间改单钩吊桶提升为双钩临时罐笼提升时使用。采用两套提升设备时，吊桶布置在井筒相对的两侧，使井架受力均衡。

2）两套相邻提升的吊桶间的距离应不小于450mm；当井筒深度小于300m时，上述间隙不得小于300mm。

3）施工矿井罐笼井时，吊桶一般应布置在永久提升间内，并使提升中心线方向与永久出车方向一致。对于箕斗井，当井筒装配刚性罐道时，至少应有一个吊桶布置在永久提升间内，吊桶的提升中心线可与永久提升中心线平行或垂直，但必须与车场临时绕道的出车方向一致。吊桶应避开永久罐道梁的位置，以便后期安装永久罐道梁时，吊桶仍能上下运行。

4）吊桶应尽量靠近地面卸矸方向一侧布置。稳绳与提升钢丝绳应布置在一个垂直平面内，且与地面卸矸方向垂直。

5）吊桶外缘与永久井壁之间的最小距离应不小于450mm。

6）吊桶位置一般应离开井筒中心。采用普通锤球测中时，吊桶外缘距井筒中心应大于100mm；采用激光指向仪测中时应大于500mm。

7）为使吊桶顺利通过喇叭口，吊桶最突出部分与孔口的安全间隙应大于或等于200mm，滑架与其他盘台孔口的安全间隙应不小于100mm。

8）为了减少由井筒转入平巷掘进时临时罐笼的改装工作量，吊桶位置应尽可能与临时罐笼的位置一致，使吊桶提升钢丝绳的间距等于临时罐笼提升钢丝绳的间距。

2. 井内其他凿井设备的布置

1）井内悬吊设备（除吊桶、吊盘、模板外）宜沿井筒周边布置，保持井架受力均衡，使盘台结构合理，并保证永久支护工作的安全和操作方便。

2）抓岩机的位置要与吊桶位置协调配合，保证工作面不出现抓岩死角。当采用中心回转式抓岩机和一套单钩提升时，吊桶中心和抓岩机中心各置于井筒中心相对应的两侧；当采用两套单钩提升时，两个吊桶中心应分别布置在抓岩机中心的两侧；抓斗悬吊高度不宜超过15m。环行轨道式抓岩机因中心轴留有直径210mm测量口，故抓岩机置于井筒中心位置。

布置两台抓岩机使用一个吊桶时，两台抓岩机的悬吊点在井筒一条直径上，而与吊桶中心约呈等边三角形。布置两台抓岩机使用两个吊桶提升时，两台抓岩机的悬吊点连线与两个吊桶中心连线相互垂直或近似垂直。

当抓岩机停用、抓斗提至安全高度时，抓斗张开时抓片与吊桶之间的距离不应小于500mm。

3）吊泵应靠近井帮布置，便于大抓岩机工作，但与井壁的间隙应不小于300mm，并使吊泵避开环行轨道式抓岩机的环形轨道。吊泵与吊桶外缘的间隙不小于500mm，井深超过400m时，不小于800mm。吊泵与吊盘孔口的间隙不小于50mm。当深井采用接力排水时，吊泵要靠近腰泵房（或转水站）一侧布置，便于主、副井共用一套排水系统。吊泵一般与吊桶对称布置，置于卸矸台溜矸槽的对侧或两侧，以使井架受力均衡。

4）管路、缆线以及悬吊钢丝绳均不得妨碍提升、卸矸和封口盘上轨道运输线路的通行，井门通过车辆及货载最突出部分与悬吊钢丝绳之间的距离不应小于100mm。另外，管路位置的设置应尽可能使立井转入水平巷道施工时拐接方便。

5）风筒、压风管和混凝土输送管应适当靠近吊桶布置，以便于检修，但管路突出部分至桶缘的距离应不小于500mm，超过500mm时，应采用井壁固定吊挂。此外，风筒、压风管、混凝土输送管应分别靠近通风机房、压风机房、混凝土搅拌站布置，以简化井口和地面管线布置。

6）安全梯应靠近井壁悬吊，与井壁最大间距不超过500mm，要避开吊盘圈梁和环形轨道式抓岩机的环轨位置。通过的孔口其周围间隙不得小于 150mm。

7）照明、动力电缆和信号、通信、放炮电缆的间距不得小于 300mm。信号与放炮电缆应远离压风管路，其间距不小于 1.0m。放炮电缆须单独悬吊。

8）布置井内悬吊设备时，应兼顾两个相邻井筒之间设备布置的协调。

9）当凿井管路采用井内吊挂时，管路应靠吊桶一侧集中布置，直径大的风筒置于中间，压风管、供水管和混凝土输送管对称安设在风筒的两侧。这样便于管路的下放和安装，避免因几趟管路分散吊挂在井筒四周而使吊盘圈梁四处留管路缺口，给吊盘的加工和使用造成困难。

井内凿井设备的平面布置如图 8-11 所示。

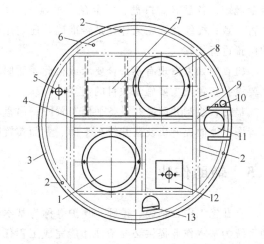

图 8-11　井内凿井设备的平面布置示例
1—主提升吊桶　2—模板悬吊绳　3—吊盘圈梁　4—信号电缆　5—混凝土输送管　6—放炮电缆　7—抓岩机 8—副提升吊桶　9—通信电缆　10—压风管 11—风筒　12—吊泵　13—安全梯

8.4.5　地面提绞设备的布置

提绞设备布置包括临时提升机和凿井绞车布置两个内容。

1. 临时提升机布置

非矿山或无提升设备的其他井筒施工，临时提升机的位置选择比较容易，只要地面有合适的地方即可。矿山施工时，由于还要考虑开采的需要，临时提升机位置应考虑凿井和开巷两个施工阶段的需要，且不能影响永久提升机房及地面永久生产系统的施工。为此，对于箕斗井（主井），临时提升机与永久提升机多呈 90°或 180°布置，这要根据车场施工时增设的临时绕道的出车方向而定，使提升中心线与井下出车方向一致。罐笼井的临时提升机多半布置在永久提升机的对侧，使提升中心线与井底车场水平的出车方向一致。只有当场地窄小、地形限制或使用多套提升机施工时，才采用同侧布置方式，将临时提升机房布置在永久提升机房前面，但应以不影响永久提升机房的施工为前提。

提升机的位置，应使提升钢丝绳的弦长、绳偏角、出绳仰角三项技术参数值符合规定。其布置方法是：根据最大绳偏角时的允许绳弦长度和最大绳弦长度时的最小允许出绳仰角，算出提绞设备与井筒间的最近和最远距离，画出布置的界限范围，对照工业广场布置图，根据永久建筑物的位置、施工进度计划及地面运输线路等条件，选定提升机的具体位置。

2. 凿井绞车的位置

凿井绞车位置的确定方法与提升机类似，也应满足钢丝绳弦长、绳偏角和出绳仰角的规定值。在此条件下，凿井绞车布置于井架四面，使井架受力均衡。同侧凿井绞车应集中布置，以利于管理和修建同一绞车房。几个井筒在同一广场施工时，凿井绞车的位置要统一考虑，协调布置。

8.4.6　凿井设备布置的总校验

待全部凿井设备布置妥当后，要全面进行检查，自下而上，对井内、天轮平台、地面提绞设备等平面和立面布置进行认真校验。检查各凿井设备、设施及管路是否互相错开；安全间隙是否符合规定；各盘（封口盘、固定盘、吊盘）、台（天轮台、卸矸台）、梁格、孔和悬吊绳点上下是否一致；提绞及天轮梁计算是否准确。还要用作图法或计算法对天轮及其钢丝绳在天轮平台上的位置进行复核。

检查中如果发现有不符合要求或彼此矛盾时，应进行调整。调整时，应分清主次，首先考虑主要设备布置及主要施工项目的需要。

最后，绘制井筒凿井设备平面布置图；吊盘、固定盘、封口盘平面布置及梁格图；天轮平台布置图；地面提升机及凿井绞车平面、立面布置图。

8.5　辅助作业

立井施工中，钻爆、排矸、支护等称为基本作业。除了这些基本作业外，还必须借助一些辅助系统为基本作业提供必要条件才能完成工程任务，这些系统的工作称为辅助工作。辅助工作主要包括通风、排水、压风与供水、照明与信号、测量等工作。

8.5.1　通风工作

立井掘进的通风是由设置在地面的通风机和井内的风筒完成的。当采用压入式通风时，即通过风筒向工作面压入新鲜空气，污风经井筒排出，井筒内污浊空气排出缓慢，一般适用于井深小于400m的井筒。而采用抽出式通风，即通过风筒将工作面污浊空气外抽时，井筒内为新鲜空气，施工人员可尽快返回工作面。当井筒较深时，采用抽出式通风为主，辅以压入式通风，可增大通风系统的风压，提高通风效果，该方式是目前深井施工常用的通风方式。

立井施工通风工作中，风机主要采用BKJ系列轴流式局部通风机。根据实际情况，一般采用两台不同能力的风机并联，其中能力大的用于爆破后抽出式通风用，另一台作为平时通风用。风筒的直径一般为0.5~1.0m，风筒的种类有胶皮风筒、铁皮风筒和玻璃钢风筒。压入式通风采用胶皮风筒，抽出式通风采用铁风筒或玻璃钢风筒。风筒一般采用钢丝绳悬吊或者固定在井壁上，随着井筒的下掘而不断下放或延伸。

8.5.2　立井涌水的治理

立井常用治水方法有注浆堵水、井筒排水、钻孔泄水、导水与截水等，其中注浆堵水已成为我国基岩凿井的主要治水方法。治水方法必须根据含水层的埋深与厚度、涌水量大小、岩层裂隙及方向、凿井工程条件等因素确定。合理的井内治水方法应满足治水效果好、费用低、对井筒施工工期影响小、设备少、技术简单、安全可靠等要求。

注浆堵水主要包括地面预注浆、工作面预注浆和壁后注浆，主要内容参见"第11章注浆施工技术"。

1. 导水与截水

井筒施工时，为保证混凝土井壁施工质量和减少掘进工作面淋水，根据井壁渗漏水情况和砌壁工序不同，可对井壁、井帮淋水进行导或截的方法处理。

（1）导管导水　在立模和浇筑混凝土前，或在有集中涌水的岩层，可预先埋设导管，将涌水集中导出。导管的数量以能满足放水要求为原则。导管一端埋入砾石堆，既便于固定，也利于滤水。导管的另一端伸出井壁，以便砌壁结束后注浆封水。导管伸出端的长度不应超过50mm，以免影响吊桶起落和以后井筒永久提升。管口需带丝扣，以便安装注浆阀门。此方法仅适用于涌水较小的条件。

当涌水量较大时（20m³/h 左右），可采用双层模板，外模板与井帮含水层之间用砾石充填，阻挡岩层涌水，底部埋设导管，并迫使全部淋水由导管流出，而后向砾石内和围岩裂隙进行壁后注浆。

（2）截水槽截水 对于永久井壁的淋水，应采用壁后注浆封水。如淋水不大，可在渗水区段下方砌筑永久截水槽，截住上方的淋水，然后用导水管将水引入水桶（或腰泵房），再用水桶或水泵排出地面。若井帮淋水不大，且距地表较远时，不宜单设排水设备，宜将截水用导水管引至井底与工作面积水一同排出。

2. 钻孔泄水

钻孔泄水是在井筒掘进断面中心附近钻一垂直钻孔，将工作面积水泄至井底巷道，由井底排水系统排出。因此，采用钻孔泄水的条件是，必须有巷道预先到达井筒底部，而且井底新水平已构成排水系统。这种方式可取消吊泵和腰泵房，简化井内设备布置。井内涌水由钻孔自行泄走，为井筒顺利施工创造条件。一般多用于改建矿井。

提高钻孔质量，保证钻孔的垂直度，使偏斜值控制在井筒轮廓线内，是钻孔泄水的关键。因此，在钻进中，应用激光经纬仪或陀螺测斜仪经常进行测斜。发现偏斜，应及时查明原因，迅速纠偏。导向管安装不正、钻机主轴不垂直、钻杆弯曲、钻压过大，或钻机基础不稳、管理不善等，都能造成钻孔偏斜。

保护钻孔，防止井筒掘进矸石堵塞泄水孔是钻孔泄水的另一关键技术。泄水孔钻完后，孔内需安设筛孔套管，以保护泄水孔，防止塌孔。随着掘进工作面的推进，逐段将套管割除。为防止爆破矸石掉入泄水孔，将泄水孔堵塞，放炮前可用木塞将孔口塞牢，从而确保泄水孔畅通。

3. 井筒排水

立井排水方式有利用吊桶排水、利用吊泵一次排水、利用吊盘水箱两阶段排水、利用腰泵房转水等多种方式。

当井筒涌水量小于 6m³ 时，可利用提升矸石的吊桶排水，即用风动隔膜泵或风动潜水泵将工作面积水排入吊桶，充满矸石空隙，随同矸石提升排出地面。风动隔膜泵是一种以压气作动力，通过换向阀控制气流的方向，驱动工作腔内的膜片作往复运动，使腔内产生压差，从而达到吸水和排水目的的潜水泵。它具有结构简单、吸程大、扬程高、噪声小、能吸排含大颗粒泥沙的污水、工作可靠、机械故障少等优点。

当立井施工采用吊泵排水时，尽量采用高扬程吊泵实现一段排水，避免采用腰泵房或两台吊泵串联。井筒深度不大（小于 250m）时，可使用 NBD 型吊泵，排水高度在 750m 以下时可使用 80DGL 系列吊泵。80DGL 系列和 NBD 系列吊泵均为立式多级离心泵，由吸水笼头、吸水管、水泵机体、电动机、框架、滑轮、排水管、逆止阀和爬梯等部分组成。吊泵在结构设计上，充分考虑了立井排水的特殊要求。因此，它具有面积小、起落方便，以及能吸排含有少量泥沙的浑水等特点。

当井筒深度超过吊泵扬程时，需要采用两段接力排水方式。当排水高度超出扬程不多时，可用隔膜泵、潜水泵或压气扬水器与吊泵接力排水。隔膜泵（或潜水泵）与吊泵接力排水时，隔膜泵将工作面积水先排至吊盘上的水箱中，然后由水箱再用吊泵将水排至地面。这种方式不仅解决了吊泵扬程不足的矛盾，而且吊泵与管路无须经常放放、接长，从而节省辅助时间和工作量，也有利于大抓岩机进行装岩作业。

当井筒较深（超过 750m）、排水高度较大时，也可用两台吊泵串联或在井筒中设腰泵房进行两段排水。腰泵房应位于吊泵标高以下，泵房内卧泵的排水能力应满足排水量要求，并设备用泵，以供交替检修。腰泵房的面积是根据井筒涌水量、卧泵数量来确定的，一般为 8 ~ 15m²。水仓容量应不小于30min的井筒涌水量，并筑中间隔断，以便污水沉淀和清理。当附近的两个井筒同时施工时，可考虑共用一个泵房，以减少临时工程量及其费用。如果井筒中设计有与其他井筒或巷道的连通道时，应尽量利用连通道作为腰泵房。

8.5.3 压风和供水工作

立井井筒施工中，工作面打眼、装岩和喷射混凝土作业所需要的压风和供水等风、水动力是通过并列吊挂在井内的压风管和供水管，由地面送至吊盘上方的，然后经三通、高压软管、分风（水）器和胶皮软管将风、水引入各风动机具。井内压风管和供水管可采用钢丝绳双绳悬吊，地面设置凿井绞车悬挂，随着井筒的下掘不断下放；也可以直接固定在井壁上，随着井筒的下掘而不断向下延伸。工作面的软管与分风（水）器均采用钢丝绳悬吊在吊盘上，爆破时提至安全高度。

8.5.4 照明与信号

井筒施工中，良好的照明能提高施工质量和效率，减少事故的发生。因此在井口和井内，凡是有人操作的工作面和各盘台，均应设置足够的防爆、防水灯具。但在进行装药连线时，必须切断井下一切电源，使用矿灯照明。

立井井筒施工时，必须建立以井口为中心的全井信号系统，确保掘进工作面、吊盘、泵房与井口信号房之间有各自独立的信号联系。同时，井口信号房又可向卸矸台、提升机房及绞车房发出信号。设置信号应简单、可靠，目前使用最普遍的是声、光兼备的电气信号。

8.5.5 测量工作

井筒施工工程中，必须做好测量工作，以确保井筒达到设计的要求和规格。井筒中心线是井筒测量的关键，一般采用激光指向仪投点。激光指向仪安设在井口封口盘下固定盘上方1m处的激光指向仪架上，平时应经常校正。当井筒深度很深时，可采用千米激光指向仪或将仪器移设到井筒深部适当位置，以确保测量精度。

习 题

8-1 简述立井的类型和结构。

8-2 何谓"一架、两台、三盘"？

8-3 简述立井表土施工方法。

8-4 简述锁口的类型及砌筑要求。

8-5 简述立井爆破炮眼的分类及其布置参数要求。

8-6 简述立井爆破的装药结构及起爆方法。

8-7 抓岩机有哪些类型？

8-8 立井掘进排矸方式有哪些？

8-9 立井砌壁的模板有哪几种？如何使用？

8-10 简述凿井设备布置的原则。

8-11 简述立井凿井工作盘的类型及各自作用。

8-12 简述提升吊桶布置原则。

8-13 安全梯如何布置？

8-14 简述立井涌水的处理方法。

第9章 倾斜巷道施工技术

倾斜巷道（泛指各种斜井、斜巷、斜洞、斜坡道等）在地下工程中极为常见，如隧道工程为加快施工速度而开凿的辅助巷道、水利水电工程中的各种倾斜引水及压力隧洞、地下停车场等大型地下空间工程的通道等。在矿山井下，为开采矿物而设置的各种上山（位于开采水平之上的倾斜巷道）、下山（位于开采水平之下的倾斜巷道）、斜坡通道等更为常见。

关于倾斜巷道的倾角范围，没有明确的划分规定，大多以倾角超过5°、小于90°时视为倾斜巷道。当倾斜巷道直通地面时一般称为斜井，根据用途的不同，分为主斜井、副斜井和通风斜井等。主斜井用于提升开采的矿物；副斜井用于提升矸石、人员升降及器材运输等；通风斜井除用于通风外还兼作安全出口。

倾斜巷道施工既可由上向下施工（又叫下山施工），也可由下向上施工（又叫上山施工），主要视与上下巷道相连工程的贯通情况而定。对于通达地面的斜井，一般均由上向下施工。

斜井所穿过的地层有表土层和基岩。当斜井井筒穿越不稳定的土层时，通常需要采用特殊施工方法。穿越岩层时，主要以钻眼爆破法施工为主。

倾斜巷道施工的基本作业程序、方法、设备介于平巷和立井之间，在出矸、运输、排水、通风和安全等技术措施方面有其自身的特点。本章主要就倾斜巷道施工的不同特点进行介绍。

9.1 斜井表土施工

9.1.1 斜井井口明槽施工

1. 井口开挖方式

斜井井口开挖方式与井口地形有关，如图9-1所示。在山区或丘陵地带，斜井井口位于山坡脚下，且坡体比较稳定时，只需将山坡略加修整即可开挖。当井口覆有土层且地形平坦时，由于直接开挖井口顶板不易维护，必须采取先挖明槽（或称井口坑）的开挖方式。若表土中含有薄流沙层，且距地表深度小于10m，可采用大揭盖开挖方式，即将井颈段一定深度的表土挖出，形成明坑，待永久支护砌筑完成后，再回填夯实。大揭盖方式挖掘范围较大，一般尽量采用明槽开挖。

2. 明槽挖掘方法

明槽挖掘有人工挖掘和机械挖掘两种方式。其挖掘工具应根据表土层的土质进行选用。当无动力条件时，土层可用人工开挖，但要尽快接通电源。当有动力条件时，在较软的土层中可用人工挖掘，在坚硬的土层、砾石、风化岩中应选用风镐挖掘或松动爆破法破土。

为减轻劳动强度，提高工效，有条件时应使用长臂、大容量挖掘机挖掘，并根据斜井倾角、排土距离等条件选择适用的挖掘机。地面用自卸汽车将土运至弃土场。

通常，使用挖掘工具挖掘明槽时，应沿底板进行，并铺设临时轨道，用V形翻斗车、小绞车提升。当采用由浅而深水平分层挖掘时，槽内不便铺设轨道，可用人工接力沿台阶传土。另

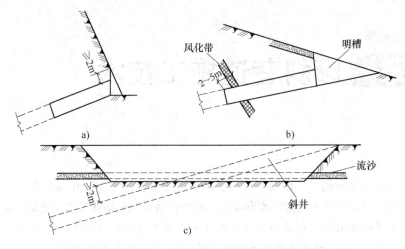

图 9-1　斜井井口开挖方式示意图

a）直接开挖　b）明槽开挖　c）大揭盖开挖

外，亦可用小绞车牵引小推车排土。

为加快明槽挖掘速度，必须妥善处理其涌水和工作面的积水。由于明槽深度不大，宜选用潜水泵排水，当明槽内涌水量稍大时，槽内也可设水泵排水。

明槽弃土通常用于就近平整场地，并需留足回填用土，故排土距离一般较近。

明槽开挖应尽量避开雨期。无法避开时可搭设雨棚，四周做好排水沟，保证排水畅通。

3. 明槽的支护

（1）挖土与砌墙平行作业　当采用料石、混凝土预制块或砖砌筑井筒时，可一边挖土一边砌墙。由于两帮暴露时间短，两墙部分可垂直下挖，以减少挖土量。

（2）支撑加固法　即明槽两侧做成直立槽壁，再用横向支撑将两侧壁顶紧。明槽门脸部分须用斜撑支护。

（3）台阶木桩法　明槽边坡按台阶式开挖，台阶采用侧壁式打短木桩插板维护。当表土层不够稳定或夹有流沙层时，可用45°台阶式开挖。台阶木桩法能有效地控制人工边坡角。

（4）明槽正脸的支护及井筒开口　为做好井筒开口工作，保证明槽正脸斜坡的稳定，防止顶帮坍塌，开槽之前，除认真检查表土的稳定情况外，还应因地制宜地采取措施，做好井口上部边坡的支撑工作。当斜井井口的土质较坚硬稳定时，可用挡板将井口上部边坡护住，并用斜撑将挡板支撑牢固。当土质松软，正脸拐角部分容易冒落时，应以抬棚及木垛支护，木垛与土帮之间用草袋背严。

斜井井筒开口后，开始掘进的一段距离内，应架设密集棚子，有时还应在每根柱脚下加垫，以免下滑或走动。明槽的深度应使井筒掘进断面顶部距耕作层或堆积层不小于2m，以便使井筒顺利穿入表土层。

当井筒从明槽向表土层掘进5～10m后，即由里向外进行永久支护，直至地表，并将明槽用土分层夯实，最后继续进行井筒的正常掘砌工作。

9.1.2　斜井井筒表土施工

表土层的稳定程度主要取决于土质结构性质、含水层的含水量和透水性、表土层厚度及其赋存关系。斜井表土段掘砌施工方法主要根据井筒倾角、表土稳定性等因素选取。

1. 表土挖掘方法

在稳定表土段内，一般采用普通法施工。根据现场情况，井筒表土段施工方法有如下四种：

（1）全断面一次掘进法　当表土段土质密实、坚硬，井筒涌水量不大，且其掘进宽度小于 5m 时，应采用全断面一次掘进及金属拱形临时支护的施工方法。其掘砌段高为 2~4m，支架间距为 0.4~1m。实践证明，这种施工方法工序简单，成井速度较快。

（2）中间导洞法　当表土段土质比较稳定，但井筒掘进宽度大于 5m 时，可采用在井筒中间先掘 2m 左右的深导洞，后向两侧逐步扩大的短段掘砌施工方法，刷大时两侧要同时进行。

（3）两侧导洞先墙后拱法　当表土段土质稳定性稍差，且井筒断面又较大时，应采用顺井筒两侧分别掘进超前导洞的先墙后拱短段掘砌法。掘导洞时先架设临时支架，待掘出 2~4m 时，再在导洞内砌墙，之后掘砌拱顶部分，最后掘出下部核心土。

（4）先拱后墙法　当表土段井筒工作面进入岩石风化带后，土层渐薄、风化岩层渐厚，在这表土向基岩的过渡段内，应采用土、岩分别短段掘砌的先拱后墙法。掘砌段间距以 3~5m 为宜。在井筒工作面全部进入岩石风化带后，其施工方法与基岩部分大体相同，但应坚持采用放小炮的方法，掘砌工作面之间的距离以 5m 左右为宜。

2. 斜井表土掘砌特点

斜井表土掘进基本上以人工持风镐挖掘为主。装岩用人工或机械均可，提升运输与基岩段施工相同。

表土段支护基本上以连续砌筑式为主。随着锚喷支护的普及，锚喷支护、钢拱架喷射混凝土支护形式得到了越来越多的应用。

砌筑式支护时，一般采用短段掘砌法施工。即每掘进 2~4m，便进行砌筑支护，支护工艺与水平巷道相同。

当表土较稳定时，明槽部分的砌筑可等井筒掘进 5~10m 后，再自下而上一次砌至井口。井口临时标高要高出地表。若井口设在山坡下时，井口顶侧必须加砌挡墙。

当井筒处于浅部地压最大值附近，且底板土质较差时，应将基础槽回填夯实，以免墙基下沉。

当井筒倾角大于 20°时，浇筑混凝土基础须做成台阶形，每一台阶长度不小于 1m。若倾角超过 30°，碹胎应有 2°左右的迎山角，碹胎之间须支设支撑拉条。

每次砌墙之前，先要进行测量。中线、腰线平均 5~10m 放线一次。

短段掘砌接茬较多，必须注意接茬质量。两段混凝土的接茬处须凿出麻面；料石碹头应砌成台阶形；掘砌段距小于 2m 时，可采取齿形接茬。

砌筑时要防止土块掉入砌体，临时支架应尽可能回收复用，壁后充填必须密实。

在有较大涌水的地段，井壁必须采用整体浇筑混凝土，必要时可在混凝土内掺入防水剂。施工时应将水导走，井壁达到设计强度后再进行壁后注浆。

在不稳定表土中砌墙基，为了保证基础达到设计深度，先将带有牙槽的铁模板依次打入底板，四周封闭后，将砂石挖出，再将预制块放入墙基底部，然后浇筑混凝土。

9.2　斜井基岩施工

斜井井筒基岩施工与平巷施工较为类似，但由于斜井具有 10°~30°的倾角，给装岩、排矸、支护、调车、排水等工序带来一定难度和诸多不便，使斜井施工与水平巷道相比，在许多方面又有其不同之处，形成了独特的施工工艺与技术。近年来，斜井施工技术水平有了很大的提高，已形成了由"三斗一喷"发展为"三斗两光一喷"（耙斗装岩机装岩、箕斗运矸、斗式矸石仓排矸、激光指向仪指向、中深孔光面爆破、喷射混凝土支护）的施工工艺，逐步形成了一套以"四大"（大装岩机、大提升容器、大提升机、大排矸车）装、提、运设备为主的机械化配套作业线，大大提高了斜井的施工速度。

9.2.1 钻眼爆破工作

钻眼爆破工作是加快掘进速度、保证工程质量的关键环节。过去常采用的浅眼多循环作业。但由于循环中辅助作业时间多，加之掘进效率不高，故打浅眼难以满足快速施工的要求。为了提高掘进速度，加大循环进尺，中深孔光面爆破是一项行之有效的措施。

中深孔爆破的关键是掏槽方式的选择。为了加深炮眼，宜采用直眼掏槽方式。

采用中深孔爆破，一次矸石量增加。为实现打眼与装岩平行作业，应实施抛渣爆破。抛渣爆破时，应适当改变底眼上部辅助眼的角度，使其倾角比斜井小 5°~10°；加深底眼 200~300mm，并使眼底低于巷道底板 200mm；加大底眼装药量。这样可使爆破后，渣堆与顶板之间有 1.0~1.5m 的空间。

由上向下掘进时，工作面往往会有积水，因此，要选用具有抗水性能的乳化炸药和水胶炸药。当井筒倾角小于 15°时，宜采用抛渣爆破，以提高装岩效率。另外，向下掘进容易使斜井"扎底"，打眼时应严格掌握炮眼的方向。

9.2.2 装岩工作

与水平巷道类似，岩石装运仍是斜井、斜巷施工的最重要环节。由于中深孔爆破的采用，提高了循环进尺，每循环爆破下来的矸石量必然增加，因而装岩工作成为一个提高掘进速度的新问题。在斜井施工中，多使用耙斗式装岩机装岩。这种装岩机工作适应性强，可用于倾角小于 30°的斜井，同时耙斗结构简单，制造容易，造价和维修费用低。使用耙斗式装岩机，万一上部发生跑车事故，它还能起到阻挡跑车的作用，故掘进工作面相对比较安全。

斜井施工使用耙斗式装岩机，其方法与水平巷道相同，仅在固定方式上与水平巷道略有不同。耙斗机在工作面的固定方法，随斜井倾角大小而定。当倾角小于 25°时，尽管耙斗自身配有 4 个卡轨器，但还应在机身后加设两个大卡轨器（用厚 18mm 的钢板制成的宽 80mm、长 860mm、两端带销孔和一端带夹板的条状拉板），如图 9-2 所示。使用时，一端固定在转载机后立柱上，另一端卡固在钢轨上。当井筒倾角大于 25°时，则需另设防滑装置，可在巷道底板上钻两个 1m 左右深的眼，楔入两根圆钢或铁道橛子，用钢绳套将耙斗机拴在橛子上。

在 17°以上的斜井耙斗装岩机距工作面的距离以 5~15m 为宜。工作过程中，要注意钢绳摆动和耙斗翻动伤人，坡度较大时还要注意上方矸石下滑伤人。

在施工倾角不大的倾斜巷道时，也可采用无轨运输、铲运机或正装侧卸式电动铲斗式装岩机装载，用自卸汽车或农用车出矸运输。

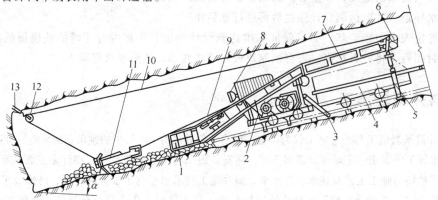

图 9-2　耙斗机在斜井工作面布置示意图

1—挡板　2—操纵杆　3—大卡轨器　4—箕斗　5—支撑　6—导绳轮　7—卸料槽
8—照明灯　9—主绳　10—尾绳　11—耙斗　12—尾绳轮　13—固定楔

9.2.3　提升与运输

1. 提升容器

斜井掘进的装岩工作实现机械化以后，提运工作能力就必须相应提高。斜井施工中广泛使用矿车和箕斗提运。矿车有固定车厢式、V 形翻斗式、底卸式等，主要视提升货物种类和井口卸载方式而定。

当井筒倾角小于 25°，提升距离小于 200m 时可用矿车提运。矿车提升方法简单，井口临时设施少，但提升能力低，掘进速度受到限制。

箕斗提运与矿车提运相比，装载高度低，提升能力大，提升连接装置安全可靠，装卸载方便、速度快，同时能省去摘挂钩、甩车等辅助时间。使用大容量箕斗，在掘进断面和长度较大的斜井时效果更为显著。实践表明，采用耙斗机装岩、箕斗提升的装运配套是成功的。

2. 箕斗的卸载方式

我国使用的箕斗形式有前卸式、后卸式和无卸载轮前卸式三种，其中以无卸载轮前卸式箕斗使用效果较好。

无卸载轮前卸式箕斗的优点：它没有像前卸式箕斗那样向两侧突出的卸载轮，不仅在运行中可以避免发生挂坏管线设备和伤人等事故，而且扩大了箕斗有效装载宽度，使装载量可达 6m³，同时卸载快；另外，结构简单，易于制造，便于检修，还可提运工作面的泥水。

无卸载轮前卸式箕斗的主要缺点：箕斗提升过卷距离较短，仅为 0.5m 左右，故除要求司机有熟练的操作技术外，提升机还要有可靠的行程指示装置，如果操作不当，卸载冲击力很大，可能致使卸载架变形。因此，在使用时要采取适当措施，如在导向轮运行的导轨上设置提升机停止开关，增设工业电视监视箕斗的运行情况等。

3. 提升方式

斜井提升方式有一套单钩、一套双钩和两套单钩提升三种。断面较小时可采用一套单钩提升；12m² 以上断面、在条件许可时可使用一套双钩或两套单钩提升。两套单钩时，一套主要用于提升矸石（主提升），另一套主要用于下放材料（副提升），这有利于实现掘进与支护平行作业，加快施工速度。

4. 提升与排矸系统

提升机、天轮、矸石仓与排矸道等构成箕斗提升及排矸系统。该系统一般设在斜井井口地面上；当施工暗斜井时，则需设置在井下，位于暗斜井的上口。

斜井提升天轮架设的高度，理论上应使钢丝绳对于提升容器的牵引力与轨道平行，但考虑到钢丝绳的挠度和卸载方便，天轮的架设高度应略高一些。但过高会使箕斗闸门关闭不严。天轮距矸石仓的中心线的距离为 6~7m。

提升机与天轮的距离，应符合有关出绳仰角及水平绳偏角的规定，如因地形原因难以满足规定时，可将天轮由固定式改为可左右移动的游轮式，此时提升机与天轮之间的距离，一般有 10~15m 即可。

储矸仓与井口之间的距离，与井口轨道坡度、矸石仓容量与高度、排矸方式以及井口地形有关。当井筒倾角在 15°左右时，井口轨道坡度与井筒倾角一致；当井筒倾角大于 20°或小于 10°时，为便于卸载，井口轨道仍采用 15°。通常矸石仓与井口的间距为 20~30m。

矸石仓的设置是为了提高地面矿车运输的效率，或者协调箕斗与汽车两者排矸能力的不平衡。矸石仓的容积应根据现场地形、提升和运输能力而定。一般至少应能容纳一个掘进循环排出的矸石量。目前，在快速施工的斜井中，大多用自卸汽车运矸，故一般不再设矸石仓，而是直接将矸石卸于地面，然后用大型铲车装车运走。

斜井施工时，为进行车辆的调度，在井口地面仍需铺设轨道，形成调车场，以便材料车、出矸矿车在井口进行周转调运。

9.2.4 斜井支护施工

斜井支护过去常采用料石砌碹、棚式支架等，现在则广泛采用锚喷支护或锚架喷支护，故这里重点介绍锚喷支护的有关特点和要求。

斜井使用锚喷支护时，普遍采用体积较小的转子式喷射机。喷射机可布置在井内，也可布置在井口。喷射机布置在井内时，与水平巷道类似，喷射料在井口搅拌，用矿车送到喷射地点，用人工给喷射机喂料。

斜井设备布置在井内时，不仅粉尘大，而且上料空间亦受限制，不利于机械上料，不能满足斜井快速施工的要求，因此，施工设备一般采取集中与固定式布置，从而形成远距离管路输料系统。考虑到井口地形和送料、上料的方便性，斜井混凝土喷射站一般布置在井口附近。如井口地形较为平坦宽敞，或者井口山坡较陡，可将喷射混凝土设备布置在井口一侧；如井口坡度较缓，且有堆积喷射材料的场地，可将喷射混凝土设备全部或部分布置在井口上方。

混凝土喷射机集中固定在井口，简化了井内工作面的布置，井筒断面较小时，既利于掘喷平行作业，也利于采用机械化上料。采取双喷方式时，应将两台喷射机分放在井口两侧，并各自设置一趟输料管路，交替使用，以便检修和分别喷射两帮。

混凝土喷射机布置在井口，需实现远距离管路输料，因此，必须妥善解决喷射站的工作风压、管路堵塞和输料管的磨损等问题。

（1）工作风压　喷射料沿管道长距离输送时存在风压损失问题，其损失大小与管径、管壁光滑程度、斜井倾角、材料配合比、输送距离、管道连接方式以及铺设质量有关。随着工作面的延长，需相应地增加喷射机的风压，才能保证向工作面正常输料。要合理增加喷射机的风压，必须解决输料管的风压消耗问题。

（2）管路堵塞　远距离管路输料比较容易堵管。堵管一般发生在出料弯管、输料管和喷枪口三处。造成堵管的主要原因有：材料筛选不严，有杂物或块状物混入拌合料中；砂、石含水率过大；喷射作业结束后罐体未曾清洗；橡胶软管内壁磨损后，离层卷起，造成输料不畅；喷射机工作风压过低或风量不足等。堵管后应首先检查易堵部位，这样可尽快排除故障。为了及早、正确地发现堵塞部位，可在管路上每隔50m左右设一压力表，自上而下检查。若某段的相应压力表指示异常（一个压力为零，另一个不为零），则证明该段管路堵塞，此时应采取措施，及时排除。

为减少和防止堵管事故，必须加强技术练兵，密切信号联系，提高管路质量，同时喷射机司机要集中精力，观察压力表的变化情况，发现异常（压力突然升高），应立即停止供料、供风，以免堵管事故扩大，增加排除故障的难度。

（3）输料管的磨损　随着输料距离的加长和输料量的增加，输料管的磨损加大，并可能发生管壁击穿现象。输料距离越长，磨损问题越严重，其中弯头处和管路连接质量较差处较为突出，尤其是高压胶管磨损更严重。因此，应采取如下措施：适当加大管径，或者选用耐压、耐磨的硬质塑料管；采用快速接头，使管道平直并与斜井倾角一致；在弯头处采取补强的办法，如加焊钢板，在高压胶管与钢管的连接处加设缓冲器，可使高压胶管寿命延长。

9.2.5 施工安全措施

由上向下施工的斜井、斜巷中最重要的安全问题就是防止跑车事故。为了确保安全，除加强信号和通信联系外，还必须在井口和井中设置安全挡车器，以防跑车和提升容器冲入井底伤人。

1. 井口挡车器

井口挡车器是为防止因摘钩不慎而使提升容器滑入井内而设置在井口的安全装置。现场常用井口逆止阻车器。它由两根等长的弯轨焊在一根横轴上，再用轴承将横轴固定在轨道下专设的道心槽内而成。由于弯轨尾部带有配重，平时保持水平，而头部则抬起高出轨面，挡住矿车的轮轴而防止跑车。当需下放矿车时，踩住踏板，使弯轨头部低于轨面；矿车通过后，松开踏板，弯轨借自重又自动复位。这种挡车器结构简单，使用方便，易于管理，安全可靠，应用较多。

2. 井内挡车器

为防止提升容器因断绳或者井口阻车器使用失误而发生跑车事故，在工作面上方不太远处还应设置井内挡车器。井内挡车器形式有多种，其中常用的有钢丝绳挡车圈、型钢挡车门和钢丝绳挡车帘等。

（1）钢丝绳挡车圈　用直径为 25～32mm 的废旧钢丝绳从斜井轨道底下穿过，在轨道上方围成绳环，其直径大小以能顺利通过提升容器为准。提升时，提升容器下放至绳环之前，由信号工拉起绳环，使其通过；当提升容器上提通过绳环后，再松开牵引绳，使绳环沿斜井倾向回到原处。钢丝绳圈的顶端应高出轨面 600～700mm。一旦发生跑车，钢丝绳圈就会将提升容器兜住，不致发生伤人事故。图 9-3 所示为钢丝绳挡车圈挡车示意图。

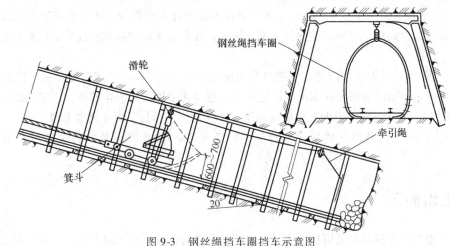

图 9-3　钢丝绳挡车圈挡车示意图

（2）型钢挡车门　用型钢或旧钢轨做成门式挡车框，两根坑木作立柱形成门框。型钢挡车门的立柱具有一定的倾角，使挡车框借自重关闭。提升容器通过时，由信号工拉动牵引绳，使挡车框开启让矿车通过。斜井角度较大时，为确保安全，可在型钢挡车门两面铺上钢丝网以防浮石及杂物滚落到工作面。型钢挡车门如图 9-4 所示。

（3）钢丝绳挡车帘　用两根直径 150mm 的钢管作立柱，并用钢丝绳和直径为 25mm 圆钢编成帘形。钢丝绳挡车帘吸取了上述两种挡车器的优点，具有刚中带柔的特点。用手拉悬吊绳，将帘上提，可使提升容器通过；松开悬吊绳，帘子下落而起挡车作用。钢丝绳挡车帘如图 9-5 所示。

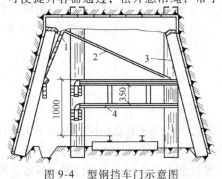

图 9-4　型钢挡车门示意图
1—滑轮　2—牵引绳　3—加固立柱　4—型钢挡车框

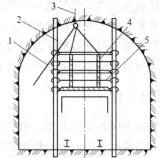

图 9-5　钢丝绳挡车帘示意图
1—悬吊绳　2—立柱　3—吊环　4—钢丝绳编网　5—圆钢

9.2.6 其他

1）斜井防排水与治水工作。斜井施工的水患治理主要有防、排、堵三类措施。预防措施主要有：井口明槽开挖应尽量避开雨季；井门上方山坡应设置防洪沟或防洪墙，避免山上的水流至井口内；井口地面要设置排水沟，及时将井口附近的水排走，以防流入或渗入井内。暗斜井或斜巷要防止上部平巷水沟漏水，应用混凝土或陶管将上部水沟密封起来。如遇含水量大的地层，应采用工作面预注浆进行堵水。井筒的一侧应设置水沟，将井筒内的涌水引至井底或中间转水站排出。井筒内的涌水一般需用排水设备进行排水。

2）掘进测量方法与水平巷道相同，每一循环进尺应用坡度尺放线控制井身坡度；每隔 20～30m 应用仪器复核中线、水平，保证井身位置正确。斜井施工仍应推广使用激光指向仪。断面较大时可采用多台激光仪。

3）通风多采用局部扇风机压入式通风。

4）工业电视监控。在井下、井口、箕斗卸载栈桥等处安设摄像探头，在调度室、绞车房等处安装电视，以使调度室可随时掌握井下工作情况，绞车司机可准确把握提升全过程，缩短卸载时间。

5）轨道铺设要采取防滑措施。一般当井筒倾角大于 15°时就应考虑防滑措施。防止轨道下滑的方法有固定钢轨法和固定枕木法。固定枕木法是将枕木埋入底板沟槽内；固定轨道法是沿井筒底板每隔 30～50m 砌筑一道混凝土防滑底梁，用其将枕木挡住，阻止轨道下滑。

6）为方便行走，井筒一侧应设置台阶，宽度为 70cm。井筒倾角较大时还可在墙部加设扶手。

9.3 上山施工

地下工程中，有很多可采用自下向上施工倾斜巷道的情况。自下向上施工又叫上山施工。由下向上施工斜巷，装岩、运输比较方便，不需要排水，没有跑车的威胁，但通风相对比较困难。因此，对于有瓦斯涌出的斜巷，通常采用自上而下施工。

9.3.1 钻眼爆破工作

倾斜向上施工采用爆破法破岩时，有两点需要注意：第一，底板有呈水平的趋势（即所谓漂底），若不随时测量纠正，就不能保证设计的倾斜角度；第二，爆破时岩石抛掷出来，很容易打到棚式支架的顶梁上，造成棚子崩倒。为此多采用底部掏槽方式，距底板 1m 左右。掏槽眼数目视岩石硬度而定。如沿煤层或页岩层掘进，采用三星掏槽方式即可。其中下边两个炮眼的角度及深度一定要掌握好。当岩石较硬时，底眼适当下插，一般插入底板 200mm 左右，并要多装药。上边的一个掏槽眼应沿巷道轴线方向稍向下倾斜一些。

在斜巷中同样要采用光面爆破，其要求与平巷相同。

9.3.2 通风工作

在普通的地下倾斜巷道采用上山施工时，通风工作的要求与水平巷道相同。但由于工作面钻眼、装岩、喷射混凝土等产生的粉尘多集中于工作面附近，新鲜风流冲洗工作面后向下流动，增加了通风的难度，故应采用压入式通风，且宜适当加大通风能力。另外，还要特别注意维护好通风设施，保证工作面具有足够的风量。

倾斜巷道施工时，每向上掘进 75～100m，应设避炮洞。在有多条斜巷并列时，如矿井中的采区上山巷道，一般应采用双巷同时掘进，并每隔 20～50m 开一条联络巷，以利通风，同时还可利用这些联络巷作为避炮洞。如果是单巷掘进，要加大通风能力、提高通风效果，可采用双通风机、双风筒（管）压入式通风。

在煤矿或含有瓦斯的其他地下工程中上山掘进时，由于瓦斯比空气轻，容易积聚在工作面附近，所以通风工作尤为重要。应注意加强工作面通风和瓦斯检查，严格执行煤矿安全规程等有关规定，安全设施要齐全、运转正常。使用局部扇风机通风时，无论工作期间或交接班时，都不准停风。如因检修、停电等原因不得不停风时，全体人员必须撤出，切断电源，待恢复通风并检查瓦斯后，才能进入工作面。

在有瓦斯突出和有瓦斯喷出的煤（岩）层中，禁止由下向上掘进。

9.3.3　装岩与排矸

上山掘进时，由于爆破下来的岩石能借助自重下滑，所以装岩和排矸比较容易。上山掘进时应尽量使用机械装岩。在巷道倾角小于 10°时，可采用与平巷类似的装岩设备，如铲车、履带式装岩机、轨轮式装岩机等，在煤矿可用装煤机配合链板机运矸。

上山掘进时的排矸方式与上山倾角大小有关，当倾角大于 35°时，矸石可沿巷道底板靠自重下滑。因此，可采用人工装岩，并与链板机或溜槽配合使用，倾角为 25°～35°时可用铁溜槽，14°～35°时可以采用搪瓷溜槽。

利用溜槽运输不仅比链板机方便，且生产能力也大得多。但需要在巷道一侧设置挡板，防止煤、矸飞起伤人，并在巷道下口设置临时储矸仓，以便装车。上述运输方法粉尘较大，人工装载工作量也较繁重。

在巷道倾角小于 35°时，多采用耙斗式装载机装岩。耙斗装载机在上山掘进中的下滑问题比下山或斜井掘进时更为突出（增加了爆破冲击力产生的下滑力）。除耙斗装载机自身的 4 个卡轨器外，还必须增添防滑加固装置，它是在耙斗装载机后立柱上装两个可以转动的防滑斜撑。斜撑一般用 18kg/m 钢轨制成，长度为 0.8～1.2m，下部做成锐角形，上部在轨腰钻孔，用销子将其与耙斗装载机后立柱连接。斜撑插入底板，为使其防滑效果更好，可在斜撑的下部放 2～3 根枕木阻挡。斜撑下部也可不做成尖状，而用卡轨器与轨道相连。

为了防止爆破岩石砸坏耙斗装载机和尽量减少爆破冲击力产生的下滑力影响，耙斗装载机安设位置距上山掘进工作面最近距离应不小于 8m。随着掘进工作面向上推进，耙斗装载机每隔20～30m 需向上移动一次。移动时，可以利用提升机车向上牵引。若上山倾角大，可用提升绞车和耙斗装载机的绞车联合作业，同时向上牵引。移动耙斗装载机时，上方导向轮必须固定牢固，下方严禁有人。

为了提高耙斗装载机的装岩生产率，耙斗装载机应与输送机或溜槽配套使用，这时在耙斗装载机卸载部位需要另加一个斜溜槽。

9.3.4　提升运输工作

沿倾斜由下向上施工时，施工设备、工具及支护材料要运上去，而斜巷的长度往往又较长，倾斜角度也各不相同。为此，要选择比较合理的提升、运输方式，以保证快速安全地施工。

若斜巷长度不大，采用链板运输的方法，利用链板机往工作面运送材料。此时，可特制一个在链板机溜槽边沿上行走的专用小车。小车的钢丝绳通过滑轮挂在运输机机尾处链板上，开动运输机就将小车拉至工作面。小车的钢丝绳如直接挂在运输机链子上，就将小车拉向上山下口。

在上山掘进中，向工作面运送材料，如是单巷掘进，既要铺设链板输送机，又要铺设轨道。若是双巷掘进时，如甲巷铺设链板机，则乙巷可铺设轨道，用矿车向工作面运送材料。这时，甲巷所需的材料可通过联络巷搬运过去，乙巷的矸、煤可直接装矿车下运，也可由铺设在联络巷内的链板机转运到甲巷的链板机上，集中往下运。

凡是倾角小于30°的上山，均可用矿车提升材料或运矸。提升用小绞车的选型应根据上山斜长、绞车滚筒容绳量决定。小绞车可设在上山与平巷接口处一侧的巷道内，并偏离轨道中心线，以保证安全。这里必须注意将工作面附近的滑轮安设牢固，以防发生跑车事故。如果斜巷长度超过提升绞车缠绳量时，则需随着上山掘进工作面的推移，不断向上山中开凿的躲避洞内增设提升绞车，分段提升。

在上山掘进中，由于用矿车提升运输是依靠工作面附近安设的倒滑轮（回头轮）反向牵引实现的，所以，倒滑轮必须安设简便而牢固。一般上山倾角小，用1t矿车提升时，倒滑轮通常固定在耙斗装载机机架尾部；当上山倾角大或用3t矿车提升时，为减小耙斗机的下滑力，通常在耙斗装载机簸箕口下安装一个地滑轮，同时在其下方2~2.5m处的侧墙上打锚杆装导向轮。若底板岩石稳固，可用2~3根底板锚杆将倒滑轮固定。

9.3.5 支护工作

在倾斜巷道中，由于顶板岩石受重力的作用，有沿倾斜向下滑移的趋势，因此，在采用棚架式支护时，棚腿要向倾斜上方与顶、底板垂直线呈一夹角，这个夹角称为迎山角，其数值取决于巷道的倾角及围岩的性质。当巷道倾角小于40°~45°时，一般每倾斜6°~8°，便应具有1°迎山角。为了防止放炮崩倒棚子，除改进爆破技术外，对支架还应进行加固，提高其整体稳定性和支护能力。一般在支架之间设拉杆及撑木。若上山倾角大于或等于45°，为了防止底板岩石下滑，尚需设底梁，这时支架就变成一个封闭的框式结构。

随着锚喷支护的推广，上山掘进中锚喷支护日益增多。锚喷支护施工工艺与平巷、斜井（下山）施工基本相同，锚杆垂直上山顶板与侧帮，喷射混凝土永久支护可滞后掘进工作面一段距离与掘进平行作业。掘支单行作业时，可视岩石性质、供料情况和喷射机能力，确定合适的喷射段距，一般以在一个班内完成的距离为准。混凝土喷射机根据输送距离，可置于斜巷下口与平巷接口处，或与斜巷相连的岔巷或联络巷中。

习 题

9-1 明槽支护有哪些方法？

9-2 简述斜井井筒表土施工方法。

9-3 简述斜井表土掘砌特点。

9-4 简述斜井基岩施工特点。

9-5 试分析斜井提升容器的种类和特点。

9-6 画图说明立井施工防跑车装置的种类。

9-7 简述上山施工的主要特点。

第4部分

特殊地层施工技术

第10章 冻结法施工技术

10.1 冻结法施工原理

冻结法是在地下工程开挖之前，先在欲开挖地下工程周围打一定数量的钻孔，孔内安装冻结器，然后利用人工制冷技术对地层进行冻结，使地层中的水结成冰、天然岩土变成冻结岩土，在地下工程周围形成一个封闭的不透水的帐幕——冻结壁，用以抵抗地压、水压，隔绝地下水与地下工程之间的联系，然后在其保护下进行掘砌施工。其实质是利用人工制冷临时改变岩土性质以固结地层。立井井筒冻结法施工如图 10-1 所示。

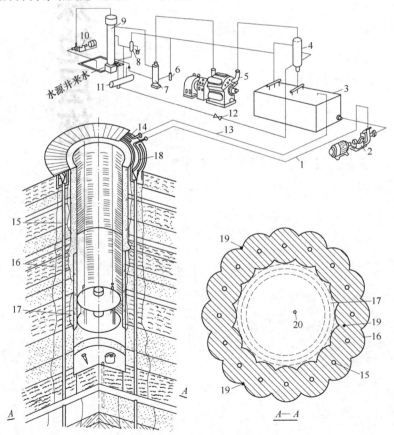

图 10-1　立井井筒冻结法施工示意图

1—去路盐水干管　2—盐水泵　3—蒸发器（盐水箱）　4—氨液分离器　5—氨压缩机　6—集油器　7—油氨分离器
8—空气分离器　9—冷凝器　10—冷却水泵　11—贮氨器　12—节流阀　13—回路盐水干管　14—集液圈
15—冻结器（内有供液管）　16—冻结壁　17—井壁　18—配液圈　19—测温孔　20—水位观察孔

10.1.1　冻结法三大循环

形成冻结壁是冻结法的中心环节。冻结壁的形成依赖于冻结系统的三大循环：氨循环、盐水循环和冷却水循环。

1. 氨循环

工程中一般用氨作为制冷剂。吸收了地层热量的盐水返回到盐水箱，在盐水箱内将热量传递给蒸发器中的液氨（蒸发器中氨的蒸发温度比周围盐水温度低 $5 \sim 7℃$），使液氨变为饱和氨蒸气，再被氨压缩机压缩成高温高压的过热氨蒸气；过热氨蒸气进入冷凝器等压冷却，将地热和压缩机产生的热量传递给冷却水。冷却后的高压常温液氨，经储氨器、节流阀变为低压液态氨；低压液态氨进入盐水箱中的蒸发器进行蒸发，吸收周围盐水之热量，又变为饱和氨蒸气。如此周而复始，构成氨循环。

2. 盐水循环

盐水循环在制冷过程中起着冷量传递作用，以泵为动力驱动盐水进行循环。循环系统由盐水箱、盐水泵、去路盐水干管、配液圈、供液管、冻结管、回液管、集液圈及回路盐水干管组成，其中供液管、冻结管、回液管组合称为冻结器。低温盐水（ $-35 \sim -25℃$ ）在冻结器中流动，吸收其周围地层的热量，形成冻结圆柱；冻结圆柱逐渐扩大并连接成封闭的冻结壁，直至达到其设计厚度和强度。通常将冻结壁扩展到设计厚度所需要的时间称为积极冻结期，而将维护冻结壁的时间称为消极冻结期。积极冻结期，冻结器进出口温差一般为 $3 \sim 7℃$ ；消极冻结期，其进出口温差为 $1 \sim 3℃$ 。

3. 冷却水循环

冷却水循环在制冷过程中的作用是将压缩机排出的过热氨蒸气冷却成液态氨，以及对压缩机自身进行冷却。冷却水循环以水泵为动力，通过冷凝器进行热交换。冷却水把氨蒸气中的热量释放给大气。冷却水温度越低，制冷系数就越高。冷却水温度一般较氨的冷凝温度低 $5 \sim 10℃$ 。冷却水循环系统由水泵、冷却塔、冷却水池以及管路组成。

由以上所述可知，人工冻结的基本原理是低温盐水吸取地层的热量，在盐水箱内进行热交换，把热量传给氨，氨经压缩机做功后，在冷凝器中把这部分热量传给冷却水，冷却水再把热量散发到大气中去。通过上述三大循环，三次热交换，便可使地层冻结。

10.1.2　冻土的物理力学性质

随着冻结深度的增加，井筒直径的增大，对冻结壁强度的要求越来越高。在冻结法设计与施工过程中，土压力的估算、冻土强度和厚度的计算，以及永久井壁的设计等问题，都与冻土的物理力学性质和岩土在冻结中出现的物理力学现象有直接的关系。

1. 冻土的形成

当温度降到结冰温度（一般为 $0℃$ ）或更低时，岩土冻结并胶结了固体颗粒，形成冻土。冻土可分为天然冻土和人工冻土。通过冻结形成的冻土就是人工冻土。

（1）地下水对冻土形成的影响　冻土形成的过程，实质上是岩土中的水结冰胶结，充塞岩土颗粒间空隙的过程。由于岩土颗粒表面均带负电荷，当极性水分子与之接触时，便自动地整齐排列起来。如图 10-2a 所示，紧靠颗粒表面的一层，受强静电引力最大的称为强结合水，其厚度仅有十几个分子厚，密度为 $1.2 \sim 2.4 g/cm^3$ ，最低冰点为 $-78℃$ ，占总含水总量的 $0.2\% \sim 2\%$ ；距岩土颗粒表面稍远的称为弱结合水，其厚度较强结合水大，密度大于 1，冰点一般为 $-30 \sim -20℃$ ；再远为毛细水和重力水。强结合水和弱结合水构成结合水，形成岩土颗粒表面的水化膜，不受重力影响,有厚膜向薄膜移动的倾向(图10-2b)。毛细水虽不受重力影响,但与重力水有大致相近的冰点,一般在 $-4 \sim 0\,℃$,毛细水和重力水构成自由水。

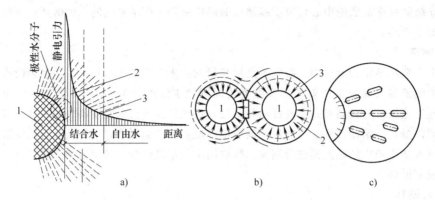

图 10-2 岩土颗粒表面与极性水分子的相互作用
a)静电引力随离开颗粒距离的变化 b)水化膜由厚向薄方向迁移 c)极性水分子
1—岩土颗粒 2—强结合水 3—弱结合水

综上所述,由于岩土中存在着强结合水、弱结合水、毛细水和重力水,其冰点各不相同,所以冻土中始终存在着未冻水的成分,其含量与冻土温度和冻土的类型有关,如冻砾石土、砂土、黏土中未冻水含量各不相同。

在黏土中,结合水含量较重力水多,而在砂土中则主要为重力水,只有少量的毛细水。当黏土和砂土处于相同的冻结温度时,黏土中未冻结水含量较砂土中多,砂土中的重力水几乎全部冻结成为冰晶体,而黏土中的结合水仍然未冻结。由于黏土中未冻水的存在,大大影响冻土的物理力学性质。冻土中未冻水含量越高,颗粒间的黏结力也就越低,相应的强度和稳定性也越差。

(2)岩土中水的冻结过程 大致分为五个阶段:

1)冷却段。岩土逐渐降温至水的结冰温度(冰点)。

2)过冷段。岩土体继续降温至水的冰点以下,自由水仍不结冰,呈现过冷现象。

3)突变段。部分水结冰放出结冰潜热,使温度升高至接近冰点。

4)冻结段。湿岩土温度升到接近冰点温度并稳定,岩土中水逐渐放出结冰潜热而结冰,逐渐形成冻土。

5)冻土降温段。冻土温度继续下降,冻土强度逐渐增大。这是冻土中水结冰边缘向外扩展,或岩土全部冻结后继续吸收冷量而降温的过程。

开始结冰的温度称为起始冻结温度,其值主要取决于岩土的性质及岩土中地下水的含盐量多少。自由水含量丰富的砂层、砾石层,起始冻结温度可视为 $0\,℃$。粉质黏土和黏土约为 $-4 \sim -0.2\,℃$。

在冻土形成过程中,水的过冷现象是在特定条件下发生的,即在水达到结冰温度且全部水未结冰之前,无结冰冰晶或晶点生成,无振动的影响。如果有振动或产生结冰晶点,水立即进入冻结阶段,则不会发生过冷现象,或过冷现象不明显。

在冻土形成过程中,除过冷或潜热释放外,还有水分迁移现象。所谓水分迁移,是指融土中之水分向冻土峰面转移,使峰面上的水分增多。水结冰时,其体积约增大9%。事实证明,水分向冻结峰面迁移及其后冻结的结果,可使岩土体积增大达百分之几十甚至百分之几百,当这种体积膨胀足以引起颗粒间的相对位移时,就形成冻土的膨胀,使冻土的冻胀力(弹性能)也相应增加。水分迁移强烈的黏土层较砂土存储的冻胀弹性能大,加之冻结土中未冻水含量大,强度低,更增加了冻黏土的流变性。

2. 冻土的热学参数

冻土是由土颗粒、冰、未冻水及气体组成的四相体。因冰的导热系数 $[\lambda_i = 2.3 W/(m \cdot K)]$ 约为水 $[\lambda_w = 0.5815 W/(m \cdot K)]$ 的 4 倍，冰的热容量约为水的 1/2，这就决定了冻土与融土的热物理性质有很大差别。冻土中的含冰量越大，其物理性能的差别也越显著。

描述冻土物理性能的主要指标有质量热容与体积热容、热导率、热扩散率、结冰温度和热容量。

（1）质量热容与体积热容

1）质量热容。使 1kg 冻土温度改变 1K 时所需吸收（或放出）的热量。当略去冻土的气相物质时，冻土的质量比热容可按其物质成分的比热容加权平均来计算。

2）体积热容。单位体积的冻土温度变化 1K 所需吸收（或放出）的热量。

（2）热导率 当温度梯度为 1K/m 时，单位时间内通过单位面积的热量称为热导率 λ，其单位为 $W/(m \cdot K)$，它是反映冻土传热难易的指标。

冻土的热导率受土性、含水量和温度变化的影响。当土性相同时，含水量越大，λ 值也越大，冻土较融土热导率大 30% 左右。工程中常采用平均热导率。

试验结果表明，热导率与导热体所受外界压力无关，这是人工冻结工程测温孔在浅部测得的数据可应用于深部同类岩土的依据。

（3）热扩散率 这是传热过程中的热惯性指标中温度变化速度的参数。冻土的热扩散率随含水量的增加而增加，但达到一定含水量以后趋于平稳。

（4）结冰温度 湿岩土中水由液态转变为固态的相变温度称为结冰温度（或冰点）。

（5）热容量 单位体积湿岩土从原始温度降到某一指定温度时放出的总热量（或吸收的冷量）称为冻土的热容量 Q。

3. 冻土的力学性质

（1）冻土强度 冻土属于流变体。冻土强度（包括抗压强度和抗剪强度）是由冰和岩土颗粒胶结后形成的黏结力和内摩擦力所组成，与冻土的生成环境和过程、外载大小和特征、温度、岩土的含水率、含盐量、岩土性质和岩土颗粒组成等因素有关。其中，温度、岩土性质、生成环境和荷载过程是影响冻土强度的主要因素。影响冻土的抗压强度和抗剪强度的因素相同，仅在程度上有所区别，主要影响如下：

1）温度与强度的关系。试验表明，冻土抗压强度随冻土温度的降低而增大。随着温度降低，岩土中水结冰量增大，冰的强度和岩土胶结能力增强。目前，关于冻土强度的研究仍以试块试验研究为主，而且以无围压的单轴试验为多。国内外学者认为，在一定温度范围内冻土抗压强度与负温绝对值呈线性关系。

2）含水量对冻土强度的影响。实验研究证明，岩土中的含水量是影响冻土强度的主要因素之一。当岩土中含水量未达饱和之前，冻土抗压强度随含水量增大而提高；当含水量达到饱和后，随着含水量增加冻土抗压强度反而会降低。

3）岩土的颗粒组成与冻土强度的关系。岩土颗粒成分和大小是影响冻土强度的重要因素。在其他条件相同时，粗颗粒越多，冻土抗压强度越高；反之就低。这是由于岩土中所含结合水的差异造成的。例如，粗砂、砂砾和砾石等粗颗粒岩土的结合水含量很少，重力水含量大，形成冻土后几乎无未冻水，因而胶结强度大，冻土抗压强度高；反之，黏性土颗粒细、总表面积大，含有大量吸附水和薄膜水，而吸附水一般不冻结，仅有少量毛细水冻结，故黏性土冻土中的未冻水含量高，冻土抗压强度就低。

（2）冻土的流变性 由于冻土中冰和未冻水的存在，冻土具有明显的流变特征。流变性就是在恒载作用下，其变形随时间而增大的特性。

10.1.3 两级压缩制冷

当需冻结的地层量不是很大时，需要的制冷量比较小，制冷的温度较低，可使用一级压缩制冷系统，一级压缩的经济蒸发温度只能达到 −25℃。如果冻结工程量比较大，需要温度更低的盐水时，则需使用两级压缩制冷系统。一般矿山工程施工均需要采用两级压缩制冷。

两级压缩与一级压缩的主要区别是在高压机和低压机之间增加了一个中间冷却器，其他基本相同。中间冷却器的作用是冷却低压机排出的过热氨蒸气，使之变成具有中间压力（即中间温度）的饱和氨蒸气，以利于高压机吸收。同时，中间冷却器还有过冷液态氨的作用，提高制冷效率。

两级压缩的制冷原理是：从蒸发器中出来的饱和氨蒸气，经低压机压缩变为过热蒸气状态，经中间冷却器冷却变为饱和蒸气状态，再经高压机压缩变为过热蒸气状态进入冷凝器冷却，使之变为液态氨进入储氨器；从储氨器中出来的液态氨分成两路进入中间冷却器，一路经节流阀 1 减压，变成湿蒸气状态流入中间冷却器，与低压机排出的过热蒸气进行热交换，变为饱和氨蒸气；另一路则进入中间冷却器中的蛇形管过冷，变为过冷氨蒸气，再经节流阀 2 到蒸发器，变为湿蒸气状态进行等压蒸发，变为饱和蒸气状态，完成两级压缩制冷循环过程。两级压缩制冷循环过程如图 10-3 所示。

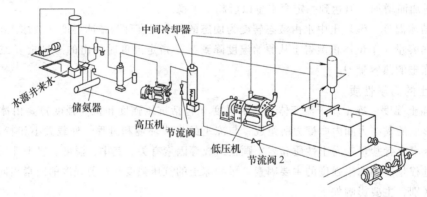

图 10-3　两级压缩制冷循环过程示意图

10.2　冻结方案

正确选择冻结方案是冻结设计中必须首先解决的问题。冻结方案不仅关系到冻结速度、技术经济效果，而且关系到工程的成败。应全面分析地下工程所穿过的工程地质和水文地质情况，同时考虑到制冷设备和施工队伍的技术管理水平，确定冻结深度、冻结时期、冻结范围等，以取得最佳的技术经济效果为原则。

10.2.1　一次冻全深方案

一次冻全深方案是集中在一段时间内将冻结孔全深一次冻好，然后掘砌地下工程的方法。这种方案应用广泛，适应性强，能通过多层含水层。其不足之处是当浅部冻结壁达到设计值时，深部冻井壁已冻入荒径内，导致岩土开挖困难。该方案要求制冷能力大。

一次冻全深方案除常用单圈（排）同径布置冻结管外，还有多圈（排）管冻结方案和异径管冻结方案。

如果要求冻结壁厚度较大、冻土平均温度低时，可选取双圈（排）或三圈（排）冻结管方案。为了加快冻结壁的形成，改善下部冻结段的施工情况，可采用异径管冻结方案，即上部直径大而下部直径小的异径冻结管进行冻结。这样可用不同传热面积来调整上下冷量的输出，保证上部及时冻结以便提前开挖，同时又能使下部冻结壁不至于冻得太厚。

10.2.2　分段（期）冻结方案

当一次冻结深度很大时，特别是矿山立井冻结，为了避免使用过多的制冷设备，可将全深分为数段，从上而下依次冻结，即分段冻结，又称为分期冻结。

分段冻结一般分为上下两段，先冻上段，后冻下段，即待上段转入维护冻结时，再冻下段。上段掘砌完毕后，下段再转入维护冻结。分段冻结要求在分段处一定要有较厚的隔水层（黏土层）搭接。分段尽量要均匀，使每段供冷均衡。实施分段冻结时，冻结管内需布置长、短两根供液管，冻结上部时，关闭长管阀门，由短管输送低温盐水；冻结下部时则相反，关闭短管阀门，开启长管阀门，由长管输送低温盐水，这样即可实现分段冻结的目的。

10.2.3　长短管冻结方案

长短管冻结又叫差异冻结，即冻结管分长、短管间隔布置，长管进入不透水层 5 ~ 10m，短管则进入风化带或裂隙岩层 5m 以上。这样下部孔距比上部大一倍，因而上部供冷量比下部供冷量大一倍。上部冻结壁形成很快，有利于早日进行上部掘砌工作。待上部掘砌完后，下部恰好冻好。因深部积极冻结和浅部掘砌工作平行，可避免深部地下工程冻实，减少冷量消耗，有利于提高掘砌速度，降低凿井成本。

长短管冻结方案适用于岩土层很厚（200m 以上）而需要较长时间冻结的情况，或浅部和深部需要冻结的含水层相隔较远、中间有较厚的隔水层的情况（图 10-4a），或者表土层下部有较厚且含水丰富的风化基岩或裂隙岩层的情况（图 10-4b），这样可避免在表土冻结后再用注浆法处理基岩段的涌水问题。

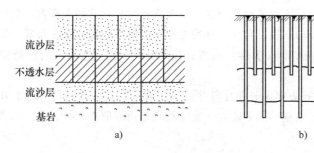

图 10-4　长短管冻结示意图

a）含水层相隔较远　b）冲积层下有含水岩层

10.2.4　局部冻结方案

当冻结段上部或中部有较厚的黏土层，而下部或两头需要冻结时；或者上部已掘砌，下部因冻结深度不够或其他原因，出现涌水事故时；或在采用普通法、插板法或沉井法施工而局部地段突然涌水冒砂、冻结设备不足或冷却水源不够时，均可采用局部冻结方案。实施局部冻结主要是改变冻结器的结构。常用的冻结器结构如图 10-5 所示。

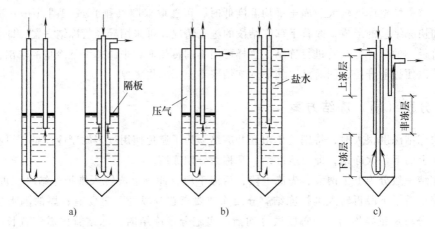

图 10-5　局部冻结方案（常用冻结器结构）
a）隔板式　b）压气或盐水隔离式　c）隔段式

图 10-5a、b 均可用于下部冻结而上部不冻结的情况，交界面可设隔板；如果不设隔板，可在上部充入压缩空气或灌入不流动的盐水。上下冻结、中间不冻结时可用图 10-5c 所示的冻结器。局部冻结器的结构比一次冻结器的结构稍复杂一些，但从综合冻结成本看，它比较经济合理。

10.3　钻孔布置

冻结法施工所需钻孔按用途分为三种：冻结孔、水位观测孔和测温孔。

1. 冻结孔

冻结孔一般靠近地下工程的边缘布置。封闭式冻结时，布置在待挖工程的四周；挡墙式冻结时，则在待挖工程的一侧或一端呈线性布置（如盾构的进、出洞洞口）。

冻结孔的布置形式因待冻结工程的形式而异。按布置形状分，有圆形布置、矩形布置、椭圆布置、不规则布置等；按钻孔的钻进方向分，有垂直布置、倾斜布置和水平布置；按钻孔的排列方式分，有单圈（排）布置、多圈（多排）布置；按钻孔的钻进角度分，有平行布置、放射状布置和扇形布置等。

1）圆形立井冻结时，钻孔方向为竖向且与井筒呈同心圆布置，其圈径大小由井筒直径、冻结深度、钻孔允许偏斜率和冻结壁厚度来确定。冻结孔间距通常取 0.9 ~ 1.3m，冻结孔的布置圈径可按式（10-1）计算

$$D_d = D_j + 2(\eta E + eH) \tag{10-1}$$

式中　D_d——冻结孔单圈布置圈径（m）；

　　　D_j——掘进半径（m），

　　　η——冻结壁内侧扩展系数，0.55 ~ 0.60；

　　　E——冻结壁厚度（m）；

　　　H——冻结深度（m）；

　　　e——冻结孔允许偏斜率，一般要求小于 0.3%。

冻结孔布置圈径确定后，就可根据冻结孔间距确定冻结孔的数目。

当冻结深度较大、冻结壁较厚、布置一圈冻结孔难以满足要求时，需布置多圈孔。

2）斜井冻结时，冻结孔的布置方式有斜孔、垂直孔和立斜孔混合三种。斜孔布置与立井类似，沿斜井周边打斜孔，穿过含水层，进入斜井底板隔水层 10m 以上；垂直孔布置是在地面沿斜井掘进方向，在斜井周边打垂直孔，穿过斜井底板隔水层；立斜孔混合布置是在斜井顶板范围内钻垂直孔，侧帮和底板布置斜孔。

3）水平巷道或隧道工程冻结时，钻孔可根据需要在掘进工作面布置，钻孔布置在待掘工程周围，钻孔方向与地下巷道轴线平行或呈放射状钻进。这种冻结又称为水平冻结。水平冻结已在上海、广州、深圳等城市的地铁区间隧道及旁通道施工中得到应用。

2. 水位观测孔

为了掌握冻结壁交圈时间，合理确定开挖时间，需要在冻结区域内布置水位观测孔。立井冻结时，水位观测孔一般在距井筒中心 1m 远的位置，以不影响掘进时井筒测量为宜。孔数为 1 个，其深度应穿过所有含水层，但不应大于冻结深度或超出井筒。水位观测孔的作用是：当冻结圆柱交圈后，井筒周围便形成一个封闭的冻结圆筒，由于水变成冰后体积膨胀，使水位上升，以致溢出地面，故水位观测孔溢水是冻结圆柱交圈的重要标志。

3. 测温孔

为确定冻结壁的厚度和开挖时间，在冻结壁内必须打一定数量的测温孔，根据测温结果（冻结壁温度与时间的关系）分析判断冻结壁峰面（即零度等温线）的位置。测温孔一般布置在冻结壁外缘界面上，冻结孔数目根据需要而定，立井井筒一般为 3 ~ 4 个。

10.4 冻结法施工工艺参数

10.4.1 冻结深度

冻结深度主要取决于工程地质和水文地质条件。

1）冲积层下部基岩风化严重，并与冲积层有水力联系，涌水量大，这时应连同风化层一起冻结，且冻结孔要深入不透水基岩 5m 以上。

2）冲积层底部有较厚的隔水层，而基岩风化不严重、冲积层地下水未连通时，冻结孔深入弱风化层 10m 以上。

3）地下工程深度不大、穿入的基岩层不厚、风化带与冲积层地下水连通、涌水量又比较大时，可选用冻结全深。

10.4.2 冻结壁的厚度

冻结壁是凿井的临时支护结构物。其功能是隔绝井内外地下水的联系和抵抗水土压力，其厚度取决于地压大小和冻土强度。它也是评价应用冻结法经济合理性的基本参数。冻结壁厚度一般为 2 ~ 6m。

实际的冻结壁，从物理、力学性质方面看，是一个非均质、非各向同性、非线性体，随着地压的逐渐增大，由弹性体、黏弹性体向弹性塑性体过渡；从几何特征看，它是一个非轴对称的不等厚筒体。当盐水湿度和冻结管布置参数一定时，代表冻结壁强度和稳定性的综合指标是厚度，而反映冻结壁整体性能的综合指标是冻结壁的变形。冻结壁变形过大，会导致冻结管断裂、盐水漏失融化冻结壁，还会使外层井壁因受到过大的冻结壁变形压力而破裂。当掘砌工艺和参数、盐水温度和冻结管间距一定时，控制冻结壁的厚度是控制冻结壁变形的最主要手段。

10.4.3 冻结站制冷能力计算

冻结站应用于一个地下工程项目时，其实际制冷能力按下式计算

$$Q_0 = \lambda \pi d N_d H_d q \tag{10-2}$$

式中　Q_0——冻结一个地下工程项目时的实际制冷能力（kW）；

　　　λ——管路冷量损失系数，一般取 1.10 ~ 1.25；

　　　d——冻结管内径（mm）；

　　　N_d——冻结管数目；

　　　q——冻结管的吸热率，一般 $q = 0.26 ~ 0.29 \mathrm{kW/m^2}$；

　　　H_d——冻结管长度（m）；

一个冻结站服务于两个相近的、需同时冻结的工程时，如盾构隧道并列的进（或出）口、矿山的主副井等，一般将两个工程安排为先后开工，以错开积极冻结期，即第二个工程在先开工工程进入维护冻结期后才开始冻结。此时，总制冷能力按先开工工程所需制冷能力的 25% ~ 50% 与后开工工程所需制冷能力之和计算。

10.4.4 冻结时间计算

立井井筒或隧道呈封闭形冻结时，冻结时间的经验计算公式为

$$t_d = \frac{\eta_d E}{v_d} \tag{10-3}$$

式中　t_d——冻结时间（d）；

　　　E——冻结壁设计厚度（mm）；

　　　η_d——冻结壁向井筒或隧洞中心扩展系数，$\eta_d = 0.55 ~ 0.60$；

　　　v_d——冻结壁向井心扩展速度，根据现场经验，砾石层中 $v_d = 35 ~ 45 \mathrm{mm/d}$；砂层中 $v_d = 20 ~ 25 \mathrm{mm/d}$；黏土层中则为 $v_d = 10 ~ 16 \mathrm{mm/d}$。

开始冻结后，必须经常观察水位观测孔的水位变化。只有在水位孔冒水 7d，水量正常，确认冻结壁已交圈后，方可进行试挖。冻结和开凿过程中，要经常检查盐水温度和流量、井帮温度和位移，以及井帮和工作面渗漏盐水等情况。检查应有详细记录，发现异常，必须及时处理。掘进施工过程中，必须有防止冻结壁变形、片帮、掉石、断管等安全措施。只有在永久支护施工全部完成后，方可停止冻结。

10.5　冻结施工主要技术措施

在冻结凿井中，合理地确定冻结壁的整体强度和稳定性（也就是合理地控制冻结壁的变形），不仅能保证工程安全，还能带来可观的经济效益。冻结壁的允许变形除了受外载、土性、温度和厚度的影响外，还受冻结管变形能力和井壁支护抗力的影响。在人工冻结工程实践及实测中，发现冻结黏土强度低、变形大。因此在工程中须对深部特性最差的黏土层中冻结壁的允许变形进行控制，以保证工程的安全与获得良好的经济效益。具体措施有：

1. 强化冻结，提高冻结壁自身强度

对于有深部黏土层的情况，一般通过合理布置冻结孔、降低盐水温度和增大供冷量来提高冻结壁的自身强度。在此情况下，冻结过程分为积极冻结期——形成开挖条件；强化冻结期——冻深厚黏土使之可安全开挖；维护冻结期——维护已形成的冻结壁，保证掘砌所需冻结壁厚度、强

度等参数以满足安全、高效的施工要求。适当加大冻结孔布置圈径，一方面可以使冻结壁离开井帮远一些，以减小井帮位移对冻结管弯曲变形的影响，提高冻结管的安全性；另一方面因为在冻结时间较长的情况下，冻结壁向外扩展的最大厚度基本是一定的（一般在 4m 左右），冻结壁的有效厚度主要取决于冻结孔离开井帮的距离，并且冻结壁布置因内侧的冻结壁温度比外侧的要容易降低，所以可以显著增大冻结壁的有效厚度和降低冻结壁的平均温度。但加大冻结孔布置圈径会影响开挖时间，因此必须强化冻结供冷工艺。

当冻结深度较大时，强化冻结一般会将井心冻实。这样，在短段掘砌施工中，冻结壁在上、下端均受到较强的约束，底鼓和超前变形均大大减小甚至没有，冻结壁的变形主要决定于段高的大小与暴露时间。

强化冻结的实质，一是增加冻结壁的有效厚度和降低冻结壁的平均温度，提高冻结壁的整体强度；二是使冻土更多地扩展进入荒径，改善冻结壁下部的支承条件。

强化冻结的效果是：① 有可能使冻结壁处于弹黏性甚至弹性状态，减小其变形量，提高其稳定性；② 施工中的超挖与欠挖量均易控制在规定的范围内；③ 减小外层井壁受到的变形压力，避免外壁被压裂；④ 减小冻结管的变形；⑤ 增加冻结工期 1～2 月；⑥ 增加了掘进难度，一般需用钻眼爆破法施工，应注意工具、设备防冻。

2. 适时进行合理支护

（1）控制段高和井帮暴露时间　段高大时，冻结壁的变形大，但能给施工带来一定的方便。冻结壁是流变体，暴露时间越长，变形越大，因此应在保证冻结壁、井壁和冻结管安全的条件下，根据岩土特性、地压、冻结壁的强度、掘砌速度等因素合理确定段高，尽量减小冻结壁的暴露时间。

（2）采用合理的井壁结构和合适的井壁材料　冻结壁与井壁间的相互作用规律和巷道支护中支架与围岩间的相互作用规律相似。对于冻结壁的黏塑性变形，过早支护且支护无可缩性时，井壁受到的冻结压力过大，易被破坏；过晚支护，冻结壁变形过大，冻结管变形过大，易断管。我国目前常用现浇混凝土外壁，一般采用在混凝土中加早强剂和减水剂、提高混凝土的入模温度等方法来提高混凝土的早期强度和养护温度，并在外壁与冻结壁间铺泡沫塑料板来减缓冻结压力，并起隔热、隔水和保温作用。

（3）提高冻结管（接头）的变形能力　所有冻结管的抗弯刚度之和与冻结壁的抗弯刚度相比极小，冻结管的变形主要取决于冻结壁的变形，因此提高冻结管的强度与壁厚的作用并不明显。

目前冻结管断裂一般发生在接头部分（管体断开，管体螺纹纵向拉开，螺纹脱扣拉开，接头焊缝处断开）。接头的强度低于管体，接头部位存在因连接而产生的残余应力，而且接头部位有应力集中现象，因此管接头是冻结管的薄弱环节。研究表明，内衬管接头比外接箍冻结管接头的变形能力提高一倍，在冻结管产生严重塑性变形时才会破坏，而外箍接头在弹性变形阶段即破坏。另外采用低温塑性好的普通无缝钢管可使冻结管的整体变形能力提高，能满足冻结凿井需要。

（4）加强施工与冻结的配合　加强掘砌施工单位与冻结施工单位的配合，依据冻结情况决定掘砌速度，依据掘砌情况调整盐水温度和供冷量，保证掘进工作面处的冻结壁强度与稳定性能达到安全要求，同时又不浪费冷量。

（5）加强监测　监测去回路盐水流量、温度和盐水箱水位，能及时发现断管和盐水漏失，切断盐水供应，采取应急措施。

10.6 冻结井筒支护

10.6.1 冻结井壁外载

井壁的外载是设计井壁的主要依据之一。井壁的外载可分为两种：永久荷载和施工荷载。永久荷载有自重、永久地压、生产期间的温度应力、竖直附加力、水平附加力等；施工荷载有冻结压力、施工期间的温度应力等。

（1）自重　自重包括井壁、井筒装备和部分井塔的重量。

（2）永久地压　永久地压是指水与土体对井壁的侧向压力。

（3）温度应力　在冻结井筒施工期间，现浇混凝土井壁时，混凝土温度变化量可达 $40 \sim 50℃$；冻结壁解冻后，井壁温度升高，按回升至地层温度计，井壁的平均温度变化也在 $20 \sim 30℃$左右；在井筒生产期间，随着季节的变化，进风井风流温度可达 $20℃$左右，井壁的平均温度变化也在 $15℃$左右。这些温度的差异，必然会在井壁中引起自生温度应力和约束温度应力。温度应力是导致冻结法凿井壁混凝土产生裂缝的主要原因之一。对此，可采取的预防井壁开裂的措施有：用泡沫塑料板把混凝土与冻土隔开；在内、外壁间铺设塑料板、油毡等以减弱内、外层井壁间的约束；改外壁现浇混凝土为预制井壁等。

（4）竖直附加力　当地层向下的位移大于井壁的位移时，井壁外表面会受到向下的竖直附加力的作用；反之，则受到向上的竖直附加力的作用。在下述情况下产生竖直附加力：

1）冻结壁解冻，土层发生融沉时。当冻结壁解冻时，由于冰解冻成水体积减小9%，融土在自重的作用下固结下沉，在下沉过程中对井壁产生向下的竖直附加力。在冻结壁全部解冻并固结一段时间后，该竖直附加力将由于松弛作用而逐步减小。

2）表土含水层因疏水产生固结沉降时。通过弹性分析与模拟试验，对表土含水层排水时的井壁竖直附加力变化规律进行了研究，主要结论有以下几条：

① 附加力与疏排水层的固结压应变成正比，即附加力与疏排水层的压缩模量成反比，与疏排水层的水压降成正比；附加力是随着含水层线性降压而线性增加的，其数值不可忽视，它常使井壁发生破裂。当停止疏排水后，附加力也很快趋于稳定。

② 附加力随深度呈非线性的递增关系，越靠近疏排水层与上覆土层的交界面，附加力的值越大。附加轴向力是附加力的累积，随深度的增加而增加，在表土与基岩交界面处达最大值。

③ 附加力与疏排水层的厚度成正变关系，疏排水层越厚，附加力越大。

④ 附加力的大小与土层性质有关。在弹性状态下，附加力与土层的泊松比无关；附加力的大小与井壁、土层的弹性模量之比有很大关系，土体的弹性模量越大，附加力沿深度的增长率越大，而且附加力也越大。因此一般而言，在其他条件相同时，砂、黏土质砂、砂质黏土、黏土四种土层的附加力相比，砂的附加力大，黏土质砂的附加力次之，黏土的附加力最小。

⑤ 疏水层水位的突降会引起井壁附加力数值的突增，反之，井壁附加力的数值会减少。

3）井壁的竖向热胀冷缩受到土层约束时。

4）地表水向地下渗透时。

5）开采工业场地和井筒保护煤柱引起岩石和土层下沉时。

其中，情况1）、2）是导致近年来华东地区井壁破裂的主要原因，情况3）实际上是土层对井壁温度变形产生的约束力，情况 4）也叫水夯效应。

在多雨季节，地表的雨水向地下渗透，土层受到水流渗透力的作用而向下移动，对井壁也有向下的竖直附加力作用，但是地表水渗透的深度是有限的，故由水夯效应引起的竖直附加力的作用范围不大，危害较小，一般可以不考虑。

开采工业场地煤柱时，地层的沉陷不是轴对称的，因此引起的附加力在井壁的不同方向是不同的。由于开采引起的沉降量较大，如井壁结构不能适应地层的变形，井壁会受竖直附加力的作用而破坏。

（5）水平附加力　当井筒周围的岩土有相对于井筒的水平变形时，水平附加力的作用会产生横向弯曲应力及剪切应力。

（6）冻结压力　施工期间冻结壁作用于井壁的侧压力称为冻结压力。冻结压力是控制外壁厚度的关键荷载，它与永久地压、冻结壁的整体强度、冻结壁的允许变形量、掘进段高和段高暴露时间、土层性质、浇筑混凝土时迁移到冻土中的水量和井帮温度等因素有关。

冻结压力主要是冻结壁变形、壁后融土回冻时的冻胀变形、土层吸水膨胀变形和壁后冻土的温度变形这四者对井壁作用的结果。在其他条件相同时，随着深度的增大，永久地压增大，则冻结壁的变形有可能从弹性变形到产生黏弹性变形、黏弹塑性变形。相应地，外层井壁受到的冻结壁的变形压力从零增长到最大值。冻结壁的变形压力同冻结壁的整体强度和温度、土性、几何尺寸、土层的冰点等因素有关，整体强度越大，冻结壁的变形越小，对井壁的压力也越小。进行外层井壁支护时，冻结壁允许变形越小，则冻结压力就越大。一般地说，黏性土（特别是含蒙脱石、伊利石和高岭石的黏性土）冻结压力大，而砂性土次之，砾石最小。同类土层，其他条件相同时，深度越大，冻结压力越大。浇筑混凝土时，受混凝土水化热的作用，壁后冻土会融化一定深度，从混凝土中迁移至融土中的水量越大，则融土回冻时产生的冻胀压力越大，冻结压力就越大。冻结压力随时间变化，沿掘进段高分布不均匀，并且在井壁的环向也分布不均。

10.6.2　井壁结构形式

我国自采用冻结法凿井以来，井壁结构不断得到了改进。至今，设计采用过的井壁结构形式主要有单层混凝土井壁、双层混凝土井壁、塑料夹层双层混凝土复合井壁以及德国式的砌块沥青钢板混凝土复合井壁（又称柔性滑动防水井壁，简称 AV 型复合井壁）。目前少数井筒采用沥青板夹层双层混凝土复合井壁。井壁结构如图 10-6 所示。

我国采用冻结法凿井的早期，井筒穿过的表土浅，井筒一般采用单层井壁（图 10-6a），井壁材料少数用素混凝土，多数用钢筋混凝土，混凝土强度等级采用 C15 或 C25。但大多数单层井壁，在接茬、梁窝处漏水，尤其是表土层厚度大于 100m 的井筒，井筒漏水量就很大。因表土深、水压大、采用注浆法处理效果差，被迫进行套壁，缩小设计井径，于是出现了双层钢筋混凝土井壁（图 10-6b）。但表土深度大于 200m 时，井壁仍有漏水，有的还很严重，为此，研制出复合井壁（图 10-6c～g）。目前冻结井广泛采用复合井壁。为解决深厚表土立井井壁破裂的问题，研究开发了"外让内抗"型（图 10-6f）、"全让"型（图 10-6g）复合井壁结构，初步满足了井壁破裂的治理和预防要求。

1. 塑料夹层双层钢筋混凝土复合井壁

塑料夹层双层钢筋混凝土复合井壁（图 10-6c）解决了长期以来深井冻结井壁裂漏的难题。塑料夹层的防水机理是塑料板使内外层井壁不直接接触，减少了外壁对内壁的约束，使内壁在降温过程中有一定的自由收缩，防止出现较大的温度应力。塑料板还具有保温作用，

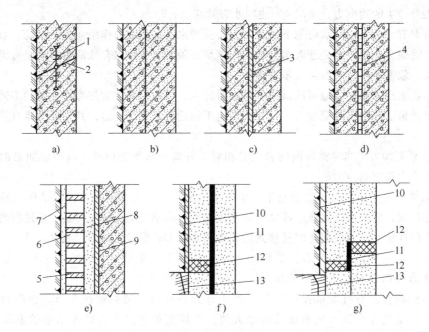

图 10-6　井壁结构示意图

a) 单层混凝土井壁　b) 双层混凝土井壁　c) 塑料夹层双层混凝土复合井壁　d) 沥青板夹层双层混凝土复合井壁

e) 预制块沥青钢板混凝土复合井壁　f)、g) 滑动可缩井壁

1—塑料止水带　2—接茬缝　3—塑料夹层　4—沥青板夹层　5—压缩板　6—预制块　7—水泥砂浆
8—沥青层　9—钢板　10—泡沫塑料层　11—滑动层　12—可压缩层　13—基岩

使内壁的降温速率减小，也减少了瞬时温差，减弱了温度应力。正是由于防止和减弱了出现的温度应力，从而消除了裂缝，大大地提高了混凝土井壁的自身封水性。塑料夹层双层钢筋混凝土复合井壁的主要特点有以下几方面：

1）改进井壁设计原理。采用双层井壁分层计算原则，外壁承受冻结压力，内壁承受静水压力，改变了过去假设双层井壁为整体共同承受地压的设计原则。

2）内外层井壁之间设置防水层。外层井壁接茬多，有的被压坏后修补时难以做到防水要求，内壁有裂缝，形成了井壁漏水的通道，因此必须设置防水层。

3）外壁结构形式应适应冻结压力的发展规律，砌壁后能立即承受初期冻结压力，还可抵抗最大冻结压力。为了提高外壁的承载能力，我国部分矿井建设中，在黏土层里先后采用两种结构形式：一是混凝土预制块砂浆砌体加套混凝土复合外壁。预制块砂浆砌体具有早期强度高、可缩的特点，可承载初期压力。但整体强度差，施工工艺复杂，外壁厚，工程量大，进度慢。二是在现浇混凝土外壁与冻土间铺设一层厚 35～75mm 的泡沫塑料板，起到缓压、卸压和保温的作用，保证了外壁现浇混凝土的质量，施工工艺简单，效果好，造价低，得到了广泛的应用。

4）采用高强度等级混凝土，提高内层井壁的强度。

2. 沥青板夹层双层钢筋混凝土复合井壁

深厚表土的生产矿井井壁在表土与基岩交界处附近会发生破坏。分析其破坏原因，认为是由于表土层底部含水层水位大幅度地下降引起地层沉降，使井壁受到向下的附加力的作用。由于基岩的表面可视为不发生位移的，因而可认为是井壁位移不动点，即为应力集中点，所以井壁破坏总发生在表土层与基岩交界处附近。

沥青板夹层双层钢筋混凝土井壁（图 10-6d）由于有沥青板，可使井壁达到缓冲地压和调整压力重新分布的作用，改善内壁受力状况。

3. 柔性滑动防水复合井壁

柔性滑动防水复合井壁（图 10-6e）的最大优点是兼有可弯曲、可滑动和可压缩的特点，具有很好的防水性能，而且可以承受一定的动压力，适应无煤柱开采技术。但这种井壁的结构施工工艺复杂，工期较长，造价高，其造价比通常结构的井壁高一倍以上。该结构形式的外壁由混凝土预制块加木垫板和壁后充填的砂浆组成，既可立即承载，又具有纵向可压缩的特性。在建井期间，随着地表下沉，外壁在纵向可以压缩。沥青层是柔性滑动防水井壁的核心部分，它的主要功能是防水，并且当地表下沉时吸收外壁受到的附加力，使之不能传递到内壁，并使内壁均匀受压，保障井筒安全使用。

4. 滑动可缩复合井壁

在预防深厚表土井壁破裂的研究中，以井壁结构为主，先后研究开发了"外让内抗"型（图 10-6f）和"全让"型（图 10-6g）复合井壁结构形式。井壁结构各部分的作用如下：

1）外壁。在施工期间承受冻结压力（属施工荷载）和限制冻结壁的变形；在冻结壁解冻后，冻结压力消除，外壁与内壁共同承受永久地压、自重和部分竖直附加力。

2）内壁。承受外壁或夹层传来的水平侧压力，同时承受自重、设备重量和外壁或夹层传来的部分竖直附加力。内壁还要满足防止井壁漏水的要求。

3）夹层。主要作用是防漏水和改善井壁受力状况。因不同的功能要求，夹层可以选用不同的材料和结构形式，常用的夹层有塑料板、沥青和钢板。

仅为防止内壁产生裂缝隙而渗漏水的夹层多采用塑料板，铺设厚度为 2 ~ 5mm。用沥青油毡纸也可。

"外让内抗"型滑动可缩井壁的外壁竖向可缩，内外壁之间要求滑动量大（0.3 ~ 1m）。沥青的塑性可以满足这一要求。这个夹层还是内、外井壁力学联系的纽带。沥青滑动层除具有良好的隔水和隔温的作用外，还可减少内壁的竖直附加力值，并可将荷载均匀传给内壁，保证内壁的稳定和安全。

当地层复杂使井筒工况恶化，甚至有弯曲变形要求，混凝土或钢筋混凝土仅能满足部分强度要求时，夹层材料可选用低碳钢板（如 Q235 钢或 Q345 钢）。这样，既可提高强度、保证不漏水，又具有大曲率半径的弯曲性能。

4）可缩层。保持井壁竖向可缩以适应特殊地层的竖直附加力。可缩层可由实心可缩材料构成，也可制成空心结构的可缩装置。它要求在井壁自重作用下具有刚性特征，当荷载超过某一设定值后，可缩层具有可缩特性。

5）泡沫塑料层。在冻结壁与外层井壁之间设置，其厚度以 25 ~ 75mm 为宜，起到降低传冷（隔热）作用，也可防止混凝土析水被冻结造成的冻害，同时由于冻结壁径向变形压缩，泡沫塑料层能起到缓和冻结压力的作用，在黏土层中使用效果更明显。

选择井壁结构的原则：首先是工程对结构功能的要求，如空间大小、容许变形量、防水、隔热性能等；其次是工程结构物的工况和外载组合应按要求将各部分组合在一起，形成多种多样、功能各异的复合井壁。随着上述原则要求的变化，井壁结构也将不断变化发展。

习　题

10-1　何谓冻结法？

10-2　试述冻结法三大循环。

10-3 说明岩土中水的冻结过程。

10-4 试分析影响冻土强度的因素。

10-5 如何选择冻结方案?

10-6 冻结法施工所需钻孔按用途分为几种?各有何作用?

10-7 冻结法施工工艺参数包括哪些?

10-8 简要分析冻结井壁的外载。

10-9 试分析复合井壁的组成、类型及作用。

第11章 注浆施工技术

11.1 注浆法概述

注浆法是用于地下工程中的地层加固或堵水技术。它是将具有充填、胶结性能的材料配制成浆液，用注浆设备注入地层的孔隙、裂隙或空洞中，浆液经扩散、凝固和硬化后，能减小岩土的渗透性，增加其强度和稳定性，从而达到封水或加固地层的目的。

注浆法的分类方法很多：按注浆材料种类分为水泥注浆、黏土注浆和化学注浆；按注浆施工时间不同分为预注浆和后注浆；按注浆对象不同分为岩层注浆和土层注浆；按注浆工艺流程分为单液注浆和双液注浆；按注浆目的分为堵水注浆和加固注浆；按作用机理分为渗透注浆、压密注浆、劈裂注浆、充填注浆、喷射注浆等。

注浆原理可分为在裂隙岩层和松散含水层中两种类型。在裂隙岩层中，浆液起充塞作用，它包括机械性充塞与水化作用充塞。机械性充塞为浆液在一定压力作用下沿裂隙流动扩散，离注浆孔越远，流速越慢，浆液由湍流转为层流状态，浆液中的颗粒就会沉析，出现充塞现象。水化作用充塞是浆液内的水硬性材料之间以及水硬性材料与水之间发生化学变化而充塞裂隙。在松散的砂土中，化学浆液起渗透固结和挤压密实作用。在砂层中，化学浆液在压力的推动下，以一定的流量均匀地渗透到砂粒之间的孔隙内。

注浆技术现已成为处理各种工程问题的重要手段之一，只要涉及岩土工程和土木工程的各个领域，都可使用注浆技术。其主要的应用范围有：大坝、堤防的防渗和基础加固，地下构筑物的防水和加固，地面建筑物地基加固和阻止沉降，地下矿山井巷、硐室的防水和加固，隧道、井筒开凿中止水和加固软弱带，桥基加固和防冲刷，边坡加固，核电站、水电站基础加固等。随着我国基础建设的发展、资源开采能力的提高，注浆技术的发展和应用规模在不断扩大，注浆技术在工程中的应用见表 11-1。

表 11-1　注浆技术在工程中的应用

功　能	工 程 类 别	应 用 场 所
加固	建筑工程	1. 建筑物地基加固 2. 摩擦桩侧面或端承桩底部 3. 已有建筑物或基础裂隙修补 4. 桥基、路基加固 5. 动力基础的抗振加固
	岩土工程	1. 大坝、堤防基础加固 2. 水电站、核电站基础加固 3. 重力坝注浆加固 4. 边坡、挡土墙等加固

（续）

功　能	工程类别	应用场所
加固	地下工程	1. 地下隧道、涵洞、管线路围岩加固 2. 矿山井巷、硐室围岩加固 3. 裂隙或破碎岩体补强加固
防治水	建筑及岩土工程	1. 坝基注浆帷幕堵水 2. 隧道开凿帷幕堵水 3. 大坝、堤防的防渗堵水
防治水	地下工程	1. 井筒掘进堵水 2. 地下开采区域注浆帷幕堵水 3. 井巷、硐室掘进堵水 4. 恢复被淹矿井堵水截源
其他	矿山工程	1. 井下采空区注浆充填 2. 井下注浆防灾火

11.2　地下工程注浆工艺技术

11.2.1　地面预注浆

当地下工程通过较大的裂隙或含流沙层时，在地下工程开凿之前，用钻机沿地下工程的周围钻孔，然后将配好的浆液用设在地面的注浆泵经过各注浆孔注到地层的裂隙（或孔隙）中充填固结，在未开挖的地下工程周围形成不透水的注浆帷幕，最后再进行地下工程的开凿工作。这种方法称为地面预注浆，如图 11-1 所示。

地面预注浆通常用水泥浆液、黏土浆液以及水泥-水玻璃浆液，注浆深度一般不超过 500m。在浅表土（厚度小于 50m）的流沙层中通常注化学浆液，但在注浆施工前，应通过地质检查孔和注浆试验，准确掌握注浆部位的工程地质和水文地质资料，合理选择注浆材料的种类、配方和注浆参数，以保证顺利穿过含水砂层。

1. 水泥浆类地面预注浆

（1）设备安装　在钻进注浆孔的同时要进行注浆设备的安装和接管工作，然后进行管路的耐压试验和设备的运转工作。一般要求管路能承受 1.2 倍注浆终压压力，如果注浆压力大于 4MPa，管路耐压应在 5 ~ 5.5MPa 以上。

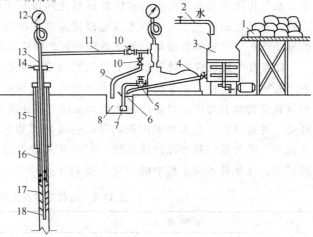

图 11-1　地面预注浆工艺流程示意图

1—注浆材料　2—供水管　3—搅拌筒　4—注浆泵　5—闸板阀　6—过滤筛　7—吸水龙头　8—贮浆池　9—回浆管　10—阀门　11—输浆管　12—压力表　13—加压丝扣　14—加压螺母　15—套管　16—外套　17—止浆筛　18—注浆管

注浆孔钻好后，要安装并下放注浆管、止浆塞、混合器及其他孔口装置等。待止浆塞和注浆管下放到预定位置后，连接输浆管路，压缩胶塞，使止浆塞实现止浆。

（2）压水试验　在注浆作业前，要对钻孔进行压水试验，其目的是：检查止浆塞的止浆效果及孔装置的渗漏情况；冲洗孔内的岩粉和岩层裂隙中的黏土等充填物，以提高浆液的渗透能力，保证浆液充填的密实性和胶结强度；测定注浆段岩层的吸水率，进一步核实岩层的透水性，为注浆参数的选取提供依据。

压水试验的注入量及注入压力可从小到大，注入压力一般控制在比注浆终压高 0.5MPa 左右；压水时间一般为 10～20min，在破碎或大裂隙岩层中采用较短的压水时间。简易压水试验，至少应选取三个压力值，这三个压力值可在大于静水压力 0.1～0.2MPa 到注浆终压的 85% 之间选取。

（3）注浆方式　地面预注浆常用的注浆方式有以下三种：

1）分段下行式（自上而下）。注浆孔从地面钻至需注浆的地段开始，钻一段孔注一段浆，反复交替直至注浆全深，最后再自下而上分段复注。这种方式的优点是能有效地控制浆液上窜，确保下行分段有足够的注浆量，同时使上段获得复注，能提高注浆效果。缺点是钻孔工作量大，交替作业工期长。在岩层破碎、裂隙很发育、涌水量大的厚含水层（大于 40m）及含水砂层的粒度和渗透系数上下大致相同时，宜采取这种方式。

2）分段上行式（自下而上）。注浆孔一次钻到注浆终深，使用止浆垫进行自下而上地分段注浆。这种方式的优点是无重复钻孔，能加快注浆施工速度。缺点是易沿注浆管外壁及其附近向上跑浆，影响下层注浆效果。因此，对止浆垫的止浆效果要求较高，同时，对地层的条件要求较严格。在岩层比较稳定、垂直裂隙不发育的条件下或含水砂层的渗透系数随深度明显增大时，可采用这种方式。

3）一次全深注浆方式。注浆孔一次钻至终深，然后对全深一次注浆。这种方式的优点是不需多次安装和拔起止浆塞，工艺简单，施工期短。缺点是由于段高大，在相同注浆条件下浆液扩散不均匀，要求供浆能力大。当含水层离地表较近、被注岩层裂隙比较均匀时，可采取这种方式。

（4）注浆作业过程　注浆作业是整个注浆工程的核心，因此，必须精心组织，合理操作，正确地控制压力、流量、浆液浓度和注浆时间等。随时掌握变化情况，做好有关记录，以便分析注浆效果。对裂隙岩层进行注浆时，在注浆初期，由于注浆孔的吸浆量大，因此宜采用凝胶时间可控、结石率高的水泥-水玻璃双液注浆；随着注浆工作的进行，注浆孔吸浆率下降，到注浆的后期可采用浓度较稀的单液水泥浆，以提高裂隙充堵效果。对含水砂层进行注浆时，应先用小流量，然后增加流量直至正常的注浆压力；注浆临近结束时，压力上升较快，为防止堵管，流量不应明显减少，当注浆量与设计量大致相等或达到注浆终压时，应结束注浆。在注浆过程中，若发生异常现象，应及时分析处理。

2. 黏土地面预注浆（综合注浆法）

综合注浆法的特点是：①用水力动力学（包括流量测井和水位核复法）对注浆地层的水文地质参数进行详细的研究和计算，并根据研究计算的结果进行注浆设计和指导注浆施工单位；②采用以黏土为主的廉价注浆材料；③注浆过程中对注浆压力、浆液流量和浆液密度进行连续监测。综合注浆法提高了注浆技术的科学性和注浆效果，因此一些非洲及东欧国家先后引进了此项专利。我国根据国内现状，研究开发了符合我国国情的综合注浆法成套技术。

综合注浆法地面预注浆技术的注浆方式和注浆段高的划分按井筒深浅，可以采用一次成孔，分段上行式注浆；井筒深度较大时，可以实行分段钻孔，再对分段的钻孔进行分段上行式注浆。综合注浆法的注浆段高一般为 40～75m；注浆终压，经验的规律是静水压力的 2 倍，再加 3～5MPa。浆液注入量以施工设计为标准。

综合注浆法地面预注浆技术的注浆钻孔布孔、钻具组合、钻进工艺、测斜纠偏、注浆设备、浆液输送系统、止浆技术等均可参见水泥类地面预注浆技术。

11.2.2 工作面预注浆

工作面预注浆是在地下工程掘至含水层之前，停止掘进，利用掘进工作面与含水层间不透水岩帽为保护层或专门构筑止浆垫（在立井中称止浆垫，在巷道中称止浆墙），从工作面钻孔注浆，然后再进行掘砌工作。与地面预注浆的主要差别在于将注浆作业的主要程序移到工作面，为了保证注浆效果需预留止浆岩帽或增设止浆垫（墙）。

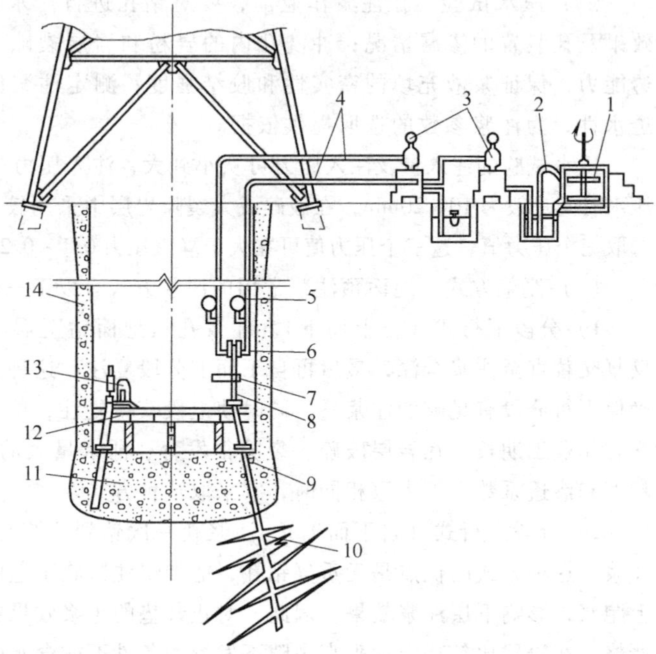

当地下工程穿过的含水岩层埋藏较深，厚度不大，或多层含水层之间的间距较大，又没有良好的隔水层时，宜采用工作面预注浆。工作面预注浆分立井工作面预注浆和巷（隧）道工作面预注浆。这里主要介绍立井工作面预注浆，其工艺流程如图 11-2 所示。

图 11-2　工作面预注浆工艺流程示意图

1—浆液搅拌池　2—压风管　3—注浆泵　4—输浆管　5—压力表
6—混合器　7—泄浆阀　8—孔口阀　9—孔口管　10—注浆孔
11—止浆垫　12—工作台　13—钻机　14—井壁

1. 预留止浆岩帽

当含水层上部有致密的不透水层时，在井筒掘进到注浆段以上一定距离即可停止施工，为注浆作业预留一段岩帽，从而保证浆液在压力作用下沿裂隙有效扩散，并防止从工作面跑出。岩帽的厚度应根据岩石的性质及强度确定，按经验选取时，一般为 2～7m。

预留岩帽的方法不需工料，简单易行，若条件允许应优先考虑。

2. 构筑止浆垫

在不具备预留止浆岩帽的情况下，应构筑人工止浆垫。止浆垫的结构形式分为单级球面形止浆垫（图 11-3）和平底形止浆垫（图 11-4）。止浆垫内锥角的一半一般取 30°～33°，球面内半径 R_a 约为 $1.8r$（r 为井筒掘进半径）。止浆垫的厚度主要根据注浆终压和止浆垫材料的允许抗压（抗剪）强度确定。

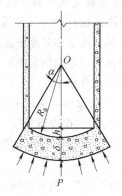

图 11-3　单级球面形止浆垫

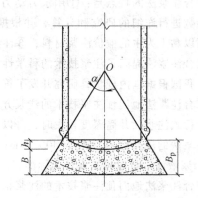

图 11-4　平底形止浆垫

3. 止浆垫施工

在构筑止浆垫以前，要处理工作面中的水，并将工作面清底成型，用水将碎渣杂物冲净，制备好孔口管和安装件等，然后进行止浆垫施工。

当工作面无水或涌水较小时，即可安装并固定注浆导向管。经校正，便可浇筑混凝土。混凝土强度等级一般不小于 C25。当工作面涌水量较大时，需采取滤水层和排水措施。

当工作面凿穿含水层，涌水量特大而将工作面淹没，经强排水又无效时，应等待工作面涌水恢复到静水位后，在水下浇注止浆垫。施工方法有水下浇筑混凝土法和抛渣注浆法。抛渣注浆法的施工方法是：先用钢丝绳悬吊注浆管放入井中距工作面 0.3m 左右，然后用溜灰管下放一定厚度的碎石，再通过预埋管向碎石层注水泥浆。碎石层水泥浆液凝固后，排出井内积水，在上部补浇一层高强度等级的混凝土。

4. 布孔与注浆段高

注浆孔一般与井筒呈同心圆布置。布孔方式分为直孔、径向斜孔、径向与切向两个方向倾斜的斜孔等几种。

1）当裂隙连通性好、裂隙近于水平或孔壁稳定性较差时，宜采用直孔方式。这时可采用较大型钻机钻孔，注浆段高可适当加大，一般根据钻机能力所能达到的有效钻进深度确定。

2）当裂隙连通性一般、径向垂直裂隙发育较差时，宜采用径向斜孔。这时一般用轻型钻机打斜孔，注浆段高一般为 30～50m。

3）当裂隙发育不均匀、透水性差、有径向垂直裂隙、孔壁稳定时，采用径向与切向两个方向倾斜的斜孔形式较好。径向倾斜是为了注浆充塞井筒断面外围岩裂隙，其倾角 α 应使注浆孔底超出井筒掘进直径 2～4m；切向倾斜是为了更好地与裂隙相交，切向夹角 β 一般为 110°～135°。采用这种布孔形式的注浆段高一般为 30～50m。

注浆孔至外帮距离一般取 0.3～0.6m，以便于钻机操作为准；注浆孔间距，在大裂隙中为2～3m，在小裂隙中为 1～1.5m。

5. 钻孔与注浆作业

工作面预注浆常用 2～3 台轻型钻机或多台凿岩用的重型凿岩机钻注浆孔。为了防止钻孔突然涌水，一般在导向管上安装防突水装置。

工作面预注浆的工艺设备与地面预注浆基本相同。注浆站通常设在地面，注浆管悬吊或敷设在井筒内。如果井筒直径较大，也可将注浆泵放在井内凿井吊盘上，浆液在井口制作并通过供水管或混凝土输送管输送到吊盘上的盛浆容器内。双液注浆时，混合器多设在工作面，采用下行式分段压入式注浆。

11.2.3　后注浆技术

后注浆指在井筒、巷道、硐室等构筑物掘砌以后所进行的注浆工作，常见的后注浆有壁后注浆、深孔围岩注浆、壁内注浆和裸体巷道注浆。它是矿山生产建设中最常用的注浆方法之一。

深孔围岩注浆是在井巷壁上钻深孔，埋管注浆，孔深一般 5～10m，主要用于加固压跨型井巷或封堵井巷突水。壁内注浆适用于表土段，壁后为流沙层或冻结双层井壁夹缝注浆。壁后注浆适用于基岩段井壁堵水，或壁后有空洞，曾发生过片帮、冒顶，井筒下沉的立井、斜井、巷道的注浆，把浆液注到壁后，起到充填、堵水或加固作用。

1. 壁内注浆

(1) 注浆施工顺序　整个井筒注浆顺序是由上而下分段注浆，但对每段而言是由下而上注浆。

（2）注浆孔的布置和注浆管埋设　注浆孔布置与井壁裂缝、漏水点的分布、井壁结构及其强度、注浆压力与注浆材料有关。

壁内注浆以堵水为目的。方法一是注浆孔可以选择漏水点造孔，称为顶水注浆；方法二是在漏水裂隙附近打斜孔与裂隙相交，尽可能将全部水都导出来，然后关闭阀门，检查哪些部位仍漏水，再处理，直到基本不出水为止，称为泄水注浆。

如果既要堵水又要加固，布孔要多些，在井壁上出水区域布成三花眼或五花眼，孔间距要使浆液的扩散能够互相交圈；如果壁后是流沙层，按安全规程规定，一般都不打透井壁，留 100～200mm 的安全距离，防止跑砂。双层井壁，注浆孔穿进外壁 100mm 左右即可。

（3）井壁处理　这是非常重要的，它关系到注浆效果的成败。混凝土井壁存在的接茬缝、裂缝、蜂窝、麻面等都要经过处理后再注浆；接茬缝、裂缝处理，多采用凿成沟槽的办法，挖成 V 形、U 形的沟槽，把水由钢管导引出来，用水泥-水玻璃塑胶泥糊缝；蜂窝、麻面，采用埋管、导水、挖补的办法。料石井壁的处理，也是用埋管、导水糊缝的办法。

（4）注浆材料、工艺、参数

1）注浆材料为单液水泥浆、水泥-水玻璃（C-S）双液浆、化学浆液等。

2）注浆工艺为分段上行式，打眼、埋管、处理井壁、关闭阀门、检查、注浆。

3）注浆参数，主要指注浆压力、凝胶时间和注入量。注浆压力高于静水压力 0.3～0.7MPa。凝胶时间的掌握原则是：当处理后井壁不漏水，尽可能注单液水泥浆，如果少量漏水，使用快速凝固双液浆。浆液注入量与注浆孔涌水量有关，涌水量大，注入量也多，涌水量小，注入量一般也少。

2. 壁后注浆

基岩有裂隙水、断层破碎带等，造成井壁成形后产生井壁漏水而进行堵水、加固的技术，称为壁后注浆。壁后注浆的布孔、埋管、井壁处理，以及注浆顺序、工艺、材料、设备、机具、技术参数等与壁内注浆基本相同。

破壁注浆是在常规的壁后注浆技术基础上，在井壁上设置防止涌水喷砂的装置，以保证在钻透井壁时发生涌水、喷砂时可及时关闭阀门，进行壁后注浆，充填和加固壁后的冲积地层。其注浆工艺、材料与常规的壁内、壁后注浆基本相同，主要使用水胶比为 0.8:1～1:1 的水泥浆，C-S 双液浆为辅，其体积比一般采用水玻璃：水泥浆为 1:8～1:5，力求壁后形成 2.0m 厚的帷幕。

破壁注浆时，为保证井筒安全，要设置防止涌水喷砂装置，并采用"下堵、上封、中间渗透"的钻注形式。下堵，即先注基岩风化带；上封，即每一分段上部注入速凝浓稠浆液形成固结圈；中间渗透，即上封、下堵之后中间部位重点进行渗透的破壁注浆。高压注浆时，压力一般由小到大逐渐增加。因为壁后是黏土和砂，可注性差，要实行高压注浆，考虑到井筒的可能承压能力，设计最大压力为 10～12MPa，实际一般为 7～8MPa。特别要注意安全。注浆过程要加强观测，注意井筒和操作人员的安全防护。

11.3　注浆材料及选择

地下注浆工程中所用的注浆材料由主剂（原材料）、溶剂（水或其他有机溶剂）及外加剂混合而成。通常所说的注浆材料是指浆液中的主剂。固化是注浆材料的必要特征。

注浆材料按材质不同可分为无机系注浆材料（粉、粒状材料）和有机系注浆材料（化学浆料）两大类，如图 11-5 所示。

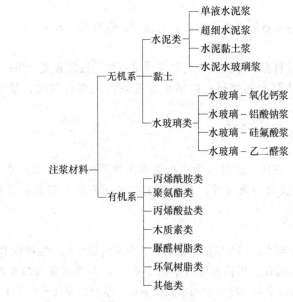

图 11-5　注浆材料分类

11.3.1　对理想注浆材料的要求

注浆材料的种类很多，但理想的注浆材料应满足以下要求：

1）黏度低、流动性和可注性好，这样的注浆材料能进入细小裂隙或粉细砂层内。

2）浆液凝固时间可调并能准确控制，凝胶固化过程在瞬间完成。

3）浆液固化时不收缩，结石率高，结石体抗渗性能好，抗压、抗拉强度高，与砂石胶结力大。

4）浆液稳定性好，便于保存运输。

5）浆液无毒，对环境不污染，对人体无害，不易燃易爆。

6）材料来源广泛，价格便宜，注浆工艺简单，浆液配制方便。

11.3.2　注浆材料的主要性能

注浆材料的品种繁多，其性能的变化也很大，不同的浆材有不同的性能，同种浆材也可以根据需要而改变其性能。注浆材料的主要性能有黏度、凝胶时间、抗渗性和抗压强度等。

1. 黏度

黏度是表示浆液流动时，因分子间相互作用而产生的阻碍运动的内摩擦力。通常所说的浆液黏度是指浆材所有组分混合后的初始黏度。黏度的大小影响着浆液的可注性及扩散半径。黏度的单位用 Pa·s（帕秒）表示，现场有时用简单的漏斗黏度计测定浆液的黏度，用 s（秒）作单位。

2. 凝胶时间

凝胶时间是指从浆液各组合成分混合时起，直至浆液凝胶不再流动的时间。凝胶时间对注浆作业、浆液扩散半径和浆液注入量等都有明显的影响。能否正确确定和准确控制浆液的凝胶时间，是注浆成败的关键之一，因此，要求浆液的凝胶时间能随意调节和准确控制，以满足不同的需要。凝胶时间的确定，水泥浆可用水泥浆稠度仪，其他浆液可用凝胶时间测定仪。在没有测定仪器的情况下，通常用手持玻璃棒搅拌浆液，以手感觉不再流动或拉不出丝为止。

3. 抗渗性

抗渗性是指浆液固化后结石体进水性的高低或强弱，通常用"m/d"或"cm/s"表示

4. 抗压强度

抗压强度指的是注浆材料自身的抗压强度和浆液结石体的抗压强度。当以加固为注浆的主要目的时，就应选择高结石体强度的浆材；以堵水为注浆的主要目的时，浆材结石体的强度可低些。

11.3.3 常用注浆浆液

注浆材料的种类繁多，按其主剂可分为有机系和无机系两大类。无机系主要包括单液水泥浆、水泥-水玻璃浆液、水玻璃类浆液等；有机系主要包括丙烯酰胺类、木质素类、脲醛树脂类等。

1. 单液水泥浆

单液水泥浆是指用水泥与水拌制而成的浆液。为改变浆液的性能，也可以水泥为主剂，添加一定量的外加剂。注浆用的水泥宜采用强度等级不低于42.5级的普通硅酸盐水泥。浆液的配合比，必须经现场试验后确定。水泥浆的浓度通常用水胶比表示，水胶比变化范围为 $1:2 \sim 1:0.5$。

水泥浆液是基岩裂隙注浆中应用最广泛的浆材。其主要优点是：货广价廉，结石体强度高，抗渗性能好，注浆工艺简单，易于操作，无污染。其缺点是：水泥颗粒较粗，可注性差，在细裂隙及粗砂以下地层中很难注入，且凝胶时间难以准确控制，初期强度低，浆液易沉淀析水，易被水稀释，稳定性差。因此，纯水泥浆在注浆工程中的应用受到了一定的限制。为改善水泥浆液的性能，通常在水泥浆液中加入添加剂，如水玻璃、氯化钙等速凝剂，三乙醇氨等速凝早强剂，硅粉等早强剂和黏土等悬浮剂。水玻璃和氯化钙的添加量一般为水泥质量的3%~5%，三乙醇氨的最佳用量为水泥质量的0.05%，硅粉、黏土用量可占水泥质量的10%~30%。

2. 水泥-水玻璃浆液

水玻璃又称泡花碱（$Na_2O \cdot nSiO_2$）。模数和浓度是水玻璃的两个重要参数。水玻璃的模数要求在2.6~3.0，浓度一般为30~40°Be′（波美度）。在一定范围内，模数越小，SiO_2 含量越低，浆液的凝胶时间越长，结石体强度低；模数大，则结石体强度高。

水泥-水玻璃浆液又称为C-S浆液。当水玻璃掺量增加到一定比例时，水泥浆的性能就发生了质的变化，这种浆液兼有水泥浆和化学浆的一些优点。凝胶时间可以在几秒至数十分钟之间任意调节，结石率可达100%，强度可为5~20MPa，早期强度比水泥浆有较大的提高，可注性好，材料来源丰富，价格低廉。这种浆液已在地面预注浆、工作面预注浆和处理淹井事故等方面得到了广泛的应用，效果较好，是目前应用最多的浆材之一。其注浆作业需采用双液注浆系统。

C-S浆液中，水泥一般用强度等级为42.5以上的普通硅酸盐水泥或矿渣硅酸盐水泥。水泥浆的水胶比为0.5~2.0（质量比），水泥浆与水玻璃的体积比为 $1:1 \sim 1:0.5$。

凝胶时间是C-S浆液的重要性能参数。影响C-S浆液凝胶时间的因素主要有以下几方面：

1）水泥品种、水胶比。随着水胶比的增加（浓度减小），凝胶时间延长。在其他条件相同的情况下，普通硅酸盐水泥比矿渣硅酸盐水泥的凝胶时间短。

2）水玻璃浓度。当水玻璃浓度在30~50°Be′之间时，水玻璃的浓度越低，凝胶时间越短。

3）水泥浆与水玻璃体积。其他条件相同时，水泥浆与水玻璃的体积比在 $1:1 \sim 1:0.5$ 范围内，水玻璃用量愈少则凝胶时间愈短。因此，在注浆过程中，可通过调整双液泵量的方法调整凝胶时间。

4）温度的影响。温度愈高则凝胶时间愈短。

5）外加剂。为了适应不同地质条件的注浆需要，可适当加入附加剂调节浆液的凝胶时间，如加入 Na_2HPO_3 等缓凝剂可延长凝胶时间。

3. 水玻璃类浆液

水玻璃类浆液是化学注浆中最早使用的一种材料，其性能良好，来源丰富，价格低廉，对环境无污染，可注性好。固结体强度一般为 $0.2 \sim 0.3MPa$，适用于松软地层加固或细裂隙岩层堵水，应用前景好。

（1）水玻璃-铝酸钠浆液　这种浆液是水玻璃类浆液中应用较多的一种，材料来源广，价格便宜，固结体的稳定性和耐久性均较好。水玻璃与铝酸钠反应生成的硅胶和硅酸铝盐，能联结砂土颗粒，起到加固和堵水作用。

温度对浆液凝胶时间的影响最为显著，温度越高则凝胶时间越短。此外，铝酸钠溶液中含铝量增多、水玻璃的浓度降低，凝胶时间都可缩短。

（2）水玻璃-氯化钙浆液　这种浆材主要用于地基加固工程。我国自 20 世纪 50 年代以来，已有数十项工程用这种浆液加固地基，效果较好。

水玻璃与氯化钙两种浆液在地下土壤中相遇后，立即发生化学反应，生成二氧化硅胶体，包裹土体颗粒形成具有一定强度的固结体，不但起到了防渗作用，而且主要起到了加固作用。由于两种浆液在相遇瞬间就发生反应，其凝胶时间难以控制，因此，注浆效果的好坏与对工艺方法的掌握、操作技术的熟练程度及施工经验等紧密相关。

4. 丙烯酰胺类浆液

丙烯酰胺类浆液是以有机化合物丙烯酰胺为主剂的化学浆材，我国在 1964 年研制成功的 MG—646 及水电系统研制的丙凝均属于这一类浆液。国内通常将这一类浆液称为丙凝。这种浆液可应用于各个工程领域的防渗堵水。

丙烯酰胺类浆液及凝胶体性能特点有以下几方面：

1）浆液黏度小，且在凝胶前始终保持不变，因此可注性好。

2）凝胶时间可在几十秒至几十分钟内准确控制，凝胶是在瞬间发生并完成。

3）凝胶体抗渗性能好，其化学性能稳定，耐久性能好。

4）凝胶体本身是弹性的，抗压强度低。固结体的抗压强度一般为 $0.4 \sim 0.5MPa$。

5）浆液的材料来源较困难，价格较贵，配制浆材较复杂，因此，一般只用于其他浆材难以注入的极细裂隙或粉土的堵水注浆。

11.3.4　注浆材料的选择

一种理想的注浆材料，不但应满足工程上的性能要求，而且应货广价廉、无毒性、对环境无污染，因此应根据工程地质、水文地质条件、注浆目的、注浆工艺、设备和成本等因素选用。

1）预注浆和衬砌前围岩注浆，宜采用水泥浆液、水泥-水玻璃浆液、超细水泥浆液、超细水泥-水玻璃浆液等，必要时可采用化学浆液。

2）衬砌后围岩注浆，宜采用水泥浆液、超细水泥浆液等。

3）回填注浆，宜选用水泥浆液、水泥砂浆或掺有石灰、熟土、膨润土、粉煤灰的水泥浆液。

4）衬砌内注浆，宜选用水泥浆液、超细水泥浆液、化学浆液。

11.4　注浆参数

注浆材料选定以后，必须选择合适的注浆参数与之相适应，才能获得理想的注浆效果。通常所说的注浆参数，主要包括注浆压力、注浆时间、浆液有效扩散半径、浆液流量和浆液注入量、浆液起始浓度和凝胶时间等。当被注介质条件、浆液条件和设备条件等确定以后，影响注浆效果的主要参数是注浆压力和浆液注入量。

11.4.1 注浆压力

注浆压力是指克服浆液流动阻力进行渗透扩散的压强，通常指注浆终了时受注点的压力或注浆泵的表压。地面预注浆时，主要观察和控制表压；工作面预注浆时，主要观察和检查工作面上孔口（受注点）的表压。立井工作面注浆、注浆泵在地面时，受注点的表压包括泵压和浆液液柱的压力。

提高注浆压力，可增加浆液的扩散距离，减少注浆孔数，从而加快注浆速度。此外，由于注浆压力的提高，细小裂隙易被浆液充填，提高了结石体的强度和密实性，改善注浆质量。但是，压力过高，会使浆液扩散太远，造成材料浪费，也会增加冒浆次数，甚至引起岩层的变形和移动。若压力太小，则难以保证注浆效果。

注浆压力的选择应同时考虑两方面因素：其一应考虑受注介质的工程地质和水文地质条件，如受注层埋藏深度、地下水量与水压、受注层的力学性质和裂隙情况等；其二应考虑浆液性质、注浆方式和注浆时间，要求的浆液扩散半径和结石体强度等。工作面预注浆还要考虑支护层的强度和止浆垫的强度等。

由于上述因素中有的目前还不能预先了解清楚，许多理论计算公式在实际中还不便应用。因此，至今还没有可行的统一方法来计算注浆压力，通常采用经验公式、经验数据或者通过注浆现场试验来确定。以下介绍几种常用的方法。

（1）根据静水压力计算注浆终压　立井地面预注浆和立井工作面预注浆的终压应为静水压力的 2 ~ 4 倍。

（2）根据埋藏深度计算注浆终压　根据埋藏深度可按式（11-1）计算注浆终压

$$P_z = KH_d \tag{11-1}$$

式中　P_z——注浆终压（MPa）；

　　　H_d——注浆分段底板到地面的高度（m）；

　　　K——注浆压力系数，见表 11-2。

表 11-2　注浆压力系数表

注浆深度/m	< 200	200 ~ 300	300 ~ 400	400 ~ 500	> 500
K 值	0.023 ~ 0.021	0.021 ~ 0.02	0.02 ~ 0.018	0.018 ~ 0.016	0.016

在流沙层中进行化学注浆时，注浆压力一般比静水压力大 0.3 ~ 0.5MPa。在粗砂以上地层中可以用低压注可注性好的浆液；在细砂层中，为了保证扩散的范围和质量，可采取先低压后高压的方式注浆。

在地基加固、埋深 50m 以内的地下工程中注浆时，注浆压力一般为 0.5 ~ 1.0MPa。

11.4.2 浆液注入量

浆液注入量是指一个注浆孔的受注段注入的浆液量，其计算以浆液扩散范围为依据。但是，由于地质情况复杂，很难精确计算，只能估算。

1. 含水岩层

含水岩层的浆液注入量可按下式计算

$$Q_v = \lambda \pi R^2 h \eta \beta / m$$

(11-2)

式中　Q_v——浆液注入量（m^3）；

　　　λ——浆液损失系数，$\lambda = 1.2 \sim 1.5$；

　　　R——浆液扩散半径（m）；

　　　h——注浆段高（m）；

　　　η——岩层裂隙率（%），根据取芯或经验确定，一般为 $0.5\% \sim 3\%$；

　　　β——浆液在裂隙内的有效充填系数，一般 $\beta = 0.8 \sim 0.9$；

　　　m——浆液的结石率，水胶比与水泥结石率的关系见表 11-3，其他浆液取 $m = 1$。

表 11-3　水胶比与水泥结石率的关系表

水　胶　比	2∶1	1.5∶1	1∶1	0.75∶1	0.5∶1
m 值	0.56	0.67	0.85	0.97	0.99

2. 含水砂层

含水砂层的浆液注入量可按下式计算

$$Q_v = \pi R^2 \eta_s h C$$

(11-3)

式中　η_s——砂层孔隙率，一般 $\eta_s = 30\% \sim 40\%$；

　　　C——与浆液、砂层的种类、充填率等有关的修正系数，一般取 $1.1 \sim 1.3$；

其余符号含义同前。

11.4.3　浆液有效扩散半径

在注浆压力作用下，浆液在岩层裂隙或砂层孔隙间扩散的范围称为扩散半径，而浆液充塞胶结后起堵水或加固作用的有效范围称为有效扩散半径。在裂隙岩层或其他不均匀地层中，由于渗透性和裂隙的各向异性，扩散半径和有效扩散半径的数据相差很大。有效扩散半径的大小与被注地层裂隙或孔隙的大小、浆液的凝胶时间、注浆压力、注浆时间等成正比，与浆液的黏度及浓度成反比。

由于被注地层的各向异性，用理论公式计算的结果往往与实际相差甚远。在实际工作中，通常按经验值选取。在岩层中用 C-S 注浆的经验数据见表 11-4。工程设计中一般取 $4 \sim 6m$。砂层中的化学注浆有效扩散半径较小，一般为 $200 \sim 1000mm$。

表 11-4　岩层内 C-S 注浆扩散半径

裂隙等级	细 裂 隙		中 裂 隙		大 裂 隙
裂隙开度/mm	0.3 ~ 2.0	2.0 ~ 5.0	5.0 ~ 10.0	10.0 ~ 30.0	> 30.0
有效扩散半径/m	2.0 ~ 4.0	4.0 ~ 6.0	6.0 ~ 10.0	10.0 ~ 25.0	> 25.0

在实际工程中，有效扩散半径太小，注浆钻孔数目就要增加，否则就难以达到注浆堵水和加固之目的；若注浆的扩散半径太大，就会造成浆液的流失和浪费。对此，可通过控制浆液的黏度和浓度，调整注浆压力和注浆时间等途径解决。

11.4.4 注浆段高

注浆段高是指一次注浆的长度。注浆段高的划分应以保证注浆质量、降低材料消耗及加快施工速度为原则，在含水砂层中注浆时，若含水砂层厚度大，或上、下的渗透系数相差较大时，每层注浆厚度一般为 0.4 ~ 1.0m。在岩层中注浆时，中小裂隙（裂隙宽度小于 6mm）中段高为 20 ~ 40m，大裂隙中段高为 10 ~ 20m，破碎带中可取 5 ~ 10m。

在注浆工程中，注浆压力具有重要意义。在注浆参数选择中，多以注浆压力为主，其他注浆参数均要适应注浆压力的变化。由于影响注浆压力的因素很多（如静水压力、浆液性质、地质地层条件等），因此，在实际施工时，要结合施工的具体情况对确定的注浆压力进行必要的调整。

11.5　注浆设备

注浆设备是指配制、压送浆液的机具和注浆钻孔机具，这些设备的合理选择与配置是完成注浆施工的重要保证。注浆设备主要包括钻孔机械、注浆泵、搅拌机、混合器、止浆塞、流量计和输浆管路等。当注浆量较大时，通常在地面设注浆站。

1. 注浆站

注浆站是布置造浆和压浆设备的临时建筑，其面积的大小主要与设备的型号、数量及选用的注浆材料有关。一般矿山工程，水泥浆注浆站面积约 200m²，水泥-水玻璃注浆站面积约 300m²。注浆站应尽量靠近受注点，使注浆管路短、弯头少，以减少浆液的压力损失。当附近同时有几个大的注浆工程时，最好用同一注浆站，其位置要适中。

2. 钻孔机械

钻注浆孔主要使用钻探机械、潜孔钻机、潜风锤、气腿式凿岩机和钻架式钻机等。钻探机械选择的依据主要有钻孔深度、钻孔直径、钻孔的角度等，在煤矿使用时还需考虑其防爆性。凿岩机主要用于壁后注浆等浅孔（深度小于 5m）的钻进，钻架式钻机多为立井钻凿炮眼用的伞形钻架（深度可达 10 ~ 15m）。

3. 注浆泵

注浆泵是注浆施工的主要设备。注浆泵要依据设计的供浆量和最大注浆压力来选择。泵压应大于或等于注浆终压的 1.2 ~ 1.3 倍，在注浆过程中应能及时调量调压，并保证均匀供液。双液注浆时，注浆泵应能使双液吸浆量保持一定的比例。

注浆泵的种类很多，按动力分，有电动泵、风动泵、液压泵和手动泵；按压力大小分，有高压泵（15MPa 以上）、中压泵（5 ~ 15MPa）和低压泵（5MPa 以下）；按输送的介质分，有水泥注浆泵和化学注浆泵；按同时可泵送的浆液数量分，有单液注浆泵和双液注浆泵；按用途分，有专用注浆泵和代用注浆泵两种。单腔往复式注浆泵的工作如图 11-6 所示。

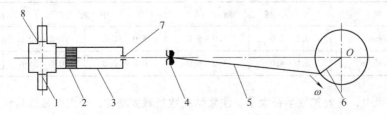

图 11-6　单腔往复式注浆泵工作示意图

1—吸入阀　2—活塞　3—腔体　4—十字头　5—连杆　6—曲柄　7—填料函　8—排出阀

4. 搅拌机

搅拌机是使浆液拌和均匀的机器，它的能力应与注浆泵的最大排浆量相适应。搅拌机的有效容积一般为 $0.8 \sim 2.0 m^3$。

5. 止浆塞

止浆塞是把待注浆的钻孔按设计要求上、下分开，借以划分注浆段高，使浆液注到本段内岩石裂隙部位的工具。它在孔中安设的位置，应是围岩稳定、无纵向裂隙和孔型规则的地方。止浆塞应结构简单、操作方便和止浆可靠。

目前使用的止浆塞分为机械式和水力膨胀式两大类。机械止浆塞主要是利用机械压力使橡胶塞产生横向膨胀，与孔壁挤紧，从而实现分段注浆。机械式止浆塞有孔内双管止浆塞、单管三爪止浆塞和小型双管止浆塞等形式。目前，三爪止浆塞应用范围较广，地面预注浆多采用这种形式，其结构如图 11-7 所示。

单管三爪止浆塞的适用条件及特点是：①可分段上行或下行式注浆；②在套管内或岩石较硬、孔壁完整的裸孔内止浆；③三爪张开后最大直径 150mm；④孔深小于 500m。

6. 混合器

混合器是针对两种浆液混合注浆用的一种专用器具。混合时，浆液将发生一系列物理、化学反应，因此对混合器的技术要求是：

1）混合器保证两种浆液能充分混合均匀，并保证浆液在预定的时间凝固。

2）两种浆液的注浆压力要求不同时，保证不会审浆，以保证浆液不在管路内凝固。

3）有足够的过流断面，并能承受最大注浆压力。

按上述要求，根据不同的施工条件，混合器可分为两类，即孔口混合器和孔内混合器。

孔口球阀混合器结构如图 11-8 所示，主要由两个逆止阀和人字形混合管组成。逆止阀钢球 8 用压缩弹簧 6 复位，防止两液审动，钢球开度用调节轴杆 1 控制。注浆时打开调节轴杆，使两液通过逆止阀进入人字形混合管相遇而混合，并经注浆管继续混合。注浆结束后，为防止孔内高压浆液回流，可用调节轴杆将钢球压紧在球座上。该类混合器主要用于地面注浆，效果较好。

弹簧半球式混合器结构如图 11-9 所示，主要用于工作面和井壁注浆。

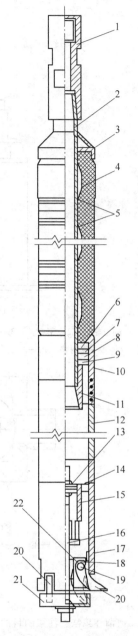

图 11-7　单管三爪式止浆塞结构示意图
1—锁接头　2—芯管　3—上托盘　4—胶塞
5—铅丝　6—限位卡环　7—卡环　8—胶垫
9—卡环　10—下托盘接头　11—厚壁接头
12—中部套管　13—垫圈　14—胶垫活塞
15—活塞筒　16—连杆　17—三爪头
18—弹簧　19—三爪轴销　20—三爪块
21—三爪收拢座　22—支块

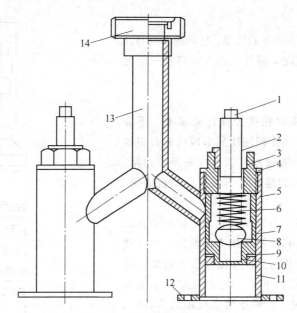

图 11-8　孔口球阀混合器结构示意图

1—调节轴杆　2—密封盖　3—密封圈　4—阀帽　5—阀套　6—压缩弹簧　7—阀座　8—逆止阀钢球
9—密封垫　10—阀座支撑　11—阀体　12—法兰盘　13—人字形混合管　14—活接头

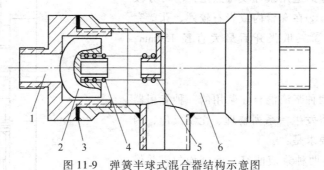

图 11-9　弹簧半球式混合器结构示意图

1—球阀座　2—半球阀　3—垫圈　4—弹簧　5—弹簧座　6—混合室主体

习　题

11-1　何谓注浆法？注浆的目的是什么？

11-2　试分析在不同地层中的注浆原理。

11-3　何谓地面预注浆？

11-4　地面预注浆有哪几种方式？有何特点？

11-5　简述综合注浆法的特点。

11-6　何谓工作面预注浆？

11-7　如何预留止浆岩帽？

11-8　画图说明止浆垫的结构形式。

11-9　简要说明壁内注浆和壁后注浆实施工艺。

11-10　简要说明注浆材料的主要性能。

11-11　简述注浆参数的确定方法。

11-12　止浆塞和混合器的作用是什么？有何要求？

第12章 反井钻进施工技术

12.1 反井钻进施工技术概述

　　反井钻机在 20 世纪 50 年代至 60 年代出现在美国和德国采矿工程领域，它是将隧道掘进机和钻井法凿井机结合形成的井筒施工设备，用于施工矿山地下暗井、溜井、矿仓等导井工程。我国在 20 世纪 80 年代将反井钻机用于煤矿地下工程中，其中 LM-120 型反井钻机于 1986 年第一次应用在开滦赵各庄矿，LM-200 型反井钻机在 1992 年 4 月首次应用于十三陵抽水蓄能电站，完成了直径 1.4m、深度 158m 的反井施工。

　　反井钻进一般采用自上而下钻进导孔，而后由下向上扩孔刷大的施工方式，如图 12-1 所示。

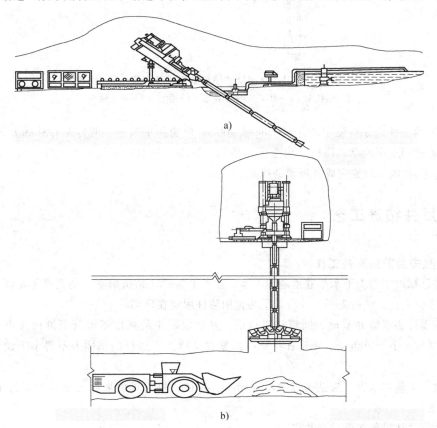

图 12-1　反井钻进施工示意图

a) 导孔钻进（斜井）　b) 扩孔钻进（竖井）

反井钻机的应用前提条件是在工程的下一水平上有开挖好的水平巷道，以便在导孔贯通后，运输、组装扩孔钻头及排渣、通风等。

与传统的钻眼爆破法相比较，反井钻进技术有以下优点：①高度机械化，节省劳动力，降低劳动强度低；②反井钻进施工速度快，工效高；③成本低；④井壁成型好；⑤安全。

12.2　反井钻机组成与布置

反井钻机主要由主机、液压泵站、控制台和钻具四大部分组成。LM-120 型反井钻机的组成及布置如图 12-2 所示。

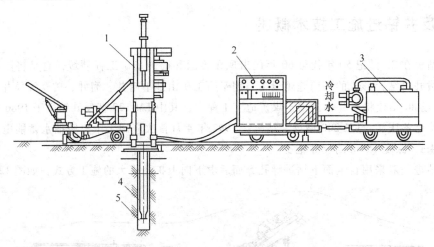

图 12-2　LM-120 型反井钻机的组成及布置示意图
1—钻机车　2—泵车　3—油箱车　4—钻杆　5—导孔钻头

钻机除钻具外，分别装在带有 600mm 或 900mm 轨轮的平车上，可装入 1.5t 罐笼运至井下，经运输巷道运到工作地点。该机采用全液压传动，液压马达驱动钻机钻头旋转，液压缸实现提升、下放，其他液压装置完成各项辅助作业。

12.3　反井钻进工艺

1. 钻机安装前的准备工作

1）将已掘砌完的上下水平巷道清理干净。上水平巷道（钻机硐室）的高度不足时，应局部挑顶，以适应主机工作的需要，并将起吊装置用锚杆固定在顶部。

2）按设计要求做好基础，铺设钻机轨道。基础混凝土的强度不得低于设计或施工方案要求，基础厚度不小于 300mm。用锚杆将钻机固紧在基础上，锚杆的锚固力不得小于设计或施工方案要求。

3）敷设电缆和水管，为钻头提供冷却用水。应在钻机附近的底板上挖一容积为 $10 \sim 30\text{m}^3$ 的循环水池。

4）将反井钻机各部件运到井位。

2. 钻机安装与试运转

钻机到位后，先将主机、泵车、油箱车依其关系定位，安好卡轨器，竖起主机，精心找正主机的垂直度，将地脚螺栓找平紧固，锁好液压锁后进行二次灌浆，两天后即可使用。

钻机安装调整后，全面检查各部件安装是否正确，再开液压泵检查油压是否正常，有无漏油漏水现象，一切正常后，可准备开钻。

3. 导孔钻进

用扶正器扶正钻杆，将孔口铲平，然后以小钻压慢转速将孔开出，及时清理导孔排出的岩渣，不断上下提钻、扫孔并测量，防止偏斜。开孔深度超过 3m 后即可按设计的正常钻进参数钻进。

为防止偏斜，正常钻进时应在靠近钻头的钻杆中加上导向钻杆，逐渐提高钻进速度。对较硬岩石和稳定地层可用较高钻压。若遇松软岩层应用低压钻进，以防偏斜。

每钻完一根钻杆应不停机洗井排渣 1~2min，钻深超过 10m，应洗井 5min，才可停机、停水，连接下一根钻杆。冲洗时间应随孔深增加而相应延长。

导孔将要贯通时，要用低压慢速钻进，避免因突然钻透卸压而造成过大冲击力。

4. 扩孔钻进

导孔钻进完成后，首先将上水平硐室中的循环水系统拆掉，留下冷却水系统为扩孔时冷却刀头及降尘，向中心孔提供冷却水，但水量可适当减小。然后，应对钻机进行必要的检修，并调整钻机的钻速和推进速度。最后，将下水平巷道中的导孔钻头卸下，将扩孔钻头运到孔下，对准钻杆并连接牢固，即可向上扩孔钻进。

扩孔初期由于钻头接触的岩面可能凹凸不平，应先以低压、慢转速钻进，以免滚刀或刀齿受力过大而损坏。待滚刀平稳地接触岩面后，方可正常扩孔钻进。

钻进时，为加强上下水平巷道的联系，应在下水平设专人观察扩孔运行状况，随时向上水平报告。

扩孔钻进参数的选择应随岩层软硬变化情况不断修正，以使钻进顺利进行。

扩孔掉下的岩渣可用下水平巷道中的耙装机清理，但在扩孔钻进时应予停止，并不允许有人在扩孔的下方工作和通行。在不致堵死下通风口的情况下，应留适当厚度的浮渣作缓冲层。

当扩孔至上口 3m 处时，应低压慢速钻进，直到钻头露出上口，然后将扩孔钻头卡固在孔口上的两根短钢梁上，再将钻机拆除运出。最后用三脚架或硐室顶部的锚杆以倒链将钻头提出孔外运出。

钻导孔与扩孔操作中，均应先开水后开钻，先停钻后停水。

12.4　反井钻进施工中应注意的问题

1）导孔钻进时必须保证排渣系统的风、水量和风、水压力正常，以便排净孔内岩渣，防止堵孔。发现排渣不正常应及时停钻处理。

2）钻孔内发现异常声响，应停钻处理。如孔内掉入工具铁物，可用磁铁吸出。

3）扩孔中，严禁在刀刃接触岩面时使液压马达反转，以防发生掉钻事故。若因卡钻出现液压马达停钻时，应使刀刃脱离岩面，降低钻压后再缓慢推进。

4）当用回转箱不能卸下钻杆时，可用辅助卸杆器配合，切勿无限制地加大液压马达的油压往返冲击卸杆。

5）钻孔时若发现偏斜超过设计规定，要及时纠正。

12.5 反井钻井工程实例

350m 砂岩地层 BMC400 钻机反井钻井工程

施 工 方 案

目 录

1 反井钻机施工工艺

反井钻机是连续钻进导井的机械化设备。其施工工艺是将反井钻机安装在上部混凝土基础上，由上向下钻进小直径导向孔，导孔和下部隧洞贯通后，拆掉导孔钻头，连接扩孔钻头，由下向上扩孔（图 12-3）。导孔钻进时破碎下来的岩屑由循环液带出地面，扩孔时破碎下来的岩屑靠自重落到下水平，由装载机或其他装载设备运出。

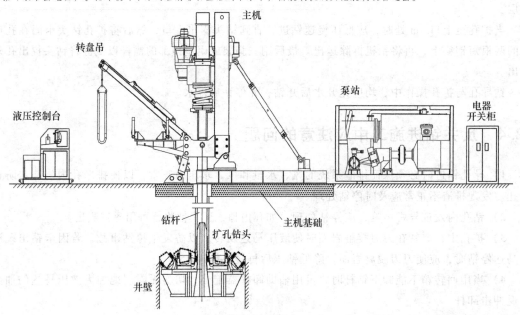

图 12-3 BMC400 型反井钻机施工工艺

1.1　BMC400 主要性能技术参数

导孔直径：270mm

扩孔直径：1.4 ~ 2.0m

设计钻孔深度：400m

钻机最大转矩：101.5kN·m

钻机最大拉力：3000kN

钻机最大推力：2000kN

转速：0 ~ 32r/min

单根钻杆有效长度/质量：1400mm/300kg

1.2　BMC400 钻机及主要辅助设备功率

钻机功率：辅泵功率 18.5kW，控制泵功率 1.1 kW，主泵功率 110kW

辅助设备功率：TBW850/50 型泥浆泵 90 kW，泥浆辅泵 3 kW，冷却水泵 3 kW，照明辅助 4.4kW。

合计使用功率为 230kW。

2　反井钻机施工条件

2.1　施工场地

反井钻机施工平面布置如图 12-4 所示，主要设备布置在待施工井筒上口。设备工作状态占地约长 22m、宽 10m、高 7m。要求场地平整，无坡度。主机基础上平面不低于泥浆池池顶。

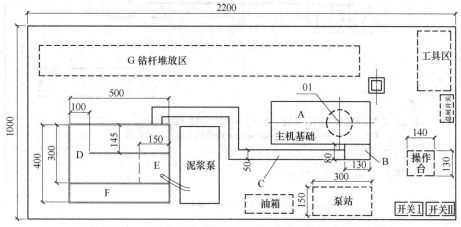

图 12-4　反井钻机现场施工平面布置（单位：cm）

2.2　道路

道路满足 12t 以上设备运输要求。

2.3　设备吊装

反井钻机主要设备及部件见表 12-1，需要有 12t 以上吊车提放钻机和主要设备。

表 12-1　ZFY2.0/400 型反井钻机主要运输件尺寸及质量

名　称	外形尺寸/mm	数　量	质量/t	总质量/t
主机	3200 × 17500 × 1950	1	12.5	12.5
操作台	1700 × 1350 × 1500	1	0.5	0.6
泵站	2260 × 1360 × 1410	1	2.4	2.4
油箱	2150 × 816 × 1600	1	1.85	1.9（含液压油）
扩孔钻头	φ2000 × 1600	1	4.0	4.0
钻杆	φ228 × 1550	260	0.3	78
泥浆泵	4300 × 1400 × 2200	1	3.5	3.5
其他散件				6.7
合计				109.6

2.4 钻机混凝土基础

在井筒正上方布置钻机基础（图12-5）。要求场地平整，清理到完整基岩，基础混凝土强度等级不小于C25。

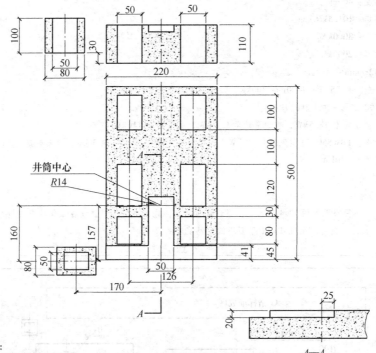

说明：
1. 基坑必须开挖到完整基岩，井筒中心φ80cm范围内基岩保持水平、无破碎，允许深挖；井筒中心220cm见方范围内基础厚度为110cm，其余处厚度≥80cm。
2. 基础上平面高于地面5～20cm。
3. 基础混凝土强度等级不低于C25。

图12-5 反井钻机施工主机基础（单位：cm）

2.5 工程供电

固定电源供电，线路接至施工现场。电压380V或660V，总功率不小于230kW。预计工程用电量；导孔期间70000kW·h，扩孔期间55000kW·h，合计用电量共125000 kW·h。

2.6 工程供水

供水管路接至施工现场。24h持续供水，出水量不小于15～20m³/h。预计工程总用水量为12000m³。

2.7 工程材料供应

工程所需调配泥浆用黏土约10～60t、基础浇注及灌浆用水泥10～150t。根据具体的地质条件确定使用量。

2.8 辅助照明

反井钻机采用24h连续作业，为保证夜间施工，在钻机、开关柜、泥浆泵、循环池等位置分别设置不小于200W的照明灯。

2.9 工程环境

本项目施工要求环境温度不大于30℃，并具备良好的通风条件。

2.10 工程垃圾

钻井过程中，导孔阶段在上水平巷道产生共约30m³细碎岩渣，一般将其均铺于钻机周围工作面上，多余的岩渣需运到指定地点；扩孔阶段在下水平巷道产生共约1700m³细碎岩渣，及排放约10000m³冷却用水。其中，扩孔正常工作时均匀产生的岩渣约为40m³/24h，均匀排放的水约为230m³/24h。

钻机工作中产生的岩渣和排放的污水需定时清理。

2.11　其他条件

施工管理人员后勤相关条件，如住宿、用餐、医疗、交通等生活必需条件。

3　反井钻井施工程序及工期安排

3.1　正常施工

1）待施工井筒上方工作面环境达到要求后，必须开挖到比较完整的基岩，进行必要找平之后，开挖约 $8m^3$ 的反井钻机基坑。

2）浇筑一期混凝土基础，预留出地脚螺栓孔的位置。

3）混凝土基础凝固后，反井钻机等设备吊装就位。

4）开挖并修建泥浆循环池、沉淀池。

5）浇筑二期混凝土基础，固定主机位置。

6）系统管路安装，调试及试运转。

7）导孔钻进。自上而下钻进直径 270mm 导向孔，直至钻透 350m 地层。

8）拆导孔钻头，接装直径 2000mm 扩孔钻头。

9）扩孔钻进。自下而上刷大井筒至 2m 直径，扩至工作面主机基础位置。扩孔钻进同时，定时清理下水平巷道产生的岩渣和排放的污水。

10）扩孔结束，进行设备吊装和清场。

对照以上十道工序，工期共四个月，具体安排如图 12-6 所示。

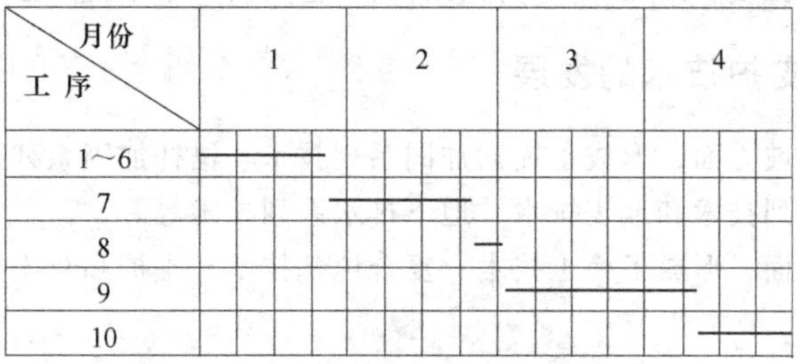

工序 \ 月份	1	2	3	4
1～6	━━━			
7		━━		
8		━		
9		━━━		
10				━━

图 12-6　反井钻机施工进度

3.2　特殊处理

导孔期间，施工可能不定期地受到地质环境（如断层、破碎带）等情况的影响，导致洗井液（泥浆）漏失，不能正常钻进，此时需提钻进行水泥浆灌注处理。每次处理时间平均为 5d，工期相应顺延。

习　　题

12-1　说明反井钻进技术的优点。

12-2　反井钻机由哪些部分组成？

12-3　试分析导孔钻进的技术要点。

12-4　反井钻进中应注意哪些问题？

第13章 软岩巷道施工

13.1 软岩施工概述

松软岩层具有松、散、软、弱四种不同属性。所谓"松",系指岩石结构疏松,密度小,孔隙度大;"散",指岩石胶结程度很差或有未胶结的颗粒状岩层;"软",是指岩石强度很低,塑性大或黏土矿物质易膨胀;"弱",则指受地质构造的破坏,形成许多弱面,如节理、片理、裂隙等破坏了原有的岩体强度,易破碎,易滑移冒落,但其岩石单轴抗压强度还是较高的。

13.1.1 软岩工程支护技术的发展

在软岩边坡加固护坡方面,形成了锚索加固系列技术、锚杆加固系列技术、钢筋混凝土格栅状护坡技术、抗滑桩系列技术和地表排水、地下排水系列技术等。

在软岩基坑处理方面,形成了换土技术、复合地基技术、土桩和灰土桩技术、砂桩技术、高压注浆技术、强夯技术。

在城市软岩地下工程方面,形成了沉井技术、盾构技术、顶棚支护技术,以及沉管、箱涵顶进等技术。

在软岩巷道支护方面,形成了锚喷、锚网喷、锚喷网架支护系列技术、钢架支护系列技术、钢筋混凝土支护系列技术、料石碹支护系列技术、注浆加固系列技术和预应力锚索支护系列技术。

13.1.2 软岩施工的特点

在松软岩层中施工巷道,掘进较容易,维护却极其困难,采用常规的施工方法和支护形式、支护结构往往不能奏效,因此,软岩支护问题是井巷施工中很关键的问题。由于不同地下工程施工区域松软岩层的组成、结构和性质差异很大,迄今为止还没有一种能适应不同地区的施工方法和支护方式。尽管如此,经过多年的实践和研究,我国还是逐步摸索出一些松软岩石巷道施工的基本规律和应当注意的问题,其中最主要的是必须根据岩层性质和地压显现的特点选择合理的支护方式、支护结构,正确选择巷道位置和断面形状,同时要加强巷道底板的管理,采用合理的掘进破岩工艺以及对围岩进行量测监控等。如能结合工程的具体地质条件,采取相应的技术措施,就有可能比较顺利地在松软岩层中进行施工,并使巷道易于维护而处于稳定状态。

13.1.3 软岩的基本力学属性

软岩有两个基本力学属性:软化临界荷载和软化临界深度。它们揭示了软岩的相对性实质。

1. 软化临界荷载

软岩的蠕变试验表明,当所施加的荷载小于某一荷载水平时,岩石处于稳定变形状态,蠕变曲线趋于某一变形值，随时间延伸而不再变化；当所施加的荷载大于某一荷载水平时，岩石呈现明显的塑性变形加速现象，即产生不稳定变形。这一荷载称为软岩的软化临界荷载，即能使岩石产生明显变形的最小荷载。

当岩石种类一定时，其软化临界荷载是客观存在的。当岩石所受荷载水平低于软化临界荷载时，该岩石属于硬岩范畴；当岩石所受的荷载水平高于该岩石的软化临界荷载时，则该岩石表现出软岩的大变形特性，此时的岩石被视为软岩。

2. 软化临界深度

与软化临界荷载相对应，存在着软化临界深度。对特定矿区，软化临界深度也是一个客观量。当巷道位置大于某一开采深度时，围岩产生明显的塑性大变形、大地压和难支护现象；但当巷道位置较浅，即小于某一深度时，大变形、大地压现象明显消失。这一临界深度称为岩石的软化临界深度。

软化临界深度的地应力水平大致相当于软化临界荷载。

13.2　软岩分类与分级

进入软岩状态的矿井，其软岩种类是不同的，其强度特性、泥质含量、结构面特点及其塑性变形力学特点差异很大。根据上述特性的差异及产生显著塑性变形的机理，软岩可分为四大类，即膨胀性软岩（也称低强度软岩）、高应力软岩、节理化软岩和复合型软岩。

1. 膨胀性软岩的分级

膨胀性软岩，是指含有黏土高膨胀性矿物、在较低应力水平（小于 25MPa）条件下即发生显著变形的低强度工程岩体。通常软岩定义中所列举的软弱、松散的岩体，膨胀、流变、强风化的岩体以及指标化定义中所述的抗压强度小于 25MPa 的岩体，均属于低应力软岩的范畴。

产生塑性变形的机理是片架状黏土矿物发生滑移和膨胀。在实际工程中，一般的地质特点是以泥质岩类为主体的低强度工程岩体。由于低应力软岩的显著特征是含有大量黏土矿物而具有膨胀性，因此，根据低应力软岩的膨胀性大小可以分为强膨胀性软岩（自由膨胀变形大于 15%）、中膨胀性软岩（自由膨胀变形为 10%~15%）和弱膨胀性软岩（自由膨胀变形小于 10%）。

2. 高应力软岩的分级

高应力软岩，是指在较高应力水平（大于 25MPa）条件下才发生显著变形的中高强度的工程岩体。这种软岩的强度一般高于 25MPa，其地质特征是泥质成分较少，但有一定含量，砂质成分较多，如泥质粉砂岩、泥质砂岩等。它们的工程特点是，在深度不大时，表现为硬岩的变形特征；当深度加大至一定深度以下，就表现为软岩的变形特征。其塑性变形机理是处于高应力水平时，岩石骨架中的基质（黏土矿物）发生滑移和扩容，此后再接着发生缺陷或裂纹的扩容和滑移塑性变形。

根据高应力类型不同，高应力软岩可细分为自重高应力软岩和构造高应力软岩。前者的特点是与深度有关，与方向无关；后者的特点是与深度无关，而与方向有关。高应力软岩根据应力水平分为三级，即高应力软岩、超高应力软岩和极高应力软岩。

高应力的界线值是根据国际岩石力学学会定义的软岩概念（$\sigma_c = 0.5 \sim 25\text{MPa}$）而确定的，即能够使 $\sigma_c > 25\text{MPa}$ 的岩石进入塑性状态的应力水平称为高应力水平。

3. 节理化软岩的分级

节理化软岩，是指含泥质成分很少（或几乎不含）的岩体。这种软岩发育了多组节理，其中岩块的强度颇高，呈硬岩力学特性，但整个工程岩体在巷道工程力的作用下则发生显著的变形，呈现出软岩的特性，其塑性变形机理是在工程力作用下，结构面发生滑移和扩容变形。此类软岩可根据节理化程度不同，细分为镶嵌节理化软岩、碎裂节理化软岩和散体节理化软岩。根据结构面组数和结构面间距两个指标可细分为三级，即较破碎软岩、破碎软岩和极破碎软岩。

4. 复合型软岩

复合型软岩是指上述三种软岩类型的组合，即高应力-膨胀性复合型软岩；高应力-节理化复合型软岩；高应力-节理化-膨胀性复合型软岩。

软岩工程分类及分级见表 13-1。

表 13-1　软岩工程分类及分级总表

软岩分类	分类指标			软岩分级	分级指标		
	抗压强度 /MPa	泥质含量	结构面		w_p（％）	σ_r/MPa	膨胀矿物组合
膨胀性软岩	< 25	> 25%	少	弱膨胀性软岩	< 10	15 ~ 30	S、I
				中膨胀性软岩	10 ~ 50	5 ~ 15	I、K
				强膨胀性软岩	> 50	< 5	M、M/I
高应力软岩	> 25	< 25%	少		深度比 A		
				高应力软岩	0.8 ~ 1.2		
				超高应力软岩	1.2 ~ 2.0		
				极高应力软岩	> 2.0		
节理化软岩	低 ~ 中等	不含	多组		节理组数	节理间距/m	完整系数
				较破碎软岩	1 ~ 3	0.2 ~ 0.4	0.55 ~ 0.35
				破碎软岩	≥3	0.1 ~ 0.2	0.35 ~ 0.15
				极碎软岩	无序≥3	< 0.1	< 0.15
复合型软岩	低 ~ 高	含	少、多组	根据具体条件进行分类和分级			

注：w_p 为干燥饱和吸水率；σ_r 为单轴抗压强度（MPa）；S 为绿泥石；I 为伊利石；K 为高岭石；M 为蒙脱石；M/I 为伊-蒙混层矿物。

13.3　软岩巷道围岩变形特征与变形量

围岩变形是衡量软岩巷道矿压显现强烈程度和维护状况的重要指标。研究和预测巷道的围岩变形规律、特征和变形量，以便合理选择巷道的支护形式和参数，最大限度地利用围岩自身强度，避免目前软岩巷道中经常遇到的支护多次破坏和频繁翻修的困难局面，对改善软岩巷道维护具有重要意义。

13.3.1　软岩巷道围岩变形特征

软岩的力学性质对围岩稳定性有重要影响。根据大量地下工程观测，可归纳出软岩巷道的围岩变形有以下特征；

1）围岩变形有明显的时间效应。表现为初始变形速度很大，变形趋向稳定后仍以较大速度产生流变，且持续时间很长，有的达数年之久。如不采取有效的支护措施，则由于围岩变形急剧加大，势必导致巷道失稳破坏。这种变形特性明显地表现出蠕变的三个变形阶段，即减速蠕变、定常蠕变和加速蠕变。

2）围岩变形有明显的空间效应。其一表现为围岩与掘进工作面的相对位置对其力学状态的影响，通常在距工作面一倍巷宽以远的地方就基本上不受掘进工作面的制约；其二表现为巷道所在深度不仅对围岩的变形或稳定状态有明显影响，而且影响程度比坚硬岩层大得多。

3）软岩巷道不仅顶板下沉量大和容易冒落，而且底板也强烈鼓起，并常伴随有两帮剧烈位移。尤其是黏土层，浸水崩解和泥化引起的底鼓更为严重。因此，防止水的浸蚀和底板的治理成为软岩巷道支护的重要问题。

4）围岩变形对应力扰动和环境变化非常敏感。表现为当软岩巷道受邻近开掘或修复巷道、水的浸蚀、支架折损失效、爆破震动以及采动等的影响时，都会引起巷道围岩变形的急剧增长。

此外，软岩巷道的自稳时间短。由于上述因素的差异，松软围岩的自稳时间通常为几十分钟到十几小时，有的顶板一暴露就立即冒落，这主要取决于围岩暴露面的形状和面积、岩体的残余强度和原岩应力。因此在决定巷道掘进方式和支护措施时，必须考虑到巷道围岩的自稳时间。

13.3.2　巷道围岩变形量的构成

在未经采动的松软岩体内开掘巷道时，其围岩变形量主要由以下三部分组成（图 13-1）：

1）掘巷引起的围岩变形量，它一般发生在巷道掘进的初期。

2）围岩流变引起的变形量，它在巷道整个服务期内都会发生。

3）巷道受各类扰动引起的变形量，如巷道维护过程中，因支架损坏，支护阻力发生变形，巷道附近支架翻修或开掘新的巷道，以及泥岩遇水和巷道积水增加等。

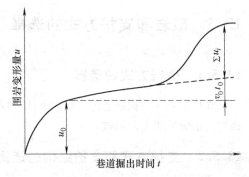

图 13-1　软岩巷道围岩变形量组成
u_0—掘巷引起的变形量　$v_0 t_0$—巷道流变量
$\sum u_i$—扰动和浸水引起的变形量

因此，软岩巷道的围岩变形量可用下式表示

$$u = u_0 + v_0 t_0 + \sum u_i$$

式中　u——巷道服务期间内的围岩变形量（mm）；

u_0——开掘巷道引起的围岩变形量（mm）；

v_0——掘巷影响趋向稳定期间内的围岩平衡流变速度（mm/d）；

t_0——巷道的服务时间（d）；

$\sum u_i$——巷道受扰动期间的变形量（mm），其中 $i = 1, \cdots, n$，为受扰动次数。

13.4　巷道位置和巷道断面形状的选择

13.4.1　合理选择巷道位置

合理选择巷道位置是保证巷道处于稳定状态最关键的决策之一。选择巷道位置应着重考虑以下两个方面：

1. 岩石性质

应尽量将巷道布置在遇水膨胀量小、质地均匀、较坚硬的岩石内。在同一条巷道内，即使围岩性质只有微小的差异，巷道压力的显现也有明显的差别。

2. 支承压力的影响

实践证明，回采动压是造成矿（岩）层底板岩石大巷破坏的主要原因。矿层开采以后，其底板岩石大巷的压力就有明显的增加。底板岩石大巷与矿层距离的大小和采矿方式有关。

除了避免支承移动压力的影响外，还必须避开采场上下固定支承压力的影响范围，应把巷道布置在应力降低区或原岩应力区内。

13.4.2 巷道断面形状的选择

由于松软岩层地质情况非常复杂，巷道支护不单纯受岩层的重力作用，有时周围都受到很大的膨胀压力，甚至有的巷道的侧压比顶压大几倍。若采用常规的直墙半圆拱或三心拱形或切圆拱断面显然难以适应，往往造成巷道的破坏和失稳。因此，合理选择断面形状对维护松软岩层巷道的稳定尤为重要。

巷道断面形状，主要应根据地压的大小和方向来选择。若地压较小，选用直墙半圆拱形是合理的；若巷道周围均受到很大的压力，则以选择圆形巷道断面为宜；若垂直方向压力特别大而水平压力较小时，则选用直立椭圆形断面或近似椭圆形断面是合理的；若水平方向压力特别大而垂直方向压力较小时，则应选用曲墙或矮墙半圆拱带底拱、高跨比小于 1 的断面或平卧椭圆形断面。

13.5 破岩和支护方式的选择

13.5.1 破岩方式的选择

在松软岩层中掘进巷道，破岩方法最好以不破坏或少破坏巷道围岩为原则。若采用钻眼放炮破岩，也应采用光面爆破。

13.5.2 支护方式和支护结构的选择

在松软岩层中，巷道一经掘出，若不及时控制，则围岩变形发展很快，甚至围岩深处也有不同程度的位移，继而可能出现围岩破碎、流变以致垮落。如果架设一般的梯形支架，可能会出现断梁、折腿等现象；即使采用拱形料石或混凝土整体支护，也常因巨大的不均匀地压作用而导致巷道失稳和破坏。为了解决松软岩层巷道的支护问题，许多高等学校、科研单位和生产单位一直在加强这方面的研究工作，并已取得了一些成果，主要结论是对于这种特殊的不良地层，其支护结构应有"先柔后刚"的特性，一般需要二次支护。

松软岩层的地压显现属于变形地压，初始支护应按照围岩与支架共同作用的原理，选用刚度适宜的、具有一定柔性或可缩性的支架。它既允许围岩产生一定量的变形移动，以发挥围岩自承能力，同时又能限制围岩发生大的变形移动。锚喷支护是具有上述特性的支护形式，因而是一种比较理想的初始支护结构。此外，U 形金属可缩性支架也基本符合上述要求，也可用作初始支护。

二次支护的作用在于进一步提高巷道的稳定性和安全性，应采用刚度较大的支护结构。若采用锚喷支护作为初始支护时，二次支护仍可采用锚喷支护。在重要工程或地压特大地段，在喷射混凝土中还应增加钢筋网和金属骨架，即构成锚喷网金属骨架联合支护结构。锚喷支护总厚度以 150～200 mm 为宜。锚杆长度一般根据开巷后的塑性区范围而定。

在软岩巷道中，塑性区范围一般在 2～3m，有时可能超过 3～5m，此时采用长短结合锚杆较好，长锚杆大于 1.8m，短锚杆在 1m 左右。长锚杆可以抑制塑性区的发展，而短锚杆可以积极加固松动圈的围岩，使其构成稳定的承载环。在锚杆的长距比相同的情况下，采用短而密的锚杆比长而疏的锚杆效果好。

二次支护应在围岩地压得到释放、初始支护与围岩组成的支护系统基本稳定之后进行。围岩变形趋于稳定的时间，不仅取决于岩层本身物理力学性质，而且与初始支护时的支架刚度密切相关，因此它的变形范围往往很大。为了保证二次支护的效果，最好进行围岩位移速度和位移量的量测，并绘出相应的变化曲线，如图 13-2 所示。取位移速度和位移量的峰值下降后所对应的时间 t_0 作为二次支护时间比较稳妥可靠。

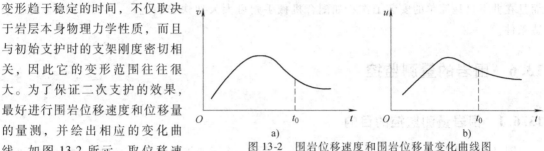

图 13-2　围岩位移速度和围岩位移量变化曲线图
a）围岩位移速度变化曲线图　b）围岩位移量变化曲线图

应该指出的是，由于不同区域松软岩层的工程地质条件千差万别，必须从实际出发，选用适合本区域岩层特点的支护形式。如有的地层岩石流变很突出，若不立即封闭，围岩就要流动。类似这种情况，不必非采用二次支护，可从支架的结构上采取措施，使之具有一定的可缩量，以便有效地抵御形变地压，仅采用一次支护就可使巷道稳定。有的巷道围岩变形长期不能稳定，二次支护时间不易控制，有可能初始支护就需要多次，对于这种情况，要等到巷道基本稳定之后，才能进行最后一次支护（即所谓二次支护）。

13.5.3　软岩巷道的联合支护

在非常松软破碎的岩层中，仅使用某种单一的支护方法往往不能达到预期的效果。因此近年来我国有些矿区采用了喷射混凝土或锚喷-可缩金属支架、喷射混凝土-砌块或混凝土弧板-回填注浆等联合支护方法，取得了很好的支护效果。虽然联合支护的工艺复杂，成本高，成巷速度较慢，但使用这类支护的巷道能长期保持稳定、减少翻修和保证正常生产，因此它特别适用于围岩条件差的重要地段，如马头门、井底车场的重要硐室、主要运输和通风大巷等。

1. 锚喷和 U 型钢联合支护

应用这种支护方式的工艺及施工顺序为：

1）采用光面爆破掘进，使围岩周边规整，减少超挖。

2）掘后立即喷射一层厚度为 30～50mm 的混凝土，封闭围岩。

3）及早打锚杆，锚杆长度为 1.6～1.9m，用树脂锚杆或钢筋砂浆锚杆，长短结合。

4）安装 U 型钢可缩支架、钢筋网背板及隔离层。

5）进行架后充填。

6）架设 U 型钢底梁，用混凝土浇筑底板，砌筑水沟，铺设轨道。

2. 锚喷和砌碹联合支护

先锚喷后砌碹的联合支护形式能适应软岩巷道围岩初期来压快、变形剧烈的特点。对于这类巷道，采用二次支护比一次支护更有利于巷道的稳定。第一次锚喷支护时，先封闭围岩，让锚喷与围岩一起变形；经过初期和后期释放能量和变形之后，喷层可能出现裂纹，可补喷一次；在围岩变形速度趋向基本稳定后，再进行砌碹。在砌体和锚喷之间进行充填，充填材料具有一定的可缩性，能进一步释放围岩能量，使碹体处于有利的受力状态。

3. 锚喷和弧板联合支护

混凝土弧板（或钢筋混凝土弧形板）支护是一种全封闭的整体衬砌支护，它能较好地约束围岩变形，对相应的变形压力有较高的承载能力。混凝土弧板支护不仅承载均匀，承载能力大，而且可把大量的支架加工工作放到地面进行。这样可保证支架的加工质量和强度要求，而且在井下只是简单的安装工作，如配合机械手则可大大加快安装速度，从而为快速掘进创造条件。

13.6　围岩的量测监控

13.6.1　围岩量测监控的目的

围岩的量测监控工作是软岩巷道施工必不可少的一个重要组成部分。一方面，通过观测可及时准确地掌握围岩变形力学形态随时间的变化情况，在此基础上调整支护结构和参数的合理性，妥善安排施工工艺过程；另一方面，监测工作也为软岩支护设计、施工提供了依据，可以实行动态管理。软岩工程监测的目的可以概括为以下几点：

1. 监测设计支护参数的正确性

由于岩体生成条件和地质作用的复杂性，地下工程软岩的稳定性受到施工方法、开挖顺序、支护方法、支护时间及围岩的物理力学性质等诸多因素的影响，使得软岩工程支护设计很难准确地适应围岩的力学性质，所以通过施工过程中对某些参数进行现场监控测量，例如围岩表面收敛变形测量，围岩深部位移测量，围岩松动圈发展变化过程的监测，围岩与支护的变形与应力测量等，往往能认清许多模糊因素所导致的开挖后围岩和支护上出现的力学行为，从而能验证支护设计的正确性，监督施工进程。同时通过上述测量信息的反馈，可以及时对原设计支护形式或者支护参数进行修正提供科学的依据。例如，巷道变形过快，经过一定的时间（如 2 ~ 3 个月）变形仍不能稳定在很小的范围内，或者总变形量超过了设计预留变形量时，则说明锚固体厚度或组合拱强度不够，支护参数不合理，此时应补打锚杆，或把锚杆加长。如果巷道一侧变形量过大而另一侧过小，这就可能使巷道形状发生变形而出现失稳现象，此时应在变形大的一侧打加强锚杆，在有可能失稳的部位打长锚杆，且加密布置。

2. 合理确定喷射混凝土的时间

一次支护后由于围岩应力的释放，喷射混凝土支护不能适应巷道较大的变形，致使第一次喷层有一定数量的破坏，因此需进行二次喷射，即二次支护。第二次喷射混凝土的时间是一个十分重要而又难以确定的问题，目前的方法主要通过对围岩松动圈、围岩变形收敛值及收敛速度的监测，判断出围岩变形趋向稳定，然后进行复喷。此外，还应注意的是巷道变形稳定进行复喷后，如果因相邻巷道的掘进或采动影响可能产生新的应力活动，从而造成围岩松动圈厚度值的继续变化，以至于围岩变形加大使得喷层开裂、破坏或剥落，这均属正常现象，不是支护的失败。这时应根据观测结果，在巷道重新稳定后进行维护，也就是三次喷射混凝土。

3. 确定合理的预留变形量

由于大松动圈软岩巷道的围岩表面收敛变形量大，在巷道断面设计时必须预留一定的围岩表面收敛变形量，以备变形收缩到一定程度时不至于影响巷道的使用和有利于巷道的维修。巷道所在岩层越不稳定，松动圈厚度值越大，服务时间越长或者受采动影响的程度越严重，巷道的断面设计预留变形量也就需要更大些。一般巷道根据实测可以获得最符合实际的预留变形量。

13.6.2　围岩量测监控的内容及方法

工程观测的内容较多，一般有三个方面：一是位移（变形）量测，如围岩表面收敛变形（包括两帮收敛，拱顶下沉和底板鼓起）、围岩内部位移、围岩松动圈厚度值等；二是应力量测，如原岩（围岩）应力量测等；三是支护结构上的压力量测，如锚杆内力、接触压力、喷层应力等。如果仅从工程管理需要出发，只需要进行围岩表面收敛变形、围岩松动圈厚度值或围岩内部位移，锚杆应力（或拉拔力）的量测即可。

1. 表面位移量测

巷道围岩表面位移直观地反映了地压的活动规律，而位移量、位移速率、位移随时间的变化规律和围岩最终的位移量则是指导施工、评定围岩稳定的重要指标。

巷道围岩表面位移的量测仪器很多，例如用收敛计可测量巷道的收敛变形，用水准仪可测量顶板下沉量和底鼓量。

2. 围岩内部位移量测

围岩内部位移量测的主要目的是为了准确判断巷道围岩松动圈、塑性变形区和弹性变形区的范围，尤其是松动圈厚度值的大小及其发展趋势。这些是衡量围岩稳定性、检验支护效果及确定锚喷支护参数的依据。围岩内部位移量测可采用单点或多点位移计。以量测点距岩石壁面距离为横坐标，以各测点围岩位移为纵坐标，作围岩内部位移曲线，则根据该曲线的斜率变化，即可判断出松动圈和弹塑性变形区的范围。

3. 锚杆锚固力量测

锚杆的锚固力可用中空千斤顶式的锚杆拉力计来量测。锚杆的应力状态，可用专门设计的空心锚杆（聚氯乙烯塑料管内壁用 101 号胶粘贴电阻片）来测定，以检验锚杆不同深度处的受力状态，从而能推知围岩内应力重新分布的情况，进而可调整锚杆的设计参数。

4. 其他量测

（1）围岩松动圈量测　利用围岩松动圈声波测试仪测试松动圈厚度值。其原理是：声波在巷道围岩的不同区域具有不同的波速，应力降低区（松动圈内）为低速区，应力升高区（弹塑性区）为高速区，实测围岩在不同深度的声波传播速度即可确定松动圈的范围，其拐点处即为松动圈的边界点。用此实测松动圈厚度值与其设计时的预测值相比较，可以判断支护参数的合理性及可靠性。

（2）接触应力量测　对于重要工程的大断面巷道，还要进行接触应力的量测。可采用电阻应变砖和钢弦压力盒等测试元件。根据测量结果，可以了解喷层的受力状态，有助于设计喷射混凝土的厚度。

（3）构造应力场量测　地应力特大的矿区，还应量测构造应力场，这对巷道合理布置，减轻地应力对巷道支护的破坏影响具有重要意义。理论和实践证明，巷道沿最大主应力的作用方向布置比较有利。如果巷道走向垂直最大主应力的作用方向，则巷道围岩中受力变形现象比较严重，易使巷道的稳定状态恶化，导致失稳破坏。

通过这些量测数据，有助于评价围岩的稳定程度，可以论证各设计参数是否合理和评价支护效果。这些数据也是修改设计和确定二次支护时间的依据。

习 题

13-1 何谓软岩？有何特点？

13-2 简要分析软岩施工特点。

13-3 软岩如何分类？

13-4 试分析软岩巷道的围岩变形特征。

13-5 软岩巷道如何选择巷道位置和断面形状？

13-6 软岩巷道如何选择支护方式和支护结构？

13-7 简述软岩工程监测的目的。

13-8 简述围岩量测监控的内容及方法。

第5部分

地下工程施工组织与管理

第14章 施工准备

施工准备是整个工程建设的序幕和整个工程按预期开工的重要保证，是直接影响工程施工速度的重要因素。只有做好施工准备工作，才可能为工程的正常施工创造必要的条件，避免或减少停工、窝工现象，使各类工程相互协调，紧密衔接，最大限度地发挥各生产要素的作用，加快工程施工进度，保证工程施工质量，节约工程施工成本。

施工准备一般是分阶段进行的，在开工前的准备工作比较集中，开工以后随着工程施工的进展，各种工序之前也有相应的准备工作。

施工准备阶段，由于工程内容多，工作繁杂，必须进行周密安排，尽量缩短准备时间（又叫施工准备期）。准备期一般从施工人员进入开始到工程正式开挖时结束。一个单位（项目部）施工多个单位工程（如相邻的竖井井筒，前后相连的山岭隧道、地铁区间隧道与车站等）时，一般以第一个工程开工为施工准备期的结束。

施工准备按其性质及内容主要包括技术准备、物资准备、组织准备、工程准备等。

14.1 技术准备

技术准备是施工准备中最重要的内容之一。任何技术的差错或者隐患都可能危及人身安全和引起质量事故，造成巨大的损失。认真做好施工技术准备工作是工程顺利进行的保证，其主要内容有以下几方面：

1. 熟悉、审查图样和有关设计资料

1）了解设计意图，对工程性质、平面布置、工程结构形式要认真研究、掌握。

2）相关设计文件及说明是否符合国家有关的技术规范，设计图样及说明是否完整，图样之间是否有矛盾等，都应审查弄清。

3）对工程作业难易程度作出判断，明确工程的工期要求。

4）工程使用的材料、配件、构件等采购供应是否有问题，能否满足设计要求。

2. 原始资料调查分析

（1）自然条件调查　地下工程施工自然条件调查应包括地形情况调查、地质调查、水文地质调查、气象资料调查和地下障碍物调查等许多方面。地形情况调查包括地形地貌，河流，交通，工程区域附近建筑物的情况等；地质调查包括地层构造、性质，围岩类别和抗震级别；水文地质调查包括附近河流流量、水质、最高洪水水位、枯水期水位，地下水的质量、含水层厚度、流向、流量、流速、最高和最低水位等；气象资料调查包括气温情况、季风情况、雨量、积雪、冻结深度、雨季及冬季的期限；地下障碍物调查包括各种地下管线、地下防空洞、附近建筑基础、文物等。

（2）技术经济调查　地下工程施工技术经济调查应包括工地附近可能利用的场地，需要拆迁的建筑，可以租用的民房等；当地可以利用的地方材料和供应量；交通运输能力，当地可能提供的交通运输工具，以及修建为施工服务的临时运输通道、桥涵、码头等的可能性与条件；水、电、通信情况；当地可能支援的劳动力的数量及技术水平；医疗卫生、文化教育、消防治安等机构的供应和支持能力。

3. 确定工程的测量网

根据获得的工程控制测量的基准资料，进行复测和校核，确定工程的测量网。

4. 确定施工方案，补充和修改施工设计

根据补充调查和收集的资料，确定施工方案，补充和修改施工设计。

5. 编制施工图预算和施工预算

按照确定的施工方案和修改的施工图设计，根据有关的定额和标准，编制工程造价的经济文件。

6. 规划好技术组织

配齐工程项目施工所需各项专业技术人员、管理人员和技术工人；对特殊工种制定培训计划，制定各项岗位责任制和技术、质量、安全、管理网络和质量检验制度；对采用的新结构、新材料、新技术，组织力量进行研制和试验。

7. 进行技术交底

技术交底分为施工技术交底和安全技术交底。施工技术交底是一项重要的技术管理制度。安全技术交底是对施工过程中存在较大安全风险的项目提出技术性的安全措施。

施工技术交底的类型有设计交底、施工组织设计交底、施工方案交底、设计变更交底等。施工技术交底的内容主要包括施工工艺与方法、技术要求、质量要求、安全要求及其他要求等。

技术交底应分层次展开，直至交底到施工操作人员。交底必须在作业前进行，并有书面交底资料。技术交底必须执行交底签字制度，负责交底人员应认真填写表格并签字，接受交底人也应在交底记录上签字。交底资料和记录应由交底人或资料员进行收集、整理，并妥善保存，竣工后作为工程档案进行归档。

14.2 物资准备

物资准备主要是根据施工预算、材料需用量计划进行货源落实，办理订购或直接组织生产，按供应计划落实运输条件和工具，分期分批合理组织物资运输、进场，按规定地点、方式储存或堆放。应合理采购材料，综合利用资源，尽可能就地取材，利用当地或附近地方材料，减少运输，节省费用；合理和适当集中设置仓库和布置材料堆场位置，以方便使用和管理。此外，物资准备还包括构（配）件和制品的委托加工、运输、进场，按规定地点和要求堆放。

物资准备一般分成材料准备和工程施工机械准备两方面。

14.2.1 材料准备

构成工程实体的工程原材料、成品及半成品等材料的费用，通常是构成工程成本的主体。做好材料准备工作，是工程质量和工期的重要保证。材料准备要求做到既保证工程施工的需要，又要避免挤压浪费。重点应做好如下工作：制定和落实材料管理制度，编制材料计划，探索材料节约途径等。

1. 材料管理制度

材料管理应建立材料管理岗位责任制，严格限额领料制度。施工项目经理是现场材料管理全面领导责任者；施工项目经理部主管材料人员是施工现场材料管理直接责任人；班组料具员在主管材料员业务指导下，协助班组长组织和监督本班组合理领、用、退料。

（1）进场验收要求 材料进场时必须根据进料计划、送料凭证、质量保证书或产品合格证，进行材料的数量和质量验收。验收工作按质量验收规范和计量检测规定进行。验收内容包括品种、规格、型号、质量、数量、证件等。验收要做好记录、办理验收手续；要求复检的材料应有取样送检证明报告；对不符合计划要求或质量不合格的材料应拒绝接收。

（2）储存与保管要求 实现对库房的专人管理，明确责任。进库的材料要建立台账。现场的材料必须防火、防盗、防雨、防变质、防损坏。施工现场材料的放置要按平面布置图实施，做到标志清楚、摆放有序、合乎堆放保管制度。对于易燃、易爆、有毒、有害危险品，要有专门库房存放，制定安全操作规程并详细说明该物资的性质、使用注意事项、可能发生的伤害及应采取的救护措施，严格出、入库管理。要日清、月结，定期盘点，账物相符。

（3）材料领发、使用和回收要求

1）严格限额领料制度。凡有定额的工程用料，凭限额领料单领发材料。施工设施用料也实行定额发料制度，以设施用料计划进行总控制。超限额的用料，在用料前应办理手续，填制限额领料单，注明超耗原因，经签发批准后实施。建立领发料台账，记录领发和节超状况。

2）使用监督要求。现场材料管理责任者应对现场材料的使用进行分工监督。监督内容包括是否按规定进行用料交底和工序交接，是否按材料规格合理用料，是否严格执行配合比，是否认真执行领发料手续，是否做到随用随清、随清随用、工完料退场地清，是否做到按平面图堆料，是否按要求保护材料等。

3）回收要求。班组余料必须回收，及时办理退料手续，并在限额领料单中登记扣除。

2. 材料计划

项目开工前，项目部应向企业材料部门提出一次性计划，作为供应备料依据在施工中，根据工程变更及调整的施工预算，及时向企业材料部门提出调整供料月计划，作为动态供料的依据。根据施工图样、施工进度，在加工周期允许时间内提出加工制品计划，作为供应部门组织加工和向现场送货的依据。根据施工平面图对现场设施的设计，按使用期提出施工设施用料计划，报供应部门作为送料的依据。按月对材料计划的执行情况进行检查，不断改进材料供应。

3. 材料节约途径的探索要求

材料量的节约，途径非常多，需要运用科学管理方法进行探索。

1）运用 ABC 分类法，找出 A 类材料，它是管理重点，最具节约潜力。

2）运用存储理论，确定经济存储量、经济采购批量、安全存储量、订购点等，用以节约库存费用。

3）运用价值工程理论，明确降低成本的对象，改进设计和研究材料代用，在保证必要功能和前提下实现材料费用的减少。

14.2.2　施工机械准备

工程施工机械准备工作要围绕对施工机械及操作人员的管理展开，也就是对施工机械进行正确的选择，合理使用，及时保养维修和适时更新，以确保工程施工的顺利进行。对施工机械及操作人员的要求主要包括以下几个方面：

1. 施工机械管理的一般要求

施工项目机械的选择原则是：切合需要，实际可能，经济合理。如果有多种机械的技术性能可以满足施工要求，还应对各种机械的工作效率，工作质量，使用费和维修费，能源耗费量，占用的操作人员和辅助工作人员，安全性，稳定性，运输、安装、拆卸及操作的难易程度，灵活性，在同一现场服务项目的多少，机械的完好性，维修难易程度，对气候条件的适应性，对环境保护的影响程度等特性进行综合考虑。综合以上特性可知，施工机械的选择应做到：技术上可行，经济上合理，安全上可靠，操作上方便，综合性能好。

2. 施工单位项目部施工机械管理要求

1）进入现场的施工机械应进行安装验收，保持性能，状态完好，做到资料齐全、准确。

2）强化现场施工机械设备的平衡、调动，合理组织机械设备使用、保养、维修，提高机械设备的使用效率和完好率，降低项目的机械使用成本。

3）执行重要施工机械设备专机专人负责制、机长负责制和操作人员持证上岗制。

4）严格执行施工机械设备操作规程与保养规程，制止违章指挥、违章作业；防止机械设备带病运转和超负荷运转；及时上报施工机械设备事故，参与进行事故的分析和处理。

3. 施工机械操作人员的要求

1）严格按照操作规程作业，搞好设备日常维护，保证机械设备安全运行。

2）特种作业严格执行持证上岗制度，并审查证件的有效性和作业范围。

3）逐步达到本级别"四懂三会"（"四懂"指懂性能、懂原理、懂结构、懂用途，"三会"指会操作、会保养、会排除故障）的要求。

4）做好机械设备运行记录，填写项目真实、齐全、准确。

14.3　组织准备

组织准备主要是指组建项目管理机构，明确工作内容和责任，明确人员职责和分工。目前一般地下工程施工的组织管理模式为项目业主、监理单位、承包商三位一体的管理模式。本书以承包商的项目管理为例，介绍组建项目管理机构和确定施工队伍等工作。

14.3.1　组建项目管理机构

组建项目管理机构的基本原则是：适合施工生产任务的需要，便于指挥和管理，有利于发挥职工的积极性、创造性和协作精神及开展技术竞争。施工项目部应分工明确，权限和责任具体，力求精简又能出色执行任务，并能密切协作；要求做到指挥具体及时，事事有人负责；项目管理人员应具有实际生产经验及组织管理才能；实行项目经理负责制，项目总工程师（技术负责人）在项目经理领导下负责全面施工技术工作等。

14.3.2　确定施工队伍

地下工程施工所需的各种资源中，劳动力是一种特殊资源，其特点在于具有能动性、可控性、组合性和变化性。人力资源的使用，关键在明确责任制，责任明确才能调动积极性，发挥潜能，提高劳动效率。人力资源管理的重点在于劳动力动态管理和劳务外包队伍管理。

1. 劳动力的动态管理

劳动力的动态管理是指根据生产任务和施工条件的变化对劳动力进行跟踪平衡、协调，以解决劳务失衡、劳务与生产要求脱节的动态过程。应遵循以下的基本原则：

1）动态管理以进度计划与劳务合同为依据。

2）动态管理应允许劳动力在企业内作充分的合理流动。

3）动态管理应以动态平衡和日常调度为手段。

4）动态管理应以达到劳动力优化组合、作业人员的积极性充分调动为目的。

2. 劳务外包队伍管理

1）承包商要对劳务外包施工队的资质、业绩和能力等进行审查。经批准和签约后，劳务外包队方可进入施工现场。

2）总包商对于工程和劳务的分包不能免除工程分包单位和劳务分包单位应承担的义务。

3）将劳务外包队伍纳入共同管理，从经济上、制度上、监督检查上及其他各种手段上进行控制，确保工程质量、施工安全等。

4）不符合资质要求的劳务公司不得发包劳务。

5）以提高劳务外包队伍自身能力着手，通过形式多样的培训教育和宣传，使劳务外包队伍的安全、质量、文明施工等意识得到提升。

14.4　工程准备

工程准备工作直接影响工程的正式开工，必须按照不同工程施工要求确定工程准备期。工程准备工作内容主要围绕着施工场地必须具备的基本条件（"五通一平"）为中心进行准备。

14.4.1　工业场地"五通一平"

1. 场外公路

根据现场实际情况，主要是根据连接的公路总里程及通行的地域和条件，完成工程施工现场进场公路与现有主要公路网的连接，完成相关公路的设计与施工，使其作为工程施工期间材料、设备等运输线路。

2. 电源

落实永久供电电源或临时供电电源及备用电源。工程施工现场变电所应尽早投入运行。永久输电线路一般需当地供电部门设计和施工，并尽可能在工程实施前引入并使用。

3. 供水、排水

应确定工业场地生活供水水源取自地下水还是引入外接水方案。施工排水应符合环保要求，一般情况下经处理后可作为生产用水。施工前需进行生活用水的水文地质勘探及水质化验等工作，并进行永久水源井、供水站的设计、施工等。工程施工前应确定是否利用永久水源，如果永久水源建设工期较长，则需采用临时水源井、泵房、部分永久供水管路等，向工业场地提供施工期间的施工、生活用水。

施工准备期内施工、生活用水及雨水汇入场地内排水沟，在排水沟汇集后排至场外。排水应符合当地环保规定。施工期内施工场地排水尽可能利用永久排水系统。

4. 通信

一般而言，通信设计上应包括行政管理通信系统、生产调度通信系统、电力调度通信系统、施工现场移动通信系统、局部通信及文件传真等。

5. 工业场地平整

根据工业场地地形平坦程度，以及是否存在建筑物等设施，确定需平整的范围，并计算工程量，确定施工方案。根据设计要求，考虑是否进行场地垫高。通常可利用建设初期建筑物基础开挖土方逐步对场地进行垫高。期间，可按照工业场地总平面布置、竖向布置和场内道路、管线施工图等，同时施工过路管道、地下管道、场内道路路基等。

14.4.2 其他工程准备工作

在矿山立井井筒施工时还要安装好"一架、两台、三盘"（凿井井架，天轮平台和卸矸台，封口盘、固定盘和吊盘），做好井筒锁口。

选择凿井井架的型号，并进行组合安装。凿井井架组合好后，随即进行天轮平台及卸矸台的安装。待接到试挖通知后，项目部即可开始施工永久锁口，进行简易封口，初步完成封口盘施工。当试挖井筒至规定深度时，安装固定盘和吊盘，吊挂管线再进行井筒的正式掘砌。

总之，施工准备的各项工作相互关联，互为补充和配合。要保证施工准备工作的质量，加快速度。应加强与业主、设计单位、当地政府及相关单位的协调工作，健全施工准备工作的责任和检查制度，在施工全过程中有组织、有计划地进行。

习　题

14-1　施工准备的主要内容有哪些？

14-2　简要分析技术准备的主要内容。

14-3　物资准备如何进行？

14-4　简述材料管理制度。

14-5　简述对施工机械管理的一般要求。

14-6　劳动力动态管理应遵循的基本原则是什么？

14-7　如何对劳务外包队伍进行管理？

14-8　何谓"五通一平"？

第15章 施工组织设计

15.1 施工组织设计概述

施工组织设计是对施工活动实行科学管理的重要手段，是指导现场施工全过程中各项活动的综合性技术文件。施工组织设计体现了实现基本建设计划和设计的要求，提供了各阶段的施工准备工作内容，协调施工过程中各施工单位、各施工工种、各项资源之间的相互关系。施工组织设计是根据施工文件的要求、工程的性质、现场具体条件、施工的技术装备和施工力量等技术经济因素编制的。通过施工组织设计，可确定合理的施工方案，对整个工程施工过程做出全面的、科学的规划和布置，并制定出工程所需的投资、材料、机具、设备、劳动力等的供应计划，从而使施工有条不紊地进行。

施工组织设计必须遵循工程的特点来进行编制。地下工程的特点主要有：地下作业环境差，地质条件多变，不确定因素多（如溶洞、塌方、断层、变形、岩爆等）；工作面狭小，各施工工序相互影响大；工序循环周期性强，有利于组织专业化的流水作业施工；地下工程施工受气候条件影响较小，施工安排相对稳定等。因此在编制地下工程施工组织设计时，要针对其特点来进行。

15.1.1 施工组织设计的基本内容

施工组织设计的内容要结合工程对象的实际特点、施工条件、技术水平和管理水平等进行综合考虑，一般包括以下基本内容：

1. 工程概况

1）本项目的性质、规模、建设地点、结构特点、建设期限、分批交付使用的条件、合同条件。

2）本地区地形、地质、水文和气象情况。

3）施工力量，劳动力、机具、材料、构件等资源供应情况。

4）施工环境及施工条件等。

2. 施工准备

施工准备工作根据地下工程的工程规模和技术复杂程度不同而有所不同，但其基本内容是一致的。施工准备具体内容见第14章。

3. 施工方案及施工部署

1）根据工程情况，结合人力、材料、机械设备、资金、施工方法等条件，全面部署施工任务，合理安排施工顺序，确定主要工程的施工方案。

2）对拟建工程可能采用的几个施工方案进行定性、定量的分析，通过技术经济评价，选择最佳方案。

4. 施工进度计划及施工资源计划等

1）施工进度计划反映了最佳施工方案在时间上的安排，采用计划的形式，使工期、成本、资源等方面通过计算和调整达到优化配置，符合项目目标的要求。

2）使工序有序进行，使工期、成本、资源等通过优化调整达到既定目标，在此基础上编制相应的人力和时间安排计划、资源需求计划和施工准备计划。

5. 施工平面图

施工平面图是施工方案及施工进度计划在空间上的全面安排。它把投入的各种资源、材料、构件、机械、道路、水电供应网络、生产、生活活动场地及各种临时工程设施合理地布置在施工现场，使整个现场能有组织地进行安全文明施工。

6. 技术组织措施、质量保证措施和安全施工措施

项目部应建立健全以项目经理为核心的各项管理制度，项目经理是工程项目质量和安全生产的第一责任人，项目技术负责人全面负责技术管理工作。

7. 主要技术经济指标

技术经济指标用以衡量施工组织水平，对施工组织设计文件的技术经济效益进行全面评价。

15.1.2　施工组织设计的分类

1. 施工组织总设计

施工组织总设计是以整个建设工程项目为对象而编制的。它是对整个建设工程项目施工的战略部署，是指导全局性施工的技术和经济纲领。

2. 单位工程施工组织设计

单位工程施工组织设计是以单位工程为对象编制的，它是在施工组织总设计的指导下，由直接组织施工的单位根据施工图设计进行编制的，用以直接指导单位工程的施工活动，是施工单位编制分部（分项）工程施工组织设计和季、月、旬施工计划的依据。单位工程施工组织设计根据工程规模和技术复杂程度不同，其编制内容的深度和广度也有所不同。

3. 分部（分项）工程施工组织设计

分部（分项）工程施工组织设计是针对某些特别重要的、技术复杂的，或采用新工艺、新技术施工的分部（分项）工程而编制的，如深基础、特大构件的吊装、定向爆破工程等，其内容具体、详细，可操作性强，是直接指导分部（分项）工程施工的依据。

15.1.3　单位工程施工组织设计编制的依据

单位工程施工组织设计编制的依据主要包括如下内容：

1）建设单位的意图和要求，如工期、质量、投资要求等。

2）工程的施工图样及标准图。

3）施工组织总设计对本单位工程的工期、质量和成本的控制要求。

4）资源配置情况。

5）工程施工环境，场地条件，以及地质、气象资料，如工程地质勘测报告、地形图和测量控制等。

6）有关的标准、规范和法律法规。

7）有关技术新成果，类似建设工程项目的资料和经验。

15.1.4　施工组织设计编制原则

1）严格遵守工程施工承包合同所签订的或上级下达的施工期限，保证按期或提前完成施工任务，交付使用。

2）遵守施工技术规范、操作规程和安全规程，确保工程质量及施工安全。

3）采用新技术、新工艺、新方法，不断提高机械化程度，降低成本和提高劳动生产率，减轻劳动强度，统筹安排施工及尽量做到均衡生产。

4）充分利用现有设施，采用活动房屋和移动设备，尽量减少临时工程，降低工程造价，提高投资效益。

5）认真贯彻就地取材的原则，尽量利用当地资源。

6）合理组织冬期、雨期施工和建筑材料运输储备工作。

7）节约施工用地，少占或不占农田，注意水土保持和重视环境保护。

8）统筹布置施工场地，确保施工安全，方便职工的生产和生活。

15.1.5 施工组织设计编制程序

编制施工组织设计时，既要遵守一定的程序，也要按照施工的客观规律，协调和处理好各个因素的关系，采用科学的方法进行编制。不同的施工组织设计阶段，编制程序都有所不同。一般编制程序如下：

1）施工调查和技术交底。

2）全面分析设计资料，拟定和选择施工方案，确定施工方法。

3）编制工程施工进度图。

4）按照施工定额计算劳动人工工日、材料、机具的需要量，并制订供应计划。

5）制定临时工程及供电、供水、供风计划。

6）施工工地运输组织。

7）布置施工平面图。

8）编制技术措施、施工计划及计算技术经济指标。

9）编制施工组织设计说明书。

15.2 施工方案

施工方案的选择是施工组织设计的核心，是决定整个工程的关键。施工方案是指带有全局性的、关键的施工技术和施工组织的问题，其合理性将直接影响工程的施工效率、质量、工期和技术经济效果。

15.2.1 施工方案的编制与内容

施工方案编制的依据一般有：施工图，施工现场勘察调查得到的资料和信息，施工验收规范，质量检查验收标准，安全操作规程，施工机械性能手册，新技术、新设备、新工艺的技术报告。

施工方案的主要内容一般包括：施工方法的选择，施工机具、机械设备的选择，施工顺序的安排，施工方案的技术经济评价等。

15.2.2 施工方法的选择

施工方法的选择应满足施工技术、工期、质量、成本和安全的要求，提高机械化施工的程度，充分发挥机械效率，减少繁重的人工操作。选择施工方法时，施工单位技术及管理水平也是重要的考虑因素。

对于隧（巷）道工程，开挖方法、临时支护、永久支护方法的选择可参考图 15-1。

隧道施工方法
├ 开挖方式
│　├ 人力开挖——限用于短隧道、围岩不稳定的土质隧道施工
│　├ 爆破开挖——适用于岩石地层，是目前条件下开挖隧道的主要方式
│　└ 掘进机开挖
│　　　├ 隧道掘进机 (TBM) 开挖，适用于岩石地层
│　　　└ 盾构开挖，适用于软土地层
├ 开挖方法
│　├ 全断面开挖法
│　├ 台阶法 (长台阶法、短台阶法、微台阶法)
│　├ 环形预留核心土法
│　├ 单、双侧壁导坑法
│　├ 中洞法
│　├ 中隔壁法 (CD)
│　└ 交叉中隔壁法 (CRD)
├ 临时支护
│　├ 木支撑
│　├ 钢支撑
│　├ 钢木混合支撑、钢筋混凝土支撑
│　├ 锚杆支护
│　├ 喷射混凝土支护
│　├ 锚喷联合支护
│　└ 构件支护
└ 永久支护——整体式衬砌、复合式衬砌

图 15-1　隧 (巷) 道工程开挖方式、开挖方法、临时支护、永久支护方法的选择参考图

15.2.3　施工机具、机械设备的选择

施工方法的选择必然要涉及施工机具、机械设备的选择。主导施工过程的施工机械，应根据工程的特点来决定，如土质地层和岩石地层施工选择的机械是不同的。

在选择与主体开挖和衬砌施工机械配套的各种辅助机械和运输机具时，为了充分发挥主体施工机械的效益，应使它们的生产能力相互协调一致，避免"大马拉小车"或者"小马拉大车"，造成部分施工机械效率无法正常发挥。当两者冲突时，应优先保证主体施工机械能被有效地利用。

应充分利用施工企业现有的机械，并在同一工地贯彻一机多用的原则，提高机械化和自动化程度，尽量减少手工操作。

15.2.4　施工顺序的安排

确定施工方案、编制施工进度计划时，首先应该考虑选择合适的施工顺序，这对于施工组织能够顺利进行，保证工程的进度、质量，起到十分重要的作用。

地下工程施工方案一般要对开挖、支护、衬砌、防水等作业做出详细的施工顺序安排。

15.2.5　施工方案的技术经济评价

为提高施工的经济效益、降低成本和提高工程质量，在施工组织设计中对施工方案的技术经济分析评价是十分重要的。施工方案的技术经济分析应采取定性和定量分析相结合，评价施工方案的优劣，从而选取技术先进可行、质量可靠、经济合理的最佳方案。

1. 定性分析

定性技术分析是对一般优缺点的分析和比较，例如：①施工操作的难易程度和安全可靠性；②为后续工程提供有利施工条件的可能性；③在不同季节施工存在的困难；④能否为现场文明施工创造有利条件。

2. 定量分析

定量技术经济分析一般是计算出不同施工方案的工期指标、劳动生产率、工程质量指标、安全指标、降低成本率、主要工程工种机械化程度及主要材料节约指标等，并进行比较。具体分析比较的内容有以下几方面：

1）工期指标。工期是从施工准备工作开始至工程完毕所经历的时间，它反映工期要求和当地的生产力水平，应将该工程计划完成的工期与国家规定的工期或该地区建设同类型工程的平均工期进行比较。

2）劳动生产率指标。劳动生产率标志着一个单位在单位时间内平均每人所完成的产品数量或价值的能力，反映一个单位的生产技术水平和管理水平，有实物数量法和货币价值法两种表达形式。

3）施工机械化程度。施工机械化程度是工程全部实物工程量中机械施工完成的比重，它的高低是衡量两种施工方法优劣的主要指标之一。

4）降低成本率。降低成本率是指降低的成本额与预算成本的比值。降低成本率的高低可反映采用不同施工方案所产生的不同的经济效果。

5）主要材料节约指标。主要材料节约指标根据工程的不同而定，靠节约材料来实现。可分别计算主要材料的节约量、节约额和节约率。

6）单位劳动消耗量。单位劳动消耗量是指完成单位合格产品所消耗的劳动力数量的多少。它从一个方面反映出施工企业的生产效率和管理水平，以及采用不同的施工方案对劳动量的需求。

15.3 施工场地布置

施工场地布置是地下工程施工在施工准备阶段必须考虑和完成的一项重要工作。不同类型的工程，布置的基本要求和内容大致相同，只是其布置方式和原则有所区别，例如，山岭隧道施工多在山区，隧道洞口场地一般比较狭窄，多沿沟侧、山旁布置，整体呈长条形，布置比较分散，相互影响相对较小；城市地铁等工程多在城区，受周围环境的影响很大，可供使用的场地比较有限，因此，布置一般比较紧凑和困难；矿井施工的特点是设备多、施工单位多，虽然场地比较宽广，但存在临时施工建筑与永久生产建筑的相互协调问题，因此，布置相对比较复杂。

不管哪类工程，其施工场地内的机械设备、人员、材料等都很多，若事前没有很好地规划，就容易造成相互干扰、使用不便和影响施工效率等不合理现象，甚至发生安全事故。

15.3.1 施工场地的布置原则

1）以洞口（或井口）为中心布置施工场地。施工场地布置应事先规划，分期安排，并注意减少与现有道路交叉和干扰。

2）轨道运输的弃渣线、编组线和联络线，应形成有效的循环系统，方便运输和减少运距。

3）应有大型机械设备安装、维修和存放的场地。

4）机械设备、附属车间、加工场地应相对集中，仓库应靠近公路，并设有专用线便道。

5）合理布置大堆材料（如砂、石料）、施工备品及回收材料堆放场地的位置。

6）生活服务设施应集中布置在宿舍、保健和办公室用房的附近。

7）运输便道、场区道路和临时排水设施等，应统一规划，做到合理布局、形成网络。

8）矿井施工时，要合理确定临时建筑物和永久建筑物的关系，尽量不占永久建筑物的位置；临时建筑物的标高尽可能按永久场地标高施工；窄轨线路应以主井、副井为中心，能直接通到材料场、机修厂、混凝土搅拌站、排矸场等。

9）火药库、加油站、油脂库等危险品库房的位置和距离必须符合有关安全规定。

15.3.2　主要施工设施布置要求

1. 卸矸场地与道路布置

1）场地容量足够，且出渣运输方便，运距不宜过远，应优先考虑弃渣作为洞（井口）外地面路基、路堤填土。

2）不得占用其他工程场地和影响附近各种设施的安全，应注意环境保护。

3）不得影响附近的农田水利设施，不占或少占农田。

4）弃渣不得堵塞河道、沟谷，防止抬高水位和恶化水流条件，危害下游农田或村庄。

5）应有前后两条以上的卸渣线，以利弃渣。

6）矿井施工的矸石场和储煤场应设在工业场地边缘的下风向位置。

2. 大宗材料堆放场地和料库布置

大宗材料（如砂、石料、水泥、木材、钢材等）的存放地点及木材、钢材加工场地的布置，应考虑材料运入方便，易于卸车，靠近使用地点，注意防洪、防潮和防火的要求，并应便于加工搬运和施工使用等。

3. 生产房屋和生产设施布置

1）通风机房和空压机房应靠近洞（井）口，尽量缩短管道长度，减少管道中能量损失，尤其要尽量避免出现过多的角度弯折。多个隧洞（或竖井）共用时，最好布置在中心位置，使其至各隧道洞（竖井）距离大致相等。竖井施工时距离提升机房不能太近，以免噪声影响提升机司机工作。

2）竖井施工时，提升机的位置须根据提升机形式、数量、井架高度及提升钢丝绳的仰角、偏角等确定，尽量避开永久建筑物的位置，同时还要考虑与井底巷道的方位角关系，满足水平巷道（隧道、通道）施工提升的需要。

3）搅拌机应尽量靠近洞（井）口，靠近砂、石料，便于装车运输等。

4）炸药和雷管要分别存放。其库房要选择离工地 300～400m 以外的隐蔽地点，并安装避雷装置。

5）施工机械场所，要求便道可直达，用电、用水方便。

6）工地的临时道路应充分利用原有道路。工地的主干道宜呈环状布置，次要道路可布置成枝状，应有回车的调头场地。

7）行政管理和生活福利设施应方便生产及方便工人生活。工地项目部办公室可位于工地出入口附近，便于有效指挥施工和管理。

8）临时变电所（站）应设在引入线的一面，并适当靠近主要用户，避开人流线路和空气污染严重的地段。

4. 生活设施布置

生活用房要与洞（井）口保持一定距离，以保证工作人员有一个较安静的休息环境。整个生活区要适当集中，以便学习和管理。要考虑职工室外文体活动场地的布置，要注意防洪防水，满足环境保护和卫生的要求。

15.3.3　施工场地布置平面图

施工场地布置必须绘制施工场地布置总平面图，把洞口（或井口）、所要施工的所有建筑物与构筑物、仓库、运输线路、供水线路、排水线路、供电线路等一一绘制在施工总平面图上。绘制比例一般为 1∶500～1∶200，也有的为 1∶1000，可根据具体情况选择。图 15-2 所示为某隧道施工场地布置，图 15-3 所示为某矿井施工场地布置。

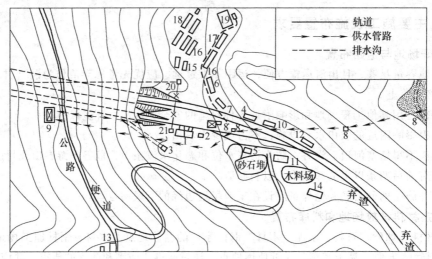

图 15-2　某隧道施工场地布置

1—空压机房　2—锻钎机房　3—通风机房　4—充电房　5—搅拌机　6—各修配车间　7—木工房　8—抽水机棚
9—蓄水池　10—发电房　11—水泥库　12—材料库　13—炸药、雷管库　14—供应站　15—卫生所
16—办公室　17—招待所　18—宿舍　19—食堂及俱乐部　20—配电室　21—变电站

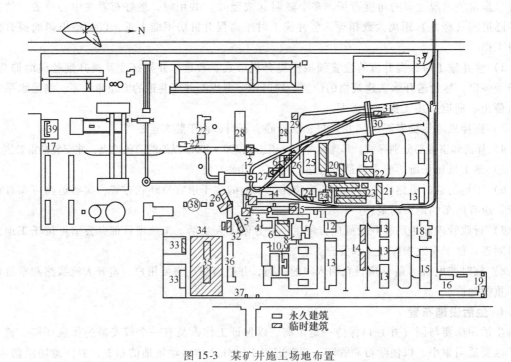

图 15-3　某矿井施工场地布置

1—主井井塔　2—主井临时绞车房　3—副井井口房及走廊　4—副井永久绞车房　5—副井临时绞车房　6—混凝土搅拌
站　7—等候室　8—矿灯房　9—浴室和更衣室　10—采区办公室　11—开水房　12—电修车间　13—机修车间　14—临
时机修车间　15—综采设备库　16—汽车库　17—深井泵房　18—铸工车间　19—油脂库　20—坑木加工厂　21—水泥库
22—锅炉房　23—临时浴室、更衣室和矿灯房　24—充电室　25—金属网编制车间　26—压风机房
27—6kV 变电所　28—材料库　29—炸药库　30—起重机　31—翻矸房　32—工区办公室
33—变电所　34—指挥机关办公室　35—自行车库　36—行政办公楼
37—门卫室　38—生产水池及泵房　39—养路工区

习　　题

15-1　什么是施工组织设计？其作用是什么？

15-2　施工组织设计的基本内容是什么？

15-3　施工组织设计如何分类？

15-4　施工组织设计编制的依据、原则及程序是什么？

15-5　简述施工方案的内容。

15-6　如何选择施工方案？

15-7　如何进行施工方案的技术经济评价？

15-8　简述施工场地布置原则。

第16章 施工质量、进度与成本管理

施工质量、进度与成本管理与控制方面的工作，通常在工程管理中又被称为"三控"。"三控"与安全管理是地下工程施工也是所有工程施工管理的主要管理目标。

16.1 施工质量管理

质量是指一组固有特性满足要求的程度。工程质量是指工程满足业主需要的，符合国家法律、法规、技术规范标准、设计文件及合同规定的特性综合。质量管理是指确立质量方针及实施质量方针的全部职能及工作内容，并对其工作效果进行评价和改进的一系列工作。施工质量管理是施工管理的中心内容之一。建设工程项目质量目标的确定和实现过程，需要系统有效地应用质量管理的基本原理和方法，通过建设工程项目各参与方的质量责任和职能活动的实施来达到。

16.1.1 施工质量控制的任务

质量控制是质量管理的一部分，致力于满足质量要求的一系列相关活动。施工质量控制的中心任务是要通过建立健全有效的质量监督工作体系来确保工程质量达到合同规定的标准和等级要求。质量控制所致力的一系列相关活动包括作业技术活动和管理活动。产品或服务质量的产生，归根结底是由作业技术过程直接形成的，因此，作业技术方法的正确选择和作业技术能力的充分发挥就是质量控制的致力点，包含了技术和管理两个方面。必须认识到，组织或人员具备相关的作业技术能力，只是产出合格产品或服务质量的前提，在社会化大生产条件下，只有通过科学的管理，对作业技术活动过程进行组织和协调，才能使作业技术能力得到充分发挥，实现预期的质量目标。

根据工程质量形成的时间阶段，施工质量控制可分为质量的事前控制、事中控制和事后控制。事前控制是以施工准备工作为核心，包括开工前的施工准备、作业活动前的施工准备和特殊施工准备等工作质量的控制。事前控制的基本内容一般包括施工条件的调查和分析，施工图样会审和设计交底，施工组织设计文件的编制和审查，工程测量定位和标高基准点的控制，施工分包单位的选择和资质审查，材料设备采购质量控制，施工机械设备及工器具的配置和性能控制等。事中控制是在工程施工展开过程的质量控制，这是最基本的控制途径。此外，事中控制还必须抓好与作业工序质量形成相关的配套技术与管理工作，其主要途径包括施工技术复核、施工计量管理、见证取样送检、技术核定和设计变更、隐蔽工程验收等。事后控制主要是进行已完施工的成品保护、质量验收和不合格的处理，以保证最终验收的建设工程质量，其内容主要包括已完施工成品保护和施工质量检查验收两项工作。

16.1.2 施工生产要素的质量控制

施工生产要素是施工质量形成的物质基础，包括作为劳动主体的生产人员及作业者、管理者的素质及组织效果，作为劳动手段的施工机械、设备、工具、模具等的技术性能，作为劳动对象的工程材料、半成品、设备等的质量，作为劳动方法的施工工艺和技术措施的水平，以及施工环境（如水文、地质、气象等自然环境，通风、照明、安全等作业环境）等。以上所述可以归纳为五大要素：人、机、料、法、环。

1. 人

人的质量包括工程各参与人员的生产技能、文化素养、生理体能、心理行为等方面的个体素质，以及经过合理组织充分发挥其潜在能力的群体素质。施工企业必须坚持对所选派的项目领导者、管理者进行质量意识教育和组织管理能力训练；坚持对分包商的资质和施工人员的资格把关；坚持持证上岗制度，特别是特种作业人员必须持证上岗。

2. 机

对施工所用的机械设备，应从设备选型、主要性能及使用操作要求等方面加以控制。

按照住房和城乡建设部《危险性较大的分部分项工程安全管理办法》（建质〔2009〕87号）（以下简称《办法》）规定，起重吊装及安装拆卸、脚手架、地下暗挖、顶管以及预应力等分部分项工程，建设单位在申请领取施工许可证或办理安全监督手续时，应当提供危险性较大的分部分项工程清单和安全管理措施；施工单位、监理单位应当建立危险性较大的分部分项工程安全管理制度；施工单位应当在危险性较大的分部分项工程施工前编制专项方案，对于超过一定规模的危险性较大的分部分项工程，施工单位应当组织专家对专项方案进行论证。《办法》详细列举了超过一定规模的危险性较大的分部分项工程的范围。工程项目实行施工总承包的，专项方案应当由施工总承包单位组织编写。其中，起重机械安装拆卸工程、深基坑工程、附着式升降脚手架等专业工程实行分包的，其专项方案可由专业承包单位组织编制。专项方案应当由施工单位技术部门组织本单位施工技术、安全、质量等部门的专业技术人员进行审核。经审核合格的，由施工单位技术负责人签字。实行施工总承包的，专项方案应当由总承包单位技术负责人及相关专业承包单位技术负责人签字。不需要专家论证的专项方案，经施工单位审核合格后报监理单位，由项目总监理工程师审核签字。超过一定规模的危险性较大的分部分项工程专项方案，应当由施工单位组织召开专家论证会。实行施工总承包的，由施工总承包单位组织召开专家论证会，再经施工单位技术负责人签字、总监理工程师签字和建设单位技术负责人签字后实施。

3. 料

原材料、半成品及设备是构成工程实体的基础，其质量是工程项目实体质量的组成部分，故加强原材料、半成品及设备的质量控制，不仅是保证工程质量的必要条件，也是实现工程项目投资目标和进度目标的前提。要优先采用节能降耗的新型材料，禁止使用国家明令淘汰的工程材料。质量控制的主要内容包括控制材料设备性能、标准与设计文件的相符性，控制材料设备各项技术性能指标、检验测试指标与标准要求的相符性，控制材料设备进场验收程序及质量文件资料的齐全程度等。

4. 法

施工工艺的先进合理是直接影响工程质量、工程进度及工程造价的关键因素，施工工艺的合理可靠也直接影响到工程施工安全。因此在工程项目质量控制系统中，制定和采用先进、合理、可靠的施工技术工艺方案，是工程质量控制的重要环节。

5. 环

环境因素对工程施工的影响一般难以避免，要消除其对施工质量的不利影响，主要是采取预测预防的控制方法。对地质水文等方面影响因素的控制，应根据设计要求，分析工程岩土地质资料，预测不利因素，并会同设计等方面采取相应措施，如基坑降水、排水，加固围护等技术控制方案。对天气气象方面的不利条件，应在施工方案中制定专项施工方案，明确施工措施，落实人员、器材等方面各项准备以紧急应对，从而控制其对施工质量的不利影响。

16.1.3 质量控制的基本方法

施工过程中的质量控制主要是通过审核有关文件、报表，以及进行现场检查及试验这两条途径来实现。现场质量控制的有效方法就是采用全面质量管理。所谓全面质量管理，就是对生产的全企业、全体人员及生产的全过程进行质量管理。

1. 全面质量管理的特点

（1）群众性　依靠企业全体职工参加，实行民主管理，调动企业所有人员的积极性。

（2）全面性　不仅仅抓工程质量，而且还要抓工程质量赖以形成的工作质量。

（3）预防性　把管理的工作重点从传统的事后把关转移到事先控制上来。实行防检结合、以防为主的原则。

（4）服务性　施工单位要为以后使用的运营单位服务；施工单位内部上一生产环节要为下一生产环节服务，上道工序为下道工序服务。彼此相互负责，就能形成一个协调合作的流水线。

（5）科学性　将生产管理置于科学化和现代化的基础之上。它表现为实事求是，科学分析，一切以数据为根据。

2. 全面质量管理的基本方法

全面质量管理的基本方法，可以概括为四个阶段、八个步骤和七种工具。

（1）四个阶段　即计划（Plan）、实施（Do）、检查（Check）和处理（Action），简称 PDCA 循环，如图 16-1 所示。PDCA 循环有三个特点：

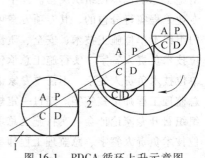

图 16-1　PDCA 循环上升示意图
1—原有水平　2—新的水平

1）大环套小环，小环保大环，推动大循环。PDCA 循环作为质量管理的基本方法，不仅适用于整个工程项目，也适用于整个企业和企业内的科室、项目部、工段、班组以至个人。各级部门根据企业的方针目标，都有自己的 PDCA 循环，层层循环，形成大环套小环、小环里面又套更小的环的形式。大环是小环的母体和依据，小环是大环的分解和保证。各级部门的小环都围绕着企业的总目标朝着同一方向转动。通过循环把企业上下或工程项目的各项工作有机地联系起来，彼此协同，互相促进。

2）阶梯式上升。PDCA 循环不是在同一水平上循环，而是每循环一次，就解决一部分问题，取得一部分成果，就像爬楼梯一样，一个循环运转结束，质量就会提高一步。每通过一次 PDCA 循环，都要进行总结，提出新目标，再进行第二次 PDCA 循环。

3）在 PDCA 循环中，A 是一个循环的关键。这是因为在一个循环中，从质量目标计划的制订，质量目标的实施和检查，到找出差距和原因，都与其有密切关系。

（2）八个步骤　为了保证 PDCA 循环有效地运转，有必要把循环的工作进一步具体化，一般细分为以下八个步骤：

1）分析现状，找出存在的质量问题。

2）分析产生质量问题的原因或影响因素。

3）找出影响质量的主要因素。

4）针对影响质量的主要因素，制定措施，提出行动计划，并预计改进的效果。

以上四个步骤是"计划"阶段的具体化。

5）质量目标措施或计划的实施，这是"实施"阶段。

在执行阶段，应该按上一步所确定的行动计划组织实施，并给予人力、物力、财力保证。

6）调查采取改进措施以后的效果，这是"检查"阶段。

7）总结经验，把成功和失败的原因系统化、条例化，使之形成标准或制度，纳入到有关质量管理的规定中去。

8）提出尚未解决的问题，转入到下一个循环。

最后两个步骤属于"处理"阶段。

（3）七种工具　以上八个步骤中，需要调查、分析大量的数据和资料，才能做出科学的分析和判断。常用的七种工具是排列图法、频数直方图法、因果分析图法、分层法、控制图（管理图）法、散布图、统计调查分析法等。

3. 全面质量管理的技术基础工作

（1）贯彻执行标准规范　管理、检查、评定工程质量及工作质量，首先要有工程质量和工作质量标准。执行标准化是全面开展质量管理的基础。各工程领域的质量标准规范是施工单位必须贯彻执行的技术标准。此外，发包单位在一项工程发包时，还制定有适用于该项工程的质量标准，施工单位为达到规定的质量标准，对有些工程还要制定详细的操作规程以及相应的质量标准，这些都是实现全面质量管理的技术标准。

（2）质量责任制　质量责任制是从定性方面出发控制工程质量。全面质量管理是由企业全体职工参加的，所以应建立和健全岗位责任制和技术责任制，这些也就是制定工作质量的标准，使每个人各负其责。

（3）计量工作　计量工作是工程项目施工过程的一个组成部分，其任务是保证计量值准确一致，定量地反映工程施工中贯彻执行各项标准的情况。计量工作包括测试、化验、分析等检验质量的技术工作。应设置专门机构，配备专职人员，并配备足够的量测设备。

（4）组织和教育工作　实现全面质量管理必须有一个专门机构把各个部门的质量管理工作组织起来，各部门也必须把各成员组织起来，这样才能保证质量管理工作既可以落到实处，又可以统一规划。

还要做好质量管理教育工作，不断提高全员的思想政治和技术业务素质，使广大职工牢固树立"质量第一"的信念，自觉履行责任，这是搞好全面质量管理的坚实基础。

16.2　施工进度管理

施工进度管理是指对工程项目施工的工作内容、工作程序、持续时间和衔接关系根据进度总目标及资源优化配置的原则编制计划并付诸实施，然后在进度计划的实施过程中经常检查实际进度是否按计划要求进行，对出现的偏差情况进行分析，采取补救措施或调整、修改原计划后再付诸实施，如此循环，直到建设工程竣工验收交付使用。其最终目的是为确保工程项目能按预定的时间动用或提前交付使用。

施工进度计划是控制工程施工进度和工程竣工期限等各项施工活动的主要依据。施工进度计划的总体思路应根据工程量、各工区的地质条件、工期要求、选用的施工机械设备、施工方法、施工作业方式等因素，参照有关月、旬平均进度指标等，按工期要求编制施工组织计划。

1. 施工进度计划表现形式

施工进度计划一般采用施工进度图的形式表示。施工进度图有横道图法、垂直图法和网络图法等表现形式。

（1）横道图　横道图的基本形式如图 16-2 所示。它是由两大部分组成：左部是以分项工程为主要内容的表格，包括相应的工程量、工期、起止时间等；右部是指示图表，用横向线条形象地表示分部各项工程的施工工期和施工时期，并综合反映各分部分项工程相互间的关系。

序号	项目名称	工程量/m	工期/d	起止时间	××××年								××××年					
					1	2	3	4	5	6	7	8	9	10~12	1	2	3	4	5	6
1	出口明洞	23	75																	
2	Ⅴ级浅埋段	37	120																	
3	Ⅴ级深埋段	70	210																	
4	Ⅴ级浅埋段	35	120																	
5	进口明洞	5	15																	
6	排水沟、电缆沟	170	45																	
7	洞门装饰及喷涂	170	30																	
8	洞内路面工程	170	30																	
9	其他工程	170	25																	

图 16-2　某隧道施工计划横道图

横道图比较简单、直观、易懂，容易编制，但有以下缺点：分项工程（或工序）的相互关系不明确，施工日期和施工地点无法表示，只能用文字表示；工程数量实际分布情况不具体；仅能反映出平均流水速度。横道图适用于月、旬、周等实施性工程进度计划、绘制集中性的工程进度图、材料供应计划图，或作为辅助性的图示附在说明书中向施工单位下达任务。

（2）垂直图　垂直图是用坐标形式绘制的，如图 16-3 所示。以横坐标表示隧道长度和里程（以百米标表示），以纵坐标表示施工日期（以年月日表示）。用各种不同的线型代表各项不同的工序。每一条斜线都反映某一工序的计划进度情况，开工计划日期和完工计划日期，某一具体日期进行到哪一里程位置上，以及计划的施工速度（月进度）。各斜线的水平方向间隔表示各工序的拉开距离（m），其竖直方向间隔表示各工序的拉开时间（天）。各工序的均衡推进表示在进度图上为各斜线的相互平行。

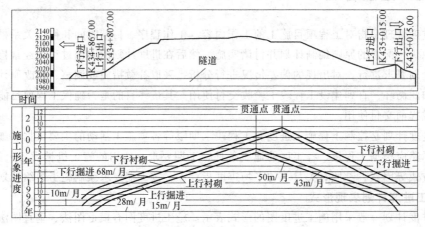

图 16-3　某隧道工程施工进度垂直图

　　垂直图消除了横道图的不足，工程项目的相互关系、施工的紧凑程度和施工速度都十分清楚，工程的分布情况和施工日期一目了然。不足之处在于：反映不出某项工作提前（或推迟）完成对整个计划的影响程度；反映不出哪些工程是主要的，不能明确表达出哪些是关键工作；计划安排的优劣程度很难评价；不能使用计算机管理，因而绘制和修改进度的工作量大。

　　（3）网络图　网络图是一种先进的计划管理方法。图 16-4 所示为隧道施工一个掘进循环的网络图表示形式。从图中可看出循环中各项工作的平行作业，工程主次清晰，可一目了然地找出从交接准备到放炮与通风除尘的关键线路，便于保证关键线路的人力和物力供应。同时，对次要线路上的工作也能掌握，不致因未完成而影响关键线路上的作业进行。整个循环作业过程有条不紊，完成各作业项目的时间准确，保证了整个循环作业顺利进行。

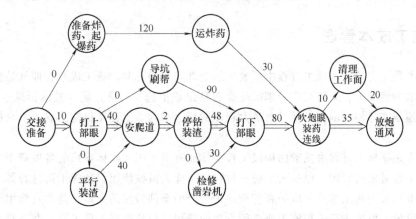

图 16-4　隧道施工掘进循环网络图（图中数字为时间，单位为 min）

　　采用网络图形式进行隧道施工工序分析，不但能反映施工进度，而且能清楚地反映出各个工序、各施工项目之间既相互关联又相互制约的生产和协作关系。采用网络图不但可表示隧道施工中集中性工程或线型工程的进度，还可以通过计算机对施工计划中的工期、设备、人员、资金等进行优化。一旦某道工序延误了工期，可及时进行调整，找出新的关键路线。它是一种较先进的工程进度的表示形式。

　　2. 施工进度计划编制步骤

　　施工进度计划是在既定施工方案的基础上，按照流水作业原理编制的。一般按以下步骤进行：将工程对象的施工划分工序；计算各工序的工程量；计算各工序的劳动量或机械的台班量；计算生产周期；安排施工进度；检查和调整施工进度计划；编制资源需求量计划及其他图表、特殊地段的施工进度图。

　　（1）施工工序划分　施工工序以地下工程掘砌工序为主划分，施工辅助性工序如施工测量放线、质量检查、混凝土养护等不单独占用工期，故可不列入进度计划。

　　（2）计算工程量　施工进度计划工序编制好以后，即可根据施工图及有关工程数量的计算规则，按照施工顺序排列，分别计算各个施工过程的工程数量并填入表中。

　　（3）计算各工序的劳动量或机械台班数　劳动量就是施工过程的工程量与相应的时间定额的乘积，或者是劳动力数量与生产周期的乘积、机械台数与生产周期的乘积。人工操作时叫劳动量，机械操作时叫作业量。

　　计算劳动量时应根据现行的相应定额（施工定额或预算定额）计算。

　　（4）计算生产周期　以施工单位现有人力、机械的实际生产能力及工作面大小来确定完成该劳动量所需的持续时间（周期）。在某些情况下，可以根据已规定的或后续工序需要的工期来计算在一班制、二班制或三班制条件下，完成劳动量所需作业队的人数或机械台班数。

人员、机械采用二班制或三班制时将会缩短施工过程的生产周期，当主要工序的生产周期过于突出，就可以用二班制或三班制作业缩短生产周期。

（5）施工进度图的编制　一般在以上各项工作完成后，即可着手编制不同阶段的施工进度计划。

（6）施工进度计划的检查与调整　施工组织设计是一个科学的有机整体，编制得正确与否，直接影响工程的经济效益。施工管理的目的是使施工任务能如期完成，并在企业现有资源条件下均衡地使用人力、物力和财力，力求以最少的消耗取得最大的经济效果。因此，当施工进度计划初步完成后，应按照施工过程的连续性、协调性、均衡性及经济性等基本原则进行检查和调整。

16.3　施工成本管理

施工成本是工程项目在施工过程中所发生的全部费用的总和。施工成本管理就是要在保证工期和质量要求的情况下，采取相应管理措施，包括组织措施、经济措施、技术措施、合同措施，把施工成本控制在计划范围内，并寻求最大程度的成本节约。工程项目施工成本由直接成本和间接成本组成。

直接成本是指施工过程中耗费的构成工程实体或有助于工程实体形成的各项费用支出，是可以直接计入工程对象的费用，包括人工费、材料费、施工机械使用费和施工措施费等。

间接成本是指为施工准备、组织和管理施工生产的全部费用的支出，是非直接用于也无法直接计入工程对象，但为进行工程施工所必须发生的费用，包括管理人员工资、办公费、差旅交通费等。

16.3.1　施工成本分析

成本分析是成本管理的重要组成部分，其作用是正确评价企业成本计划的执行结果，揭示成本升降变动的原因，为编制成本计划和制定经营决策提供重要依据。

1. 成本分析的基本方法

（1）比较法　又称对比分析法，是通过技术经济指标的对比，检查目标的完成情况，分析产生差异的原因，进而挖掘内部潜力的方法。比较法的应用，通常有下列形式：将本期实际指标与目标指标对比；将本期实际指标与上期实际指标对比；本期实际指标与本行业平均水平、先进水平对比。

（2）因素分析法　又称连环置换法。这种方法可用来分析各种因素对成本的影响程度。在进行分析时，首先要假定众多因素中的一个因素发生了变化，其他因素则不变，在前一个因素变动的基础上分析第二个因素的变动，然后逐个替换，分别比较其计算结果，以确定各个因素的变化对成本的影响程度，据此对企业的成本计划执行情况进行评价，提出改进措施。

（3）差额计算法　是因素分析法的一种简化形式，它利用各个因素的目标值与实际值的差额来计算其对成本的影响程度。

（4）比率法　是指用两个以上的指标的比例进行分析的方法。其基本特点是：先把对比分析的数值变成相对数，再观察其相互之间的关系。常用的比率法有相关比率法、构成比率法、动态比率法等。

2. 综合成本分析法

综合成本是涉及多种生产要素，并受多种因素影响的成本费用，如分部分项工程成本、月

（季）度成本、年度成本等。这些成本随着项目施工的进展而逐步形成，与生产经营有着密切的关系。

（1）分部分项工程成本分析　分部分项工程成本分析是施工项目成本分析的基础，分析的主要对象是已完工的分部分项工程，分析的方法是进行预算成本、目标成本和实际成本的"三算"对比，分别计算实际成本与预算成本、实际成本与目标成本的偏差，分析偏差产生的原因，为今后的分部分项工程寻求节约途径。

分部分项工程成本分析的资料来源：预算成本是以施工图和定额为依据编制的施工图预算成本；目标成本是分解到该分部分项工程上的计划成本；实际成本来自施工任务单的实际工程量、实耗人工和限额领料单的实耗材料。

（2）月（季）成本分析　月（季）成本分析是项目定期的、经常性的中间成本分析。通过月（季）成本分析，可以及时发现问题，以便按照成本目标指定的方向进行监督和控制，保证项目成本目标的实现。

（3）年成本分析　工程项目的施工（或承包）周期一般较长，除进行月（季）度成本核算和分析外，还要进行年度成本的核算和分析，这不仅是未来满足企业汇编年度成本报表的需要，同时也是项目成本管理的需要。年度成本分析的依据是年度成本报表。年度成本分析的内容，除月（季）成本分析的内容外，重点是针对下一年度的施工进展情况规划切实可行的成本管理措施，以保证施工项目成本目标的实现。

（4）竣工成本分析　凡是有几个单位工程而且是单独进行成本核算的项目，其竣工成本分析应以单位工程竣工成本分析资料为基础，再加上项目部的经营效益（如资金调度、对外分包等所产生的效益）进行综合分析。如果施工项目只有一个成本核算对象（单位工程），就以该成本核算对象的竣工成本资料作为成本分析的依据。单位工程竣工成本分析应包括竣工成本分析，主要资源节超对比分析，主要技术节约措施及经济效果分析。

16.3.2　施工成本计划的实施步骤

工程项目施工过程中，要经过有效的管理活动，对所发生的各种成本信息，有组织有系统地进行预测、计划、控制、核算、分析和考核等一系列活动，使工程项目施工过程中的各种要素按照一定的目标运行，使工程项目施工的实际成本能够控制在预定的计划成本范围内。根据工程项目施工成本管理的要求和特点，工程项目施工成本计划实施的步骤为成本预测—成本计划—成本控制—成本核算—成本分析—成本考核。

1. 成本预测

成本预测是指承包企业及其项目经理部有关人员凭借历史数据和工程经验，运用一定方法对工程项目未来的成本水平及其可能的发展趋势做出科学估计的工作。项目成本预测是项目成本计划的依据。成本预测的方法可分为定性预测和定量预测两大类。

2. 成本计划

成本计划是在成本预测的基础上，承包企业及其项目部对计划期内项目的成本水平所做的筹划。承包企业项目成本计划是以货币形式编制的项目在计划期内的生产费用、成本水平及为降低成本采取的主要措施和规划的具体方案。成本计划是进行成本控制的主要依据。

3. 成本控制

成本控制是指项目在实施过程中，对影响项目成本的各项要素，即施工生产所耗费的人力、物力和各项费用开支，采取一定措施进行监督、调节和控制，及时预防、发现和纠正偏差，以保证项目成本目标实现的工作。

4. 成本核算

成本核算是承包企业利用会计核算体系，对项目建设工程中所发生的各项费用进行归集，统计其实际发生额，并计算项目总成本和单位工程成本的管理工作。项目成本核算是承包企业成本管理的基础工作，它所提供的各种信息是成本预测、成本计划、成本控制和成本考核等的依据。

5. 成本分析

成本分析是揭示项目成本变化情况及其变化原因的工作，为成本考核提供依据。

6. 成本考核

成本考核是在工程项目建设过程中或项目完成后，定期对项目形成过程中的各级单位成本管理的成绩或失误进行总结与评价的工作。通过成本考核，给予责任者相应的奖励或惩罚。承包企业应建立和健全项目成本考核制度，作为项目成本管理责任体系的组成部分。考核制度应对考核的目的、时间、范围、对象、方式、依据、指标、组织领导以及结论与奖惩原则等做出明确规定。

16.3.3 施工成本控制

项目的施工成本按"制造成本法"进行核算，即只将与施工项目直接相关的各项成本和费用计入施工项目成本，而将与项目没有直接关系，却与企业经营期间相关的费用（企业总部管理费）作为期间费用，从当期收益中一笔冲减，而不再计入施工成本。

1. 项目施工各阶段成本的控制

（1）施工准备阶段成本的控制

1）优化施工方案，对施工方法、施工顺序、机械设备的选择、作业组织形式的确定、技术组织措施等方面进行认真研究分析，运用价值工程理论，制定出技术先进、经济合理的施工方案。

2）编制成本计划并进行分解。

3）做出施工队伍、施工机械、临时设施建设等其他间接费用的支出预算，进行控制。

（2）施工阶段项目成本的控制

1）对分解的计划成本进行落实。

2）记录、整理、核算实际发生的费用，计算实际成本。

3）进行成本差异分析，采取有效的纠偏措施，充分注意不利差异产生的原因，以防对后续作业成本产生不利影响，或因质量低劣而造成返工现象。

4）注意工程变更，关注不可预计的外部条件对成本控制的影响。

（3）竣工交付使用及保修阶段项目成本的控制

1）工程移交后，要及时结算工程款，进行成本分析，总结经验。

2）控制保修期的保修费用支出，并将此问题反馈至有关责任者。

3）进行成本控制考评，落实奖惩制度。

2. 成本控制的内容和措施

成本控制的内容包括人工成本、材料成本、工程设备成本、施工机械费、其他直接费、间接费用的控制。其控制措施应包括以下几方面：

（1）人工费成本的控制　严密劳动组织，合理安排生产工人进出厂时间；严密劳动定额管理，实行计件工资制；加强技术培训，强化生产工人技术素质，提高劳动生产率。

（2）工程设备成本控制　加强工程设备管理，控制设备采购成本、运输成本、设备质量成本。

（3）材料采购成本的控制　从量和价两个方面控制。

（4）施工机械成本的控制　优化施工方案，严格控制租赁施工机械，提高施工机械的利用率和完好率。

（5）其他直接费的控制　以收定支，严格控制。

（6）间接费用的控制　尽量减少管理人员的比重，一人多岗；各种费用支出要用指标控制。

16.3.4　赢得值（挣值）法

用赢得值法进行费用、进度综合分析控制，可以根据当前的进度、费用偏差情况，通过原因分析，对趋势进行预测，预测项目结束时的进度、费用情况。

1. 赢得值法的三个基本参数

（1）已完工作预算费用（BCWP）　这是指在某一时间已经完成的工作（或部分工作）以批准认可的预算为标准所需要的资金总额。由于业主是根据这个值为承包人完成的工作量支付相应的费用，即承包人获得（挣得）的金额，故称赢得值或挣值。其计算式为

$$已完工作预算费用（BCWP）＝已完工作量×预算（计划）单价 \qquad (16-1)$$

（2）计划工作预算费用（BCWS）　这是指根据进度计划，在某一时刻应当完成的工作（或部分工作）以预算为标准所需要的资金总额。一般来说，除非合同有变更，BCWS 在工程实施过程中应保持不变。其计算式为

$$计划工作预算费用（BCWS）＝计划工作量×预算（计划）单价 \qquad (16-2)$$

（3）已完工作实际费用（ACWP）　这是指到某一时刻为止，已完成的工作所实际花费的总金额。其计算式为

$$已完工作实际费用（ACWP）＝已完工作量×实际单价 \qquad (16-3)$$

2. 赢得值法的四个评价指标

（1）费用偏差 CV

$$费用偏差（CV）＝已完工作预算费用（BCWP）－已完工作实际费用（ACWP） \qquad (16-4)$$

当费用偏差 CV 为负值时，表示项目运行超支，实际费用超出预算费用；当费用偏差 CV 为正值时，表示项目运行节支，实际费用没有超出预算费用。

（2）进度偏差 SV

$$进度偏差（SV）＝已完工作预算费用（BCWP）－计划工作预算费用（BCWS） \qquad (16-5)$$

当进度偏差 SV 为负值时，表示进度延误，即实际进度落后于计划进度；当进度偏差 SV 为正值时，表示进度提前，即实际进度快于计划进度。

（3）费用绩效指数 CPI

$$费用绩效指数（CPI）＝已完工作预算费用（BCWP）/已完工作实际费用（ACWP） \qquad (16-6)$$

当费用绩效指数（CPI）＜1 时，表示超支，即实际费用高于预算费用；当费用绩效指数（CPI）＞1 时，表示节支，即实际费用低于预算费用。

（4）进度绩效指数 SPI

$$进度绩效指数（SPI）＝已完工作预算费用（BCWP）/计划工作预算费用（BCWS） \qquad (16-7)$$

当进度绩效指数（SPI）＜1 时，表示进度延误，即实际进度比计划进度拖后；当进度绩效指数（SPI）＞1 时，表示进度提前，即实际进度比计划进度快。

费用（进度）偏差反映的是绝对偏差，结果很直观，有助于费用管理人员了解项目费用出现偏差的绝对数额，并依此采取一定措施，制定或调整费用支出计划和资金筹措计划。但是，绝对偏差有其不容忽视的局限性。例如，同样是 10 万元的费用偏差，对于总费用 1000 万元的项目

和总费用 1 亿元的项目而言，其严重性显然是不同的。因此，费用（进度）偏差仅适合于对同一项目作偏差分析。费用（进度）绩效指数反映的是相对偏差，它不受项目层次的限制，也不受项目实施时间的限制，因而在同一项目和不同项目比较中均可采用。

习 题

16-1 何谓"三控"？

16-2 质量控制的五大要素是哪些？如何控制？

16-3 全面质量管理的含义、特点和基本方法是什么？

16-4 施工进度计划有哪几种表现形式？各种表现形式有何特点？

16-5 施工进度计划编制的具体步骤是什么？各个步骤的具体内容有哪些？

16-6 何谓直接成本？何谓间接成本？

16-7 成本分析的基本方法有哪些？

16-8 如何进行综合成本分析？

16-9 施工成本计划的实施步骤是怎样的？

16-10 简述成本控制的内容。

16-11 试用公式表述赢得值（挣值）法的三个参数和四个评价指标，并说明其含义。

第17章 施工安全与技术管理

17.1 施工安全管理

由于地下作业的特点，施工中有很多不安全的因素，如有害气体和岩尘、水害、昏暗的环境、塌方、爆破与运输事故等。这些事故给国家和企业带来了重大损失，也给职工和家属带来了不幸和痛苦。但是，只要掌握好施工安全的规律，建立和健全必要的安全制度，事故是可以避免的。

17.1.1 安全管理的要求

地下工程施工安全管理，必须贯彻"安全第一"和"预防为主"的方针，强调"领导是关键、教育是前提、设施是基础、管理是保证"，提高企业的"施工技术安全、劳动卫生、生产附属辅助设施、宣传教育"综合水平，达到改善劳动条件、保护劳动者在生产中的安全和健康，从而提高劳动生产率和企业的经济效益。因此，必须做到以下几点：

1）开工前应做好施工准备工作，认真组织进行设计文件的校核和现场施工调查，编制好施工组织设计，对施工场地统一规划，做到文明施工和安全生产。

2）地下工程施工必须遵守有关施工规范、安全规程，以及国家、行业部门现行有关技术标准和规则、规程等。同时要认识到，地下工程施工安全既是安全问题也是质量问题，如开挖中喷锚支护质量就直接威胁着施工安全，故要把质量与安全同等重视起来。

3）参加施工的干部、工人，都必须遵守岗位责任制，熟悉安全生产的管理和操作规定。建立"安全网"及开展事故预想活动。

4）加强施工技术管理，合理安排工序进度和关键工序的作业循环，组织均衡生产。及时解决生产中的进度与安全的矛盾，统一指挥，避免忙乱中出差错、抢工中忽视安全而发生事故。

5）加强通风、照明、防尘、降温和治理有害气体工作，注意环境卫生。

6）各种机械电力设施、安全防护装置与用品，应按规定进行定期检验、试验和日常检查，不符合要求的严禁使用。

7）所有进入工地人员，必须按规定佩戴防护用品，遵章守纪听从指挥；同时加强安全保卫，禁止闲杂人员进入。

8）必须执行日常和定期安全检查制度，填报各种安全统计报表，分析安全动态，提高安全管理水平。

9）电工、起重、爆破、瓦斯检查员等特殊工种必须经专业培训，考试合格后方准独立操作，并持证上岗。

10）施工中若发现有险情，必须立即在危险地段设立明显标志或派专人看守，并迅速报告施工领导人员，及时采取处理措施。若情况严重，应立即将工作人员全部撤离危险地段。

11）单位领导与有关干部应经常对施工安全进行监督检查，对严重违犯施工安全规则、危及安全的工点，应要求工地立即纠正，必要时停工整顿，直至复查合格后方可复工。

12）对各类事故均应严格按照"三不放过"的原则处理，即事故原因查不清不放过，责任者和群众未受到教育不放过，没有制定出今后防范措施不放过。

13）工程施工前，项目经理要组织有关人员以安全法规和技术操作规程为依据，针对不同的工种和作业要求以及具体的施工条件，编制出安全施工计划，确定安全目标。

14）制定安全控制措施。机械设备严格按操作规程进行，大型复杂的新设备对驾驶员要先培训后上岗，高压电要按规定的架空高度架设，每班要有安全员。

15）对新工人进行公司、工地和班组的三级安全教育。对采用新工艺、新技术、新设备施工和调换工作岗位人员进行新技术、新岗位安全教育。

16）有了安全施工计划，必须进行经常性的检查才能推动和保证安全施工的落实。安全检查的主要内容有：

① 查思想认识。首先检查项目经理、施工队长等领导对安全的认识是否正确，能否正确处理好施工与安全的关系，是否认真贯彻安全施工的方针政策和法律法规，能否经常把安全工作放在重要的日程上进行研究；再查职工的安全意识是否强。

② 查安全措施。检查施工中是否按制定的安全措施执行，检查是否按安全操作规程操作。

③ 查隐患。例如，隧道未衬砌部分顶拱的裂隙发育，火、尘、毒发生的可能，以及其他事故苗子。

17.1.2　安全生产相关制度

1. 安全生产责任制

安全生产责任制是根据"管生产必须管安全""安全工作，人人有责"的原则，以制度的形式，明确规定各级领导和各类人员在生产活动中应负的安全职责。

2. 责任制的制定和考核

施工现场项目经理是项目安全生产第一责任人，对安全生产负全面的领导责任。

施工现场从事与安全有关的管理、执行和检查人员，特别是独立行使权力开展工作的人员，他们的职责、权限和相互关系应定期考核。

3. 安全生产目标

施工现场应实行安全生产目标管理，制定总的安全目标，如伤亡事故控制目标、安全达标、文明施工目标等。制定达标计划，将目标分解到人，责任落实，考核到人。

4. 安全技术操作规程

施工现场要建立、健全各种规章制度，除安全生产责任制外，还有安全技术交底制度、安全宣传教育制度、安全检查制度、安全设施验收制度、伤亡事故报告制度等。

5. 施工现场安全管理网

施工现场要建立以项目经理为组长、由各职能机构和分包单位负责人和安全管理人员参加的安全生产管理小组，组成自上而下覆盖各单位、各部门、各班组的安全生产管理网络。

17.2　施工技术管理

17.2.1　施工技术管理的主要任务

技术管理是对施工技术进行一系列组织、指挥、调节和控制等活动的总称。技术管理的主要任务是：正确贯彻科学技术是第一生产力的方针政策，科学地组织各项施工技术工作；建立规范的施工技术秩序；充分发挥技术力量和装备的作用，不断革新原有技术和采用新技术；提高机械化施工水平；保证工程质量，提高劳动生产率；降低工程成本，保质保量地按期完成施工任务。

17.2.2　施工技术管理的内容

1）编制阶段性的施工组织设计。

2）制定施工技术措施和操作规程。

3）图样会审、技术交底、设计变更、技术培训、质量检查、材料试验、技术革新和总结。

4）保管工程资料，建立技术责任制。

5）保证工程质量，改进施工技术和操作方法及施工工艺。

17.2.3　施工技术管理制度

实现上述各项施工技术管理工作，关键是建立并严格执行施工的各种技术管理工作规章制度，包括施工技术责任制、施工图会审制、施工技术交底制、施工测量复核制、工程施工试验制、工程质量检测制、施工现场监控量测制、施工日志制、工程技术档案制等。

1. 技术责任制

建立和健全施工技术责任制是保证技术管理工作正常开展的关键。在工程技术责任制中，应该明确规定各级工程技术人员和施工人员对各项工作所负的职责；应明确分工、层层负责、层层检查和监督到位。

2. 施工图学习与会审制度

施工图学习与会审制度是沟通设计和施工两个环节的有效方式。实行施工图学习与会审制度的目的是：使施工单位的全体技术人员和有关职能部门通过学习和参加会审，充分了解和掌握施工图的内容和要求，以便正确无误地施工，避免发生技术上的差错，确保安全生产和工程质量。

3. 技术交底制度

为了使全体工程技术人员和施工人员了解设计、施工的意图和规定的质量标准，必须贯彻执行技术交底制度。设计单位必须向施工单位具体说明设计意图、结构特点和规定的施工质量标准，以及对施工提出技术交底的技术要求。施工单位在对设计文件深入研究和会审后，进行逐级交底，交方法、交条件和交重点，同时发动群众提出合理化建议。

4. 材料和设备检验制度

建立和健全材料试验机构，充实试验人员，认真做好原材料、半成品和设备的检验。试验机构要经过计量认证，试验人员应通过培训取得资格证书，持证上岗。凡是没有合格证明、材料和设备性能不清的，要严格按规定检验，未经检验的设备不准安装，不合格的材料、半成品不准使用。

5. 工程质量检查和验收制度

工程质量检查和验收工作，施工单位一方面应履行合同规定，接受监理工程师对工程质量的监督、检查和验收；另一方面要在施工单位内部，建立自己的检查验收制度。

施工单位内部的检查验收制度，应贯彻专业检查和群众检查相结合的方法。要设置专职质量检查工程师，其工作任务包括对质量的监督、量测、试验及做出原始记录。

6. 施工技术档案管理制度

应进行施工技术档案归档的文件有施工过程中的技术文件（包括施工图和竣工图，施工组织设计及施工计划)、原始记录、试验检测记录、各种技术总结及其他有关技术资料等。这些技术资料是以后作为工程养护、整修、必要时进行加固或改建、营运阶段监控量测与管理的必要依据。施工技术档案资料要设专人从施工准备开始直到工程竣工验收施工全过程进行收集、整理,作为技术档案加以保存(存档)。

习　　题

17-1　简要说明安全管理的基本要求。

17-2　安全生产相关制度有哪些?

17-3　技术管理的内容包括哪些?

第18章 施工合同、信息与风险管理

18.1 施工合同管理

18.1.1 工程项目招标

1. 工程招标的方式

我国《招标投标法》规定，国内工程招标分为公开招标和邀请招标两种方式。

（1）公开招标　指招标人以招标公告的方式邀请不特定的法人或者其他组织投标。公开招标又称无限竞争性招标，是一种由招标人按照法定程序，在公共媒体（指报刊、广播、网络等）上发布招标公告，所有符合条件的供应商或者承包商都可以平等参加投标竞争，招标人从中择优选择中标者的招标方式。

公开招标的优点是能有效地防止腐败，为潜在的投标人提供均等的机会，能最大限度引入竞争，达到节约建设资金、保证工程质量、缩短建设工期的目的。但是公开招标也存在着工作量大，周期长，花费人力、物力、财力多等方面的不足。

我国规定，对国民经济或本地经济和社会发展有重大影响的大中型重点项目，应当采用公开招标的方式。对于有些不适宜公开招标的重点项目，经批准可采用邀请招标的方式。

（2）邀请招标　指招标人用投标邀请书的方式邀请特定的法人或者其他组织投标。邀请招标又称有限竞争性招标，是一种由招标人选择若干符合招标条件的供应商或承包商，向其发出投标邀请，由被邀请的供应商、承包商投标竞争，从中选定中标者的招标方式。

邀请招标的特点有以下两方面：

1）招标人在一定范围内邀请特定的法人或其他组织投标。为了保证招标的竞争性，邀请招标必须向三个及三个以上具备承担招标项目能力并且资信良好的投标人发出邀请书。

2）邀请招标不需发布公告，招标人只要向特定的投标人发出投标邀请书即可。接受邀请的人才有资格参加投标，其他人无权索要招标文件，不得参加投标。

应当指出，邀请招标虽然在潜在投标人的选择上和通知形式上与公开招标不同，但其所适用的程序和原则与公开招标是相同的，其在开标、评标标准等方面都是公开的，因此邀请招标仍不失其公开性。

2. 工程施工招标的主要内容

（1）建设工程项目报建　建设工程项目的立项批准文件或年度投资计划下达后，按照有关规定，须向建设行政主管部门的招标投标行政监管机关报建备案。建设工程项目报建备案后，具备招标条件的建设工程项目，即可开始办理招标事宜。凡未报建的工程项目，不得办理招标手续和发放施工许可证。

（2）审查招标人招标资质　组织招标有两种情况：招标人自己组织招标或委托招标代理机构代理招标。对于招标人自行办理招标事宜的，必须满足一定的条件，并向其行政监督机关备案。行政监督机关对招标人是否具备自行招标的条件进行监督，对委托的招标代理机构也应检查其相应的代理资质。

（3）申请招标　当招标人自己组织招标或委托招标代理机构代理招标确定后，应向其行政监管机关提出招标申请。当招标申请批准后才可以进行招标。

（4）编制资格预审文件、招标文件　招标申请被批准后，即可编制资格预审文件、招标文件。

公开招标对投标人的资格审查，有资格预审和资格后审两种。资格预审是指在发售招标文件前，招标人对潜在的投标人进行资质条件、业绩、技术、资金等方面的审查；资格后审是指在开标后评标前对投标人进行的资格审查。只有通过资格预（后）审的潜在投标人，才可以参加投标（评标）。我国通常采用资格预审的方法。

招标文件的主要内容有：招标公告（或投标邀请书），投标人须知，评标办法，合同条款及格式，工程量清单，图样，技术标准和要求，投标文件格式，投标人须知，附表规定的其他材料。

（5）发布资格预审公告、招标公告或者发出投标邀请函　招标文件、资格预审文件经审查批准后，招标人即可发布资格预审通告、招标公告或发出投标邀请书，吸引特定、不特定的潜在投标人前来投标。

（6）对投标资格进行审查　对已获取招标信息愿意参加投标的报名者都要进行资格审查。

（7）发售招标文件和有关资料，收取投标保证金　招标人应按规定的时间和地点向经审查合格的投标人发售招标文件及有关资料，并收取一定数量的投标保证金。投标保证金是为了防止投标人在投标过程中擅自撤回投标或中标后不愿与招标人签订合同而设立的一种保证措施。投标保证金的额度，由招标人在招标文件中确定。

（8）组织投标人踏勘现场，召开投标预备会，对招标文件进行答疑　招标文件发放后，招标人要在招标文件规定的时间内，组织投标人踏勘现场，并对招标文件进行答疑。

（9）开标　开标是招标过程中的重要环节。开标应在招标文件规定的时间、地点，在投标单位的法定代表人或授权代理人在场的情况下举行开标会议。开标一般在当地的建设工程交易中心进行。开标会议由招标人或招标代理机构组织并主持，招标投标管理机构到场监督。

（10）评标　当开标过程结束后，进入评标阶段。评标由招标人依法组建的评标委员会负责，评标委员会由招标人的代表和有关经济、技术方面的专家组成，与投标人有利害关系的人不得进入相关项目的评标委员会。评标委员会的名单在中标结果确定之前应保密。招标人应采取必要措施，保证评标在严格保密的情况下进行。评标委员会在完成评标后，应当向招标人提出书面评标报告，并推荐合格的中标候选人。整个评标过程应在招投标管理机构的监督下进行。

（11）择优定标，发中标通知书　在评标结束后，招标人以评标委员会提供的评标报告为依据，对评标委员会所推荐的中标候选人进行比较确定中标人，招标人也可以授权评标委员会直接确定中标人。定标应当择优。

评标确定中标人后，招标人应当向中标人发出中标通知书，并同时将中标结果通知所有未中标的投标人。中标通知书对招标人和中标人具有法律约束效力。

（12）签订合同　招标人与中标人应当在发出中标通知书30天的规定时间期限内，正式签订书面合同。中标人要按照招标文件的约定提交履约担保或者履约保函。合同订立后，招标人应及时通知其他未中标的投标人，同时退还投标保证金。投标人回复书面确认通知。

18.1.2　工程项目投标

1. 投标组织

投标是指承包商根据业主的要求或以招标文件为依据，在规定期限内向招标单位递交投标文件及报价，争取工程承包权的活动。投标是建筑企业取得工程施工合同的主要途径，又是建筑企业经营决策的重要组成部分，它是针对招标的工程项目，力求实现决策最优化的活动。

进行工程投标，需要有专门的机构和人员对投标的全部活动过程加以组织和管理。承包商要组成一个强有力的投标班子，投标班子应该由以下三种类型的人才组成：一是经营管理类人才，二是技术专业类人才，三是商务金融类人才。

2. 工程项目投标主要内容

（1）投标的前期工作　包括获取投标信息与前期投标决策，即从众多招标信息中确定选取哪些作为投标对象。

（2）申请投标　向招标单位申请投标，其报送方式和所报资料必须满足招标人在招标公告中提出的有关要求，如资质要求、财务要求、业绩要求、信誉要求、项目经理资格等。

（3）接受投标邀请和购买招标文件　申请者接到招标单位的招标申请书或资格预审通过通知书，就表明已具备并获得参加该项目投标的资格。如果决定参加投标，就应按招标单位规定的日期和地点，凭邀请书或通知书及有关证件购买招标文件。

（4）研究招标文件　招标文件是投标和报价的主要依据，也是承包商正确分析判断是否进行投标和获取成功的重要依据，因此应组织得力的设计、施工、造价等人员对招标文件认真研究。投标人购买了招标文件后，应及时组织有关投标人员阅读和研究投标文件，以便在现场考察、标前会议等业主组织的投标活动中，有重点地考察和明确问题，做到对工程项目充分地理解，领会设计意图及业主建设目标，使投标做到有的放矢。

（5）编制施工组织设计　编制投标文件的核心工作之一是计算标价，而标价计算又与施工方案及施工组织密切相关，所以在计算标价前必须编制好施工组织设计。

（6）确定投标报价　投标报价是指由投标人计算的完成招标文件规定的全部工作内容所需一切费用的期望值。

（7）编制投标文件　应按招标文件规定的要求编制投标文件，一般不能带有任何附加条件，否则可能导致废标。

（8）投标文件的投递　投标文件编制完成，经核对无误，由投标人的法定代表人签字盖章后，分类装订成册封入密封袋中，派专人在投标截止日前送到招标人指定地点，投标人应从收件处领取回执作为凭证。在递送标书后，招标人在规定的投标截止日前，可用书面形式向招标人递交补充、修改或撤回其投标文件的通知。除招标文件要求的内容外，投标人还可在标书中写明有关建议和报价依据（如果有必要），并做出报价可以协商或有某种优惠条件等方面的暗示，以吸引业主。如果投标人在投标截止日后撤回投标文件，投标保证金将得不到退还。

（9）参加开标会，中标与签约　投标人应按规定的日期参加开标会。参加开标会议是获取本次投标招标人及竞争者公开信息的重要途径，以便于比较自身在投标方面的优势和劣势，为后续即将展开的工作方向进行研究，以及作决策。投标人收到招标单位的中标通知书，即获得工程承建权，表示投标人在投标竞争中获胜。投标人接到中标通知书以后，应在招标单位规定的时间内与招标单位谈判，并签订承包合同，同时还要向业主提交履约保函或保证金。如果投标人在中标后不愿承包该工程而逃避签约，招标单位将按规定没收其投标保证金作为补偿。

18.1.3　施工合同管理

施工合同是发包人与承包人就完成具体工程项目的工程施工、设备安装、设备调试、工程保修等工作内容，确定双方权利和义务的协议。依据施工合同，承包人应完成一定的工程任务，发包人应提供必要的施工条件并支付工程价款。

施工合同管理是指各级工商行政管理机关、建设行政主管机关和金融机构，以及工程发包单位、监理单位、承包单位依据法律和行政法规、规章制度，采取法律的、行政的手段，对施工合同关系进行组织、指导、协调及监督，保护施工合同当事人的合法权益，处理施工合同纠纷，防止和制裁违法行为，保证施工合同的贯彻实施等一系列活动。

工程施工合同是工程建设质量控制、进度控制、投资控制的主要依据。在施工合同中应明确发包人和承包人在工程施工中的权利和义务。施工合同一经签订，即具有法律效力。这是双方在履行合同中的行为准则，双方都应以施工合同为依据，认真履行各自的义务，合法行使各自的权利，任何一方无权随意变更或解除施工合同。任何一方违反合同规定内容，都必须承担相应的法律责任。由住房和城乡建设部和国家工商行政管理总局制定的"建设工程施工合同（示范文本）（GF—2013—0201）"内容构成如下：

说　　明

为了指导建设工程施工合同当事人的签约行为，维护合同当事人的合法权益，依据《中华人民共和国合同法》、《中华人民共和国建筑法》、《中华人民共和国招标投标法》以及相关法律法规，住房城乡建设部、国家工商行政管理总局对《建设工程施工合同（示范文本）》（GF—1999—0201）进行了修订，制定了《建设工程施工合同（示范文本）》（GF—2013—0201）（以下简称《示范文本》）。为了便于合同当事人使用《示范文本》，现就有关问题说明如下。

一、《示范文本》的组成

《示范文本》由合同协议书、通用合同条款和专用合同条款三部分组成。

（一）合同协议书

《示范文本》合同协议书共计13条，主要包括：工程概况、合同工期、质量标准、签约合同价和合同价格形式、项目经理、合同文件构成、承诺以及合同生效条件等重要内容，集中约定了合同当事人基本的合同权利义务。

（二）通用合同条款

通用合同条款是合同当事人根据《中华人民共和国建筑法》、《中华人民共和国合同法》等法律法规的规定，就工程建设的实施及相关事项，对合同当事人的权利义务做出的原则性约定。

通用合同条款共计20条，具体条款分别为：一般约定、发包人、承包人、监理人、工程质量、安全文明施工与环境保护、工期和进度、材料与设备、试验与检验、变更、价格调整、合同价格、计量与支付、验收和工程试车、竣工结算、缺陷责任与保修、违约、不可抗力、保险、索赔和争议解决。前述条款安排既考虑了现行法律法规对工程建设的有关要求，也考虑了建设工程施工管理的特殊需要。

（三）专用合同条款

专用合同条款是对通用合同条款原则性约定的细化、完善、补充、修改或另行约定的条款。合同当事人可以根据不同建设工程的特点及具体情况，通过双方的谈判、协商对相应的专用合同条款进行修改补充。在使用专用合同条款时，应注意以下事项：

1. 专用合同条款的编号应与相应的通用合同条款的编号一致。

2. 合同当事人可以通过对专用合同条款的修改，满足具体建设工程的特殊要求，避免直接修改通用合同条款。

3. 在专用合同条款中有横道线的地方，合同当事人可针对相应的通用合同条款进行细化、完善、补充、修改或另行约定；如无细化、完善、补充、修改或另行约定，则填写"无"或画"/"。

二、《示范文本》的性质和适用范围

《示范文本》为非强制性使用文本。《示范文本》适用于房屋建筑工程、土木工程、线路管道和设备安装工程、装修工程等建设工程的施工承发包活动。合同当事人可结合建设工程具体情况，根据《示范文本》订立合同，并按照法律法规规定和合同约定承担相应的法律责任及合同权利义务。

第一部分　合同协议书

一、工程概况；二、合同工期；三、质量标准；四、签约合同价与合同价格形式；五、项目经理；六、合同文件构成；七、承诺；八、词语含义；九、签订时间；十、签订地点；十一、补充协议；十二、合同生效；十三、合同份数

第二部分　通用合同条款

1. 一般约定。1.1 词语定义与解释；1.2 语言文字；1.3 法律；1.4 标准和规范；1.5 合同文件的优先顺序；1.6 图纸和承包人文件；1.7 联络；1.8 严禁贿赂；1.9 化石、文物；1.10 交通运输；1.11 知识产权；1.12 保密；1.13 工程量清单错误的修正。

2. 发包人。2.1 许可或批准；2.2 发包人代表；2.3 发包人人员；2.4 施工现场、施工条件和基础资料的提供；2.5 资金来源证明及支付担保；2.6 支付合同价款；2.7 组织竣工验收；2.8 现场统一管理协议。

3. 承包人。3.1 承包人的一般义务；3.2 项目经理；3.3 承包人人员；3.4 承包人现场查勘；3.5 分包；3.6 工程照管与成品、半成品保护；3.7 履约担保；3.8 联合体。

4. 监理人。4.1 监理人的一般规定；4.2 监理人员；4.3 监理人的指示；4.4 商定或确定。

5. 工程质量。5.1 质量要求；5.2 质量保证措施；5.3 隐蔽工程检查；5.4 不合格工程的处理；5.5 质量争议检测。

6. 安全文明施工与环境保护。6.1 安全文明施工；6.2 职业健康；6.3 环境保护。

7. 工期和进度。7.1 施工组织设计；7.2 施工进度计划；7.3 开工；7.4 测量放线；7.5 工期延误；7.6 不利物质条件；7.7 异常恶劣的气候条件；7.8 暂停施工；7.9 提前竣工。

8. 材料与设备。8.1 发包人供应材料与工程设备；8.2 承包人采购材料与工程设备；8.3 材料与工程设备的接收与拒收；8.4 材料与工程设备的保管与使用；8.5 禁止使用不合格的材料和工程设备；8.6 样品；8.7 材料与工程设备的替代；8.8 施工设备和临时设施；8.9 材料与设备专用要求。

9. 试验与检验。9.1 试验设备与试验人员；9.2 取样；9.3 材料、工程设备和工程的试验和检验；9.4 现场工艺试验。

10. 变更。10.1 变更的范围；10.2 变更权；10.3 变更程序；10.4 变更估价；10.5 承包人的合理化建议；10.6 变更引起的工期调整；10.7 暂估价；10.8 暂列金额；10.9 计日工。

11. 价格调整。11.1 市场价格波动引起的调整；11.2 法律变化引起的调整。

12. 合同价格、计量与支付。12.1 合同价格形式；12.2 预付款；12.3 计量；12.4 工程进度款支付；12.5 支付账户。

13. 验收和工程试车。13.1 分部分项工程验收；13.2 竣工验收；13.3 工程试车；13.4 提前交付单位工程的验收；13.5 施工期运行；13.6 竣工退场。

14. 竣工结算。14.1 竣工结算申请；14.2 竣工结算审核；14.3 甩项竣工协议；14.4 最终结清。

15. 缺陷责任与保修。15.1 工程保修的原则；15.2 缺陷责任期；15.3 质量保证金；15.4 保修。

16. 违约。16.1 发包人违约；16.2 承包人违约；16.3 第三人造成的违约。

17. 不可抗力。17.1 不可抗力的确认；17.2 不可抗力的通知；17.3 不可抗力后果的承担；17.4 因不可抗力解除合同。

18. 保险。18.1 工程保险；18.2 工伤保险；18.3 其他保险；18.4 持续保险；18.5 保险凭证；18.6 未按约定投保的补救；18.7 通知义务。

19. 索赔。19.1 承包人的索赔；19.2 对承包人索赔的处理；19.3 发包人的索赔；19.4 对发包人索赔的处理；19.5 提出索赔的期限。

20. 争议解决。20.1 和解；20.2 调解；20.3 争议评审；20.4 仲裁或诉讼；20.5 争议解决条款效力。

第三部分　专用合同条款（略）

附件

协议书附件：附件1　承包人承揽工程项目一览表。

专用合同条款附件：附件2　发包人供应材料设备一览表；附件3　工程质量保修书；附件4　主要建设工程文件目录；附件5　承包人用于本工程施工的机械设备表；附件6　承包人主要施工管理人员表；附件7　分包人主要施工管理人员表；附件8　履约担保格式；附件9　预付款担保格式；附件10　支付担保格式；附件11　暂估价一览表。

18.2　信息管理

在工程施工过程中，会有大量的关于合同履行的信息，承包商要对信息进行有效的管理，就必须建立施工合同信息管理系统。

地下工程施工受外界因素干扰较大，风险较大，合同变更频繁，合同管理必须按变化了的情况不断地调整，因而合同管理系统是动态的系统，开放的系统，外界因素的干扰会不断打乱计划好的合同管理的平衡状态，工作量会随之增大，从而要求合同管理人员随时掌握信息才能对合同进行动态管理。

施工合同管理工作极为复杂，烦琐，是高度准确、严密和精确的管理工作，在施工过程中，合同的相关文件，各种工程资料繁多。合同信息管理的最基本的工作就是资料的搜集、处理、利用及保存，为索赔准备充足证据。

正是由于合同管理的上述特点，使得单纯地依靠人工来进行合同管理，既耗时又费力，而且使信息的传递过程过于缓慢，尤其在建设工程合同条件中都有大量的关于时效限制的条款，因而，在信息技术高速发展的今天，要提高合同管理人员的工作效率，使其适应国际化的管理模式，就需要利用现代社会先进的计算机技术，建立方便实用的计算机管理网络，有效地提高项目的经营管理水平，使合同管理人员从繁重的文字、案卷工作中解放出来。

建立施工合同信息管理系统的目标，是实现对合同信息的管理，从而进一步实现对施工合同的管理。

工程合同信息包括了合同前期信息、合同原始信息、合同跟踪信息、合同变更信息、合同结束信息。合同前期信息主要包括工程项目招投标信息。合同原始信息包括合同名称、合同类型、合同编码、合同主体、合同标的、商务条款、技术条款、合同参与方、关联合同等动态数据。合同跟踪信息包括合同进度、合同费用（投资/成本）、合同确定的项目质量等动态数据。合同变更信息包括合同变更参与方提出的变更建议、变更方案、变更指令、变更引起的标的变更。合同结束信息包括合同支付、合同结算、合同评价信息、合同归档信息。

工程合同信息管理子系统作为工程项目管理信息系统的一个组成部分，也可以分为几层子系统。每个子系统由多个参与方的不同管理人员在不同的时间和不同的地方进行业务操作、信息处理。工程合同信息管理系统必须是打破"信息孤岛"，做到"信息共享"的基于网络的系统。

18.3　风险管理

施工企业进行工程承包的目的是通过交付符合设计要求的达到工程质量标准的最终产品来获取工程利润，从而实现工程建设的目标和企业的发展战略目标。随着建设工程市场竞争日趋激烈，施工企业面临问题日益严重。例如，业主利用其有利地位，使施工企业签订过于苛刻的合同条款。多数施工企业尚无相关的合同风险意识，因而，施工合同的风险管理对施工企业来讲非常重要，它能够有效地规避风险。总体来讲，施工合同风险通常来自于以下几个方面：

18.3.1　来自业主方面的风险

1. 业主的资信风险

业主的信誉差，不诚实，或对承包商合理的索赔要求置之不理，或故意拖延承包商递送的各种签证材料。业主为了达到不支付或少支付工程款的目的，在工程中苛刻、刁难承包商，滥用权力，施行罚款。业主经常改变主意，改变设计方案，扰乱施工秩序而又不愿意给承包商以补偿等。

2. 业主的经济状况变化带来的风险

由于业主经营状况变化引起经济状况变化而引起的承包商的风险，在工程施工合同中较为常见。

3. 业主的主体资格不符合法律规定

合同法规定，业主作为合同当事人，必须具备民事权利能力和民事行为能力。通常具备民事权利与民事行为能力的对象有自然人、法人、委托代理人，而建设工程施工合同的主体还应具备建设主体资格。

4. 业主的资金状况来源不明引起的承包商风险

作为业主，其资金来源状况应该明确，而且在合同中应标明业主的资金来源状况。建设工程合同的第一部分协议书在工程概况中标明了"资金来源"的条款。承包商对于业主自筹资金或贷款的项目应该特别谨慎。

5. 业主手续带来的风险

业主如果手续不全，可能导致工程开工后无法正常实施，特别是按法律规定需要办理施工许可证的项目，业主必须在开工前办理好施工许可证。

申请领取施工许可证的项目应该具备相关的条件：办理了建筑工程用地手续；在城市规划区的建筑工程，已经取得规划许可；需要拆迁的，其拆迁进度符合施工要求；已经确定施工企业；有满足施工要求的施工图样及技术资料；有保证工程质量和安全的具体措施；建设资金已经落实；满足法律行政法规规定的其他程序。

18.3.2　来自承包商自身的风险

1. 承包商的技术风险

随着生活水平的提高，人们对工程的使用功能要求越来越高。有些工程需要最新的技术、最新的施工工艺，需要投入特殊的或进口的设备，而且对人才素质要求逐渐提高，如果承包商因技术不足而造成工程不能按时、保质地完成，承包商将不得不承担因此而造成的损失，甚至会影响施工企业的发展。

2. 承包商的报价风险

在招标投标过程中，国家推行工程量清单计价模式。工程量清单模式是由业主自己或委托有相应资质的单位编制工程量清单，由各投标单位自主报价，按照合理低价中标的原则来确定中标单位。由于工程量清单的单价中考虑了风险因素，因而给承包商报价带来了一定的不确定性，承包商报价太高，则可能失去工程的中标机会，若报价太低，又有可能遭受损失甚至成为废标。

3. 承包商的资金风险

业主不可能一次性将工程款全部支付给施工企业，施工企业能拿到预付款的毕竟不多，多数施工企业都得自己垫一部分资金才能承接到工程，有些业主甚至要求施工企业无限制地垫资。如果承包商没有一定的资金储备，将很难在工程承包市场站稳脚跟。一旦业主要求承包商垫资而承包商的资金储备不足，则会给承包商带来资金风险。

4. 承包商的经营风险

1）建材的使用风险。建筑施工企业所使用的建筑材料主要是钢材、木材、水泥、砂石料等，目前这些材料在国内市场上供应充裕。但是由于生产厂家数量众多，同样的材料质量可能差别较大。

2）工程材料的价格风险。工程的中标价格中包括了工程材料的价格。工程材料的价格由于工程的施工周期较长，可能会有变动，如果上涨，便会减少企业的收入。在采用清单计价模式后，承包商将在一定程度上承担市场建筑材料价格的上涨带来的风险。

18.3.3　来自自然或社会环境方面的风险

1）发生自然灾害等不可抗力时可能带来承包商的风险。如百年不遇的洪涝灾害、台风、地震等，都可能给承包商带来损失。

2）工程施工受制约因素较多，如现场场地狭小，地质条件复杂，水电供应、建材供应不能保证等。

3）交流方面的障碍而导致理解错误给承包商带来的风险。如对当地的风俗习惯、法律法规、语言不熟，在交流中造成理解错误而给承包商带来风险。

4）工程所在地政治环境变化可能引起承包商的合同风险。

5）国家的产业政策风险。建筑业企业的发展，与国家建设投资结构和规模密切相关。国家产业结构的调整对建筑业的需求会产生直接影响，同时也可能影响施工企业主营业务的开拓。

6）行业内部竞争风险。全国各类建筑企业数量众多，市场竞争激烈，同行业企业的快速发展以及市场竞争的加剧，会使企业市场开拓面临很大困难。

18.3.4　来自合同条款中关于工程施工的风险

合同签订后具有法律效力。慎重对待合同，认真分析合同的条款、内容，有助于减少合同风险，将合同风险降低到最低程度。一般来讲，来自合同条款的风险主要有如下几个方面：

1. 来自合同工期的风险

工期是工程施工合同的重要内容，它是指工程施工活动从开始直到竣工验收交付使用的时间。在合同协议书中明确地规定了合同工期内容：开工日期，竣工日期，合同工期总日历天数。工期的单位为日历天，包括法定的节假日。工期的合理与否是决定一个承包商能否赢利的一项重要内容。科学合理的工期有利于承包商提高工程质量，提高施工企业的经济效益。然而，投标书的工期只是一种经过计算的理想工期，要受到各方面因素的制约。

2. 来自合同工程价款方面的风险

工程量清单计价模式下的合同是单价合同，单价合同中的单价一经确定，不得随意更改，承包商承担自主报价带来的风险，而在工程施工过程中，变更是不可避免的。

3. 来自合同中其他方面的风险

1）合同文件的风险。承包合同签订后，施工的具体工作中会出现大量的各种形式的问题。如鲁布革水电站施工时，由于业主与承包商对项目的具体技术条款的解释出现了纠纷而索赔，特别是条款间不协调与二义性是产生具体风险的着眼点。

2）工程变更风险。工程变更是工程施工过程中经常出现的现象，它的主要内容是设计变更、技术方案调整、工程量调整等。工程变更对承包商的直接经济效益会产生影响，同时可能使承包商承担工程量变更的风险。

3）指定分包商风险。虽然在我国指定分包商是非法的，但业主经常将主体工程发包给承包商后，而将室内装饰工程等分部工程分包给指定的分包商。当业主指定的分包商由于技术或其他方面达不到要求时，承包商就得承担业主指定分包商带来的工期或协调风险。

4）限定期限风险。合同文本中，有许多关于限定期限的条款，业主有时还会在专用条款中限定更为严厉的期限条款，承包商一旦与业主签订施工承包合同，就得承担由此带来的风险。

18.3.5　合同风险分配与对策

合同风险如何进行分担是决定合同形式的主要影响因素之一。合同的起草和谈判过程，实质上很大程度上是对风险进行分配的过程。作为一份完备的公平的合同，不仅应对风险有全面的预测和定义，而且应该全面地落实风险责任，在合同双方之间公平合理分配风险。

对于合同双方，在任何一份工程合同中，问题和风险总是存在的，对分析出来的合同风险必须进行认真的对策研究。工程合同风险的对策可以分为经济措施、合同措施、技术措施、组织措施等几类。

习　　题

18-1　我国《招标投标法》规定国内工程招标分为哪两种招标方式？各适用于何种条件？

18-2　简述工程施工招标的主要内容。

18-3　简述工程施工投标的主要内容。

18-4　何谓合同管理？简述"建设工程施工合同（示范文本）（GF—2013—0201）"内容构成。

18-5　工程合同信息管理包括哪些内容？

18-6　施工合同风险通常来自于哪几个方面？

附录 岩石平巷巷道断面与交岔点设计

为了开采地下矿藏，必须开掘一系列的地下通道及硐室，如竖井、斜井、平巷及水泵房等，这些统称为井巷。井巷断面设计主要是选择井巷断面的形状，确定断面的尺寸，它是矿山井巷设计中的一项基本内容。近年来，越来越多的设计和施工人员采用商业软件（如 AutoCAD、ANSYS 等）或者计算机编程技术（VB、VC、C＋＋等）来减轻设计和计算工作量，取得了很好的效果。本附录只介绍水平巷道断面及交岔点的设计，主要适用于金属矿山，同时也可为煤矿和其他非金属矿山设计和施工提供参考。

附1 巷道断面设计

平巷包括平硐、石门、阶段运输平巷、回风巷、电耙道等。有些平巷只需根据某一主要因素进行断面设计，其方法比较简单；有些平巷，如平硐、石门和阶段运输巷道等，则需根据多种因素设计断面。这里主要讨论后一种断面设计问题。

附1.1 平巷断面形状的选择

平巷通常采用梯形和直墙拱形断面。当采用后者时，上半断面通常为半圆拱、三心拱、圆弧拱，在特殊条件下可采用圆形、椭圆形、马蹄形和多角形等断面，有的小断面巷道也常用矩形断面。选择平巷断面形状，主要考虑的因素是：围岩性质、巷道地压大小及来压方向；巷道用途、服务年限；支架的材料与结构以及巷道断面利用率、施工的难易程度及费用等。对这些因素，应予以综合考虑。合理的断面形状，应使巷道在围岩压力作用下处于良好的、合理的受力状态，保证巷道的安全和正常使用，断面开挖量及支护材料消耗量较少而且便于施工。服务年限短、围岩中等稳固的矿山巷道多选用梯形断面；服务年限长、地压大的巷道多采用直墙拱形巷道。

各种平巷断面形式的特点及适用范围详见表附-1。

表附-1 平巷断面形式的特点及适用范围

序号	断面形式	特 点	适 用 范 围
1	梯形	优点：断面利用率高，施工简单，对不均匀地压适应性较好 缺点：维修量较大	围岩稳固，地压较小，跨度小于4m，服务年限较短的矿山
2	半圆拱	优点：受力性能好，拱顶承受压力能力大 缺点：断面利用率稍低，费用高	围岩不稳定，顶、侧压较大，服务年限较长的矿山

（续）

序号	断面形式	特　　点	适用范围
3	三心拱	优点：断面利用率较高，掘砌费用较半圆拱低 缺点：承压能力较差，当顶压大时，易在拱基及拱顶处开裂	围岩中等稳定，顶压较小，服务年限较长的矿山
4	圆弧拱	介于半圆拱与三心拱之间	围岩中等稳定，顶压小，无侧压或侧压小于顶压，服务年限较长的矿山
5	圆形、椭圆形、马蹄形	优点：结构稳定，可以承受各方来的压力 缺点：断面利用率低，施工复杂，掘砌费用高	围岩不稳定，侧压和底压大的矿山

附 1.2　平巷断面尺寸的确定

　　平硐、石门、阶段运输平巷等巷道，应首先根据巷道中运输设备的类型和数量，矿山安全规程规定的人行道宽度和各种安全间隙，并考虑管路、电缆的布置，设计其净断面尺寸，然后进行巷道风速校核，并根据巷道支护结构及尺寸，道床及水沟等参数绘出巷道断面图，编制巷道特征表及工程量、材料消耗量表。目前已有一些平巷断面通用的设计软件可供利用，如矿山领域常用的 Surpac、3DMine、Datamine 软件等，隧道领域常用的 ANSYS、FLAC、midas/GTS 等。

　　现以矿山直墙拱形巷道为主，兼顾梯形巷道设计为例，说明平巷断面尺寸确定的步骤与方法，其他断面形状请参考设计手册或者其他书籍。

附 1.2.1　平巷净宽度 B_0 的确定

　　对于梯形巷道，当巷道内设置通行运输设备时，其净宽度系指运输设备顶面线处的巷道水平距离（图附-1a）；当巷道内不设通行运输设备时，其净宽度系指巷道净高 1/2 处的水平距离（图附-1b）。

　　拱形巷道的净宽度系指直墙内侧的水平距离（图附-2）。它主要取决于运输设备的宽度、轨道数目、运输设备之间及运输设备与支护之间的安全间隙、人行道宽度。其中运输设备应根据矿山生产的工艺流程及运输系统、矿车的用途及岩石性质、装卸条件等进行综合的技术经济比较后确定。根据运输量，相应的机车质量及矿车容积的确定可参考表附-2 确定。

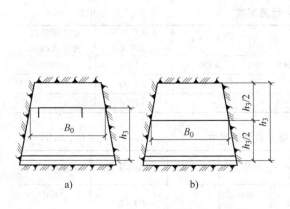

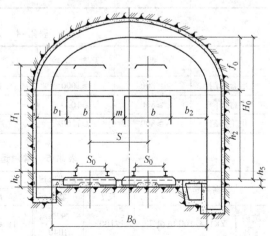

图附-1　梯形巷道断面净宽示意图　　　　　　图附-2　拱形巷道断面净尺寸计算图

a）设置通行运输设备时　b）不设通行运输设备时

表附-2　运输量与机车质量、矿车容积、轨距、轨型的一般关系

序号	运输量/（万 t/a）	机车质量/t	矿车容积/m³	轨距/mm	轨型/（kg/m）
1	<8	人推车	0.5～0.6	600	8～9
2	8～15	1.5～1.3	0.6～1.2	600	12～15
3	15～30	3～7	0.7～1.2	600	15～22
4	30～60	7～10	1.2～2.0	600	22～30
5	60～100	10～14	2.0～4.0	600，762	22～30
6	100～200	14，10 双机	4.0～6.0	762，900	30～38
7	200～400	14～20，14～20 双机	6.0～10.0	762，900	38～43
8	>400	40～50，20 双机	>10.0	900	43，43 以上

注：主平硐取表中的上限值。

由图附-2可知平巷净宽度 B_0 的计算式：

单轨巷道 　　　　　　　　$B_0 = b_1 + b + b_2$ 　　　　　　　　　　（附-1）

双轨巷道 　　　$B_0 = b + S + b_1 + b_2 = b_1 + 2b + m + b_2$ 　　　（附-2）

式中　b_1——运输设备与支护之间的安全间隙，按表附-3选取；

　　　b_2——人行道宽度，按表附-4选取；两条线路之间及溜井口或卸矿口侧严禁设置人行道；人行道尽量不穿越或少穿越线路；在人行道侧敷设管路（架高敷设除外）时，应相应增加人行道宽度；

　　　b——运输设备的最大宽度，我国常用的运输设备外形尺寸参见表附-5；

　　　S——双轨线路中心距，参见表附-5。由电机车和矿车宽度决定线路间距，应取其中的最大值。应保证两列对开矿车最突出部分的间隙（mm）不小于表附-3的数值，并应考虑设置接线道岔的可能性。

计算出的平巷净宽度宜以50mm为模数进级。

表附-3　安全间隙　　　　　　　　　　　　（单位：mm）

运输设备	运输设备之间			运输设备与支护之间		
	冶金部门	建材部门	化工部门	冶金部门	建材部门	化工部门
有轨设备	≥300	≥250	≥300	≥300	≥250	≥300
无轨设备	—	—	—	≥600	—	≥600
胶带	—	—	—	≥400	≥400	≥400

表附-4　人行道宽度　　　　　　　　　　　（单位：mm）

部　门	电机车	无轨运输	胶　带	人力运输	人车停车处的巷道两侧	矿车摘挂钩处巷道两侧
冶金部门	≥800	≥1000	≥800	≥700	≥1000	≥1000
建材部门	≥800	≥1000	—	≥700	≥1000	—
化工部门	≥800	≥1000	—	—	≥1000	—

表附-5　常用运输设备外形尺寸　　　　　　　（单位：mm）

运输设备类型		设备外形尺寸			轨距 S_0	轴距	架线高度 H_1	线路中心距 S
		长 l	宽 b	高 h				
坑内架线式电机车	ZK1.5/100 电机车	2100	920 1040	1550	600 762		1600～2000	1200 1300
	ZK3/250 电机车	2700	1250	1550	600 762		1700～2100	1500

（续）

运输设备类型		设备外形尺寸			轨距 S_0	轴 距	架线高度 H_1	线路中心距 S
		长 l	宽 b	高 h				
坑内架线式电机车	ZK7 电机车	4500	1060 1360	1550	600 762	1100	1800~2200	1300 1600
	ZK10 电机车	4500	1060 1360	1550	600 762	1100	1800~2200	1300 1600
	ZK14 电机车	4900	1360 1355	1600	762 900	1600	1800~2200	1600
	ZK20 电机车	7390	1700	1800	762 900	2500	2230~3400	2000
蓄电池式电机车	XK2.5/48	2100	950	1550	600	—		1200
	XK2.5/48A	2100	950 1050	1550	762	—		1200 1300
	XK86/100, 9/132A	4430	1063 1360	1550	900	—		1300 1600
翻斗式矿车	0.55m³ 矿车	1600	905	1200	600	—		1200
	0.75m³ 矿车	1820	1005	1250	600	—		1300
	0.75m³ 矿车	1820	905	1245	762	—		1300
	1.2m³ 矿车	2470	1374	1360	762	—		1600
曲轨侧卸式矿车	1.6m³ 矿车	2500	1200	1300	600 762	800		1500
	2.5m³ 矿车	3650	1250	1300	600 762	1200		1500
	3.5m³ 矿车	4430	1766	1530	762			2100
	4.0m³ 矿车	4200	1400	1600	762	1300		1700
底卸式矿车	4.0m³ 矿车	4045	1600	1550	762			1900
	6.0m³ 矿车	5250	2010	1645	900			2300
固定式矿车	0.5m³ 矿车	1250	780	1000	600	400		1100
	0.7m³ 矿车	1630	850	1050	600	500		1100
	1.2m³ 矿车	1900	1050	1200	600 762	600		1300
	2.0m³ 矿车	3000	1200	1200	600 762	1000		1500
	4.0m³ 矿车	3700	1550	1330	762 900	1250		1900

在设计弯道时，应考虑车辆在弯道运行时，因车体中心线和线路中心线不重合而产生车厢边角外伸和内侧车帮内移的现象。因而曲线段巷道净宽需适当加宽才能满足安全要求，与曲线段相连的直线段也要加宽，其加宽段长度及曲线段加宽值参见表附-6。

表附-6　曲线巷道加宽值及直线段加宽长度　　　（单位：mm）

运输方式	内侧加宽	外侧加宽	线路中心距加宽	直线段加宽长度
电机车	100	200	200	300
人推车	50	100	100	200

附 1.2.2　平巷净高度 H_0' 的确定

1. 梯形断面巷道的净高度

梯形断面巷道的净高度系指道碴面到支架顶端的高度，按下式计算

$$H'_0 = H_2 + h_4 \qquad\qquad\qquad \text{（附-3）}$$

式中 H_2——自轨面起至顶梁的高度（mm）；

　　　h_4——自道碴面至轨面的高度（mm）。

为了保证运转方便和行人安全，H_2 应符合以下规定：

（1）在没有架线式电机车运行的巷道内　其最小高度自轨面起不应小于 1.9m，采用木支架、金属支架或钢筋混凝土预制支架时，尚需预留 100mm 的下沉量。

（2）在有架线式电机车运行的巷道　巷道的净高度决定于电机车架线高度，从轨面起架线高度应符合以下规定：

1）有人行走的运输巷道、车场内及人行道与运输道交叉的地方，自轨面起不应小于 2m；在不行人的运输巷道内，自轨面起不小于 1.8m。

2）自斜井井底或竖井马头门到人车停车地点一段巷道内，自轨面起不应小于 2.2m。

3）采用架线式电机车的运输平硐，在工业广场内部和其他道路交叉的地方，自轨面起不应小于 2.2m。

4）电机车架线与巷道拱顶（或支架顶梁）之间距离不应小于 0.2m。

5）电机车架线悬挂在巷道一侧时，人行道应设在另一侧。

2. 拱形断面巷道的净高度

拱形巷道净高度系指从道碴面至拱顶内缘的垂直距离。由图附-2 可知

$$H'_0 = f_0 + h_3 - h_5 \qquad\qquad\qquad \text{（附-4）}$$

式中 f_0——拱高；

　　　h_3——拱形巷道墙高，$h_3 = h_2 + h_5$；

　　　h_5——巷道铺轨道碴高度。

（1）拱高 f_0 的确定　拱高常以矢跨比 f_0/B_0 来表示。当巷道顶压较大时可选择高拱形断面，如半圆拱（$f_0 = B_0/2$），但半圆拱的断面利用率较低。矿山常用的三心拱及圆弧拱的拱高多为 $f_0 = B_0/3$，当围岩较稳定时，可以取 $f_0 = B_0/4$，甚至取 $f_0 = B_0/5$。三心拱及圆弧拱形巷道的拱部几何参数见表附-7。拱形曲线可以根据这些参数绘制，也可由作图法求得。

表附-7　三心拱和圆弧拱巷道拱部几何参数

几何形状	项　目		几　何　参　数		
			$f_0 = B_0/3$	$f_0 = B_0/4$	$f_0 = B_0/5$
三心拱	α	弧度	0.982794	1.107149	1.190290
		角度	56°18′36″	63°26′06″	68°11′55″
	β	弧度	0.588003	0.463648	0.380506
		角度	33°41′24″	26°33′54″	21°48′05″
	R		$0.691898B_0$	$0.904509B_0$	$1.128887B_0$
	r		$0.260957B_0$	$0.172746B_0$	$0.128445B_0$
	f_0		$0.333333B_0$	$0.25B_0$	$0.2B_0$
	P		$1.326610B_0$	$1.221258B_0$	$1.164871B_0$
	S'		$0.262705B_0^2$	$0.198175B_0^2$	$0.159416B_0^2$

（续）

几何形状	项　目		几 何 参 数		
			$f_0 = B_0/3$	$f_0 = B_0/4$	$f_0 = B_0/5$
圆弧拱	α	弧度	1.176005	0.927295	0.761013
		角度	67°22′48″	53°07′48″	43°36′10″
	R		$0.541667B_0$	$0.625B_0$	$0.725B_0$
	f_0		$0.333333B_0$	$0.25B_0$	$0.2B_0$
	P		$1.274006B_0$	$1.159119B_0$	$1.103469B_0$
	S'		$0.240877B_0^2$	$0.174725B_0^2$	$0.137507B_0^2$

注：P 为拱弧长，S' 为拱面积。

圆弧拱的作图法十分简单，根据 f_0 和 B_0 值，内拱基及拱顶三个点确定圆弧线。圆弧拱为圆的一部分，其受力性能比半圆拱差；与三心拱相比，虽有些类似，但因只有一半径所形成的拱弧，所以拱部没有大小圆弧相接处，受力性能较好。当地压稍大时，圆弧拱拱顶部不易开裂，但拱墙交接部位连接有突变，受力性能不好，是容易开裂的部位。施工中磋胎比较容易加工，故冶金矿山及墙高较大的硐室多采用这种形状。

三心拱形曲线作图法如图附-3 所示。按 f_0 和 B_0 为边长作矩形 $AFEG$。CD 为 AF 边的垂直平分线。连接 AC、CF，作 $\angle GAC$ 和 $\angle GCA$ 的角平分线交于 M 点，作 $\angle EFC$ 和 $\angle ECF$ 的角平分线交于 K 点。过 M 点和 K 点分别作 AC 和 CF 的垂线，交 CD 的延长线于 O 点，交 AF 于 O_1、O_2 点。$OK = OM = R$，$O_1A = O_2F = r$。以 O 点为圆心、R 为半径作弧 $\overset{\frown}{MCK}$，以 O_1、O_2 为圆心、r 为半径作弧 $\overset{\frown}{AM}$ 与 $\overset{\frown}{KF}$，三段弧线光滑相交即得三心拱曲线弧 $\overset{\frown}{AMCKF}$。

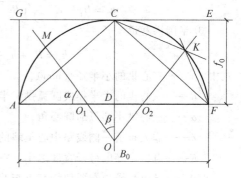

图附-3　三心拱的作图法

（2）拱形巷道墙高 h_3 的确定　拱形巷道墙高是指巷道底板至拱基线的距离，如图附-4 所示。这一高度通常是按电机车架线要求、管道架设要求、人行要求以及通过大件的高度等来确定，经比较后选用其最大值。

1）按电机车架线要求计算墙高，如图附-4 所示。按架线要求考虑时，应保证从轨面算起的电机车架线高度 H_1 和架线电机车导电弓子与巷道壁之间的安全间隙这两个尺寸应满足安全规程的以下要求：

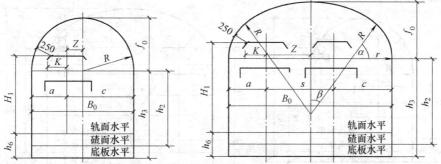

图附-4　按架线要求确定墙高的计算图

① 主要运输巷道，当电源电压小于 500V 时，$H_1 \geqslant 1.8m$；当电源电压为 500V 及以上时，$H_1 \geqslant 2m$。

② 井下调车场、架线式电机车道到人行道交岔点，当电源电压小于 500V 时，$H_1 \geqslant 2m$；当电源电压为 500V 及以上时，$H_1 \geqslant 2.2m$。

③ 在井底车场，从井底至运送人员车场，$H_1 \geqslant 2.2m$。

④ 架线电机车导电弓子顶端两切线的交点与巷道壁间的最小安全距离按 250mm 计算。

根据以上规定确定墙高时，首先要判断导电弓子是在小圆弧断面内还是在大圆弧范围内，如图附-4 所示。具体计算公式如下：

① 三心拱巷道墙高

当导电弓子进入小圆弧断面内，即 $\dfrac{r-a+k}{r-250} \geqslant \cos\alpha$ 时

$$h_3 = H_1 + h_6 - \sqrt{(r-250)^2 - (r-a+k)^2} \tag{附-5}$$

当导电弓子进入大圆弧断面内，即 $\dfrac{r-a+k}{r-250} < \cos\alpha$ 时

$$h_3 = H_1 + h_6 - \sqrt{(R-250)^2 - (K+Z)^2} + R - f_0 \tag{附-6}$$

② 圆弧拱巷道墙高

$$h_3 = H_1 + h_6 - \sqrt{(R-250)^2 - (K+Z)^2} + \sqrt{R^2 - (B_0/2)^2} \tag{附-7}$$

③ 半圆拱巷道墙高

$$h_3 = H_1 + h_6 - \sqrt{(R-250)^2 - (K+Z)^2} \tag{附-8}$$

式中　r——三心拱的小半径（mm）；

R——三心拱的大半径或圆弧拱、半圆拱的半径（mm）；

α——三心拱小圆弧的圆心角；

a——非人行道一侧线路中心至墙的距离（mm），$a = b/2 + b_1$；

K——电机车导电弓子宽度之半，一般 $2K = 800 \sim 900mm$；

250——导电弓子顶端两切线交点与巷道壁间的最小安全距离（mm）；

H_1——从轨面算起电机车的架线高度，查相关数据表选取并应遵守相关安全规程的规定（mm）；

h_6——巷道底板至轨面的高度（mm），可查相关数据表选取；

Z——轨道中心线与巷道中心线的间距（mm）。

2）按管道架设要求计算墙高，如图附-5 所示。若巷道内人行道上方装有管道时，需考虑管道架设要求。管道法兰盘最下边应满足 1800mm 的人行高度要求，架线电机车的导电弓子与管道间的距离应不小于 300mm。

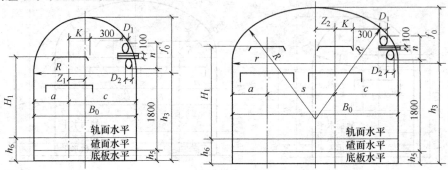

图附-5　按管道架设要求墙高的计算图

① 三心拱巷道墙高

单轨
$$h_3 = 1800 + h_5 + n - \sqrt{r^2 - \left[r - \left(\frac{B_0}{2} + Z_1 - K - 300 - D_1 \right) \right]^2} \tag{附-9}$$

双轨
$$h_3 = 1800 + h_5 + n - \sqrt{r^2 - \left[r - \left(\frac{B_0}{2} - Z_2 - K - 300 - D_1 \right) \right]^2} \tag{附-10}$$

图附-5 中管道所占高度为管道直径与托管横梁高度之和，即 $n = D_1 + 100 + D_2$。

② 圆弧拱巷道墙高

单轨
$$h_3 = 1800 + h_5 + n + \left[R - \sqrt{R^2 - (K + 300 + D_1 - Z_1)^2} \right] - f_0 \tag{附-11}$$

双轨
$$h_3 = 1800 + h_5 + n + \left[R - \sqrt{R^2 - (K + 300 + D_1 + Z_2)^2} \right] - f_0 \tag{附-12}$$

③ 半圆拱巷道墙高

单轨
$$h_3 = 1800 + h_5 + n - \sqrt{R^2 - (K + 300 + D_1 - Z_1)^2} \tag{附-13}$$

双轨
$$h_3 = 1800 + h_5 + n - \sqrt{R^2 - (K + 300 + D_1 + Z_2)^2} \tag{附-14}$$

3）按人行要求计算墙高，如图附-6 所示。采用电机车或矿车运输时，由于车高一般均比成人身高低，此时巷道墙高还应保证行人遇车靠壁站立时，距壁100mm 处的巷道有效净高不小于1800mm。

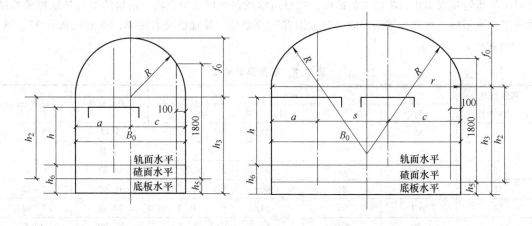

图附-6　按人行要求确定墙高的计算图

① 三心拱巷道墙高

$$h_3 = 1800 + h_5 - \sqrt{r^2 - (r - 100)^2} = 1800 + h_5 - 14.1\sqrt{r - 50} \tag{附-15}$$

② 圆弧拱巷道墙高

$$h_3 = 1800 + h_5 + \left[R - \sqrt{R^2 - \left(\frac{B_0}{2} - 100 \right)^2} \right] - f_0 \tag{附-16}$$

③ 半圆拱巷道墙高

$$h_3 = 1800 + h_5 - \sqrt{R^2 - (R - 100)^2} = 1800 + h_5 - 14.1\sqrt{R - 50} \tag{附-17}$$

一般来说，确定墙高时，先分别按人行和架线要求进行计算，有必要时再按安装管道要求进行校核，取三者中的最大值。计算出来的巷道净高度，宜以10mm 为模数进级。

附1.3 断面构造布置

附1.3.1 巷道铺轨及道床结构

平巷巷道的轨道主要由钢轨、轨枕、接轨配件及道碴等组成，道床结构如图附-7所示。

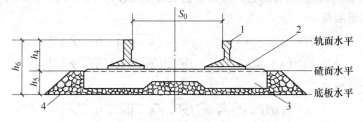

图附-7 道床结构

1—钢轨 2—垫板 3—轨枕 4—道碴

1. 钢轨

钢轨为车辆运输轨道，承受车轮的压力，并将压力传到轨枕上。地下矿山主要采用轻轨，但是对于年运输量在200万吨以上的矿山，主要运输线路也可采用重轨。钢轨的型号是以每米长度的质量来表示的。目前我国生产的低合金钢有五种型号。其规格见表附-8，重型钢轨有33、38、43、50四种。

表附-8 矿用钢轨特征

钢轨类型/ (kg/m)	尺寸/mm				每米质量/kg	长度/m
	高	底 宽	上 宽	肋 厚		
8	65	54	25	7	8.42	5 ~ 10
11	80.5	66	32	7	11.20	6 ~ 10
15	91	76	37	7	14.27	6 ~ 12
18	90	80	40	10	18.60	7 ~ 12
24	107	92	51	10.9	24.46	7 ~ 12
（重型）33	120	110	60	12.5	33.286	12.5

钢轨型号的选择应根据该巷道的运输量、电机车类型及矿车容积规定，可参见表附-9。轨距是指直线轨道两条钢轨顶内侧在垂直平面内的间距。我国地下矿山窄轨标准轨距为600mm、762mm和900mm。

表附-9 钢轨类型选择

中段生产能力/（万 t/a）	轨距/mm	钢轨类型/（kg/m）	电机车自重/t	矿车容积/m³
<8	600	8	人推车	0.5 ~ 0.6
8 ~ 15	600	8 ~ 11	1.5 ~ 3	0.6 ~ 1.2
15 ~ 30	600	11 ~ 15	3 ~ 7	0.7 ~ 1.2
30 ~ 60	600	15 ~ 18	7 ~ 10	1.2 ~ 2.0
60 ~ 100	600、762	18 ~ 24	10 ~ 14	2.0 ~ 4.0
100 ~ 200	762、900	24 ~ 33	14、10 双引机车	4.0 ~ 6.0
>200	762、900	33	14、10 双引机车	>6.0

2. 轨枕

轨枕的作用是支承并固定钢轨，并将钢轨传来的压力传给道碴。用作轨枕的材料有木材和钢筋混凝土两种。

（1）木轨枕（也称枕木） 其特点是弹性好，与道碴摩擦系数大，安装方便。但易于腐朽，服务年限短，其规格见表附-10。

表附-10 木轨枕规格

轨型/（kg/m）	枕木厚/mm	顶面宽/mm	底面宽/mm	长度/mm	
				轨距 600mm	轨距 762mm
8	100	100	100	1100	1250
11、15、18	120	100	188	1200	1350
24	130	100	210	1200	1350
33	140	130	225	1200	1350

（2）钢筋混凝土轨枕 为了节约木材，钢筋混凝土轨枕在我国地下矿山已获得广泛应用。其特点是强度大，使用寿命长，稳固性好，不怕地下水侵蚀。但质量大，弹性差，铺设比较复杂。常用的钢筋混凝土轨枕规格见表附-11。

表附-11 钢筋混凝土轨枕规格

轨距/mm	机车类型	钢筋混凝土轨枕尺寸/mm			
		长	上 宽	底 宽	高
600	7～10t	1200	120	150	120
762	7～14t	1350	120	150	120
900	10～14 t	1500	120	160	130
900	20t	1700	150	200	150

3. 连接件

轨道连接件包括鱼尾板、螺栓、道钉和垫板等，可将各段钢轨连接成一整体。

4. 道碴

道碴用于承受轨枕传来的压力，阻止枕轨移动，调整轨道坡度等。用作道碴的材料为硬度 $f \geq 5$ 或一般不风化的坚硬碎石，其粒度为 $20 \sim 60mm$。在水平及倾角小于 $10°$ 的巷道内，轨枕下面的道碴厚度应不小于 $150mm$，轨枕埋入道碴深度不应少于枕轨厚度的 $2/3$。

道床肩宽（从轨枕端部至道碴边缘的距离），当用木枕木时，肩宽不小于 $100mm$，当用钢筋混凝土轨枕时，肩宽不小于 $150mm$。道床坡度可取 $1:1.5$，道床顶面一般比轨枕面低 $30\ mm$。

附1.3.2 水沟

为排除井下涌水及其他污水，以保证井下工人的安全和健康以及运输工作的正常运行，应根据排水量的大小，在巷道一侧的底部设置水沟。水沟设计时应考虑以下规定：

1）水沟一般设在人行道一侧或空车线一例，应尽量避免穿越或少穿越线路。

2）水沟坡度与巷道的坡度一致，一般不小于 0.3%，巷道底板的横向排水坡度不小于 0.2%。水沟中的最大水流速度，当混凝土支护时为 $5 \sim 10m/s$，木支护时为 $6.5m/s$，不支护时为 $3 \sim 4.5m/s$；最小流速应满足泥沙不沉淀的要求，且不应小于 $0.5m/s$。水沟充满度取 0.75，泄水孔每 $3 \sim 6m$ 设一个，其尺寸为 $40mm \times 40mm$。

3）在支护巷道中的水沟，靠边墙一侧应加宽基础100mm，以便铺设水沟盖板。水沟底板一般应高于结构基础面50～100mm。在梯形和不规则断面形状的巷道中，水沟不应沿棚脚窝开凿，水沟距棚脚不应小于300mm。

4）水沟断面形状一般为等腰梯形、直角梯形或矩形。水沟侧帮坡度一般为1∶0.1～1∶0.25。水沟应加盖板。盖板一般采用钢筋混凝土预制板，厚度为50mm，宽为600mm。井底车场及主要运输平巷的水沟盖板与道碴面齐平，中段运输平巷水沟盖板底面与巷道底板齐平。

水沟有三种类型，如图附-8所示。Ⅰ、Ⅱ型水沟用于阶段运输平巷，其中Ⅰ型水沟用于不支护及锚喷支护的平巷，Ⅱ型水沟用于混凝土支护的平巷；Ⅲ型水沟用于主要运输平巷及井底车场或平硐内。图附-9为装配式水沟示意图。

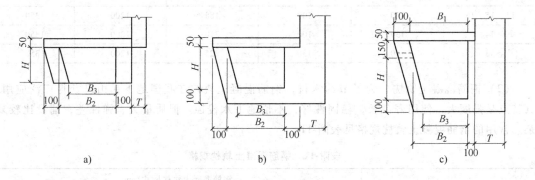

图附-8 水沟类型

a）Ⅰ型 b）Ⅱ型 c）Ⅲ型

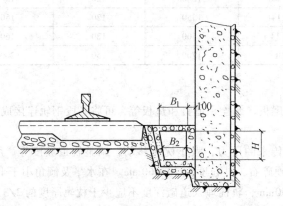

图附-9 装配式水沟示意图

水沟断面的尺寸可以根据最大排水量来确定，按照表附-12参考选用。

表附-12 水沟断面选用参考表

水沟类型	最大排水量/（m³/h）		水沟净尺寸/mm			水沟断面积/m²		每米水沟混凝土量/m³
	$i=0.3\%$	$i=0.5\%$	上 宽	下 宽	深 度	净	掘	
Ⅰ	100	120	310	280	230	0.07	0.11	0.05
	150	180	330	280	280	0.09	0.14	0.06
	200	260	350	310	330	0.11	0.17	0.07
	300	340	400	360	380	0.14	0.22	0.08

（续）

水沟类型	最大排水量/（m³/h）		水沟净尺寸/mm			水沟断面积/m²		每米水沟混凝土量/m³
	$i=0.3\%$	$i=0.5\%$	上　宽	下　宽	深度	净	掘	
Ⅱ	100	120	310	280	200	0.06	0.15	0.09
	150	180	330	280	250	0.08	0.18	0.10
	200	260	350	310	300	0.10	0.20	0.10
	300	340	400	360	350	0.13	0.26	0.13
Ⅲ	100	120	310	280	200	0.06	0.15	0.12
	150	180	330	280	250	0.08	0.18	0.13
	200	260	350	310	300	0.10	0.20	0.13
	300	340	400	360	350	0.13	0.26	0.16

附 1.3.3　管缆布置

根据生产的需要，巷道内要布设管缆，如压风管、排水管、供水管及动力、照明和通信电缆等。管缆的布置要考虑安全和检修的方便。

1. 管道布置的一般要求

1）管道应布置在人行道一侧，管道的架设一般采用托架、管墩及锚杆吊挂等方式。

2）在采用架线式电机车运输的平巷内，管道应尽量避免沿平巷底板铺设，而应架在管墩上，以防止电流腐蚀管道。

3）管道与管道呈交叉或平行布置时，应保证管道之间有足够的更换距离。管道架设在平巷顶部时，应不妨碍其他设备的维修和更换。

2. 电缆布置的一般要求

1）人行道一侧最好不敷设动力电缆。

2）动力电缆和通信电缆一般不要敷设在巷道的同一侧，如必须设在同一侧时，则应各自悬挂，将动力电缆设置在通信、照明电缆的下面。

3）电缆与风水管路平行敷设时，电缆要悬挂在管路的下方，隔开300mm以上的距离。

4）电缆悬挂高度应保证当矿车掉道时不致撞击电缆。电缆坠落时，严禁落在轨道或运输设备上。

5）敷设电缆时，两悬挂点的间距应不大于3m，两根相邻电缆的间距不得小于50mm；电缆到巷道顶板的距离一般不小于300mm，当有数根电缆时，一般不小于200mm。

附 1.4　断面设计其他事项

附 1.4.1　风速验算

几乎所有的巷道都有通风的作用。当通过巷道的风量确定后，巷道断面越小则风速越大。风速过大会扬起粉尘，影响工人健康，恶化工作环境。为此，相关规程中规定了各种用途巷道所允许的最大风速（表附-13）。设计巷道净断面后，还必须进行风速验算。若风速超过允许值，应重新修改断面尺寸。

$$v=\frac{Q}{S_0}\leqslant v_允 \tag{附-18}$$

式中　v——通过该巷道的风速（m/s）；

　　　Q——根据设计要求通过该巷道的风量（m^3/s）；

　　　S_0——巷道的净断面积（m^2）；

　　　$v_允$——巷道允许通过的最大风速（m/s），见表附-13。

表附-13　井巷允许最大风速

井 巷 名 称	允许最大风速/(m/s)
专用风井、风硐	15
专用物料提升井	12
风桥	10
提升人员和物料井筒，主要进、回风道	8
运输巷道、采区进风道	6
采矿场、采准巷道	4

附1.4.2　支护材料及支护参数的选择

根据巷道围岩的性质、地压的大小以及服务年限长短的不同，支护材料有木材、料石、混凝土预制件、现浇混凝土、钢筋混凝土以及金属材料（如钢轨、型钢）等。

支护参数是指巷道支护材料的厚度或其断面尺寸，对于料石、混凝土块、混凝土、钢筋混凝土以及喷射混凝土支护时，以材料厚度（顶拱厚 d_0，壁厚 T）表示。木材以坑木直径 ϕ 表示，钢筋预制件和金属支架以断面尺寸表示。支护参数是计算掘进断面和工程量不可缺少的数据。

附1.4.3　绘制巷道断面图并编制工程量及材料消耗量表

根据以上计算结果及支护参数，按 1∶50 的比例绘制巷道断面图并附上工程量及材料消耗量表。巷道断面设计的全部内容都反映在图样上，作为施工组织设计的依据。例如，利用表附-14和图附-10可以计算 $f_0 = B_0/3$ 三心拱巷道断面的一些参数及工程量。其他断面巷道可根据该图表及表附-7的参数计算或查阅设计手册。

表附-14　$f_0 = B_0/3$ 三心拱巷道断面计算表

名　　称		计 算 公 式	名　　称		计 算 公 式
从轨面到电机车（矿车）高度		h	人行道宽度		b_2
从轨面算起之墙高		h_1	巷道 净度	单轨	$B_0 = b_1 + b + b_2$
道碴厚度		h_5		双轨	$B_0 = b_1 + 2b + m + b_2$
道碴面到轨面的高度		h_4	墙厚		T
巷道底板到轨面的高度		$h_6 = h_4 + h_5$	巷道掘进宽度		$B = B_0 + 2T$
从道碴面算起之墙高		$h_2 = h_4 + h_1$	巷道净断面积		$S_净 = (h_2 + 0.263B_0)B_0$
从底板算起之墙高		$h_3 = h_2 + h_5$	巷道净周长		$P_净 = 2h_2 + 2.33B_0$
架线高度		H_1	巷道拱圈断面积		$S_拱 = 1.33(B_0 + T)d_0$
三心拱高		$f_0 = B_0/3$	巷道墙断面积		$S_墙 = 2h_3T$
巷道掘进高度		$H = h_3 + f_0 + d_0$	巷道基础断面积		$S_基 = (0.25 + 0.5)T$
运输设备的宽度		b	巷道道碴断面积		$S_渣 = h_5B_0$
运输设备到支架之间隙		b_1	水沟掘进断面积		$S_沟$
两运输设备间的间隙		m	巷道掘进断面积		$S_掘 = S_净 + S_拱 + S_墙 + S_基 + S_渣 + S_沟$

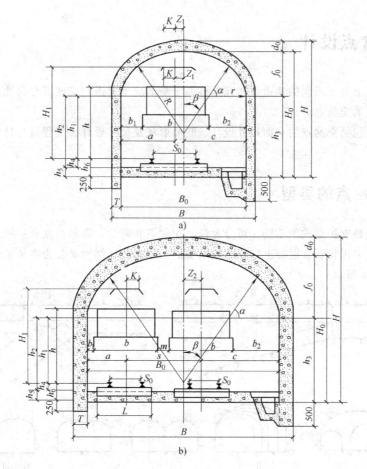

图附-10　三心拱巷道断面尺寸图

a）单轨　b）双轨

附 1.4.4　巷道断面设计的提示

为了简化设计工作，设计部门根据有关的规定和方法，依照标准化运输设备、巷道的用途以及岩石的类别，编制了巷道断面施工图标准设计，以备选用。选用时，首先根据拟定的巷道中的线路数目、运输设备类型、人行道要求以及管线架设等因素，从巷道断面标准设计中选择符合要求的断面，然后再按通风要求进行验算。

因为标准设计中，各巷道断面图上均附有巷道特征与每条巷道材料消耗表，因此，可以避免大量烦琐的计算和由于粗心而产生的计算错误。

附2 交岔点设计

　　矿井生产要求井下不同的巷道要相互连接，于是形成了巷道相交或者分岔地点，这样的一段巷道被称为巷道的交岔点。

　　交岔点设计包括交岔点的平面尺寸设计、断面形状及尺寸设计、工程量与材料消耗量计算等几部分。

附2.1　交岔点的类型

　　根据交岔点处支护型式的不同，可分为简易交岔点和碹岔。简易交岔点一般采用抬棚或石墙钢梁支护，碹岔多用料石、混凝土砌筑或锚喷支护。碹岔按其结构又分为牛鼻子交岔点和穿尖交岔点，如图附-11所示。

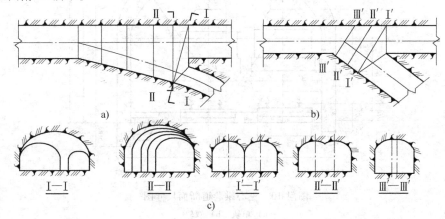

图附-11　牛鼻子交岔点和穿尖交岔点

a）牛鼻子交岔点　b）穿尖交岔点　c）断面图

　　牛鼻子交岔点的特点是拱高随跨度的变化而变化，在交岔处构筑柱墩（碹垛）以增强支护能力，因而能承受较大的地压，适用于各类围岩和各种规格的巷道，特别是井底车场和运输大巷。

　　穿尖交岔点的特点是长度短、拱高低、巷道断面不扩大，故工程量较小，施工简单，通风阻力小。缺点是承压能力小。穿尖交岔点多应用于围岩坚固稳定、巷道跨度不超过5m、转角大于45°的情况。

　　根据所连接巷道的轨道数目、运输方向和道岔类型的不同，碹岔一般可分为单（双）轨巷道单侧交岔点（图附-12a、b）、单（双）轨巷道对称分岔点（图附-12c、d）、双轨巷道分支点（图附-12e）及双轨巷道单侧分岔分支点（图附-12f）等形式。其中第a、c、e类是基本的，其他类型可视为这三类的变换或组合。

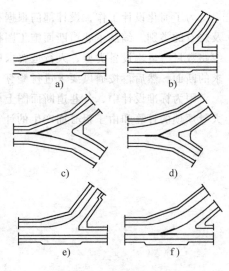

图附-12　碹岔的形式

附 2.2　道岔

道岔的类型及其尺寸是设计交岔点的重要依据之一。

道岔的作用是将两条方向不同的轨道衔接起来，使得车辆顺利地从一条线路驶入另一条线路，其结构如图附-13 所示。道岔由岔尖、基本轨、辙岔、转辙器、随轨和护轮轨等几部分组成。

岔尖是引导车辆转向运行的重要部件，它的尖端要能够紧贴在基本轨上并应具有足够的强度，以承受车辆的冲击与挤压。辙岔是线路交岔的中心部分，由岔心和翼轨焊接在钢板上形成一个整体。随轨是位于辙岔和岔尖之间的弯曲轨道，其曲率半径

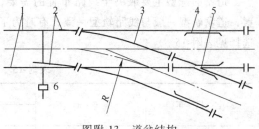

图附-13　道岔结构

1—基本轨　2—岔尖　3—随轨
4—护轮轨　5—辙岔　6—转辙器

取决于道岔号码。护轮轨是防止车辆通过辙岔时脱轨或走错沟槽的一段内轨。转辙器可操纵岔尖靠在左基本轨或右基本轨上，使车辆按不同的方向运行。

辙岔岔心中心角（辙岔角）α 是道岔最重要的参数，它决定着道岔的长度和随轨的曲率半径。α 越小，道岔的曲率半径和长度就越大，车辆通过时的阻力就越小、也就越平稳。道岔号码 M 是由辙岔中心角来确定的，即 $M = 2\tan(\alpha/2)$。矿山常用的道岔号码为 1/3、1/4 和 1/5。

道岔的种类主要有单开道岔、对称道岔和渡线道岔三种，其主要尺寸标准及简化表示法如图附-14 所示。

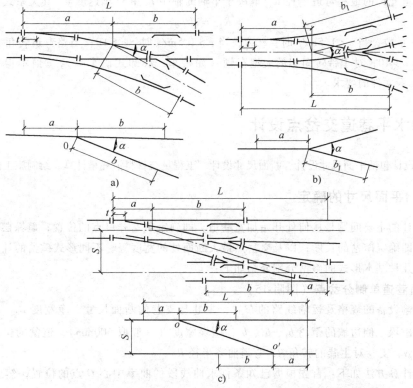

图附-14　矿用窄轨道岔主要尺寸标注图

a）单开道岔　b）对称道岔　c）渡线道岔

a—转辙中心至道岔起点的距离　b—转辙中心至道岔终点的距离　L—道岔长度

道岔标号用轨距、轨型、道岔号码、随轨曲率半径及左、右开表示。例如，615-1/4-12 右单开道岔，表示该单道岔为轨距 600mm、钢轨 15kg/m、道岔号码 $M = 1/4$、随轨曲率半径 $R = 12$m 的右开道岔。常用矿山道岔的技术特征可以查阅相关设计手册。

道岔的选型主要取决于线路布置的需要，并要考虑轨距、轨型、车辆轴距和运行速度等因素，道岔轨型一般与线路轨型一致，有时为了平稳，也可以选用大一级型号的钢轨。道岔型号的选择见表附-15。

表附-15　道岔型号选用表

电 机 车	矿车/m³	轨距/mm		
		600	762	900
人推车	0.5、0.7	1/2		
≤3t	0.5、0.7、1.2	1/3	1/3	
6t 10t	1.2、2.0	1/4、1/3（对称）	1/4、1/3（对称）	
10t 14t	4.0、6.0	1/5	1/5	1/5

依据安全行车的要求，曲线段的外轨要适当加高，轨距要加宽。道岔与曲线段连接时，由于道岔为一标准整体式部件，因此，在道岔范围内，其外轨不可能加高、加宽。为实现连接时的平滑过渡，一般在道岔与曲线一段之间加入一缓和段 d_0。为了缩短缓和段的长度，可以在曲线段不断地垫高外轨和加宽轨距，于是缓和段长度 d_0 一般为 200～300mm（设计时也可以取 0）。

井下轨道允许的最小弯道半径 R_{min} 取决于车辆的轴距 L_B 和行车速度 v，其关系式为

$$R_{min} = cL_B \qquad (附\text{-}19)$$

式中　c——系数，当 $v < 1.5$m/s 时，$c > 7$；当 $v > 1.5$m/s 时，$c > 10$；当路弯道转角大于 90°时，$c > 10$；对于带转向架的大型车辆（如梭车、底卸式矿车等），c 值不得小于车辆技术文件的要求。

附2.3　水平巷道交岔点设计

交岔点设计包括平面尺寸设计、断面尺寸设计、工程量与材料消耗量计算、绘制施工图等几部分。

附2.3.1　平面尺寸的确定

平面设计的主要问题是从何处开始加宽巷道，即确定碹岔开口点的位置；碹垛摆在什么位置最为合理，即确定碹岔的长度；以及交岔点最大断面处的宽度等。不同形式碹岔的计算方法有所不同，现就几种基本形式的碹岔分别介绍如下：

1. 单轨巷道单侧分岔点（图附-15）

已知运输设备的规格及运输线路的布置，主巷与支巷的断面尺寸，净宽度 B_1、B_2、B_3，轨道中心线至碹垛一侧边墙的距离 b_1、b_2、b_3，碹垛宽度（一般取 500mm），道岔的位置、型号及参数 a、b、α，支巷对主巷的转角 β，弯道曲率半径 R。

具体的计算方法如下：首先根据已知条件求曲线段的曲率中心 O 点的位置，然后以 O 为圆心、R 为半径定出弯道的位置。由图附-15 可知，O 点至岔道岔心的横轴长度 D（沿主巷轨道中线方向）和纵轴长度 H，可用下式求得

$$D = (b + d)\cos\alpha - R\sin\alpha \qquad (附\text{-}20)$$

$$H = R\cos\alpha + (b + d)\sin\alpha \tag{附-21}$$

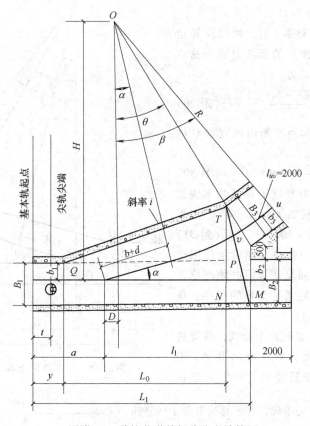

图附-15　单轨巷道单侧分岔点计算图

若算出的 D 为负值，则表示 O 在道岔岔心的左侧。

从曲率中心 O 点到支巷起点 T 的连线与 O 点到主巷道中心线的垂线之间的夹角为 θ，为碹岔角，其值为

$$\theta = \arccos\frac{H - 500 - b_2}{R + b_3} \tag{附-22}$$

此处的 θ 角不是支巷对主巷的转角 β。

交岔点断面的最大宽度 TM 由直角三角形 TMN 求得

$$TM = \sqrt{(NM)^2 + (TN)^2} \tag{附-23}$$

$$NM = B_3\sin\theta \tag{附-24}$$

$$TN = B_3\cos\theta + 500 + B_2 \tag{附-25}$$

道岔岔心至碹垛的距离为

$$l_1 = (R + b_3)\sin\theta + D \tag{附-26}$$

于是，自基本轨起点至碹垛面的距离为

$$L_1 = l_1 + a \tag{附-27}$$

为了计算交岔点的断面变化，需确定斜墙 TQ 的斜率 $i = TP/QP$。其方法是先以基本轨起点处为加宽断面的起点求算斜率 i_0，然后选用与它最相近的固定斜率 i，即

$$i_0 = \frac{TN - B_1}{l_1 + a - MN} \tag{附-28}$$

根据 i_0 值的大小，选取 i 为 0.2 或 0.25 或 0.3，个别情况可取 0.15。

在确定了斜墙的斜率 i 后，便可反算定出确定的斜墙（变断面）的起点 Q 及交岔点扩大断面部分的长度 L_0 为

$$L_0 = \frac{TN - B_1}{i} \qquad (附-29)$$

于是，基本轨变起点至断面加宽点 Q 的距离 y 为

$$y = L_1 - L_0 - MN \qquad (附-30)$$

交岔点工程的计算长度 L 是从基本轨起点算起至碹垛向外延长 2000mm，即

$$L = L_1 + 2000 \qquad (附-31)$$

除采取上述计算方法外，还可用作图法直接确定交岔点的平面尺寸，但必须严格按比例绘制，其精度方能满足工程的需要，具体作法如下（图附-16）。

1）先绘制出主巷的轨道中心线，按所选用道岔尺寸 a、b 和辙岔角 α 画出道岔，得 O'、1、2、3 诸点。按照缓和段长度 d 延长 $O'3$ 至 $3'$ 点。

2）过 $3'$ 点作 $O'3'$ 的垂线，并使其长度等于线路曲线半径 R，得 O 点，即 $O3' = R$，O 为曲线的曲率中心。

3）过 O 点垂直于基本线路作 OC 线，$O'C$ 即为 D，以 O 为圆心、R 为半径，自点 $3'$ 开始画弧线，使弧线终点与 OC 线的夹角等于巷道的转角 β，得曲线终点。

4）按照已知的断面尺寸 B_1、b_1、B_2、b_2、B_3、b_3 画出巷道平面轮廓线 4—5、6—7、8—9、10—11 及 12—13。

5）作与 6—7 垂直距离为 500mm 的一条平行线，交 12—13 线于 A 点，从 A 点作 6—7 的垂线交 6—7 于 B 点，AB 即为碹垛端面。

6）连接 OA，与 10—11 线交于 T，T 即为扩大断面的终点。

7）过 T 点按照选定的斜率 i 作直线与 4—5 交与 Q 点，TQ 即为扩大断面的斜墙。

以上绘出了碹岔内净轮廓尺寸的全部，在图上量出其他所需的各参数尺寸和角度并标注在图上，当采用计算法求得碹岔尺寸时，也可参考上述作图顺序的方法绘制碹岔施工图。

2. 单轨巷道对称分岔点（图附-17）

单轨巷道对称分岔点选用对称道岔，其道岔参数

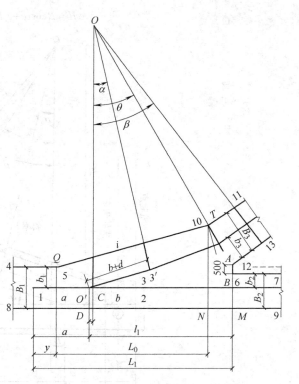

图附-16 应用作图法求交岔点平面尺寸

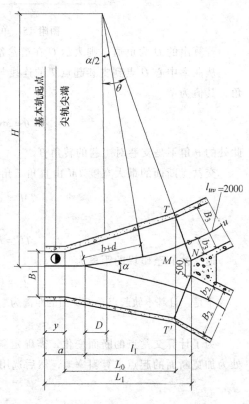

图附-17 单轨巷道对称分岔点计算图

a、b 之长度为沿主巷轨道中心线方向的长度，计算时应注意，这种交岔点可以看成两个对称的单轨单侧分岔系统，计算公式如下：

$$D = (b+d)\cos\frac{\alpha}{2} - R\sin\frac{\alpha}{2} \qquad (附\text{-}32)$$

$$H = R\cos\frac{\alpha}{2} + (b+d)\sin\frac{\alpha}{2} \qquad (附\text{-}33)$$

$$\theta = \arccos\frac{H - \dfrac{500}{2}}{R + b_3} \qquad (附\text{-}34)$$

$$NM = B_3\sin\theta \qquad (附\text{-}35)$$

由于是对称的，$B_2 = B_3$，则有

$$TT' = 2B_2\cos\theta + 500 \qquad (附\text{-}36)$$

$$TN = B_3\cos\theta + 500 + B_2 \qquad (附\text{-}37)$$

$$l_1 = (R + b_2)\sin\theta + D \qquad (附\text{-}38)$$

$$L_1 = l_1 + a \qquad (附\text{-}39)$$

$$L_0 = \frac{TT' - B_1}{2i} \qquad (附\text{-}40)$$

$$Y = L_1 - L_0 - NM \qquad (附\text{-}41)$$

3. 双轨巷道分支点（图附-18）

双轨巷道分支点中没有道岔，线路在此分支。有关平面尺寸计算公式为

$$\theta = \arccos\frac{R + S - 500 - b_2}{R + b_3} \qquad (附\text{-}42)$$

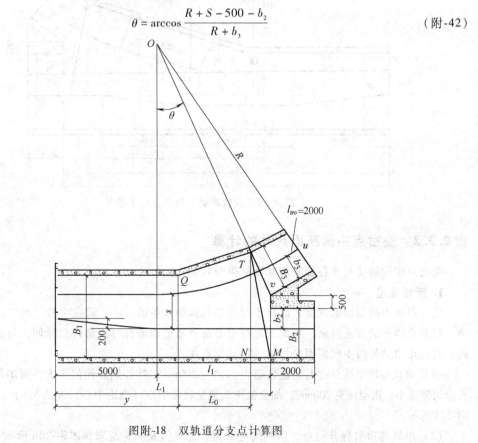

图附-18　双轨道分支点计算图

式中 S——两条线路中心线间距（mm）。

$$TM = \sqrt{(NM)^2 + (TN)^2} \qquad (附-43)$$

$$NM = B_3 \sin\theta \qquad (附-44)$$

弯道起点至碹垛之间的距离为

$$l_1 = (R + b_2) \sin\theta \qquad (附-45)$$

变断面水平方向的长度 L_0 为

$$L_0 = \frac{TN - B_1}{i} \qquad (附-46)$$

其他类型的交岔点平面尺寸的计算可参考上述三种基本形式的计算，例如双轨巷道单侧分岔点（图附-19）与单轨单侧分岔点相同，但需加宽。

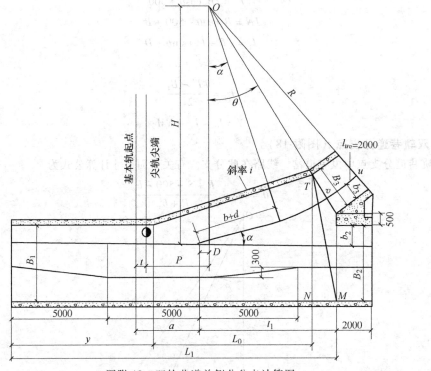

图附-19   双轨巷道单侧分岔点计算图

附 2.3.2   交岔点中间断面尺寸的计算

交岔点中间断面尺寸包括断面宽度、拱高及墙高。

1. 断面宽度

交岔点各中间断面的宽度，取决于通过它的运输设备的尺寸、道岔型号、线路连接系统的类型、行人及错车的安全要求。考虑到运输设备通过弯道和道岔时边角将会外伸，与直线段巷道相比，交岔点道岔处的中间断面应加宽，加宽要点如下。

（1）单轨巷道单侧分岔点   在弯道内侧加宽100mm。其外侧外伸值不大，可不再加宽，但若安全间隙很小，则应加宽200mm。加宽范围为道岔转辙中心（理论中心）左边5m和右边1m，如图附-20a 所示。

（2）单轨巷道对称分岔点   两侧均应加宽，加宽值及加宽范围如图附-20b 所示。

（3）双轨巷道分支点　主巷线路间的中心距应向外加宽 200mm 或 200mm 以上。加宽范围一般是从弯道起点向右，从弯道起点向左应设 5m 以上的过渡段，在弯道范围内巷道外侧也要相应加宽，如图附-18 所示。但在下列两种情况下，即使考虑车体外伸也能保证足够的安全间隙：①两条线路中心线间距足够大；②在基本弯道与主巷直线段之间铺设了一段缓和弯道。

（4）双轨巷道单侧分岔点　由于车体在曲线段外伸，可能使双轨线路上车辆之间的间隙小于安全规程中的规定，这时可将道岔转辙中心前 5m 的一段双轨线路中心距加宽 200mm 或 200mm 以上，并在其左右各设置 5m 的过渡线段，因而在此范围内巷道外侧也要相应加宽，如图附-19 所示。如果两条线路的中心距较大，即使车体外伸，仍能满足安全间隙的要求，则线路中心距可不需加宽。

图附-20　单轨碴岔加宽示意图

a）单轨单侧碴岔加宽示意　b）对称碴岔加宽示意

2. 拱高及墙高的确定

碴岔内拱高的确定方法与一般巷道相同，因此各中间断面的拱高将随净宽的递增而升高。为了提高断面利用率，减少掘进工程量，在满足安全、生产与技术要求的条件下，可将中间断面的墙高相应递减。如图附-21 所示，TM 与 TN 两断面大拱的一侧同交于 T 点，因此，T、N、M 三点处的墙高相同，均为 h_{TN}。设碴岔断面起点处的主巷道起点处的墙高为 h_{B1}，则墙高 h_{TN} 与支巷墙高 h_{B2} 之差 Δh 值为 200～500mm。差值 Δh 过大，对碴体施工和安全不利，Δh 过小，那么降低墙高的意义不大。在 TM 与 TN 两断面中，仍应保证运输设备、行人及管线架设应有的间隙和距离，应按平巷设计中的方法及公式对墙高进行验算。

3. 交岔点支护厚度的确定

锚喷支护交岔点属于加强支护工程，因此其锚喷支护参数值应按大断面最大宽度 TM 选取上限值。分支巷道加强支护的长度，应自碴垛面起 3～5m（计算交岔点工程长度时，仍取为 2m）。

对于砌碴交岔点，巷道净宽度是由小到大渐变的，为便于施工和保证质量，在巷道宽度变化的长度内，按最大宽度选取拱壁厚度。分支巷道拱壁厚度，按各自的要求选取。

碴垛的宽度一般为 500mm，长度视岩石条件、支护方式及巷道转角而定，一般为 1～3m，通常取 2m。对采用光面爆破完整地保留了原岩体的碴垛，可按支护厚度考虑，不另加长度。

附 2.3.3　交岔点工程量及材料消耗量计算

交岔点工程量计算的范围，一般是从基本轨起点至碴垛向支巷各延展 2m；若斜墙起点在基本轨起点左侧，则应从斜墙起点开始计算。工程量计算方法有两种：一种是将交岔点按不同断面分为几个计算段，求出每段掘进体积，然后相加（包括碴垛）；另一种是近似计算，其精度能满足工程需要，在施工中广泛应用，具体算法按图附-21 进行。

1. 工程量计算

$$V = yS_1 + \frac{1}{2}L_1'(S_1 + S_{TM}) + g(S_2 + S_3) \tag{附-47}$$

式中　S_1、S_2、S_3、S_{TM}——Ⅰ—Ⅰ、Ⅱ—Ⅱ、Ⅲ—Ⅲ、TM 断面的净断面积，或掘进断面积，或基础的掘进断面积（m^2）；

L'_1、g、y——断面变化段长度、支巷延长段长度、基本轨起点至变化断面起点的长度（m），其中 g 一般取为2m。

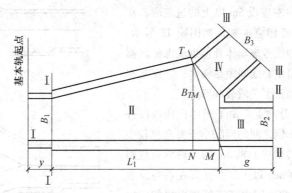

图附-21 巷道交岔点工程量计算图

2. 材料消耗量计算

各种材料消耗量的计算方法与工程量计算法相同，仍然用式（附-47），只是将各断面积 S 换为相应的该断面相应的拱、墙、基础和充填材料的面积。

碹垛端壁是指 TM 断面大拱与两支巷断面小于在碹垛的结合部。碹垛端壁支护材料消耗量的计算公式如下

$$V'' = \left[S_{TM}' - (S_2' + S_3') \right] T \qquad (附-48)$$

式中　S_{TM}'、S_2'、S_3'——该断面的拱部掘进断面积（m^2）；

　　　　　T——碹垛端壁厚度（m）。

按上述近似计算，碹垛可不再另计算掘进工程量，材料消耗量加3m^3即可，也有定为4m^3的。

附2.4　交岔点的作图及附表

1）按1∶100的比例绘出交岔点平面图。

2）按1∶50的比例绘出主巷、支巷及最大宽度 TM 处的断面图。在 TM 断面图上，大断面是实际尺寸，两个小断面和碹垛的宽度则是投影尺寸。作图时所需尺寸可以直接在平面图上量取，无需计算。

3）做出交岔点断面变化特征表、工程量及主要材料消耗量表。

附3 巷道断面和交岔点设计示例

附3.1 巷道断面设计实例

云南某矿中段运输巷道布置在节理较发育的中等稳定的岩层中，$f = 4 \sim 6$。该巷道日通过能力3000t，采用ZK10/550型架线式电机车，牵引YCC2（6）型单侧曲轨侧卸式矿车运输。该巷的排水量为150$\mathrm{m^3/h}$，风量为45$\mathrm{m^3/s}$；巷道内设两条动力电缆，三条通信及照明电缆，一条100mm压风管和一条50mm供水管。试设计该巷道的断面。

附3.1.1 选择巷道断面形状和支护形式

该巷道是服务年限较长的主要运输巷道，所穿过的岩层中等稳定，预计巷道承受较大地压。双轨运输，巷道较宽，故选拱高 $f_0 = B_0/3$ 的三心拱形，支护材料选用现浇混凝土。

附3.1.2 确定巷道断面尺寸

1. 巷道净宽度 B_0

1）查表可知，ZK10/550型600mm轨距架线式电机车宽度为1060mm，高度为1550mm；YCC2（6）型矿车宽度为1250mm，高度为1300mm。两者比较，取最大值，故取运输设备的宽 $b = 1250$mm，高 $h = 1550$mm。

查表，取安全间隙 $b_1 = 300$m，运输设备间距 $m = 300$mm，人行道的宽度 $b_2 = 800$mm。

轨道中心线间距 $s = b + m = 1250 + 300 = 1550$mm

2）巷道宽度：

$$B_0 = b + s + b_1 + b_2 = 1250 + 1550 + 300 + 800 = 3900\text{mm}$$

2. 道床参数

根据该巷道的运输量及采用的运输设备，参照相关表格，选用22kg/m钢轨，钢筋混凝土轨枕。

查表得底板水平与轨面水平之间的间距 $h_6 = 400$mm，底板至道碴面的高度 $h_5 = 250$mm，则 $h_4 = h_6 - h_5 = 150$mm。

3. 巷道净高度 H_0'

（1）拱高 f_0 及其他参数

$f_0 = B_0/3 = 3900/3 = 1300$mm

大圆弧半径 $R = 0.692B_0 = 0.692 \times 3900 = 2699$mm

小圆弧半径 $r = 0.261B_0 = 0.261 \times 3900 = 1018$mm

（2）巷道墙高 h_3 按下列三种情况计算：

1）按电机车架线要求计算。设架线导电弓子之半 $K = 400$mm，轨面至架线的高度取 $H_1 = 2080$mm。

非人行道一侧，轨道中心线至墙的距离：$a = \dfrac{b}{2} + b_1 = \left(\dfrac{1250}{2} + 300\right)\text{mm} = 925$mm

$$\cos\alpha = \cos 56°18'36'' = 0.554$$

由于 $\dfrac{r - a + k}{r - 250} = \dfrac{1018 - 925 + 400}{1018 - 250} = 0.642 > \cos\alpha$，故架线弓子是在小圆弧断面内，应按式（附-5）

计算 h_3：

$$h_3 = H_1 + h_6 - \sqrt{(r-250)^2 - (r-a+k)^2}$$

$$= \left[2080 + 400 - \sqrt{(1018-250)^2 - (1018-925+400)^2} \right] mm = 1891mm$$

2）按管道架设要求计算。

$$Z_2 = \frac{B_0}{2} - \frac{b}{2} - b_2 = \left(\frac{3900}{2} - \frac{1250}{2} - 800 \right) mm = 525mm$$

$$n = D_1 + 100mm + D_2 = (100 + 100 + 50) mm = 250mm$$

三心拱双轨运输巷道按式（附-10）计算，即

$$h_3 = 1800mm + h_5 + n - \sqrt{r^2 - \left[r - \left(\frac{B_0}{2} - Z_2 - K - 300mm - D_1 \right) \right]^2}$$

$$= \left\{ 1800 + 250 + 250 - \sqrt{1018^2 - \left[1018 - \left(\frac{3900}{2} - 525 - 400 - 300 - 100 \right) \right]^2} \right\} mm$$

$$= 1361mm$$

3）按人行要求计算。按式（附-15）计算，即

$$h_3 = 1800mm + h_5 - \sqrt{r^2 - (r - 100mm)^2} = \left[1800 + 250 - \sqrt{1018^2 - (1018-100)^2} \right] mm$$

$$= 1610mm$$

按以上三种要求计算后取其中的最大值 1891mm，按 10mm 的倍数向上选取，则墙高 $h_3 = 1900mm$。

（3）巷道净高度 H'_0 由式（附-4）得

$$H'_0 = f_0 + h_3 - h_5 = (1300 + 1900 - 250) mm = 2950mm$$

4. 风速验算

风量 $Q = 45m^3/s$，$h_2 = h_3 - h_5 = (1900 - 250) mm = 1650mm$

则净断面积：$S_0 = B_0 (h_2 + 0.263B_0) = (1.65 + 0.263 \times 3.9) \times 3.9 m^2 = 10.44 m^2$

由表附-13 查得，$v_允 = 6m/s$，据式（附-18），

$$v = Q/S_0 = 45/10.44 m/s = 4.31 m/s < v_允$$

满足通风要求，不需修改断面尺寸。

5. 选择支架参数

查表，取混凝土支护厚度 $T = d_0 = 250mm$。

6. 水沟参数

水沟坡度与巷道坡度相同，取 0.3%，选用Ⅲ型水沟。根据排水量 150m^3/h，查表，得水沟断面参数：上宽 330mm，下宽 280mm，深度 250mm，净断面积 0.08m^2，掘进断面积 0.18m^2，每米水沟混凝土用量为 0.13m^3。

水沟一侧的墙基础深度取 500mm，另一侧基础深 250mm。

7. 巷道断面尺寸

$h = 1550mm$

$h_1 = h_3 - h_6 = (1900 - 400) mm = 1500mm$

$h_2 = h_3 - h_5 = (1900 - 250) mm = 1650mm$

$H'_0 = h_3 + f_0 - h_5 = (1900 + 1300 - 250) mm = 2950mm$

$H = h_3 + f_0 + d_0 = (1900 + 1300 + 250) mm = 3450mm$

$$B = B_0 + 2T = (3900 + 2 \times 250)\,\text{mm} = 4400\,\text{mm}$$

$$S_{\text{净}} = (h_2 + 0.263 B_0) B_0 = (1.65 + 0.263 \times 9) \times 3.9\,\text{m}^2 = 10.44\,\text{m}^2$$

$$S_{\text{拱}} = 1.33(B_0 + T) d_0 = 1.33 \times (3.9 + 0.25) \times 0.25\,\text{m}^2 = 1.38\,\text{m}^2$$

$$S_{\text{墙}} = 2 h_3 T = 2 \times 1.9 \times 0.25\,\text{m}^2 = 0.95\,\text{m}^2$$

$$S_{\text{基}} = (0.25 + 0.5) T = (0.25 + 0.5) \times 0.25\,\text{m}^2 = 0.19\,\text{m}^2$$

$$S_{\text{渣}} = h_5 B_0 = 0.25 \times 3.9\,\text{m}^2 = 0.98\,\text{m}^2$$

$$S_{\text{沟}} = 0.18\,\text{m}^2$$

$$S_{\text{掘}} = S_{\text{净}} + S_{\text{拱}} + S_{\text{墙}} + S_{\text{基}} + S_{\text{渣}} + S_{\text{沟}} = (10.44 + 1.38 + 0.95 + 0.19 + 0.98 + 0.18)\,\text{m}^2 = 14.12\,\text{m}^2$$

$$P_{\text{净}} = 2 h_2 + 2.33 B_0 = (2 \times 1.65 + 2.33 \times 3.9)\,\text{m} = 12.39\,\text{m}$$

附 3.1.3　管缆布置

压风管和供水管布置在人行道一侧上方，采用管子托架架设。托架上部敷设压风管，托架下部悬挂供水管。两条动力电缆设于非人行道一侧，三条通信、照明电缆设于人行道一侧。电缆采用挂钩悬挂在支护侧墙上。

附 3.1.4　掘进工程量及材料消耗量

每米巷道掘进工程量：$V = S_{\text{掘}} \times 1 = 14.12\ \text{m}^3$

每米巷道砌拱混凝土量：$V_1 = S_{\text{拱}} \times 1 = 1.38\ \text{m}^3$

每米巷道砌墙混凝土量：$V_2 = S_{\text{墙}} \times 1 = 0.95\ \text{m}^3$

每米巷道基础混凝土量：$V_3 = S_{\text{基}} \times 1 = 0.19\,\text{m}^3$

每米巷道水沟混凝土量：$V_4 = 0.13\,\text{m}^3$

每米巷道共需混凝土量：$V_{\text{支护}} = V_1 + V_2 + V_3 + V_4 = 2.65\,\text{m}^3$

附 3.1.5　巷道断面施工图及材料消耗量表

根据以上计算结果，按 1：50 比例绘制巷道断面施工图（图附-22），并列出工程量及支护材料消耗量表（表附-16）。

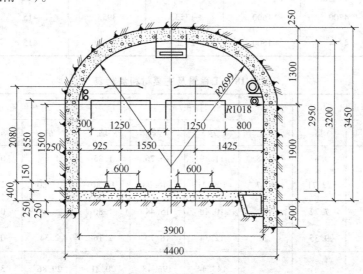

图附-22　巷道断面施工图

表附-16　巷道特征及工程量、支护材料消耗量

断面积/m²		断面尺寸/mm				支护厚度/mm		每米巷道掘进	每米巷道混凝土
净	掘	净宽	净高	掘宽	掘高	墙	拱	工程量/m³	消耗量/m³
10.44	14.12	3900	2950	4400	3450	250	250	14.12	2.65

附3.2　平巷交岔点设计示例

图附-23 所示某矿山单轨单侧分岔点设计，该矿采用 ZK – 6/250 架线式电机车运输，要求支巷对主巷的转角为 45°，巷道弯道半径为 15000mm，Ⅰ—Ⅰ断面的 $B_1 = 2300mm$，$b_1 = 1030mm$；Ⅱ—Ⅱ断面的 $B_2 = 2100mm$，$b_2 = 830mm$；Ⅲ—Ⅲ断面的 $B_3 = 2400mm$，$b_3 = 1030mm$。

道岔参数 $\alpha = 14°15'$，$a = 3472mm$，$b = 3500mm$，$d = 0$。

表附-17 和表附-18 列出了该交岔点的断面变化特征、工程量及材料消耗量。

表附-17　交岔点变断面特征表　　　　　　　　（单位：mm）

断 面 号	净 宽	墙 高	拱 高	全 高	壁 厚	拱 厚
1	2300	2200	1150	3350	415	415
2	2600	2125	1300	3425	415	415
3	2900	2050	1450	3500	415	415
4	3200	1975	1600	3575	415	415
5	3500	1900	1750	3650	415	415
6	3800	1825	1900	3725	415	415
7	4100	1750	2050	3800	415	415
8	4400	1675	2200	3875	415	415
9	4700	1600	1353	3953	415	415
TM	4844	1600	2422	4022	415	415

表附-18　工程量及主要材料消耗表

计 算 段	断面积/m²		长度/m	体积/m³		材料消耗/m³			
	净	掘		净	掘	墙	拱	基础	柱
a—b	6.84	9.64	1.68	11.49	16.26	1.85	1.68	0.32	
b—c—d	16.97	22.71	9.17	109.21	146.08	14.40	23.80	2.84	
c—f	5.24	7.72	2	10.40	15.44	1.80	1.84	0.38	
d—e	6.17	9.35	2	12.34	18.70	2.16	2.54	0.45	
合计				143.44	196.48	20.21	29.86	3.99	4.0

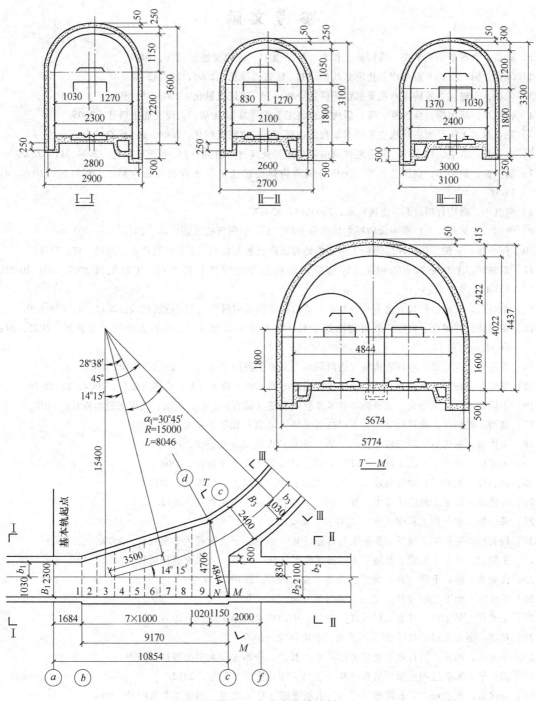

图附-23　交岔点设计示例

参考文献

[1] 陈馈，洪开荣，吴学松. 盾构施工技术 [M]. 北京：人民交通出版社，2009.

[2] 陈馈. 国产盾构开发与产业化前景浅析 [J]. 建筑机械化，2005，10：43-47.

[3] 陈馈，李建斌. 盾构国产化及其市场前景分析 [J]. 建筑机械化，2006，5：59-64.

[4] 张凤祥，傅德明，杨国祥，等. 盾构隧道施工手册 [M]. 北京：人民交通出版社，2005.

[5] 陈英盈. 土压平衡盾构机主要技术参数的选择 [J]. 建筑机械化，2004，6：48-50 + 59.

[6] 朱建春，李乐，杜文库. 北京地铁盾构同步注浆及其材料研究 [J]. 建筑机械化，2004，11：26-29.

[7] 胡国良，胡绍华，龚国芳，等. 土压平衡盾构螺旋输送机排土控制分析 [J]. 工程机械，2008，4：35-38.

[8] 何其平. 盾构选型 [J]. 建筑机械，2003，1：43-47.

[9] 曹铭，王文莉. 土压平衡盾构机主体部分介绍 [J]. 中国新技术新产品，2011，17：103-104.

[10] 何小林，王涛. 盾构法隧道施工引起的地面沉降机理与控制 [J]. 科技资讯，2012，17：71-72.

[11] 琚时轩. 土压平衡盾构和泥水平衡盾构的特点及适应性分析 [J]. 工程机械 2007，12：20-22，131-132.

[12] 李春良，王勇，张巍. 地下水位变化对盾构隧道的影响研究 [J]. 隧道建设，2012，5：626-630.

[13] 黄润秋，戚国庆. 地铁隧道盾构法施工对环境的影响研究 [J]. 岩石力学与工程学报，2003，24：64-68.

[14] 方超刚，范建雄. 地铁盾构施工进出洞端头土体加固技术 [J]. 云南水力发电，2012，6：13-17.

[15] 康宝生，陈馈，李荣智. 南京地铁盾构始发与到达施工技术 [J]. 建筑机械化，2004，2：25-29.

[16] 中国非开挖技术协会. 顶管施工技术及验收规范（试行）[M]. 北京：人民交通出版社，2007.

[17] 魏纲，魏新江，徐日庆. 顶管工程技术 [M]. 北京：化学工业出版社，2011.

[18] 余彬泉，陈传灿. 顶管施工技术 [M]. 北京：人民交通出版社，1998.

[19] 姜玉松. 地下工程施工技术 [M]. 武汉：武汉理工大学出版社，2008.

[20] 葛春辉. 顶管工程设计与施工 [M]. 北京：中国建筑工业出版社，2012.

[21] 任建喜. 地下工程施工技术 [M]. 西安：西北工业大学出版社，2012.

[22] 马保松. 非开挖工程学 [M]. 北京：人民交通出版社，2008.

[23] 杨其新，王明年. 地下工程施工与管理 [M]. 成都：西南交通大学出版社，2009.

[24] 王梦恕，等. 中国隧道及地下工程修建技术 [M]. 北京：人民交通出版社，2010.

[25] 汪旭光. 爆破手册 [M]. 北京：冶金工业出版社，2010.

[26] 关宝树. 地下工程 [M]. 北京：高等教育出版社，2007.

[27] 东兆星，吴士良. 井巷工程 [M]. 徐州：中国矿业大学出版社，2004.

[28] 戴俊. 爆破工程 [M]. 北京：机械工业出版社，2007.

[29] 李夕兵，冯涛. 岩石地下建筑工程 [M]. 长沙：中南工业大学出版社，1999.

[30] 周科平. 采矿过程模拟与仿真 [M]. 长沙：中南大学出版社，2012.

[31] 熊代余，顾毅成. 岩石爆破理论与技术新进展 [M]. 北京：冶金工业出版社，2002.

[32] 郭陕云. 隧道掘进钻爆法施工技术的进步和发展 [J]. 铁道工程学报，2007，9：67-74.

[33] 李学彬. 钢管混凝土支架强度与巷道承压环强化支护理论研究 [D]. 北京：中国矿业大学，2012.

[34] 张庆贺. 地下工程 [M]. 上海：同济大学出版社，2005.

[35] 雷升祥. 斜井 TBM 法施工技术 [M]. 北京：中国铁道出版社，2012.

[36] 本书编委会. 矿山工程管理与实务 [M]. 北京：中国环境科学出版社，2005.

[37] 张志勇. 工程招投标与合同管理 [M]. 北京：高等教育出版社，2009.

［38］全国一级建造师执业资格考试用书编写委员会．建设工程项目管理［M］.3 版，北京：中国建筑工业出版社，2011.

［39］张永成．注浆技术［M］.北京：煤炭工业出版社，2012.

［40］张永成．钻井施工手册［M］.北京：煤炭工业出版社，2010.

［41］沈春林．地下防水工程实用技术［M］.北京：机械工业出版社，2005.

［42］杨林德．软土工程施工技术与环境保护［M］.北京：人民交通出版社，2000.

［43］靖洪文，等．软岩工程支护理论与技术［M］.徐州：中国矿业大学出版社，2008.

［44］黄德发，等．冻结法凿井施工技术应用与管理［M］.北京：煤炭工业出版社，2010.

［45］黄德发，等．河南煤矿立井井筒设计与施工技术［M］.北京：煤炭工业出版社，2008.

［46］张省军，袁瑞甫．矿山注浆堵水帷幕稳定性及监测方法［M］.北京：冶金工业出版社，2009.

［47］贺少辉．地下工程［M］.北京：清华大学出版社，2006.

［48］岳强．隧道工程［M］.北京：机械工业出版社，2012.

［49］贺永年，刘志强．隧道工程［M］.徐州：中国矿业大学出版社，2002.

［50］高谦，等．现代岩土施工技术［M］.北京：中国建材工业出版社，2006.

［51］张世芳，等．永夏矿区深厚冲积层特殊凿井技术［M］.北京：煤炭工业出版社，2003.

［52］李开学，冯明伟，吴再生．巷道施工［M］.重庆：重庆大学出版社，2010.

［53］杨俊杰．深厚表土地层条件下的立井井壁结构［M］.北京：科学出版社，2010.

［54］卢义玉，康勇，夏彬伟．井巷工程设计与施工［M］.北京：科学出版社，2010.